Karl Gottfried Neumann

Die elektrischen Kräfte

Erster Teil

Karl Gottfried Neumann

Die elektrischen Kräfte
Erster Teil

ISBN/EAN: 9783744641692

Hergestellt in Europa, USA, Kanada, Australien, Japan

Cover: Foto ©berggeist007 / pixelio.de

Weitere Bücher finden Sie auf **www.hansebooks.com**

DIE

ELEKTRISCHEN KRÄFTE.

DARLEGUNG UND ERWEITERUNG

DER VON

A. AMPÈRE, F. NEUMANN, W. WEBER, G. KIRCHHOFF

ENTWICKELTEN

MATHEMATISCHEN THEORIEEN.

VON

Dr. CARL NEUMANN,

PROFESSOR AN DER UNIVERSITÄT ZU LEIPZIG. MITGLIED DER KGL. SÄCHSISCHEN GESELLSCHAFT DER WISSENSCHAFTEN ZU LEIPZIG UND DER KGL. SOCIETÄT DER WISSENSCHAFTEN ZU GÖTTINGEN. CORRESP. MITGLIED DES ISTITUTO LOMBARDO, DER AKADEMIE ZU BOLOGNA, UND DER RHODE ISLAND HISTORICAL SOCIETY.

ERSTER THEIL.

DIE DURCH DIE ARBEITEN VON A. AMPÈRE UND F. NEUMANN ANGEBAHNTE RICHTUNG.

LEIPZIG,

DRUCK UND VERLAG VON B. G. TEUBNER.

1873.

Einleitung.

Crescunt disciplinae lente tardeque, per varios errores sero pervenitur ad veritatem. Omnia praeparata esse debent diuturno et assiduo labore ad introitum veritatis novae. Jam illa certo temporis momento, divina quadam necessitate coacta, emerget.

C. G. J. Jacobi.

Obwohl das nachfolgende Register über den Inhalt des vorliegenden Werkes hinlängliche Auskunft geben wird, so dürfte es dennoch angemessen sein, die eigentliche Tendenz meiner Arbeit hier in Kürze darzulegen*).

Von den sogenannten elektrischen Kräften sind bis jetzt vorzugsweise studirt worden die elektrostatischen und elektrodynamischen. Letztere zerfallen ihrerseits von Neuem in zwei Kategorien, nämlich in die von Ampère entdeckten ponderomotorischen und in die von Faraday entdeckten elektromotorischen Kräfte.

Die für diese ponderomotorischen und elektromotorischen Kräfte bisher aufgestellten Gesetze beziehen sich theils auf gleichförmige elektrische Stromringe, theils auf einzelne Stromelemente, und sind demgemäss in Integral- und Elementar-Gesetze einzutheilen. Im Ganzen werden vier solche Gesetze zu nennen sein, von denen zwei ($A.$) und ($\alpha.$) den von Ampère entdeckten ponderomotorischen Kräften entsprechen, während die beiden andern ($F.$) und ($\varphi.$) auf die von Faraday entdeckten elektromotorischen Kräfte Bezug haben.

*) Einen kurzen Abriss über den Gang und die Resultate meiner Untersuchungen habe ich übrigens bereits im vergangenen Iahre gegeben. Vergl. die Ber. d. Kgl. Sächsisch. Ges. d. Wiss. vom 3. August 1872, und ferner die Mathem. Annalen, Bd. V, pg. 614—624; und endlich auch das zu Pisa erscheinende Journal Il nuovo Cimento, Ser. 2, Tomo IX, p. 49.

(*A.*) . . . . Das ponderomotorische Integralgesetz*), aufgestellt von F. Neumann (1847). — Befinden sich zwei gleichförmige Stromringe A und B in irgend welchen Bewegungen, befinden sich ferner die in ihnen vorhandenen Stromstärken J und J_1 (unbeschadet der Gleichförmigkeit) in irgend welchen Zuständen der Veränderung, und bezeichnet man mit P das Potential der beiden Ringe auf einander, so wird für jedes Zeitelement die von B auf A ausgeübte ponderomotorische Arbeit dargestellt sein durch den negativen partiellen Zuwachs von P, genommen nach der räumlichen Lage von A.

(*F.*) . . . . Das elektromotorische Integralgesetz**), aufgestellt von F. Neumann (1847). — Die Summe der vom Ringe B im Ringe A während eines Zeitelementes inducirten elektromotorischen Kräfte ist immer identisch mit dem vollständigen Zuwachs des Quotienten $\frac{P}{J}$, dieser Zuwachs noch multiplicirt mit einer gewissen Constanten ε (der sogenannten Inductionsconstanten).

(α.) . . . . Das ponderomotoriche Elemehtargesetz***) aufgestellt von Ampère (1826). — Zwei elektrische Stromelemente JDs und $J_1 Ds_1$ üben eine ponderomotorische Kraft R auf einander aus, welche mit ihrer Verbindungslinie r zusammenfällt, und welche, in repulsivem Sinne gerechnet, die Stärke besitzt:

$$R = A^2. \quad J\ Ds.\ J_1\ Ds_1.\ \frac{3\cos\vartheta\cos\vartheta_1 - 2\cos\varepsilon}{r^2};$$

dabei ist unter A^2 ein constanter Factor zu verstehen, während ϑ, ϑ_1 und ε diejenigen Winkel bezeichnen, unter welchen die beiden Elemente gegen die Linie r ($Ds_1 \rightarrow Ds$), und gegen einander geneigt sind.

(φ?) . . . . Das elektromotorische Elementargesetz. — Dasselbe scheint vorläufig noch in tiefes Dunkel gehüllt. Denn die von W. Weber (1846) und F. Neumann (1847) für dasselbe gemachten Propositionen zeigen wenig Aehnlichkeit; auch sind von letzterem zwei verschiedene†) Propositionen gemacht worden, ohne bestimmte Entscheidung zu Gunsten der einen oder andern.

Die beiden Integralgesetze (*A.*) und (*F.*) sind ausgezeichnet durch ihre Einfachheit, sowie durch die, in Folge experimenteller Prüfung, ihnen zu Theil gewordene Zuverlässigkeit.

Weniger Günstiges ist zu sagen in Betreff des Ampère'schen Gesetzes (α.). Denn obwohl Ampère selber seine Theorie *„uniquement déduite de l'experience"* genannt hat, so dürfte doch den von ihm angestellten Experimenten, wenigstens zum Theil, nur wenig beweisende Kraft beizumessen sein. — Trotzdem würde es voreilig

---

*) Vergl. das vorliegende Werk, pg. 53, sq.

**) Vergl. das vorliegende Werk, pg. 102, sq.

***) Vergl. pg. 44, sq.

†) Vergl. pg. 221, 222.

sein, und dem naturgemäss stetigen Fortschritt der Wissenschaft wahrscheinlich nur zum Schaden gereichen, wenn man dieses Ampère'sche Gesetz, das seit einem halben Jahrhundert sich bewährt und allen exacten Forschungen als Grundstein gedient hat, ohne wirklich triftige Gründe aufgeben wollte.

Demgemäss habe ich an jenem Ampère'schen Elementargesetze (α.), oder (was dasselbe ist) an denjenigen Voraussetzungen, auf welche dieses Gesetz von Ampère basirt wurde, festhalten zu müssen geglaubt. Als eine der wichtigsten Aufgaben erschien alsdann aber die Auffindung des noch fehlenden Elementargesetzes (φ?); und hierin besteht die Hauptaufgabe des vorliegenden Werkes.

Der von mir eingeschlagene Gang entspricht der historischen Reihenfolge. — Als Ausgangspunkt für die Untersuchung der ponderomotorischen Kräfte dienen mir die von Ampère eingeführten Voraussetzungen; von denselben aus verfolge ich im Wesentlichen den theils von Ampère, theils von meinem Vater gebahnten Weg, und gelange in solcher Weise zuerst zum Elementargesetz (α.), sodann zum Integralgesetz (A.). — Sodann übergehend zur Untersuchung der elektromotorischen Kräfte, benutze ich als Ausgangspunkt das von meinem Vater aufgestellte Integralgesetz (F.), um von hier aus, unter Anwendung des allgemeinen Princips der lebendigen Kraft, sowie unter Zuhülfenahme gewisser einfacher und plausibler Voraussetzungen, einen Weg mir zu eröffnen zur Entdeckung des noch unbekannten Elementargesetzes (φ?). Die erwähnten Voraussetzungen, welche selbstverständlich auf die elektromotorischen Kräfte sich beziehen, stehen in einer gewissen Analogie mit denjenigen, welche von Ampère über die ponderomotorischen Kräfte gemacht sind.

Bei einer mathematisch-physikalischen Untersuchung wird jederzeit die Beschaffenheit und Anzahl der zu Grunde gelegten Voraussetzungen von grösster Wichtigkeit sein. Da nun diese Voraussetzungen im vorliegenden Werke, in Folge des eingeschlagenen historischen Ganges, eine gewisse Zersplitterung und Zerstreuung erfahren haben, so wird es um so nöthiger sein, wenigstens hier in der Einleitung ein übersichtliches Bild zu entwerfen von der Gesammtheit jener Voraussetzungen. — Es können dieselben folgendermassen rubricirt werden.

(1.) . . . . *Die erste Voraussetzung* *) besteht in der Annahme des allgemeinen Princips oder Axioms der lebendigen Kraft, sowie in der Annahme desjenigen Gesetzes, welches von Joule für die elektrodynamische Wärmeentwicklung aufgestellt wurde.

(2.) . . . . *Die zweite Voraussetzung* besteht in der Annahme der beiden schon erwähnten Integralgesetze (A.) und (F.).

*) Vergl. pag. 7, sq., und auch pag. 134, sq.

(3.) . . . . *Die dritte Voraussetzung**) besteht in gewissen, den ponderomotorischen und elektromotorischen Kräften beizulegenden Grundeigenschaften, nämlich in folgenden Annahmen:

Erstens: Die von einem Stromelement $J_1 Ds_1$ auf ein anderes Stromelement JDs ausgeübte ponderomotorische Kraft ist proportional dem Product JJ_1, sonst aber nur noch abhängig von der relativen Lage der beiden Elemente.

Zweitens: Die von einem Stromelement $J_1 Ds_1$ während der Zeit dt in irgend einem Punkte eines Conductors inducirte elektromotorische Kraft ist zerlegbar in zwei respective mit J_1 und dJ_1 proportionale Kräfte; diese Kräfte sind, abgesehen von den genannten Factoren, nur noch abhängig von der relativen Lage, sowie von der Aenderung der relativen Lage; sie verschwinden, sobald die relative Lage und der Werth von J_1 constant bleiben.

Drittens: Jedes Stromelement $J_1 Ds_1$ ist, hinsichtlich der von ihm ausgeübten ponderomotorischen und elektromotorischen Kräfte, ersetzbar durch seine sogenannten Componenten.

(4.) . . . . *Die vierte Voraussetzung* besteht in zwei von Ampère gemachten und häufig in Zweifel gezogenen Annahmen:

Erstens: Die ponderomotorische Kraft, mit welcher zwei Stromelemente auf einander wirken, fällt zusammen mit ihrer Verbindungslinie.

Zweitens: Die ponderomotorische Wirkung, welche ein gleichförmiger geschlossener elektrischer Strom auf ein einzelnes Stromelement ausübt, steht gegen letzteres senkrecht.

Diese Voraussetzungen führen, weil in ihnen die von Ampère selber gemachten Voraussetzungen mitenthalten sind, nothwendig zum Ampère'schen Gesetz (α.); andererseits aber führen sie auch zu einer bestimmten Form des noch fehlenden Gesetzes (φ.), nämlich zu folgendem Ergebniss:

(φ.) . . . . Die resultirende Form des elektromotorischen Elementargesetzes.**) — Die elektromotorische Kraft Edt, welche ein Stromelement $J_1 Ds_1$ in irgend einem Punkte m eines gegebenen Conductors während der Zeit dt hervorbringt, ist zerlegbar in zwei Kräfte:

$$-A^2 Ds_1 \frac{d(r J_1 \cos\vartheta_1)}{r^2} \quad \text{und} \quad + A^2 Ds_1 \frac{J_1\, dr}{r^2},$$

erstere gerechnet in der Richtung r ($Ds_1 \rightarrow m$), letztere gerechnet in der Richtung J_1. Dabei haben A^2, r, ϑ_1 dieselben, oder wenigstens analoge Bedeutungen wie im Ampère'schen Gesetze (α.).

Was die Voraussetzung (2.) betrifft, so sei bemerkt, dass das von meinem Vater aufgestellte Integralgesetz (F.), bei der Eruirung

*) Die Voraussetzungen (3.) und (4.) finden sich im vorliegenden Werke zergliedert in mehrere Hypothesen auf pag. 35, 36, ferner in mehrere Hypothesen auf pag. 112, ferner in eine Hypothese auf pag. 169, und endlich in eine letzte Hypothese auf pag. 187. — Dabei ist die grösste Sorgfalt verwendet worden, diese einzelnen Hypothesen so scharf wie möglich auszusprechen.

**) Vergl. pag. 193, sq.

des eben angegebenen Elementargesetzes (φ.), nicht in seiner ganzen Allgemeinheit, sondern nur insoweit benutzt worden ist, als dasselbe auf Stromringe ohne Gleitstellen sich bezieht, so dass es also fraglich erscheint, ob dieses Elementargesetz (φ.) mit jenem Integralgesetz (F.) auch für solche Stromringe im Einklang ist, die mit Gleitstellen versehen sind. Die betreffende specielle Untersuchung zeigt*), dass dieser Einklang in der That vorhanden ist; hierin aber dürfte, weil das Gesetz (F.) in allen Fällen, mögen Gleitstellen vorhanden sein oder nicht, auf experimentellem Wege als richtig constatirt worden ist, ein neues Argument zu erblicken sein zu Gunsten des von mir gefundenen Elementargesetzes (φ.)

Von Wichtigkeit dürfte ferner sein, dass bei Zugrundelegung der angegebenen Elementargesetze (α.) und (φ.) die Integralgesetze (A.) und (F.) nicht nur für lineare, sondern in ganz analoger Weise auch für körperliche Leiter sich ergeben.**)

Beiläufig sei erwähnt, dass ich bei meinen Untersuchungen überall Rücksicht genommen habe auf die schon vor langer Zeit von mir angedeutete Möglichkeit***), dass vielleicht die elektrischen Kräfte (ähnlich wie die ordinären Kräfte) proportional sein könnten mit einer Function der Entfernung r, welche nur für beträchtliche Entfernungen identisch mit $\frac{1}{r^2}$, hingegen für sehr kleine Entfernungen von anderer und noch unbekannter Beschaffenheit ist. Hier in der Einleitung indessen habe ich, um einen vorläufigen Ueberblick meiner Untersuchungen möglichst zu erleichtern, überall nur den Fall beträchtlicher Entfernungen ins Auge gefasst†).

Unter den Voraussetzungen (1.), (2.), (3.), (4.), erscheint am Bedenklichsten die letzte. Mit Rücksicht hierauf erlaube ich mir hinzu-

---

*) Vergl. den Satz auf pag. 227, 228.

**) Vergl. pag. 165, 176 und 213.

***) Ich beziehe mich hier auf meine Schrift: „*Explicare tentatur, quomodo fiat, ut lucis planum polarisationis per vires electricas vel magneticas declinetur*" (*Halis Saxonum*, 1858), welche später in ausführlicherer Gestalt unter dem Titel: „Die magnetische Drehung der Polarisationsebene des Lichts" (Halle, 1863) von Neuem erschienen ist. Vergl. in letzterer Schrift namentlich pag. 16, sq. — Dieselbe Anschauungsweise findet man übrigens auch in meinen „Principien der Elektrodynamik" (Programm der Tübinger Universität vom Juli 1868).

†) Zur leichtern Orientirung sei bemerkt, dass ich im vorliegenden Werk unter φ und ψ durchweg zwei Functionen von r verstehe, welche für *beträchtliche* r respective identisch sind mit $\frac{1}{r}$ und mit $\sqrt{r}$.

weisen auf eine neuerdings von mir ausgeführte **allgemeinere Untersuchung***), bei welcher die Voraussetzung (4.) **unterdrückt** ist, die Voraussetzungen (1.), (2.), (3.) hingegen ungeändert beibehalten sind. Das Resultat dieser Untersuchung besteht schliesslich darin, dass man für die ponderomotorischen Kräfte wiederum das Ampère'sche Elementargesetz, andererseits für die elektromotorischen Kräfte ebenfalls das **vorhin angegebene** Elementargesetz erhält. — Dieses Resultat dürfte einigermassen dazu angethan sein, das Zutrauen zum Ampère'schen Gesetz zu steigern.

Bekanntlich ist in den letzten Jahren von Helmholtz der Versuch gemacht worden, das Ampère'sche Gesetz umzustossen, und an seine Stelle ein anderes Gesetz treten zu lassen, welches von Helmholtz selber in seinem letzten Aufsatz**) als „Potentialgesetz" bezeichnet wird. Doch scheint diese Helmholtz'sche Theorie, wie ich schon im vergangenen Jahr äusserte***), und wie ein wenig später auch von Riecke bemerkt worden ist†), in diametralem Widerspruch zu stehen mit einer bekannten experimentellen Thatsache. Denn bringt man das Helmholtz'sche „Potentialgesetz" in Anwendung auf einen sogenannten elektromagnetischen Rotationsapparat, so wird das von dem Magnet (oder Solenoid) auf den beweglichen Stromleiter ausgeübte Drehungsmoment, berechnet nach dem „Potentialgesetz", nothwendig **Null** sein, so dass also jener Stromleiter, falls er zu Anfang in Ruhe ist, beständig in Ruhe verharren müsste, was der Erfahrung widerspricht.

Dass das erwähnte Drehungsmoment, nach dem „Potentialgesetz" berechnet, **Null** ist, hat Helmholtz in seinem letzten Aufsatz anerkannt††). Nach seiner Ansicht ist indessen wesentlich Rücksicht zu nehmen auf diejenigen Vorgänge, welche bei einem solchen Apparat an der **Gleitstelle** stattfinden; denn an dieser Stelle seien die Stromleiter entweder durch **Quecksilber** oder (im Falle federnder Reibung) wenigstens durch eine dünne **Uebergangsschicht** mit einander verbunden; nach dem „Potentialgesetz" müssten aber die Stromfäden im Quecksilber oder in der Uebergangsschicht gewisse Winkeldrehungen

---

*) Abhandlungen der Kgl. Sächs. Ges. d. Wiss., 1873, pag. 419, sq.

**) Monatsberichte d. Kgl. Akad. zu Berlin vom 6. Februar, 1873.

***) Ber. d. Kgl. Sächs. Ges. d. Wiss. vom 3. Aug. 1872, pag. 157 (in den Separatabzügen auf pag. 16); vergl. auch die Math. Annalen, Bd. V. pag. 614, und d. vorliegende Werk, pag. 77, seq.

†) Nachrichten d. Kgl. Ges. d. Wiss. zu Göttingen vom 14. Aug. 1872, pag. 8.

††) Monatsbericht d. Kgl. Akad. zu Berlin vom 6. Februar 1873, pag. 102.

machen; und hierdurch erkläre sich, dass der bewegliche Stromleiter, obwohl das auf ihn selber ausgeübte Drehungsmoment Null ist, dennoch in Rotation gerathe*).

Uebrigens ist zu erwähnen, dass Helmholtz gleichzeitig gewisse Experimente**) angedeutet hat, mit Hülfe deren es nach seiner Ansicht vielleicht möglich sein werde, die Frage, ob das „Potentialgesetz“ gegenüber dem Ampère'schen Gesetze in Wirklichkeit den Vorzug verdiene, zur Entscheidung zu bringen. — — —

Eine befriedigende Theorie der elektrischen Erscheinungen zu finden, ist vielleicht eine Aufgabe für Jahrhunderte. Alles, was in theoretischer Beziehung vorläufig geschehen kann, besteht darin, dass wir das Gebiet dieser Erscheinungen in verschiedenen Richtungen und von verschiedenen Ausgangspunkten mit grösster Sorgfalt zu durchwandern suchen. Im vorliegenden Theil meines Werkes habe ich diejenige Richtung weiter zu verfolgen mich bemüht, welche indicirt war durch die Arbeiten Ampère's und durch diejenigen meines Vaters. In einem später folgenden Theil werde ich mit gleicher Sorgfalt diejenige andere Richtung zu verfolgen suchen, welche indicirt ist durch die Arbeiten Weber's und Kirchhoff's.

Leipzig, 1. Juli 1873.

Carl Neumann.

---

*) Die betreffende Stelle des Helmholtz'schen Aufsatzes (l. c. pag. 102) lautet wörtlich:

„Wenn, wie in dem Beispiel des Hrn. Riecke, ein Radius eines Kreises den „Strom vom Mittelpunkt desselben, um den er drehbar ist, zur leitenden Peripherie „führt, und dabei unter dem Einfluss anderer concentrischer Kreisströme steht, „so wirkt, wie Hr. Riecke richtig bemerkt, nach dem Potentialgesetz unmit-„telbar gar keine Kraft auf den festen Theil des Radius, dessen relative Lage „gegen die Kreisströme sich nicht verändert, und es kommt allein das Kräftepaar „zur Erscheinung, welches auf die Uebergangsschicht an der Gleitstelle wirkt. „Dieses aber bedingt in der That den ganzen Erfolg.“

**) l. c. pag. 103, 104.

Inhalts-Register des ersten Theils.

Erster Abschnitt.

Ueber die Art und Weise, in welcher das allgemeine Axiom der lebendigen Kraft benutzt werden kann zur näheren Erforschung der elektrischen Kräfte.

Abgesehen von diesen Erörterungen über das genannte Axiom, enthält der vorliegende Abschnitt mancherlei Präliminarien, so z. B. die Fundamentalgleichungen für die Wirkung der ponderomotorischen und elektromotorischen Kräfte.

Zweiter Abschnitt.

Ueber die gegenseitige ponderomotorische Einwirkung zwischen zwei linearen Leitern, welche von elektrischen Strömen ddurchflossen sind.

Das von Ampère für diese Einwirkung aufgestellte Elementargesetz und die auf dieses Gesetz theils von Ampère selber, theils von F. Neumann basirte Theorie werden, in etwas erweiterter Gestalt, von Neuem dargelegt.

Dritter Abschnitt.

Untersuchungen gewisser Integrale, welche über geschlossene Curven hinerstreckt sind.

Es enthält dieser Abschnitt gewisse Betrachtungen, welche voranzuschicken erforderlich ist, falls langwierige Unterbrechungen in den nächstfolgenden Abschnitten vermieden werden sollen.

Vierter Abschnitt.

Ueber die gegenseitige elektromotorische Einwirkung zwischen zwei linearen Leitern, welche von elektrischen Strömen durchflossen sind.

Das für diese Einwirkung anzunehmende Elementargesetz wird ermittelt, jedoch in einer Form, die vorläufig noch behaftet ist mit einer nicht unbeträchtlichen Anzahl von unbekannten Functionen der Entfernung.

Fünfter Abschnitt.

Ueber die gegenseitige ponderomotorische Einwirkung zwischen zwei körperlichen Leitern, welche von elektrischen Strömen durchflossen sind.

Die Betrachtungen dieses Abschnitts haben zu ihrer Basis das Ampère'sche Elementargesetz. Sie werden hinleiten zu einer gewissen Erweiterung des von F. Neumann speciell für lineare Leiter (nämlich für lineare elektrische Stromringe) aufgestellten Integralgesetzes.

Sechster Abschnitt.

Ueber die gegenseitige elektromotorische Einwirkung zwischen zwei körperlichen Leitern, welche von elektrischen Strömen durchflossen sind.

Das Elementargesetz der elektromotorischen Kräfte, dessen Entwicklung im vierten Abschnitt von Stufe zu Stufe vorgeschritten war, wird endlich durch die Betrachtungen des gegenwärtigen Abschnittes seine definitive Gestaltung (und zugleich einen bemerkenswerthen Grad von Einfachheit) erlangen.

Siebenter Abschnitt.

Vergleichung des für die elektromotorischen Kräfte gefundenen Elementargesetzes mit demjenigen, welches von F. Neumann proponirt worden ist.

Es wird gezeigt werden, dass diese beiden Gesetze, wenn auch in vielen Fällen mit einander im Einklang, doch im Allgemeinen verschiedene sind. Ferner wird auf ein bestimmtes experimentelles Factum hingewiesen werden, welches für das erstere, und gegen das letztere Gesetz zu sprechen scheint.

Achter Abschnitt.

Die Theorie der unendlich kleinen Ströme und der sogenannten Solenoide.

Bei diesen Expositionen wird durchweg vorausgesetzt werden, dass die Entfernungen beträchtliche sind, so dass also die im Ampère'schen Gesetz (pag. 44) enthaltene Function ψ gleich $\sqrt{r}$ gesetzt werden kann.

Verbesserungen.

Seite 38, Zeile 4 v. o. setze man $\overset{II}{\rho}(r)$ statt $\rho(r)$.

„ 77 ist dem Passus Zeile 7—19 v. o. eine etwas andere Gestalt zu geben, nämlich folgende: „Unterwirft man die in solcher Weise sich ergebenden elementaren Drehungsmomente einer näheren Untersuchung, so zeigt sich (und zwar für **jeden** beliebigen Werth der Constanten k) volle Uebereinstimmung mit den Anforderungen des allgemeinen Princips der Action und Reaction. — Soweit also würde kein Einwand zu erheben sein . . . .“.
Ich verdanke diese **Berichtigung** einer gelegentlichen Bemerkung von **Helmholtz** (Monatsberichte der Berliner Ak. d. Wiss., Februar 1873, pag. 94).

„ 214, in der Ueberschrift des § lese man „elektromotorischen“ statt „elektrischen“.

„ 238, Zeile 16 v. o. setze man „Arbeit S“ statt „Arbeit s“.

„ 250, in der Ueberschrift des § lese man „und“ statt „oder“.

Erster Abschnitt.

Ueber die Art und Weise, in welcher das allgemeine Axiom der lebendigen Kraft benutzt werden kann zur näheren Erforschung der elektrischen Kräfte.

Abgesehen von diesen Erörterungen über das genannte Axiom, enthält der Abschnitt mancherlei Präliminarien, so z. B. die Fundamentalgleichungen für die Wirkung der ponderomotorischen und elektromotorischen Kräfte.

---

§. 1. Ueber die Bewegung der elektrischen Materie im Innern eines ponderablen Körpers, und die damit verbundene Wärmeentwicklung.

Die elektrische Materie im Innern eines gegebenen ponderablen Körpers werde durch irgend welche Ursachen oder Kräfte (deren Entstehung und Beschaffenheit vorläufig ganz dahingestellt bleiben mag) in Bewegung versetzt und in Bewegung erhalten; in Folge dessen wird offenbar die Vertheilung dieser Materie von Augenblick zu Augenblick eine andere werden. Es soll der Zusammenhang, in welchem Bewegung und Vertheilung zu einander stehen, näher untersucht werden.

Dabei ist zu bemerken, dass man unter der elektrischen Bewegung die **relative** Bewegung der elektrischen Materie in Bezug auf die ponderable Masse versteht; demgemäss mag der Betrachtung ein rechtwinkliges Axensystem ($\mathfrak{x}$, $\mathfrak{y}$, $\mathfrak{z}$) zu Grunde gelegt werden, welches mit der ponderablen Masse des gegebenen Körpers in starrer Verbindung steht, an der etwaigen Bewegung dieser ponderablen Masse also theilnimmt. Auch sei vorausgesetzt, dass die zu betrachtende elektrische Bewegung eine stetige ist, so dass sie also ihrer Richtung und Stärke nach als constant angesehen werden darf für alle Puncte eines unendlich kleinen Volumelements und für alle Augenblicke eines unendlich kurzen Zeitintervalls.

Construirt man an irgend einer Stelle $\mathfrak{x}$, $\mathfrak{y}$, $\mathfrak{z}$ im Innern des Körpers ein Flächenelement $D\omega$, senkrecht gegen die zur Zeit t daselbst vorhandene elektrische Bewegung, so kann die während des Zeitelementes dt durch $D\omega$ hindurchfliessende Elektricitätsmenge bezeichnet werden durch:

(1.) $J\,dt$,

oder auch durch:

(2.) $i\,D\omega\,dt$,

wo alsdann $J\ (=i\,D\omega)$ die Stärke des durch $D\omega$ gehenden Stromes, andererseits i die Stärke der im Puncte $\mathfrak{x}$, $\mathfrak{y}$, $\mathfrak{z}$ vorhandenen Strömung genannt wird. Denkt man sich die Strömung i geometrisch dargestellt durch eine (vom Punct $\mathfrak{x}$, $\mathfrak{y}$, $\mathfrak{z}$ ausgehende) Linie von entsprechender Richtung und Länge, so werden die senkrechten Projectionen dieser Linie auf die Coordinatenaxen bezeichnet als die Strömungscomponenten. Sind die Werthe dieser letztern also $\mathfrak{u}$, $\mathfrak{v}$, $\mathfrak{w}$, so wird $\mathfrak{u}^2 + \mathfrak{v}^2 + \mathfrak{w}^2 = i^2$ sein.

Diese Definitionen vorausgeschickt, soll nun zunächst diejenige Elektricitätsmenge $d\mu$ berechnet werden, welche während der Zeit dt hindurchfliesst durch ein im Innern des Körpers **beliebig** gegebenes Flächenelement Do.

Wir construiren parallel mit der durch Do gehenden Strömung i einen Cylinder, welcher die Peripherie des Elementes Do zur Leitcurve hat, und construiren ferner in diesem Cylinder einen senkrechten Querschnitt $D\omega$, unendlich nahe an Do. In Folge der vorausgesetzten Stetigkeit hat die elektrische Strömung in den Puncten des von Do, $D\omega$ begrenzten Cylindersegmentes überall einerlei Stärke und Richtung, also überall die Stärke i und die Richtung des Cylinders. Die gesuchte, während der Zeit dt durch Do fliessende Elektricitätsmenge $d\mu$ ist daher ebenso gross wie die während dieser Zeit durch $D\omega$ fliessende, und besitzt folglich, nach (2.), den Werth:

Fig. 1.

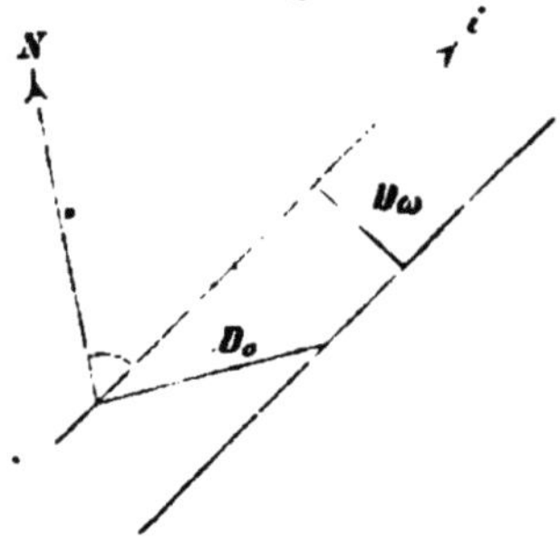

(3.) $d\mu = i\,D\omega\,dt$.

Hierfür kann, weil $D\omega = Do \cos(i, N)$ ist, auch geschrieben werden:

(4.a) $d\mu = i \cos(i, N)\,Do\,dt$,

oder auch:

(4.b) $d\mu = [\mathfrak{u} \cos(\mathfrak{x}, N) + \mathfrak{v} \cos(\mathfrak{y}, N) + \mathfrak{w} \cos(\mathfrak{z}, N)]\,Do\,dt$.

Denn es soll N die Normale von Do vorstellen; und es sind also (i, N) und $(\mathfrak{x}, N)$, $(\mathfrak{y}, N)$, $(\mathfrak{z}, N)$ diejenigen Winkel, unter welchen die Normale N gegen i und gegen die Coordinatenaxen geneigt ist. Gleichzeitig sollen $\mathfrak{u}$, $\mathfrak{v}$, $\mathfrak{w}$ die Componenten von i vorstellen.

Die Formel (4.a, b) repräsentirt den analytischen Ausdruck für diejenige Elektricitätsmenge $d\mu$, welche durch ein völlig beliebig gegebenes Flächenelement Do, und zwar in dem durch die Normale N indicirten Sinne, während der Zeit dt hindurchfliesst.

Bringt man das Element Do (ohne seinen Ort zu ändern) successive in diejenigen speciellen Lagen Do_1, Do_2, Do_3, bei denen seine Normale N parallel ist mit der $\mathfrak{x}$-, $\mathfrak{y}$-, $\mathfrak{z}$-Axe, so geht die Formel (4.b) successive über in:

$$(5.)\qquad \begin{aligned} d\mu_1 &= \mathfrak{u}\, Do_1\, dt, \\ d\mu_2 &= \mathfrak{v}\, Do_2\, dt, \\ d\mu_3 &= \mathfrak{w}\, Do_3\, dt. \end{aligned}$$

Diese Ausdrücke sind vollkommen analog mit dem Ausdruck (2.). Demgemäss ergeben sich conforme Definitionen einerseits, aus (2.), für die Strömung i, andererseits, aus (5.), für die Strömungscomponenten $\mathfrak{u}$, $\mathfrak{v}$, $\mathfrak{w}$.

Zufolge (2.) wird nämlich die Strömung selber (d. i. i) zu definiren sein als diejenige Elektricitätsmenge, welche durch ein gegen ihre Bewegungsrichtung senkrechtes Flächenelement von der Grösse Eins hindurchgeht während der Zeiteinheit.

Andererseits wird zufolge (5.) jede Strömungscomponente (d. i. $\mathfrak{u}$ oder $\mathfrak{v}$ oder $\mathfrak{w}$) zu definiren sein als diejenige Elektricitätsmenge, welche während der Zeiteinheit hindurchfliesst durch ein gegen die betreffende Axe senkrechtes Flächenelement von der Grösse Eins.

Es sei nun irgendwo im Innern des Körpers eine geschlossene Fläche construirt von beliebiger Gestalt und Grösse; und es seien M und $M + dM$ diejenigen Elektricitätsmengen, welche innerhalb dieser Fläche sich vorfinden zu den Zeiten t und $t + dt$. Alsdann wird:

$$(6.)\qquad \begin{aligned} M &= \Sigma\, \varepsilon\, Dv, \\ M + dM &= \Sigma\left(\varepsilon + \frac{d\varepsilon}{dt}\, dt\right) Dv, \end{aligned}$$

wo die Summation (oder Integration) Σ sich hinerstreckt über alle innerhalb der Fläche vorhandenen Volumelemente Dv, und wo ε die Dichtigkeit der elektrischen Materie bezeichnet.

Die Differenz dM repräsentirt offenbar diejenige Elektricitätsmenge, welche während der Zeit dt durch die einzelnen Elemente Do der construirten Fläche in das Innere derselben hineingeströmt ist, und kann daher nach (4.a, b) so ausgedrückt werden:

$$(7.a)\qquad \begin{aligned} dM &= dt\,.\,\Sigma\, i \cos(i, N)\, Do, \\ &= dt\, \Sigma[\mathfrak{u}\cos(\mathfrak{x}, N) + \mathfrak{v}\cos(\mathfrak{y}, N) + \mathfrak{w}\cos(\mathfrak{z}, N)]\, Do. \end{aligned}$$

Hieraus folgt durch eine bekannte Umgestaltung:

$$(7.b)\qquad dM = -\, dt\,.\,\Sigma\left[\frac{\partial \mathfrak{u}}{\partial \mathfrak{x}} + \frac{\partial \mathfrak{v}}{\partial \mathfrak{y}} + \frac{\partial \mathfrak{w}}{\partial \mathfrak{z}}\right] Dv.$$

Fig. 2.

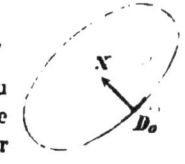

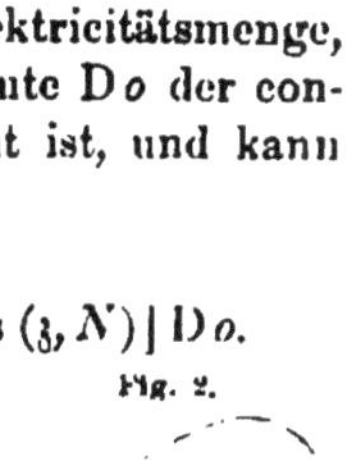

Dabei ist unter N die innere Normale von Do zu verstehen, und die Integration Σ in (7.a) über alle Elemente Do der construirten Fläche, in (7.b) über alle Elemente Dv des von ihr umschlossenen Volumens ausgedehnt zu denken.

Substituirt man in (7.a, b) den für dM aus (6.) sich ergebenden Werth, so erhält man (nach Fortlassung des gemeinschaftlichen Factors dt):

$$(8.a)\qquad \Sigma \frac{d\varepsilon}{dt}\,\mathrm{Dv} = \Sigma i \cos(i, N)\,\mathrm{D}o,$$

$$(8.b)\qquad = -\Sigma\left[\frac{\partial \mathfrak{u}}{\partial \mathfrak{x}} + \frac{\partial \mathfrak{v}}{\partial \mathfrak{y}} + \frac{\partial \mathfrak{w}}{\partial \mathfrak{z}}\right]\mathrm{Dv}.$$

Denkt man sich nun endlich das von der construirten Fläche umschlossene Volumen als ein unendlich kleines, als identisch mit einem einzelnen Volumelement Dv, so gewinnen die Formeln (8.a, b) folgende Gestaltung:

$$(9.a)\qquad \frac{d\varepsilon}{dt}\,\mathrm{Dv} = \frac{\Sigma\, i \cos(i, N)\,\mathrm{D}o}{\mathrm{Dv}}\,\mathrm{Dv},$$

$$(9.b)\qquad = -\left[\frac{\partial \mathfrak{u}}{\partial \mathfrak{x}} + \frac{\partial \mathfrak{v}}{\partial \mathfrak{y}} + \frac{\partial \mathfrak{w}}{\partial \mathfrak{z}}\right]\mathrm{Dv}.$$

Dabei ist in (9.a) die unendlich kleine Oberfläche des betrachteten Volumelements Dv zerlegt zu denken in unendlich kleine Elemente zweiter Ordnung Do, und über diese Elemente zweiter Ordnung hinerstreckt zu denken die mit Σ bezeichnete Integration.

Wir betrachten nun ferner die Oberfläche des gegebenen Körpers, indem wir dabei, der Einfachheit willen, die Annahme machen, derselbe sei eingehüllt von einem isolirenden Medium. Es sei Do ein Element jener Oberfläche, und es seien ferner M und M + dM diejenigen Elektricitätsmengen, welche auf Do vorhanden sind zu den Zeiten t und $t + dt$; alsdann wird:

$$(10.)\qquad \begin{aligned} \mathrm{M} &= \bar{\varepsilon}\,\mathrm{D}o, \\ \mathrm{M} + d\mathrm{M} &= \left(\bar{\varepsilon} + \frac{d\bar{\varepsilon}}{dt}\,dt\right)\mathrm{D}o, \end{aligned}$$

falls nämlich $\bar{\varepsilon}$ die Dichtigkeit der auf Do ausgebreiteten Elektricität vorstellt. Es ist $\mathrm{M} - (\mathrm{M} + d\mathrm{M}) = -d\mathrm{M}$; so dass also dieses $-d\mathrm{M}$ als diejenige Elektricitätsmenge bezeichnet werden kann, welche das Element Do während der Zeit dt verlassen hat.

Wir construiren die innere Normale N des Elements Do, construiren sodann ferner parallel mit der in unmittelbarer Nähe von Do vorhandenen Strömung i einen Cylinder, welcher die Peripherie von Do zur Leitcurve hat, und construiren endlich in diesem Cylinder einen senkrechten Querschnitt Dω, unendlich nahe an Do. In Folge der vorausgesetzten Stetigkeit hat die elektrische Strömung in den Puncten des von Do, Dω begrenzten Cylindersegmentes überall einerlei Stärke und Richtung, nämlich die Stärke i und die Richtung des Cylinders. Jene während der Zeit dt das Flächenelement Do verlassende Elektricitätsmenge $-d$M ist daher von gleicher Grösse mit derjenigen Elektricitätsmenge, welche während dieser Zeit durch Dω hindurchfliesst, und hat also nach (3.) den Werth:

Fig. 3.

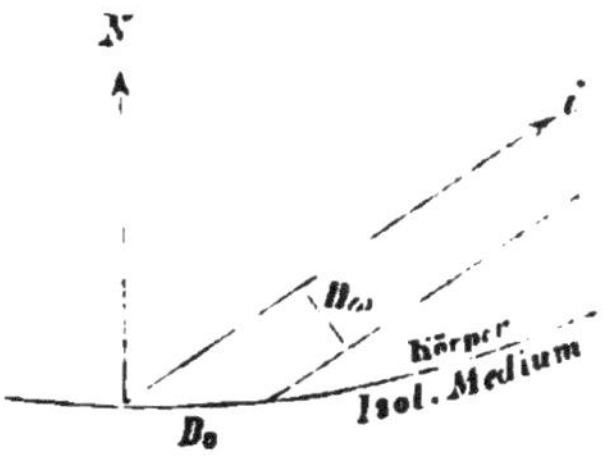

(11.) $$-d\mathsf{M} = i\,\mathrm{D}\omega\,dt.$$

Hieraus folgt:

(12.) $$d\mathsf{M} = -i\,\mathrm{D}\omega\,dt.$$

Diese Formel aber kann [vergl. die früher bei (4.a, b) ausgeführten Operationen] leicht in folgende Gestalten versetzt werden:

(13.a) $$d\mathsf{M} = -i\cos(i, N)\,\mathrm{D}o\,dt,$$

(13.b) $$= -[\mathfrak{u}\cos(\mathfrak{x}, N) + \mathfrak{v}\cos(\mathfrak{y}, N) + \mathfrak{w}\cos(\mathfrak{z}, N)]\,\mathrm{D}o\,dt.$$

Substituirt man endlich hier für dM den aus (10.) sich ergebenden Werth, so erhält man (nach Fortlassung des gemeinschaftlichen Factors dt):

(14.a) $$\frac{d\bar{\varepsilon}}{dt}\mathrm{D}o = -i\cos(i, N)\,\mathrm{D}o,$$

(14.b) $$= -[\mathfrak{u}\cos(\mathfrak{x}, N) + \mathfrak{v}\cos(\mathfrak{y}, N) + \mathfrak{w}\cos(\mathfrak{z}, N)]\,\mathrm{D}o.$$

Die Formeln (9.a, b) und (14.a, b) repräsentiren den gesuchten Zusammenhang, der zwischen den elektrischen Dichtigkeiten $\varepsilon, \bar{\varepsilon}$ einerseits und den elektrischen Strömungen $\mathfrak{u}, \mathfrak{v}, \mathfrak{w}$ andererseits stattfindet.

In Betreff der durch die elektrischen Strömungen sich entwickelnden Wärme gehen wir aus von dem (experimentell gefundenen) Joule'schen Gesetz, demzufolge die in einem Drahtelement durch einen elektrischen Strom erzeugte Wärmemenge proportional ist mit dem Quadrat der Stromstärke, proportional dem sogenannten Widerstande des Drahtelements und proportional der Zeit. Ist also Ds die Länge, q der Querschnitt, k die Leitungsfähigkeit, mithin $\frac{\mathrm{D}s}{kq}$ der Widerstand des Drahtelements, und ist ferner J die Stromstärke, so wird die in dem Element während der Zeit dt sich entwickelnde Wärmemenge dQ den Werth haben:

(15.) $$dQ = \frac{J^2\,\mathrm{D}s}{kq}\,dt.$$

Denkt man sich die Maasseinheiten für die räumlichen Dimensionen, für die Zeit und für die Stromstärke in irgend welcher Weise festgesetzt, so wird man trotzdem aus dieser Formel (15.) für die Wärmemenge dQ sehr verschiedene Zahlenwerthe erhalten je nach der jedesmal für k gewählten Maasseinheit. Diese Willkühr mag beseitigt werden.

Ueber die Maasseinheiten der räumlichen Dimensionen, der Zeit, und der elektrischen Stromstärken sollen allerdings bestimmte Determinationen unterbleiben. Hingegen soll die für die elektrische Leitungsfähigkeit k zu wählende Maasseinheit jenen andern Maasseinheiten in solcher Weise adjungirt gedacht werden, dass der aus (15.) für dQ sich ergebende Zahlenwerth die entwickelte Wärmemenge in **mechanischem** Maasse darstellt, also diejenige lebendige Kraft repräsentirt, welche dieser Wärmemenge äquivalent ist.

Finden elektrische Strömungen statt in einem Körper von beliebiger Gestalt, und ist Dv irgend ein Volumelement des Körpers von solcher Kleinheit, dass die elektrische Strömung i in allen Puncten von Dv einerlei Richtung und Stärke hat, so wird man, um die in diesem Volumelement sich entwickelnde Wärmemenge zu ermitteln, dasselbe zu zerlegen haben in Elemente zweiter Ordnung, und zwar in lauter cylindrische Elemente parallel mit i. Betrachtet man ein solches cylindrisches Element für sich allein, und bezeichnet man seine Länge mit Ds, seinen Querschnitt mit q, seine Leitungsfähigkeit mit k, so findet man für die in demselben während der Zeit dt entstehende Wärmemenge [nach (15.)] den Werth:

$$\frac{(qi)^2 \, \mathrm{D}s}{kq} \, dt;$$

denn die in dem cylindrischen Element vorhandene Stromstärke J ist gleich dem Querschnitt q multiplicirt mit der Strömungsstärke i [vergl. (1.), (2.)]. Dieser Werth kann so geschrieben werden:

$$\frac{i^2 \, . \, q \, \mathrm{D}s}{k} \, dt.$$

Die in dem gegebenen Volumelement Dv entstehende Wärmemenge dQ ergiebt sich hieraus durch Summation; und hat also den Werth:

$$dQ = \frac{i^2 \, (\Sigma \, q \, \mathrm{D}s)}{k} \, dt$$

d. i.

$$(16.) \qquad dQ = \frac{i^2 \, \mathrm{D}v}{k} \, dt.$$

Die beiden Formeln (15.) und (16.) können also angesehen werden als der analytische Ausdruck des Joule'schen Gesetzes für lineare und räumliche Stromelemente.

§. 2. **Das allgemeine Axiom der lebendigen Kraft, und die durch dasselbe postulirte Function.**

Für materielle Systeme von gewisser specieller Beschaffenheit, welche (strenge genommen) nur unserer Gedankenwelt angehören, kann der Satz der lebendigen Kraft bezeichnet werden als eine unmittelbare mathematische Consequenz unserer mechanischen Grundvorstellungen. Solches ist der Fall, sobald das gedachte System aus unveränderlichen, discreten Massenpuncten besteht, und von Kräften beherrscht wird, welche, abgesehen von den Massen selber, nur noch von den augenblicklichen Entfernungen abhängen. Auch ist bekannt, dass der Satz in diesem Fall für jeden beliebigen Zeitraum $t_1 \ldots t_2$ seinen Ausdruck findet in der Formel:

(1.) $$(T_2 - T_1) + (\mathfrak{F}_2 - \mathfrak{F}_1) = S_{12}.$$

Hier repräsentirt T die lebendige Kraft des Systemes, und $\mathfrak{F}$ eine gewisse dem System eigenthümlich zugehörige Function, deren Werth lediglich abhängt vom augenblicklichen Zustande des Systems; selbstverständlich sind dabei unter T_1, $\mathfrak{F}_1$ und T_2, $\mathfrak{F}_2$ die den Zeitaugenblicken t_1 und t_2 entsprechenden Werthe von T, $\mathfrak{F}$ zu verstehen. Ausserdem bezeichnet S_{12} diejenige Arbeit, welche während des Zeitraumes $t_1 \ldots t_2$ verrichtet wird von den auf das System von Aussen her einwirkenden Kräften.

Ziehen je zwei Massenpunkte m und m' des betrachteten Systemes einander an nach dem Newton'schen Gesetz, so wird jene in der Formel (1.) enthaltene Function $\mathfrak{F}$ sich darstellen als ein Aggregat von Termen, deren jeder die Form hat

$$- K \frac{m\,m'}{r}$$

wo K eine Constante, und r die Entfernung zwischen m, m' vorstellt.

Seit langer Zeit hat nun die Vermuthung sich Bahn gebrochen, dass ein analoger Satz auch vorhanden sein müsse für jedes durch die Natur gegebene materielle System, einerlei, ob unsere Vorstellungen über die innere Beschaffenheit eines solchen Systems deutlich ausgeprägt oder völlig unbestimmt sind; und diese Vermuthung hat durch nähere Untersuchungen, namentlich über die Erscheinungen der Wärme, einen hohen Grad von Wahrscheinlichkeit erlangt.

Diesen Vermuthungen und Untersuchungen zufolge würde die Formel (1.) im Falle eines solchen beliebigen Systemes zu ersetzen sein durch folgende:

(2.a) $$(T_2 - T_1) + (\mathfrak{F}_2 - \mathfrak{F}_1) = S_{12} - Q_{12};$$

hier repräsentirt Q_{12} dasjenige Quantum Wärme, welches vom System während des Zeitraumes $t_1 \ldots t_2$ ausgestossen, d. i. nach Aussen abgegeben wird (wobei selbstverständlich eine etwaige Einschluckung

von Wärme als negative Ausstossung zu rechnen ist]. Nimmt
man statt des Zeitraumes $t_1 \ldots t_2$ ein unendlich kleines Zeitelement
dt, so wird die Formel (2.a) so zu schreiben sein:

(2.b) $dT + d\mathfrak{F} = dS - dQ,$

oder auch so:

(2.c) $dT + dQ + d\mathfrak{F} = dS.$

Dieses durch (2.a, b, c) ausgesprochene allgemeine Axiom unterscheidet sich von dem speciellen Satze (1.) nicht nur durch das hinzugetretene calorische Glied, sondern namentlich auch durch die Bedeutung von $\mathfrak{F}$. In beiden Fällen allerdings ist unter $\mathfrak{F}$ eine dem
System eigenthümlich zugehörige Function zu verstehen, deren augen-
blicklicher Werth immer nur abhängt vom augenblicklichen Zustande des Systemes. Während aber diese Function in jenem speciellen Satze (1.), auf Grund der bestimmt vorausgesetzten Beschaffenheit des Systemes, ihrem analytischen Ausdrucke nach in völlig
bestimmter Weise angegeben werden kann, wird sie in dem allgemeinen Axiom (2.a, b, c) im Allgemeinen gänzlich unbekannt sein,
ebenso unbekannt wie die Beschaffenheit des Systemes selber. Demgemäss wird das allgemeine Axiom, auf Grund der Formel (2.c), so
auszusprechen sein:

Allgemeines Axiom. Für jedes durch die Natur gegebene materielle System existirt eine durch den augenblicklichen Zustand des Systemes sich bestimmende Function $\mathfrak{F}$ von solcher Beschaffenheit, dass die während
irgend eines Zeitelementes dt von den einwirkenden äusseren Kräften verrichtete Arbeit immer in drei Theile
zerlegt werden kann, von denen der erste gleich gross ist
mit der während der Zeit dt im System sich entwickelnden
Quantität lebendiger Kraft, von denen ferner der zweite
gleich gross ist mit der während dieser Zeit vom System
ausgestossenen Wärmemenge, und von denen endlich der
dritte gleich ist dem vollständigen Differential jener
Function $\mathfrak{F}$.

Dabei ist, wie der Einfachheit willen im Folgenden stets geschehen
soll, der Zuwachs dT der lebendigen Kraft des Systemes bezeichnet
worden als die während der Zeit dt im System sich entwickelnde Quantität von lebendiger Kraft.

Bei unsern Untersuchungen werden wir nun von diesem Axiom
nur für den Fall Gebrauch machen, dass die Temperatur des Systemes
constant erhalten wird, dass also das System etwa eingetaucht ist in
eine Wärmequelle von gegebener unveränderlicher Temperatur. Alsdann wird die während der Zeit dt vom System ausgestossene
Wärmemenge dQ zugleich auch diejenige sein, welche während dieser

Zeit im System sich entwickelt hat; und es kann daher in diesem Falle das Axiom, ein wenig einfacher, so ausgedrückt werden:

Das allgemeine Axiom für den Fall constanter Temperatur. Denkt man sich das System in constanter Temperatur erhalten, so wird, mit Bezug auf jedes Zeitelement dt, die im System entwickelte Quantität von lebendiger Kraft und Wärme, vermehrt um das vollständige Differential der Function $\mathfrak{F}$, von gleicher Grösse sein mit der von den äusseren Kräften verrichteten Arbeit.

Man pflegt die Function $\mathfrak{F}$ zu bezeichnen als die potentielle Energie des Systemes. Zweckmässiger aber scheint es, einen Namen zu wählen, der nicht mehr andeutet, als was in Betreff der Function wirklich zu sagen ist. Demgemäss werde ich mir erlauben, dieses $\mathfrak{F}$ zu bezeichnen als die durch das allgemeine Axiom in Bezug auf das gegebene System postulirte Function, oder kürzer als das Postulat des Systemes.

Es soll nun im Nachfolgenden untersucht werden, in wie weit dieser Satz bei Betrachtung elektrischer Vorgänge in Einklang sich befindet mit denjenigen Gesetzen, welche einerseits von Coulomb, Poisson und Kirchhoff, andererseits von Ampère und meinem Vater in Betreff dieser Vorgänge aufgestellt worden sind; und ferner, in wie weit dieser Satz, als Axiom oder Princip adoptirt, die Mittel darbietet zur Ausfüllung der in jenen Gesetzen noch vorhandenen Lücken.

Beiläufige Bemerkung. Dass ich den hier erörterten Satz als ein Axiom, nicht aber als ein Theorem bezeichne, hat seinen Grund darin, dass wir für ein beliebiges materielles System den Inhalt des Satzes mit irgend welcher Strenge eigentlich gar nicht auszusprechen im Stande sind. Es hindert uns daran zweierlei. Erstens wissen wir bei einem solchen ganz beliebigen System nicht zu definiren, was unter dem Zustand desselben zu verstehen ist. Zweitens aber könnte sich ja bei einem solchen beliebigen System neben lebendiger Kraft und Wärme gleichzeitig vielleicht noch irgend ein drittes (mit jenen parallel stehendes) Agens entwickeln; und dann würde in die Formel des Satzes neben dT und dQ auch noch dieses dritte Agens aufzunehmen sein. -- Wenn man also auch der Ansicht ist, dass ein Satz dieser Art überall in der Natur existirt, so wird trotzdem die specielle Form, welche dem Satze in jedem einzelnen Falle zu geben ist, immer nur eine hypothetische sein können.

Ehe ich zur wirklichen Exposition meiner Untersuchungen übergehen kann, sind zunächst gewisse äusserliche Dinge zu besprechen. Es ist nämlich im höchsten Grade schwierig, in diesen Gebieten, die immer nur stückweise, zu verschiedenen Zeiten und von verschiedenen Gesichtspuncten aus behandelt worden sind, eine einheitliche Nomenclatur zu gewinnen, die den Anforderungen der Deutlichkeit und Bequemlichkeit auch nur einigermassen Genüge leistet; und es bedarf daher in dieser Beziehung einiger Vorbemerkungen.

Die elektrischen Vorgänge im Innern eines ponderablen Körpers werden zugeschrieben der sogenannten elektrischen Materie. Der Vertheilungszustand dieser Materie mag als elektrische Ladung, andererseits ihr Bewegungszustand (die Bewegung relativ genommen in Bezug auf die ponderable Masse des Körpers) als elektrische Strömung bezeichnet werden.

Der elektrische Zustand eines ponderablen Körpers, welcher also abhängig ist von den in seinen einzelnen Elementen augenblicklich vorhandenen elektrischen Ladungen und Strömungen, geht über in den sogenannten natürlichen oder unelektrischen Zustand, sobald jene Ladungen und Strömungen an allen Stellen des Körpers Null geworden sind.

Betrachtet man ein System ponderabler Körper, die in irgend welchen Bewegungen sich befinden, während gleichzeitig im Innern eines jeden irgend welche elektrische Vorgänge stattfinden, so können die in dem System vorhandenen Kräfte classificirt werden von zwei verschiedenen Gesichtspuncten aus, nach ihrem Ursprung und nach ihrer Wirkung.

Hinsichtlich ihres Ursprunges zerfallen sie in solche, welche den ponderablen Massen an und für sich inhärent sind, und in solche, welche provocirt werden durch die elektrischen Zustände derselben. Letzere zerfallen von Neuem in solche, welche von den elektrischen Ladungen, und in solche, die von den elektrischen Strömungen herrühren.

Andererseits sind die Kräfte hinsichtlich ihrer Wirkung einzutheilen in ponderomotorische und in elektromotorische, d. i. in solche, welche einwirken auf die Bewegung der ponderablen Massen, und in solche, welche einwirken auf die Bewegung der elektrischen Materie.

In Betreff aller dieser Kräfte sollen die gewöhnlichen Vorstellungen festgehalten werden. Demgemäss wird anzunehmen sein, dass

(a.) die der ponderablen Masse inhärenten Kräfte

keine elektromotorische, sondern nur eine ponderomotorische Wirkung haben; und ferner anzunehmen sein, dass dieselben, ausser von den ponderablen Massen selber, nur noch von den Entfernungen abhängen.

Was ferner

(b.) die durch elektrische Ladung provocirten Kräfte

betrifft, so wird denselben sowohl ponderomotorische als auch elektromotorische Wirkung zuzuschreiben sein. Hinsichtlich der erstern sollen die Vorstellungen von Coulomb und Poisson, hinsichtlich der letztern diejenigen von Kirchhoff zu Grunde gelegt werden.

Was endlich

(c.) die durch elektrische Strömung provocirten Kräfte

anbelangt, so ist denselben ebenfalls sowohl eine ponderomotorische als auch eine elektromotorische Wirkung beizulegen. Ihre ponderomotorische Wirkung bestimmt sich durch das bekannte Ampère'sche Elementargesetz. Für ihre elektromotorische Wirkung hingegen existirt bis jetzt noch kein Elementargesetz von hinreichender Zuverlässigkeit, sondern nur das von meinem Vater aufgefundene Integralgesetz. — Es soll im Folgenden der Versuch gemacht werden, die hier vorhandene Lücke auszufüllen, und zwar unter Benutzung des vorhin angegebenen allgemeinen Axiomes (pag. 8, 9).

Häufig wird es nöthig sein, die Kräfte (a.), (b.), (c.) gleichzeitig in Betracht zu ziehen; und hiebei mögen zur Erleichterung der Ausdrucksweise folgende einfachere Bezeichnungen und Signaturen gestattet sein.

	Bezeichnung:	*Signatur:*
(a.)	Kräfte ordinären Ursprungs oder kürzer: Ordinäre Kräfte	ord. Us,
(b.)	Kräfte elektrostatischen Ursprungs oder kürzer: Elektrostatische Kräfte . . .	elst. Us,
(c.)	Kräfte elektrodynamischen Ursprungs oder kürzer: Elektrodynamische Kräfte .	eldy. Us.

Sind z. B. X, Y, Z die Componenten derjenigen ponderomotorischen Kraft, welche ein gegebener elektrischer Körper ausübt auf eine kleine Kugel, die ebenfalls in irgend welchem elektrischen Zustande sich befindet, so wird zu setzen sein:

$$X = (X)_{\text{ord. Us}} + (X)_{\text{elst. Us}} + (X)_{\text{eldy. Us}},$$
$$Y = (Y)_{\text{ord. Us}} + (Y)_{\text{elst. Us}} + (Y)_{\text{eldy. Us}},$$
$$Z = (Z)_{\text{ord. Us}} + (Z)_{\text{elst. Us}} + (Z)_{\text{eldy. Us}},$$

wo die einzelnen Glieder diejenigen Theile von X, Y, Z vorstellen sollen, welche respective ordinären, elektrostatischen und elektrodynamischen Ursprunges sind.

§. 3. Ueber gewisse Zerlegungen der sich entwickelnden Quantitäten von lebendiger Kraft und Wärme, entsprechend den verschiedenen Kräften.

Bewegt sich ein ponderables Massenelement M mit den Coordinaten x, y, z unter der Einwirkung einer gegebenen ponderomotorischen Kraft mit den Componenten X, Y, Z, so lauten die Differentialgleichungen für diese Bewegung bekanntlich folgendermassen:

(3.) $$Mx'' = X, \quad My'' = Y, \quad Mz'' = Z,$$
vorausgesetzt, dass das zu Grunde gelegte rechtwinklige Axensystem ein absolut festes ist. Dabei bedeuten die Accente Differentiationen nach t, d. i. nach der Zeit. Multiplicirt man diese ponderomotorischen Fundamentalgleichungen (3.) mit denjenigen Verrückungen dx, dy, dz, welche M während der Zeit dt erleidet, so ergiebt sich:
$$M(x''dx + y''dy + z''dz) = Xdx + Ydy + Zdz;$$
und hieraus folgt successive:
$$M(x'dx' + y'dy' + z'dz') = Xdx + Ydy + Zdz,$$
$$d\frac{M(x'x' + y'y' + z'z')}{2} = Xdx + Ydy + Zdz,$$
(4.) $$dT = Xdx + Ydy + Zdz,$$
wo dT dasjenige Quantum lebendiger Kraft repräsentirt, welches in der Masse M hervorgerufen wird während der Zeit dt.

Ist die gegebene Kraft X, Y, Z zusammengesetzt aus mehreren partiellen Kräften:
$$X = X_{\rm I} + X_{\rm II} + \ldots\ldots,$$
$$Y = Y_{\rm I} + Y_{\rm II} + \ldots\ldots,$$
$$Z = Z_{\rm I} + Z_{\rm II} + \ldots\ldots,$$
so zerfällt jenes Quantum dT in die entsprechenden Theile:

(5.a) $$dT = (dT)_{\rm I} + (dT)_{\rm II} + \ldots\ldots,$$
welche einzeln genommen die Werthe haben:

(5.b) $$\begin{aligned}(dT)_{\rm I} &= X_{\rm I}dx + Y_{\rm I}dy + Z_{\rm I}dz,\\ (dT)_{\rm II} &= X_{\rm II}dx + Y_{\rm II}dy + Z_{\rm II}dz,\\ &\ldots\ldots\ldots\ldots\end{aligned}$$

Hier haben dx, dy, dz offenbar genau dieselbe Bedeutung wie vorhin. Denn sowohl in (3.) wie in (5.a, b) sind unter dx, dy, dz die Componenten derjenigen Verrückung zu verstehen, welche M während der Zeit dt in Wirklichkeit erleidet.

Die Theile $(dT)_{\rm I}$, $(dT)_{\rm II}$, ... können in verschiedener Weise benannt werden. So z. B. kann der Theil $(dT)_{\rm I}$ mit vollem Recht bezeichnet werden als dasjenige Quantum lebendiger Kraft, welches in M während der Zeit dt hervorgerufen wird speciell durch Einwirkung der Kraft $X_{\rm I}$, $Y_{\rm I}$, $Z_{\rm I}$; andererseits aber wird jener Theil $(dT)_{\rm I}$, auf Grund der gewöhnlichen Ausdrucksweise, auch bezeichnet werden können als die während der Zeit dt von der Kraft $X_{\rm I}$, $Y_{\rm I}$, $Z_{\rm I}$ auf M ausgeübte (ponderomotorische) Arbeit. Für dieselbe Sache ergeben sich also zweierlei Ausdrucksweisen; und es wird im Folgenden zweckmässig sein, je nach Umständen, bald die eine bald die andere zu benutzen.

Zerlegungen, welche den durch (5.a, b) angedeuteten analog sind, ergeben sich offenbar auch dann, wenn statt eines einzelnen Massenelements M ein aus beliebig vielen Elementen bestehendes System in

Betracht gezogen wird. Wird z. B. das gegebene System von Kräften beherrscht, die ihrer Natur nach in n Gattungen zerfallen, so ist dasjenige Quantum lebendiger Kraft, welches während der Zeit dt im ganzen Systeme sich entwickelt, zerlegbar in n einzelne Theile, entsprechend jenen n Gattungen.

Schliesslich sei noch bemerkt, dass die Gleichungen (3.), und folglich auch die Gleichungen (4.) und (5.a, b) im Allgemeinen unrichtig sein werden, falls man, an Stelle des absolut festen Axensystems, ein in Bewegung begriffenes Axensystem zu Grunde gelegt sich denkt. Denn multiplicirt man jene Gleichungen (3.) mit den Cosinus α, β, γ derjenigen Winkel, unter welchen eine in Bewegung begriffene Axe ξ gegen die absolut festen Axen x, y, z geneigt ist, so erhält man:

$$M(\alpha x'' + \beta y'' + \gamma z'') = \alpha X + \beta Y + \gamma Z.$$

Diese Gleichung aber hat keineswegs die Form $M\xi'' = \Xi$, sondern vielmehr die Form:

$$M\xi'' - \lambda = \Xi,$$

wo λ im Allgemeinen von Null verschieden ist. Selbstverständlich soll hier unter $\xi = \alpha x + \beta y + \gamma z + \delta$ die der Axe ξ entsprechende Coordinate von M, und unter $\Xi = \alpha X + \beta Y + \gamma Z$ die dieser Axe entsprechende Componente von (X, Y, Z) verstanden sein. Das störende Glied λ hat demgemäss den Werth:

$$\lambda = M\delta'' + M(\alpha'' x + \beta'' y + \gamma'' z) + 2M(\alpha' x' + \beta' y' + \gamma' z').$$

Einigermassen Aehnliches ist nun ferner darzulegen in Betreff der elektromotorischen Kräfte.

Auf einen starren Körper von beliebiger Grösse und Gestalt mögen einwirken irgend welche elektromotorische Kräfte, deren Componenten gegeben sind als stetige Functionen der Coordinaten und der Zeit, folglich einerlei Werthe haben für alle Puncte eines unendlich kleinen Volumelementes, und für alle Augenblicke eines unendlich kurzen Zeitintervalls.

Sind $\mathfrak{X}$, $\mathfrak{Y}$, $\mathfrak{Z}$ die Werthe jener Componenten zur Zeit t für irgend eine Stelle $\mathfrak{x}$, $\mathfrak{y}$, $\mathfrak{z}$ des Körpers, und bezeichnet $D\mathfrak{v}$ ein an dieser Stelle construirtes unendlich kleines Volumelement des Körpers, so werden die zur Zeit t in $D\mathfrak{v}$ vorhandenen elektrischen Strömungscomponenten $\mathfrak{u}$, $\mathfrak{v}$, $\mathfrak{w}$ bestimmt sein durch die Gleichungen

$$(6.)\qquad \mathfrak{u} = k\mathfrak{X}, \qquad \mathfrak{v} = k\mathfrak{Y}, \qquad \mathfrak{w} = k\mathfrak{Z},$$

wo k die elektrische Leitungsfähigkeit der in $D\mathfrak{v}$ enthaltenen ponderablen Masse vorstellt. Dabei ist vorausgesetzt, das die Bezeichnungen $\mathfrak{x}$, $\mathfrak{y}$, $\mathfrak{z}$, $\mathfrak{X}$, $\mathfrak{Y}$, $\mathfrak{Z}$ und $\mathfrak{u}$, $\mathfrak{v}$, $\mathfrak{w}$ sich beziehen auf ein rechtwinkliges Axensystem, welches starr verbunden ist mit der ponderablen Masse des betrachteten Körpers. Ob diese Masse selber in Ruhe oder Bewegung sich befindet, ist gleichgültig.

Multiplicirt man diese elektromotorischen Fundamentalgleichungen (6.) mit $\mathfrak{u}$, $\mathfrak{v}$, $\mathfrak{w}$, und addirt, so ergiebt sich:

$$\mathfrak{u}^2 + \mathfrak{v}^2 + \mathfrak{w}^2 = k\,(\mathfrak{X}\mathfrak{u} + \mathfrak{Y}\mathfrak{v} + \mathfrak{Z}\mathfrak{w}).$$

Nach dem Joule'schen Gesetz (pag. 6) ist aber die in dem Volumelement Dv während der Zeit dt sich entwickelnde Wärmemenge dQ dargestellt durch

$$dQ = \frac{\mathrm{Dv}\,(\mathfrak{u}^2 + \mathfrak{v}^2 + \mathfrak{w}^2)\,dt}{k};$$

somit ergiebt sich:

$$(7.)\qquad dQ = \mathrm{Dv}\,(\mathfrak{X}\mathfrak{u} + \mathfrak{Y}\mathfrak{v} + \mathfrak{Z}\mathfrak{w})\,dt.$$

Ist nun die elektromotorische Kraft $\mathfrak{X}$, $\mathfrak{Y}$, $\mathfrak{Z}$ zusammengesetzt aus mehreren partiellen Kräften:

$$\mathfrak{X} = \mathfrak{X}_{\mathrm{I}} + \mathfrak{X}_{\mathrm{II}} + \ldots,$$
$$\mathfrak{Y} = \mathfrak{Y}_{\mathrm{I}} + \mathfrak{Y}_{\mathrm{II}} + \ldots,$$
$$\mathfrak{Z} = \mathfrak{Z}_{\mathrm{I}} + \mathfrak{Z}_{\mathrm{II}} + \ldots,$$

so zerfällt jene Wärmemenge dQ in die entsprechenden Theile:

$$(8.a)\qquad dQ = (dQ)_{\mathrm{I}} + (dQ)_{\mathrm{II}} + \ldots,$$

welche einzeln genommen die Werthe besitzen:

$$(8.b)\qquad \begin{aligned} (dQ)_{\mathrm{I}} &= \mathrm{Dv}\,(\mathfrak{X}_{\mathrm{I}}\mathfrak{u} + \mathfrak{Y}_{\mathrm{I}}\mathfrak{v} + \mathfrak{Z}_{\mathrm{I}}\mathfrak{w})\,dt, \\ (dQ)_{\mathrm{II}} &= \mathrm{Dv}\,(\mathfrak{X}_{\mathrm{II}}\mathfrak{u} + \mathfrak{Y}_{\mathrm{II}}\mathfrak{v} + \mathfrak{Z}_{\mathrm{II}}\mathfrak{w})\,dt, \\ &\ldots\ldots\ldots\ldots \end{aligned}$$

Hier repräsentiren $\mathfrak{u}$, $\mathfrak{v}$, $\mathfrak{w}$, genau ebenso wie früher in (7.), diejenigen Strömungscomponenten, welche zur Zeit t im Elemente Dv in Wirklichkeit vorhanden sind.

Der Theil $(dQ)_{\mathrm{I}}$ wird zu bezeichnen sein als dasjenige Quantum Wärme, welches in Dv während der Zeit dt hervorgerufen wird speciell durch die Kraft $\mathfrak{X}_{\mathrm{I}}$, $\mathfrak{Y}_{\mathrm{I}}$, $\mathfrak{Z}_{\mathrm{I}}$; ebenso gut könnte man vielleicht dieses $(dQ)_{\mathrm{I}}$ auch bezeichnen als die während der Zeit dt auf das Volumen Dv von der Kraft $\mathfrak{X}_{\mathrm{I}}$, $\mathfrak{Y}_{\mathrm{I}}$, $\mathfrak{Z}_{\mathrm{I}}$ ausgeübte elektromotorische Arbeit. Doch soll von der letztern Ausdrucksweise im Folgenden kein Gebrauch gemacht werden.

Eine mit (8.a, b) analoge Zerlegung ist offenbar auch ausführbar bei derjenigen Wärmemenge, welche im ganzen Körper, oder in irgend einem System solcher Körper sich entwickelt. Zerfallen z. B. die auf das gegebene System einwirkenden elektromotorischen Kräfte in n Gattungen, so wird die während der Zeit dt im System sich entwickelnde Wärmemenge zerlegbar sein in n entsprechende Theile.

Zu bemerken ist schliesslich, dass die Gleichungen (6.) und folglich auch die Gleichungen (7.) und (8.a, b) auch dann noch gültig sind, wenn an Stelle des mit dem betrachteten Körper starr verbundenen Axensystemes irgend welches andere Axensystem zu Grunde gelegt gedacht wird; einerlei ob dasselbe absolut fest, oder begriffen ist in irgend welcher Bewegung. Multiplicirt man nämlich die Gleichungen (6.) mit den Cosinus α, β, γ derjenigen Winkel, unter welchen eine in Ruhe oder Bewegung befindliche Axe $\mathfrak{x}$ gegen die bisher benutzten Axen $\mathfrak{x}$, $\mathfrak{y}$, $\mathfrak{z}$ geneigt ist, so ergiebt sich

$$\alpha \mathfrak{u} + \beta \mathfrak{v} + \gamma \mathfrak{w} = k(\alpha \mathfrak{X} + \beta \mathfrak{Y} + \gamma \mathfrak{Z}).$$

Diese Gleichung aber sagt uns, dass

$$\mathfrak{s} = k\,\Xi$$

ist, falls man nämlich unter $\mathfrak{s}$ und Ξ die der Axe $\mathfrak{x}$ entsprechenden Componenten von $(\mathfrak{u}, \mathfrak{v}, \mathfrak{w})$ und $(\mathfrak{X}, \mathfrak{Y}, \mathfrak{Z})$ versteht.

Die zuletzt entwickelten Formeln (6.), (7.), (8.a, b) gestalten sich ein wenig anders, wenn der betrachtete Körper von linearer Beschaffenheit, nämlich drahtförmig ist; denn alsdann wird die elektrische Materie im Innern des Körpers an jeder Stelle nur nach einer bestimmten Richtung hin beweglich sein.

Als Volumelement Dv mag in diesem Falle ein Element des Drahtes, d. i. ein kleiner Cylinder genommen werden, so dass Dv $= q\,Ds$ ist, wo q den Querschnitt des Drahtes, und Ds die Länge des betrachteten Drahtelementes repräsentirt. Von der im Elemente Dv oder $q\,Ds$ vorhandenen elektromotorischen Kraft $(\mathfrak{X}, \mathfrak{Y}, \mathfrak{Z})$ kommt in diesem Falle nur diejenige Componente $\mathfrak{P}$ zur Geltung, welche parallel mit Ds ist. Die in dem Elemente vorhandene elektrische Strömung i wird daher mit Ds parallel sein, und ihrer Stärke nach sich bestimmen durch die Formel:

$$(9.) \qquad \begin{aligned} i &= k\mathfrak{P}, \\ &= k(\mathfrak{X}\mathfrak{A} + \mathfrak{Y}\mathfrak{B} + \mathfrak{Z}\mathfrak{C}); \end{aligned}$$

es ist nämlich $\mathfrak{P} = \mathfrak{X}\mathfrak{A} + \mathfrak{Y}\mathfrak{B} + \mathfrak{Z}\mathfrak{C}$, falls man unter $\mathfrak{A}$, $\mathfrak{B}$, $\mathfrak{C}$ die Richtungs-Cosinus von Ds versteht. Der Bequemlichkeit willen mag dabei, ebenso wie früher, ein Axensystem zu Grunde gelegt sein, welches mit der ponderablen Masse des betrachteten Elementes Dv oder $q\,Ds$ in starrer Verbindung sich befindet.

Aus (9) folgt durch Multiplication mit i:

$$i^2 = k\,\mathfrak{P}\,i.$$

Nun besitzt die während der Zeit dt in dem Elemente Dv $= q\,Ds$ während der Zeit dt sich entwickelnde Wärmemenge dQ nach dem Joule'schen Gesetz (pag. 6) den Werth:

$$dQ = \frac{\mathrm{Dv} \,.\, i^2 \,.\, dt}{k};$$

somit folgt:

$$(10.) \qquad \begin{aligned} dQ &= \mathrm{Dv} \,.\, \mathfrak{P} i \,.\, dt, \\ &= Ds \,.\, \mathfrak{P} J \,.\, dt. \end{aligned}$$

Es ist nämlich $qi = J$, oder (was dasselbe) $\mathrm{D}v \,.\, i = \mathrm{D}s \,.\, J$, vorausgesetzt dass man unter J die in dem betrachteten Element vorhandene Stromstärke versteht.

Ist nun die Kraft $\mathfrak{X}$, $\mathfrak{Y}$, $\mathfrak{Z}$ zusammengesetzt aus mehreren partiellen Kräften, und folglich die Componente $\mathfrak{P}$ ebenfalls zusammengesetzt aus mehreren Theilen:

$$\mathfrak{P} = \mathfrak{P}_{\mathrm{I}} + \mathfrak{P}_{\mathrm{II}} + \ldots,$$

so kann die Wärmemenge dQ zerlegt werden in die entsprechenden Theile

(11.a) $$dQ = (dQ)_{\mathrm{I}} + (dQ)_{\mathrm{II}} + \ldots,$$

welche einzeln genommen die Werthe besitzen:

(11.b) $$\begin{aligned} (dQ)_{\mathrm{I}} &= \mathrm{D}s \,.\, \mathfrak{P}_{\mathrm{I}} \,.\, J dt, \\ (dQ)_{\mathrm{II}} &= \mathrm{D}s \,.\, \mathfrak{P}_{\mathrm{II}} \,.\, J dt, \\ &\ldots\ldots\ldots\ldots \end{aligned}$$

wo J, ebenso wie in (10.), immer diejenige Stromstärke vorstellt, welche während des betrachteten Zeitelementes dt im Elemente $\mathrm{D}v = q\mathrm{D}s$ in Wirklichkeit vorhanden ist.

Es ist schon bemerkt worden, dass die Fundamentalgleichungen (3.):

(α.) $$Mx'' = X, \quad My'' = Y, \quad Mz'' = Z$$

nur gültig sind für ein absolut unbewegliches Coordinatensystem, und eine ganz andere Gestalt annehmen würden, falls man sie transformiren wollte auf ein in Bewegung begriffenes Coordinatensystem; dass hingegen die Fundamentalgleichungen (6.)

(β.) $$\mathfrak{u} = k\mathfrak{X}, \quad \mathfrak{v} = k\mathfrak{Y}, \quad \mathfrak{w} = k\mathfrak{Z}$$

gültig sind für jedes beliebige rechtwinklige Coordinatensystem, einerlei, ob dasselbe absolut fest ist, oder in irgend welcher Bewegung sich befindet.

Dass die Formeln (β.) als elektromotorische Fundamentalgleichungen von mir bezeichnet, und den ponderomotorischen Fundamentalgleichungen (α.) zur Seite gestellt sind, wird allerdings bedenklich erscheinen, dürfte indessen einigermassen gerechtfertigt sein durch den Umstand, dass fast alle Untersuchungen, die über die Bewegung der elektrischen Materie bisher angestellt worden sind, auf jene Formeln (β.) sich stützen.

In der That begegnet man den Formeln (β.) nicht nur in den Abhandlungen meines Vaters*), sondern ebenso auch in den Schriften

---

*) Vergl. F. Neumann: Die mathemat. Gesetze der inducirten elektrischen Ströme, in den Abhandl. der Berliner Akad., vorgelesen am 27. October 1847. In

von Kirchhoff*) und Helmholtz**). Dabei darf indessen nicht verschwiegen werden, dass Weber, und ebenso auch Kirchhoff, geleitet durch eine höher stehende Theorie, jenen Formeln nur eine bedingte Gültigkeit zuerkennen***), dass nämlich denselben nach der Anschauungsweise Weber's erst nach Hinzufügung gewisser Glieder ein Anspruch auf wirkliche Strenge einzuräumen ist, und dass die in solcher Weise modificirten Formeln in der That als Ausgangspunct benutzt worden sind sowohl von Weber selbst bei einer Untersuchung über die elektrische Bewegung in linearen Leitern, als auch

---

§. 2. dieses Aufsatzes findet sich nämlich für die in einem linearen Leiter entstehende Stromstärke $J = qi$ der Ausdruck angegeben:

$$J = qi = -kq\left(\frac{\partial u}{\partial s} - E\right),$$

woraus durch Fortlassung des Factors q (des Querschnittes) folgt:

$$i = k\left(E - \frac{\partial u}{\partial s}\right).$$

Dort ist unter $E - \frac{\partial u}{\partial s}$ die an der betrachteten Stelle vorhandene elektromotorische Kraft zu verstehen, gerechnet in der Richtung des Leiters. Bezeichnet man also diese Kraft mit $\mathfrak{P}$, so erhält man:

$$i = k\mathfrak{P}.$$

Diese Formel aber entspricht, für den Fall eines linearen Leiters, vollständig den von mir aufgestellten Fundamentalgleichungen (β.)

*) Vergl. Kirchhoff: Ueber die Bewegung der Elektricität in Leitern, Pogg. Annal., Bd. 102, pag. 530.

**) Vergl. Helmholtz: Ueber die Bewegungsgleichungen der Elektricität für ruhende leitende Körper, Borchardt's Journal, Bd. 72, pag. 81. Daselbst ist $\varkappa$ statt $\frac{1}{k}$ gesetzt.

***) So sagt z. B. Kirchhoff (Pogg. Ann., Bd. 100, pag. 199):

„Bei einem stationären elektrischen Strom ist die Strömung (Stromdich- „tigkeit) gleich dem Product aus der, auf die Einheit der Elektricitätsmenge be- „zogenen, elektromotorischen Kraft in die Leitungsfähigkeit; ich mache die An- „nahme, dass dasselbe auch stattfindet, wenn der Strom kein stationärer „ist. Diese Annahme wird erfüllt sein, wenn die auf die Elektricitätstheilchen „wirkenden Kräfte, welche den Widerstand ausmachen, so mächtig sind, dass „die Zeit, während welcher ein Elektricitätstheilchen noch in Bewegung bleibt „nach dem Aufhören von beschleunigenden Kräften in Folge der Trägheit, als „unendlich klein angesehen werden darf selbst gegen die kleinen Zeiträume, „welche bei einem nicht stationären elektrischen Strom in Betracht kommen."

Bei Wiedergabe dieses Citates habe ich mir in sofern eine kleine Abänderung erlaubt, als ich an Stelle des von Kirchhoff benutzten Wortes: „Stromdichtigkeit" eine etwas andere (falls ich nicht irre) von Helmholtz eingeführte Benennung, nämlich das schon im Vorhergehenden von mir benutzte Wort „Strömung" substituirt habe.

von Lorberg bei der betreffenden allgemeinern Untersuchung für körperliche Leiter*).

Wie dem auch sei —, bei denjenigen Expositionen, welche hier zu geben meine Absicht ist, sollen jene Formeln (α.) und (β.) als wirkliche Fundamentalgleichungen, oder (besser vielleicht ausgedrückt) als die Definitionen der ponderomotorischen und elektromotorischen Kräfte angesehen werden.

§. 4. Vorläufige Uebersicht über den Gang und die Ergebnisse der anzustellenden Untersuchungen.

Es sei gegeben ein System von beliebig vielen Körpern, welche in beliebigen Bewegungen begriffen sind, während gleichzeitig im Innern eines jeden irgend welche elektrische Vorgänge stattfinden. Diese Bewegungen und inneren Vorgänge finden statt unter dem Einflusse beliebig gegebener äusserer Kräfte und unter dem gleichzeitigen Einflusse der in dem System vorhandenen inneren Kräfte. Um nun diese letzteren, welche theils ordinären, theils elektrostatischen, theils elektrodynamischen Ursprungs sind, näher zu erforschen, soll von uns zu Hülfe genommen werden das allgemeine Axiom der lebendigen Kraft.

Auf den ersten Blick wird es vielleicht am Einfachsten erscheinen, bei diesen Betrachtungen das gegebene System sich selber zu überlassen, die Einwirkung äusserer Kräfte also auszuschliessen; denn alsdann verschwindet dS. Trotzdem ist es zweckmässiger, eine gewisse willkührliche Einwirkung auf das System von Aussen her uns zu reserviren; um indessen hiebei das Hineintreten neuer und unnöthiger Schwierigkeiten zu vermeiden, mag jene willkührliche äussere Einwirkung bewerkstelligt werden durch Kräfte der bekanntesten und einfachsten Art, nämlich durch Fäden, die in irgend welchen

---

*) Nach Weber's Anschauungsweise würden die Formeln (β.), falls sie Anspruch auf wirkliche Strenge haben sollen, umzugestalten sein in folgende:

$$\mu \frac{d\mathfrak{u}}{dt} + \mathfrak{u} = k\mathfrak{X},$$

$$\mu \frac{d\mathfrak{v}}{dt} + \mathfrak{v} = k\mathfrak{Y},$$

$$\mu \frac{d\mathfrak{w}}{dt} + \mathfrak{w} = k\mathfrak{Z},$$

wo μ einen Coefficienten vorstellt, welcher proportional ist mit der Trägheit der elektrischen Materie.

Vergl. Weber: Elektrodynamische Maassbestimmungen, Abhandl. der K. Sächs. Ges. d. Wss., Bd. VI, pag. 593—597; und ferner Lorberg's Aufsatz im Borchardt'schen Journal, Bd. 71, pag. 56.

ponderablen Massenpuncten des Systemes befestigt sind, und an denen
von Aussen her beliebig gezogen werden kann. Solches festgesetzt
zerfallen sämmtliche Kräfte, von denen das System beherrscht wird,
in folgende Gattungen.

(I.) Die eben genannten äusseren Zugkräfte (ponderomotorisch),

(II.) Die inneren Kräfte des Systems, welche ihrerseits zerfallen in:

(a.) Kräfte ordinären Ursprungs (ponderomotorisch),

(b.) Kräfte elektrostatischen Ursprungs (ponderomotorisch und
elektromotorisch),

(c.) Kräfte elektrodynamischen Ursprungs (ponderomotorisch
und elektromotorisch).

Die in Paranthese beigefügten Zusätze sollen andeuten, dass die Kräfte
(I.) und (II.a) nur ponderomotorisch einwirken, die Kräfte (II.b, c)
hingegen sowohl ponderomotorisch wie auch elektromotorisch.

Ausserdem sei endlich noch vorausgesetzt, dass das System (durch
in geeigneter Weise von Augenblick zu Augenblick erfolgende Wärmeableitungen) in constanter Temperatur erhalten werde.

Bringen wir nun auf dieses System das allgemeine Axiom der
lebendigen Kraft:

(12.)
$$dT + dQ + d\mathfrak{F} = dS$$

in Anwendung, so haben (vergl. namentlich pag. 9) die einzelnen Glieder dT, dQ, dS und $d\mathfrak{F}$ folgende Bedeutungen:

dT und dQ die während eines Zeitelementes dt im System
sich entwickelnden Quantitäten von lebendiger Kraft und
Wärme;

dS die während der Zeit dt von den Zugkräften (I.) verrichtete
Arbeit;

$\mathfrak{F}$ eine dem System eigenthümlich zugehörige unbekannte
Function, welche lediglich abhängt vom augenblicklichen
Zustande des Systems, und welche zu bezeichnen sein wird
als das Postulat des Systemes;

$d\mathfrak{F}$ das der Zeit dt entsprechende vollständige Differential
von $\mathfrak{F}$.

Die eben genannten Quantitäten dT, dQ können nun, auf Grund
der im vorhergehenden Paragraphen entwickelten Methode, zerlegt
werden in die Theile:

$$dT = (dT)_{\text{I}} + (dT)_{\text{II}},$$
$$dQ = (dQ)_{\text{I}} + (dQ)_{\text{II}},$$

entsprechend den vorhandenen Kräften (I.) und (II.). Dabei ist zu
beachten, dass die Kräfte (I.) keine elektromotorische Wirkung besitzen,

folglich auch keine Wärmeentwicklung veranlassen, dass mithin $(dQ)_{I}$ gleich Null ist. Somit ergiebt sich also:

$$(13.)\qquad \begin{aligned} dT &= (dT)_{I} + (dT)_{II}, \\ dQ &= \qquad\quad\; (dQ)_{II}. \end{aligned}$$

Hierdurch aber gewinnt unser Axiom (12.) folgende Gestalt:

$$(14.)\qquad (dT)_{I} + (dT)_{II} + (dQ)_{II} + d\mathfrak{J} = dS.$$

Unter $(dT)_{I}$ ist diejenige lebendige Kraft zu verstehen, welche während der Zeit dt im Systeme hervorgebracht wird speciell durch Einwirkung der äusseren Zugkräfte (I.), oder [was dasselbe, vgl. pag. 12] die von den eben genannten Kräften während der Zeit dt auf das System ausgeübte Arbeit. Folglich ist dieses $(dT)_{I}$ seiner Bedeutung nach durchaus identisch mit dS. Die das Axiom darstellende Formel (14.) reducirt sich somit auf:

$$(15.)\qquad (dT)_{II} + (dQ)_{II} + d\mathfrak{J} = 0.$$

Die Kräfte (II.) bestehen aus den dreierlei Gattungen (a.), (b.), (c.). Demgemäss können die Quantitäten $(dT)_{II}$, $(dQ)_{II}$ den weiteren Zerlegungen unterworfen werden:

$$(16.)\qquad \begin{aligned} (dT)_{II} &= (dT)_{a} + (dT)_{b} + (dT)_{c}, \\ (dQ)_{II} &= \qquad\qquad\; (dQ)_{b} + (dQ)_{c}; \end{aligned}$$

ein Glied $(dQ)_{a}$ hinzuzufügen, ist überflüssig, weil die Kräfte (a.) elektromotorisch unwirksam sind, mithin $(dQ)_{a}$ gleich Null ist. Durch Substitution der Werthe (16.) geht das allgemeine Axiom (15.) über in:

$$(17.)\qquad (dT)_{a} + [(dT)_{b} + (dQ)_{b}] + [(dT)_{c} + (dQ)_{c}] = -\, d\mathfrak{J},$$

d. i. in:

$$(18.)\qquad (dT)_{a} + (dT + dQ)_{b} + (dT + dQ)_{c} = -\, d\mathfrak{J};$$

und hiefür endlich mag, indem man die den Kräften (a.), (b.), (c.) beigelegten Signaturen (pag. 11) an Stelle der Indices setzt, geschrieben werden:

$$(19.)\qquad (dT)_{\text{ord. Us}} + (dT + dQ)_{\text{elst. Us}} + (dT + dQ)_{\text{eldy. Us}} = -\, d\mathfrak{J}.$$

Die äusseren Zugkräfte waren bereits beim Uebergange von (14.) zu (15.) eliminirt worden; die in (19.) auf der linken Seite befindlichen drei Terme:

$$(20.\text{a})\qquad (dT)_{\text{ord. Us}},$$

$$(20.\text{b})\qquad (dT + dQ)_{\text{elst. Us}},$$

$$(20.\text{c})\qquad (dT + dQ)_{\text{eldy. Us}}$$

beziehen sich mithin ausschliesslich auf die inneren Kräfte des Systems; und das durch jene Formel (19.) ausgedrückte allgemeine Axiom stellt also die Anforderung, dass die Summe dieser drei Terme

(20.a, b, c) das vollständige Differential irgend einer Function
(— ℑ) sein solle, die lediglich abhängt vom augenblicklichen Zustande
des Systems.

In Betreff der Kräfte ordinären und elektrostatischen Ursprungs
existiren bestimmte und ausreichende Elementargesetze. Auf Grund derselben wird sich ergeben, dass die beiden ersten Terme (20.a) und (20.b),
jeder für sich allein genommen, der genannten Anforderung Genüge
leisten. Solches constatirt, folgt sodann, dass der dritte Term (20.c)
für sich allein genommen, ebenfalls jener Anforderung entsprechen
muss, dass also der dritte Term das vollständige Differential
einer durch den augenblicklichen Zustand des Systems sich bestimmen-
den Function sein muss.

Für die Kräfte elektrodynamischen Ursprungs sind bis jetzt
keine ausreichenden Elementargesetze von erprobter Sicherheit vorhanden. Zur Ausfüllung dieser Lücke soll nun im Folgenden
der soeben behauptete Satz benutzt werden, dass der diesen
Kräften entsprechende Term (20.c) ein vollständiges Differential ist.

Zufolge der von uns deducirten Gleichung (19.) unterliegt es
keinem Zweifel, dass die Summe der drei Terme (20.a, b, c) ein vollständiges Differential ist. Dass hingegen Analoges auch gelte von den
beiden ersten Termen, einzeln genommen, mithin auch vom einzelnen dritten Term, — diese Behauptung bedarf noch des Nach-
weises.

Nehmen wir einstweilen an, jener Nachweis sei bereits geliefert.
Alsdann werden die genannten drei Terme ausdrückbar sein durch:

(21.a) $(dT)_{ord. Us} = - d\mathfrak{F}_a,$

(21.b) $(dT + dQ)_{elst. Us} = - d\mathfrak{F}_b,$

(21.c) $(dT + dQ)_{eldy. Us} = - d\mathfrak{F}_c,$

wo $\mathfrak{F}_a, \mathfrak{F}_b, \mathfrak{F}_c$ Functionen sind, deren jede lediglich abhängt vom augenblicklichen Zustande des Systems und deren Summe nach (19.) iden-
tisch ist mit der Function $\mathfrak{F}$; so dass also die Relation stattfindet:

(22.) $\mathfrak{F} = \mathfrak{F}_a + \mathfrak{F}_b + \mathfrak{F}_c.$

Nennen wir nun, wie schon festgesetzt wurde, $\mathfrak{F}$ kurzweg das Postulat des gegebenen Systems, so werden die Theile $\mathfrak{F}_a, \mathfrak{F}_b, \mathfrak{F}_c$ der
Reihe nach bezeichnet werden können als das ordinäre, elektro-
statische und elektrodynamische Postulat.

§. 5. Reproduction bekannter Betrachtungen über die Kräfte ordinären Ursprungs *).

Es handelt sich hier um eine weitere Untersuchung des im vorhergehenden Paragraphen näher bezeichneten Systemes. Der dort genannte Term (20.a):

$$(23.)\qquad (dT)_{\text{ord. U.}}$$

repräsentirt dasjenige Quantum lebendiger Kraft, welches während der Zeit dt im gegebenen Systeme hervorgebracht wird speciell durch die darin vorhandenen Kräfte ordinären Ursprungs. Dass dieser Term ein vollständiges Differential ist, kann mit Hülfe sehr bekannter Betrachtungen, welche hier in Kürze recapitulirt werden sollen, leicht nachgewiesen werden.

Das gegebene System von Körpern mag in lauter unendlich kleine Elemente eingetheilt gedacht werden; und es seien M_0 und M_1 irgend zwei solche Elemente, einerlei, ob sie demselben, oder verschiedenen Körpern angehören. Die ponderomotorische Wirkung, welche M_0 und M_1 auf einander ausüben, wird, mit Rücksicht auf die im System stattfindenden elektrischen Vorgänge, zusammengesetzt sein aus drei Kräften, von denen die eine ordinären, die zweite elektrostatischen, die dritte elektrodynamischen Ursprungs ist. Es handelt sich im gegenwärtigen Paragraphen indessen nur um die Kräfte ordinären Ursprungs; und in Betreff dieser ist von uns die übliche Voraussetzung gemacht worden, dass sie nur Functionen der Entfernungen sind (pag. 10). Folglich sind die Componenten der von M_1 auf M_0 ausgeübten Kraft ordinären Ursprungs von der Form:

$$(24.)\qquad \begin{aligned} X_0{}' &= -\,M_0 M_1 \frac{\partial f(r)}{\partial x_0}, \\ Y_0{}' &= -\,M_0 M_1 \frac{\partial f(r)}{\partial y_0}, \\ Z_0{}' &= -\,M_0 M_1 \frac{\partial f(r)}{\partial z_0}, \end{aligned}$$

wo x_0, y_0, z_0 und x_1, y_1, z_1 die Coordinaten von M_0 und M_1 bezeichnen, und $f(r)$ eine Function der zwischen M_0 und M_1 vorhandenen Entfernung r vorstellt.

---

*) Die Hauptabsicht bei dieser Reproduction besteht darin, einigermassen einzuleiten in den Gebrauch der im Vorhergehenden eingeführten neuen Bezeichnungsweisen, deren Zweckmässigkeit sich wohl bald in deutlicher Weise herausstellen dürfte.

Befolgten die ordinären Kräfte das Newton'sche Gesetz in voller Strenge, so würde $f(r) = -\frac{K}{r}$ sein, unter K eine positive Constante verstanden. Das genannte Gesetz bedarf indessen [wie aus den Erscheinungen der Cohäsion, Capillarität und Elasticität deutlich hervorgeht] für sehr kleine Entfernungen einer gewissen Modification. Unsere Betrachtungen aber sollen sich erstrecken auf sämmtliche in dem gegebenen System vorhandenen ordinären Kräfte, also z. B. auch auf diejenigen, durch welche in ein und demselben Körper zwei benachbarte Massenelemente mit einander verbunden sind. Demgemäss wird in den Componenten (24.) unter $f(r)$ eine Function zu verstehen sein, welche nur für beträchtliche Werthe von r identisch mit $-\frac{K}{r}$, für sehr kleine r hingegen von noch unbekannter Beschaffenheit ist.

Den Componenten (24.) entsprechend, ist der Ausdruck

$$M_0 M_1 f(r)$$

das ordinäre Potential der beiden Elemente M_0, M_1 auf einander; folglich der Ausdruck

$$O = \tfrac{1}{2} \Sigma\Sigma\, M_0 M_1\, f(r) \tag{25.}$$

zu bezeichnen als das ordinäre Potential des ganzen Systemes auf sich selber*).

Bezeichnet nun

$$d T_0{}^1$$

dasjenige Quantum lebendiger Kraft, welches während der Zeit dt von M_1 in M_0 hervorgebracht wird, und bezeichnet insbesondere

$$(d T_0{}^1)_{\text{ord. U.}}$$

denjenigen Theil dieses Quantums, welcher seine Entstehung verdankt den von M_1 auf M_0 ausgeübten Kräften ordinären Ursprungs $X_0{}^1$, $Y_0{}^1$, $Z_0{}^1$ (24.), so ergiebt sich sofort (vgl. pag. 12, 13):

$$(d T_0{}^1)_{\text{ord. U.}} = X_0{}^1 dx_0 + Y_0{}^1 dy_0 + Z_0{}^1 dz_0, \tag{26.}$$

wo dx_0, dy_0, dz_0 diejenige Verrückung repräsentiren, welche M_0 wäh-

---

*) Es soll nämlich in der Formel (25.) zunächst die eine Summation Σ bei festgehaltenem M_0 ausgedehnt sein über sämmtliche im ganzen System vorhandenen Elemente M_1; sodann aber zweitens die andere Summation Σ ausgedehnt sein über alle M_0. Jedes Elementenpaar wird also doppelt vorkommen im Ausdruck $\Sigma\Sigma$, hingegen nur einmal im Ausdruck $\frac{1}{2}\Sigma\Sigma$. In solchem Sinne soll das Zeichen $\Sigma\Sigma$ in Zukunft stets verstanden werden, sobald es sich um Elemente handelt, von denen jedes jede beliebige Lage im gegebenen Systeme annehmen kann.

rend der Zeit dt in Wirklichkeit erleidet. , Hieraus folgt durch Substitution der Werthe (24.):

$$(27.)\quad (dT_0{}^1)_{\text{ord. Us}} = - M_0 M_1 \left(\frac{\partial f(r)}{\partial x_0} dx_0 + \frac{\partial f(r)}{\partial y_0} dy_0 + \frac{\partial f(r)}{\partial z_0} dz_0 \right),$$

$$= - M_0 M_1 . d_0 f(r),$$

wo $d_0 f(r)$ den partiellen Zuwachs von $f(r)$ vorstellt, genommen nach der Verrückung von M_0, d. h. denjenigen Zuwachs, welchen $f(r)$ während der Zeit dt erleiden würde, falls man, ohne die Bewegung von M_0 irgendwie zu alteriren, die Bewegung von M_1 während dieser Zeit sistiren wollte.

Eine mit (27.) analoge Formel ergiebt sich offenbar, wenn man umgekehrt die Wirkung von M_0 auf M_1 in Betracht zieht. Sie lautet:

$$(28.)\qquad\qquad (dT_1{}^0)_{\text{ord. Us}} = -- M_0 M_1 . d_1 f(r),$$

wo $d_1 f(r)$ den partiellen Zuwachs von $f(r)$ bezeichnet, genommen nach der Verrückung von M_1.

Aus (27.) und (28.) folgt durch Addition:

$$(29.)\qquad\qquad (dT_0{}^1 + dT_1{}^0)_{\text{ord. Us}} = - M_0 M_1 . df(r),$$

wo $df(r) = d_0 f(r) + d_1 f(r)$ den totalen, d. i. während der Zeit dt wirklich erfolgenden Zuwachs von $f(r)$ vorstellt.

Denkt man sich nun die Gleichung (29.) der Reihe nach aufgestellt für jedwedes Elementenpaar M_0, M_1 des gegebenen Systems, so gelangt man durch Addition all' dieser Gleichungen zu folgender Formel:

$$(30.)\qquad\qquad (dT)_{\text{ord. Us}} = - \tfrac{1}{2} \Sigma\Sigma\, M_0 M_1\, df(r),$$

$$= - d\, [\tfrac{1}{2}\, \Sigma\Sigma\, M_0 M_1\, f(r)],$$

wo die linke Seite den zu berechnenden Term (23.) repräsentirt. Aus (30.) und (25.) folgt nun aber sofort:

$$(31.)\qquad\qquad (dT)_{\text{ord. Us}} = - dO.$$

Somit ist der verlangte Nachweis geführt, nämlich dargethan, dass jener Term (23.) ein vollständiges Differential ist.

Beiläufig folgt aus (31.), dass die früher (pag. 21) mit $\mathfrak{F}_a$ bezeichnete Function identisch ist mit O, dass also das ordinäre Postulat identisch ist mit dem ordinären Potential.

§. 6. Ueber diejenigen ponderomotorischen und elektromotorischen Kräfte, welche elektrostatischen Ursprungs sind.

Diejenige Quantität von lebendiger Kraft und Wärme, welche während der Zeit dt im gegebenen Systeme hervorgerufen wird speciell durch die Kräfte elektrostatischen Ursprungs, ist im Vorhergehenden, in (20.b), bezeichnet worden mit

(32.) $$(dT + dQ)_{\text{elst. Us.}}$$

Es soll nun hier gezeigt werden, dass diese Quantität (32.) ein vollständiges Differential ist.

Die repulsive Kraft, welche zwei elektrische Massen μ_0 und μ_1 in der Entfernung r auf einander ausüben, hat, nach dem von Coulomb gegebenen elektrostatischen Grundgesetz, den Werth:

(33.) $$-\mu_0\mu_1 \frac{d\varphi(r)}{dr};$$

und es wird daher der Ausdruck

(34.) $$\mu_0\mu_1 \varphi(r)$$

zu bezeichnen sein als das elektrostatische Potential der beiden Massen μ_0 und μ_1.

Gewöhnlich pflegt man dabei $\varphi(r)$ schlechtweg $= \frac{1}{r}$ zu setzen. Ebenso aber, wie das Newton'sche Gesetz für sehr kleine Entfernungen einer gewissen Modification bedarf, ebenso erscheint es sehr möglich, dass einer analogen Modification vielleicht auch das Coulomb'sche Gesetz bedürftig ist. Der grösseren Allgemeinheit willen mag daher im Folgenden unter $\varphi(r)$ eine Function verstanden sein, welche nur für beträchtliche Entfernungen identisch mit $\frac{1}{r}$, für sehr kleine Entfernungen hingegen von noch unbekannter Beschaffenheit ist.

Das Coulomb'sche Gesetz giebt an und für sich noch durchaus keinen Aufschluss über die eigentliche Wirkung der in Rede stehenden Kräfte; und es bedarf daher, um das Gesetz überhaupt brauchbar zu machen, irgend welcher accessorischer Annahmen. Die Hypothesen, deren man in dieser Beziehung sich zu bedienen pflegt, sind folgende:

Erste Hypothese. Die ponderomotorische Kraft elektrostatischen Ursprungs R, mit welcher zwei ponderable Massenelemente M_0 und M_1 auf einander einwirken, ist jederzeit identisch mit derjenigen Kraft, welche, nach dem Coulomb'schen Geletz, stattfindet zwischen ihren augenblicklichen elektrischen Ladungen.

Nach (33.) wird also jene Kraft R den Werth haben:

(35.) $$R = -\mu_0\mu_1 \frac{d\varphi(r)}{dr},$$

falls man die Entfernung der beiden Elemente M_0 und M_1 von einander mit r, und ihre augenblicklichen elektrischen Ladungen mit μ_0 und μ_1 bezeichnet.

Zweite Hypothese. Die elektromotorische Kraft elektrostatischen Ursprungs $\mathfrak{R}$, welche M_1 hervorruft in irgend einem Punkte m_0 des Elementes M_0, ist jederzeit identisch mit derjenigen Kraft, welche, nach dem Coulomb'schen Gesetz, stattfindet zwischen der augenblicklichen elektrischen Ladung von M_1 und einer in jenem Puncte m_0 concentrirt gedachten Elektricitätsmenge Eins.

Nach (33.) hat also die in Rede stehende Kraft $\mathfrak{R}$ den Werth:

$$\mathfrak{R} = -\mu_1 \frac{d\varphi(r)}{dr}, \tag{36.}$$

wo r und μ_1 dieselben Bedeutungen haben wie in (35.). Denn da m_0 ein Punct des Elementes M_0, die Elemente M_0 und M_1 aber unendlich klein sind, so wird die Entfernung zwischen m_0 und M_1 dieselbe sein, wie zwischen M_0 und M_1.

Die zweite dieser Hypothesen dürfte Kirchhoff*) zuzuschreiben sein, andererseits dürfte die erste, wenn auch vielleicht niemals mit Bestimmtheit ausgesprochen, doch wohl als eine allgemein übliche zu bezeichnen sein.

Es seien A und B irgend zwei Körper des gegebenen Systems, und es mögen die einzelnen ponderablen Massenelemente von A mit mit M_0, diejenigen von B mit M_1 benannt sein. Sind μ_0 und μ_1 die augenblicklichen elektrischen Ladungen von M_0 und M_1, so wird das elektrostatische Potential dieser Elemente auf einander durch den Ausdruck (34.), folglich das elektrostatische Potential der beiden Körper A und B auf einander durch

$$U_{AB} = \Sigma\Sigma\, \mu_0\mu_1\, \varphi(r) \tag{37.}$$

dargestellt sein, die Summation ausgedehnt über alle Elemente von A, und über alle Elemente von B. Um in diesem Ausdruck (37.) an Stelle der elektrischen Massen μ_0, μ_1 die elektrischen Dichtigkeiten einzuführen, schicken wir folgende Betrachtungen voran.

Ein beliebig gegebener ponderabler Körper kann immer in einzelne Elemente $M^{(i)}$ und $M^{(h)}$ in solcher Weise eingetheilt gedacht werden, dass die Elemente $M^{(i)}$ im Innern liegen, die Elemente $M^{(h)}$ hingegen zusammengenommen eine längs der Oberfläche hinlaufende Schicht von

---

*) Kirchhoff: Ueber eine Ableitung des Ohm'schen Gesetzes, welche sich an die Theorie der Elektrostatik anschliesst. (Pogg. Annal. Bd. 78, pag. 506.)

unendlich geringer Dicke Dh bilden. Gleichzeitig wird dabei jedes einzelne Element $M^{(h)}$ angesehen werden können als ein kleiner Cylinder, welcher jene Dicke Dh zur Höhe, und ein Oberflächenelement Do des Körpers zur Basis hat. — Sind nun in irgend einem Zeitaugenblick $\mu^{(i)}$ und $\mu^{(h)}$ die elektrischen Ladungen zweier Elemente $M^{(i)}$ und $M^{(h)}$, so wird offenbar:

$$\mu^{(i)} = \varepsilon \, Dv,$$

hingegen

$$\mu^{(h)} = \varepsilon \, Dv + \bar{\varepsilon} \, Do$$

sein. Hier bezeichnet Dv das Volumen von $M^{(i)}$, respective von $M^{(h)}$, und ε die räumliche Dichtigkeit der in $M^{(i)}$, respective $M^{(h)}$ enthaltenen elektrischen Materie; ausserdem bezeichnet Do die Basis des (cylindrischen) Elementes $M^{(h)}$, und $\bar{\varepsilon}$ die Flächen-Dichtigkeit der auf Do vorhandenen elektrischen Materie. — Der Werth von $\mu^{(h)}$ kann übrigens, weil daselbst $Dv = Do \, . \, Dh$ ist, auch so geschrieben werden:

$$\mu^{(h)} = (\varepsilon Dh + \bar{\varepsilon}) \, Do,$$

oder weil εDh gegen $\bar{\varepsilon}$ verschwindend klein ist, auch so:

$$\mu^{(h)} = \bar{\varepsilon} \, Do.$$

Wir haben also schliesslich die Formeln:

$$\begin{cases} \mu^{(i)} = \varepsilon \, Dv, \\ \mu^{(h)} = \bar{\varepsilon} \, Do. \end{cases}$$

Diese beiden Formeln aber können zusammengefasst werden zu der einen Formel:

$$\mu = \mathsf{O}\mathsf{H},$$

falls man nämlich unter O die Collectivbezeichnung für Dv, Do, andererseits unter H die Collectivbezeichnung für ε, $\bar{\varepsilon}$ versteht.

Denkt man sich das hier beschriebene Verfahren in Anwendung gebracht auf die gegebenen Körper A und B, so ergeben sich für die in irgend zwei Elementen M_0 und M_1 dieser Körper augenblicklich enthaltenen Elektricitätsmengen μ_0 und μ_1 die Darstellungen:

$$(38.) \qquad \begin{aligned} \mu_0 &= \mathsf{O}_0 \mathsf{H}_0, \\ \mu_1 &= \mathsf{O}_1 \mathsf{H}_1. \end{aligned}$$

Hierdurch geht die Formel (37.) über in:

$$(39.) \qquad U_{AB} = \Sigma\Sigma \, \mathsf{O}_0 \mathsf{O}_1 \, \mathsf{H}_0 \mathsf{H}_1 \, \varphi(r).$$

Nach diesen Vorbereitungen mag nun endlich näher eingegangen werden auf die eigentliche Aufgabe. Es seien

$$(40.) \qquad (dT_0^{\,1})_{\text{elst. U.}} \quad \text{und} \quad (dQ_0^{\,1})_{\text{elst. U.}}$$

diejenigen Quantitäten von lebendiger Kraft und Wärme, welche das

Element M_1 während der Zeit dt vermöge seiner Kräfte elektrostatischen Ursprungs hervorruft im Elemente M_0. Dann ist (vergl. pag. 12):

$$(41.)\qquad (dT_0{}^1)_{\text{elst. Us}} = X_0{}^1 dx_0 + Y_0{}^1 dy_0 + Z_0{}^1 dz_0,$$

wo dx_0, dy_0, dz_0 die Verrückung des Elementes M_0 während der Zeit dt vorstellen, und wo $X_0{}^1$, $Y_0{}^1$, $Z_0{}^1$ die Componenten der in (35.) genannten ponderomotorischen Kraft R vorstellen. Es ist also:

$$(42.)\qquad \begin{aligned} X_0{}^1 &= -\mu_0\mu_1 \frac{d\varphi(r)}{dr}\,\frac{x_0-x_1}{r} = -\mu_0\mu_1 \frac{\partial\varphi(r)}{\partial x_0}, \\ Y_0{}^1 &= -\mu_0\mu_1 \frac{d\varphi(r)}{dr}\,\frac{y_0-y_1}{r} = -\mu_0\mu_1 \frac{\partial\varphi(r)}{\partial y_0}, \\ Z_0{}^1 &= -\mu_0\mu_1 \frac{d\varphi(r)}{dr}\,\frac{z_0-z_1}{r} = -\mu_0\mu_1 \frac{\partial\varphi(r)}{\partial z_0}, \end{aligned}$$

wo x_0, y_0, z_0 und x_1, y_1, z_1 die Coordinaten von M_0 und M_1 bezeichnen, r ihre gegenseitige Entfernung, endlich μ_0 und μ_1 ihre augenblicklichen elektrischen Ladungen. Aus (41.) und (42.) folgt:

$$(43.)\qquad (dT_0{}^1)_{\text{elst. Us}} = -\mu_0\mu_1 \left(\frac{\partial\varphi}{\partial x_0} dx_0 + \frac{\partial\varphi}{\partial y_0} dy_0 + \frac{\partial\varphi}{\partial z_0} dz_0\right),$$

wo φ zur Abkürzung steht für $\varphi(r)$. Hieraus endlich folgt durch Substitution der Werthe (38.)

$$(44.)\qquad (dT_0{}^1)_{\text{elst. Us}} = -\mathsf{O}_0\mathsf{O}_1\mathsf{H}_0\mathsf{H}_1 \left(\frac{\partial\varphi}{\partial x_0} dx_0 + \frac{\partial\varphi}{\partial y_0} dy_0 + \frac{\partial\varphi}{\partial z_0} dz_0\right).$$

Denkt man sich nun diese auf zwei Elemente M_0, M_1 bezügliche Formel der Reihe nach hingestellt für j e d w e d e s Elementenpaar M_0, M_1 der beiden Körper A, B, jedoch immer der Art, dass M_0 zu A, M_1 zu B gehört, so gelangt man durch Addition all' dieser Formeln zu folgendem Ergebnisse:

$$(45.)\qquad (dT_A{}^B)_{\text{elst. Us}} = -\Sigma\Sigma\, \mathsf{O}_0\mathsf{O}_1\mathsf{H}_0\mathsf{H}_1 \left(\frac{\partial\varphi}{\partial x_0} dx_0 + \frac{\partial\varphi}{\partial y_0} dy_0 + \frac{\partial\varphi}{\partial z_0} dz_0\right),$$

wo die linke Seite dasjenige Quantum lebendiger Kraft vorstellt, welches der Körper B während der Zeit dt vermöge seiner Kräfte elektrostatischen Ursprungs hervorruft im Körper A.

Was ferner die in (40.) genannte Wärmequantität betrifft, so ergiebt sich sofort (vergl. pag. 14):

$$(46.)\qquad (dQ_0{}^1)_{\text{elst. Us}} = D\mathfrak{v}_0\, (\mathfrak{X}_0{}^1 \mathfrak{u}_0 + \mathfrak{Y}_0{}^1 \mathfrak{v}_0 + \mathfrak{Z}_0{}^1 \mathfrak{w}_0)\, dt.$$

wo $D\mathfrak{v}_0$ das Volumen von M_0, ferner $\mathfrak{u}_0$, $\mathfrak{v}_0$, $\mathfrak{w}_0$ die in M_0 augenblicklich vorhandenen elektrischen Strömungscomponenten, endlich

$\mathfrak{X}_0{}'$, $\mathfrak{Y}_0{}'$, $\mathfrak{Z}_0{}'$ die Componenten der in (36.) genannten elektromotorischen Kraft $\mathfrak{R}$ vorstellen. Diese Bezeichnungen $\mathfrak{u}_0$, $\mathfrak{v}_0$, $\mathfrak{w}_0$ und $\mathfrak{X}_0{}'$, $\mathfrak{Y}_0{}'$, $\mathfrak{Z}_0{}'$ mögen bezogen gedacht werden auf ein Axensystem, welches mit der ponderablen Masse des Körpers A in starrer Verbindung ist.

Nach (36.) ist $\mathfrak{R} = -\mu_1 \frac{d\varphi(r)}{dr}$. Die Componenten $\mathfrak{X}_0{}'$, $\mathfrak{Y}_0{}'$, $\mathfrak{Z}_0{}'$ dieser Kraft haben daher die Werthe:

$$
(47.)\quad
\begin{aligned}
\mathfrak{X}_0{}' &= -\mu_1 \frac{d\varphi(r)}{dr} \frac{\mathfrak{x}_0 - \mathfrak{x}_1}{r} = -\mu_1 \frac{\partial \varphi(r)}{\partial \mathfrak{x}_0},\\
\mathfrak{Y}_0{}' &= -\mu_1 \frac{d\varphi(r)}{dr} \frac{\mathfrak{y}_0 - \mathfrak{y}_1}{r} = -\mu_1 \frac{\partial \varphi(r)}{\partial \mathfrak{y}_0},\\
\mathfrak{Z}_0{}' &= -\mu_1 \frac{d\varphi(r)}{dr} \frac{\mathfrak{z}_0 - \mathfrak{z}_1}{r} = -\mu_1 \frac{\partial \varphi(r)}{\partial \mathfrak{z}_0},
\end{aligned}
$$

wo $\mathfrak{x}_0$, $\mathfrak{y}_0$, $\mathfrak{z}_0$ und $\mathfrak{x}_1$, $\mathfrak{y}_1$, $\mathfrak{z}_1$ die Coordinaten von M_0 und M_1 bezeichnen mit Bezug auf das eben genannte Axensystem. Aus (46.) und (47.) folgt:

$$(48.)\quad (dQ_0{}')_{\text{elst. Us}} = -\mathrm{D}v_0 \,.\, \mu_1 \left(\frac{\partial \varphi}{\partial \mathfrak{x}_0}\mathfrak{u}_0 + \frac{\partial \varphi}{\partial \mathfrak{y}_0}\mathfrak{v}_0 + \frac{\partial \varphi}{\partial \mathfrak{z}_0}\mathfrak{w}_0\right) dt,$$

oder durch Substitution des Werthes (38.):

$$(49.)\quad (dQ_0{}')_{\text{elst. Us}} = -\mathrm{D}v_0 \,.\, \mathrm{O}_1\mathrm{H}_1 \left(\frac{\partial \varphi}{\partial \mathfrak{x}_0}\mathfrak{u}_0 + \frac{\partial \varphi}{\partial \mathfrak{y}_0}\mathfrak{v}_0 + \frac{\partial \varphi}{\partial \mathfrak{z}_0}\mathfrak{w}_0\right) dt,$$

wo φ zur Abkürzung gesetzt ist für $\varphi(r)$.

Denkt man sich nun diese auf irgend zwei Elemente M_0, M_1 der Körper A, B bezügliche Formel (49.) der Reihe nach aufgestellt für jedwedes Elementenpaar der beiden Körper, so gelangt man durch Addition all' dieser Formeln zu folgendem Resultat:

$$(50.)\quad (dQ_A{}'')_{\text{elst. Us}} = -dt \,.\, \Sigma\Sigma\; \mathrm{D}v_0\, \mathrm{O}_1\mathrm{H}_1 \left(\frac{\partial \varphi}{\partial \mathfrak{x}_0}\mathfrak{u}_0 + \frac{\partial \varphi}{\partial \mathfrak{y}_0}\mathfrak{v}_0 + \frac{\partial \varphi}{\partial \mathfrak{z}_0}\mathfrak{w}_0\right),$$

wo die linke Seite dasjenige Quantum Wärme repräsentirt, welches der Körper B während der Zeit dt vermöge seiner Kräfte elektrostatischen Ursprungs hervorruft im Körper A.

Die Formel (50.) kann, wenn man zur augenblicklichen Abkürzung den (dem Körper A zugehörigen) Index 0 überall fortlässt, auch so geschrieben werden:

$$(51.)\quad (dQ_A{}'')_{\text{elst. Us}} = -dt \,.\, \Sigma\, \mathrm{O}_1\mathrm{H}_1 \left[\Sigma\, \mathrm{D}v \left(\frac{\partial \varphi}{\partial \mathfrak{x}}\mathfrak{u} + \frac{\partial \varphi}{\partial \mathfrak{y}}\mathfrak{v} + \frac{\partial \varphi}{\partial \mathfrak{z}}\mathfrak{w}\right)\right].$$

Von den beiderlei Integrationen nach O_1 und nach $\mathrm{D}v$, welche hier in Betracht kommen, lässt sich die letztere nach bekannter Methode weiter behandeln. Setzt man nämlich das Volumelement $Dv = D\mathfrak{x}\, D\mathfrak{y}\, D\mathfrak{z}$; so erhält man successive:

$$\Sigma\, Dv\left(\frac{\partial\varphi}{\partial\mathfrak{x}}\mathfrak{u}+\cdot\cdot\right) = \iiint D\mathfrak{x}\, D\mathfrak{y}\, D\mathfrak{z}\left(\frac{\partial\varphi}{\partial\mathfrak{x}}\mathfrak{u}+\ldots\right),$$

$$= \iiint D\mathfrak{x}\, D\mathfrak{y}\, D\mathfrak{z}\left(\frac{\partial(\varphi\mathfrak{u})}{\partial\mathfrak{x}}+\ldots\right)$$

$$-\iiint D\mathfrak{x}\, D\mathfrak{y}\, D\mathfrak{z}\, \varphi\left(\frac{\partial\mathfrak{u}}{\partial\mathfrak{x}}+\ldots\right),$$

$$= -\iint Do\, \varphi\, [\mathfrak{u}\cos(N,\mathfrak{x})+\ldots]$$

$$-\iiint D\mathfrak{x}\, D\mathfrak{y}\, D\mathfrak{z}\, \varphi\left(\frac{\partial\mathfrak{u}}{\partial\mathfrak{x}}+\ldots\right),$$

wo Do das Oberflächenelement von A, und N die innere Normale von Do bezeichnet. Hieraus folgt mit Rücksicht auf die früher entwickelten Relationen [(9.a, b) und (14.a, b), pag. 4, 5) sofort:

$$\Sigma\, Dv\left(\frac{\partial\varphi}{\partial\mathfrak{x}}\mathfrak{u}+\cdot\cdot\right) = +\iint Do\, \varphi\frac{d\bar{\varepsilon}}{dt} + \iiint D\mathfrak{x}\, D\mathfrak{y}\, D\mathfrak{z}\, \varphi\frac{d\varepsilon}{dt},$$

oder was dasselbe ist:

$$\Sigma\, Dv\left(\frac{\partial\varphi}{\partial\mathfrak{x}}\mathfrak{u}+\cdot\cdot\right) = \Sigma\, Do\, \varphi\frac{d\bar{\varepsilon}}{dt} + \Sigma\, Dv\, \varphi\frac{d\varepsilon}{dt},$$

oder wenn man für Dv, Do die vorhin eingeführte Collectivbezeichnung O, ebenso für ε, $\bar{\varepsilon}$ die Collectivbezeichnung H in Anwendung bringt:

$$\Sigma\, Dv\left(\frac{d\varphi}{d\mathfrak{x}}\mathfrak{u}+\cdots\right) = \Sigma\, \mathsf{O}\varphi\frac{d\mathsf{H}}{dt}.$$

Somit folgt aus (51.)

$$(52.)\qquad (dQ_A^B)_{\text{elst. U s}} = -dt\,.\,\Sigma\, \mathsf{O}_1\mathsf{H}_1\left[\Sigma\, \mathsf{O}\frac{d\mathsf{H}}{dt}\varphi\right],$$

$$= -\Sigma\Sigma\, \mathsf{O}\mathsf{O}_1\, (d\mathsf{H})\, \mathsf{H}_1\varphi,$$

oder wenn man den unterdrückten Index 0 restituirt:

$$(53.)\qquad (dQ_A^B)_{\text{elst. U s}} = -\Sigma\Sigma\, \mathsf{O}_0\mathsf{O}_1\, (d\mathsf{H}_0)\, \mathsf{H}_1\varphi.$$

Durch Addition der Formeln (45.) und (53.) folgt:

$$(54.)\quad (dT_A^B + dQ_A^B)_{\text{elst. U s}} = \Sigma\Sigma\, \mathsf{O}_0\mathsf{O}_1\, \mathsf{H}_0\mathsf{H}_1\left(\frac{\partial\varphi}{\partial x_0}dx_0+\frac{\partial\varphi}{\partial y_0}dy_0+\frac{\partial\varphi}{\partial z_0}dz_0\right)$$

$$-\Sigma\Sigma\, \mathsf{O}_0\mathsf{O}_1(d\mathsf{H}_0)\mathsf{H}_1\varphi;$$

Diese Formel aber erlangt, mit Rücksicht auf den für das Potential U_{AB} gefundenen Werth (39.):

$$U_{AB} = \Sigma\Sigma\, \mathsf{O}_0\mathsf{O}_1\, \mathsf{H}_0\mathsf{H}_1\, \varphi,$$

sofort die einfache Gestaltung:

(55.) $$(dT_A{}^B + dQ_A{}^B)_{\text{elst. U.}} = - d_A\, U_{AB}.$$

Man erkennt nämlich leicht, dass die rechte Seite jener Formel (54.), abgesehen vom Vorzeichen, denjenigen partiellen Zuwachs $d_A U_{AB}$ darstellt, welchen das Potential U_{AB} während der Zeit dt annehmen würde, falls man die Aenderungen, welche der Körper B hinsichtlich seiner räumlichen Lage und seines inneren Zustandes während der Zeit dt erleidet, zu Null machen, den Körper A hingegen in beiderlei Beziehung denjenigen Aenderungen überlassen wollte, welche er während der Zeit dt in Wirklichkeit erleidet. Es erscheint angemessen, diesen Zuwachs $d_A U_{AB}$ zu bezeichnen als den partiellen Zuwachs, genommen nach dem Körper A. Die Formel (55.) enthält alsdann folgenden Satz.

Die vom Körper B während der Zeit dt vermöge seiner Kräfte elektrostatischen Ursprungs im Körper A hervorgerufene Quantität von lebendiger Kraft und Wärme ist abgesehen vom Vorzeichen immer gleich gross mit dem der Zeit dt entsprechenden **partiellen** Zuwachs des elektrostatischen Potentiales der beiden Körper auf einander, **genommen nach** A.

Analog mit (55.) wird sich offenbar ergeben:

(56.) $$(dT_B{}^A + dQ_B{}^A)_{\text{elst. U.}} = - d_B\, U_{AB}.$$

Durch Addition von (55.) und (56.) folgt sodann:

(57.) $$(dT_A{}^B + dT_B{}^A + dQ_A{}^B + dQ_B{}^A)_{\text{elst. U.}} = - d\, U_{AB},$$

wo dU_{AB} das vollständige Differential von U_{AB}, d. i. denjenigen Zuwachs vorstellt, welchen U_{AB} während der Zeit dt in Wirklichkeit erfährt. — Sind nun $A, B, C, \ldots$ die einzelnen Körper des gegebenen Systems, so werden sich mit (42.) analoge Formeln ergeben für A, C, für B, C, u. s. w., überhaupt für jedes Körperpaar. Diese Formel (57.) kann in Worten so ausgedrückt werden:

Die Quantität von lebendiger Kraft und Wärme, welche die beiden Körper A und B während der Zeit dt, vermöge ihrer Kräfte elektrostatischen Ursprungs, wechselseitig in einander (der erste im zweiten und der zweite im ersten) hervorrufen, ist abgesehen vom Vorzeichen immer gleich gross mit demjenigen Zuwachs, welchen das elektrostatische Potential der beiden Körper auf einander während der Zeit dt in Wirklichkeit erfährt.

Dabei ist zu beachten (was auch in der gewählten Ausdrucksweise so gut wie möglich anzudeuten versucht ist), dass bei der genannten

Quantität nicht mitgerechnet ist diejenige Menge von lebendiger Kraft und Wärme, welche der Körper A während jener Zeit, vermöge der in ihm vorhandenen Kräfte elektrostatischen Ursprungs, in sich selber hervorruft, ebenso wenig die entsprechende Menge für B.

Es bleibt noch übrig, diejenige Quantität von lebendiger Kraft und Wärme zu ermitteln, welche irgend ein Körper des Systems, und zwar vermöge der in ihm vorhandenen elektrostatischen Kräfte, in sich selber erzeugt. Zu diesem Zwecke denken wir uns mit dem Körper A in Superposition einen zweiten Körper α, welcher seiner Form und seinem inneren Zustande nach mit A völlig identisch ist; dann ergiebt sich aus (57.):

$$(58.)\qquad (dT_A{}^\alpha + dT_\alpha{}^A + dQ_A{}^\alpha + dQ_\alpha{}^A)_{\text{elst. Us}} = -\, dU_{A\alpha},$$

oder (was offenbar dasselbe ist):

$$(59.)\qquad (2\,dT_A{}^A + 2\,dQ_A{}^A)_{\text{elst. Us}} = -\, dU_{A\alpha}.$$

In Folge der Identität zwischen A und α kann statt $U_{A\alpha}$ auch geschrieben werden U_{AA}; jedoch repräsentirt alsdann dieses U_{AA}, wie man leicht übersieht, nicht das elektrostatische Potential des Körpers A auf sich selber, sondern den doppelten Werth desselben. Bezeichnet man also das elektrostatische Potential des Körpers A auf sich selber mit U_A, so wird jenes $U_{AA} = 2\,U_A$ sein. Somit folgt aus (59.):

$$(60.)\qquad (dT_A{}^A + dQ_A{}^A)_{\text{elst. Us}} = -\tfrac{1}{2}\,dU_{AA} = -\, dU_A.$$

Diese Formel (60.) führt zu folgendem Satz:

Die Quantität von lebendiger Kraft und Wärme, welche der Körper A während der Zeit dt vermöge seiner Kräfte elektrostatischen Ursprungs in sich selber hervorruft, ist abgesehen vom Vorzeichen gleich gross mit demjenigen Zuwachs, welchen das elektrostatische Potential des Körpers auf sich selber während der Zeit dt in Wirklichkeit erfährt.

Denkt man sich die Formel (57.) der Reihe nach aufgestellt für jedwedes Körperpaar des gegebenen Systemes, und andererseits die Formel (60.) der Reihe nach gebildet für jedweden einzelnen Körper des Systemes, so gelangt man durch Addition all' dieser Formeln zu folgendem Resultat:

$$(61.)\qquad (dT + dQ)_{\text{elst. Us}} = -\, dU,$$

wo links diejenige Quantität von lebendiger Kraft und Wärme sich vorfindet, welche im ganzen Systeme, und zwar in Folge der elektrostatischen Kräfte, entwickelt worden ist während der Zeit dt, und wo andererseits U das elektrostatische Potential des Systems auf sich selber vorstellt.

Hiermit ist der verlangte Nachweis geführt, nämlich dargethan, dass die in (32.) genannte Quantität ein vollständiges Differential ist.

Beiläufig folgt übrigens aus (61.), dass die von uns früher (pag. 21) mit $\mathfrak{J}_6$ bezeichnete Function identisch ist mit U, dass also das elektrostatische Postulat des gegebenen Systemes identisch ist mit seinem elektrostatischen Potential.

§. 7. Das aus den angegebenen Erörterungen für die Kräfte elektrodynamischen Ursprungs sich ergebende Resultat.

Durch die beiden letzten Paragraphen ist der Beweis geliefert für die Richtigkeit unserer früher (pag. 21) ausgesprochenen Behauptung, dass die Quantitäten

$$(dT)_{\text{ord. Us}}$$

und

$$(dT + dQ)_{\text{elst. Us}}$$

vollständige Differentiale sind, also mit Rücksicht auf die damals angestellten Erörterungen nachgewiesen, dass die Quantität

$$(dT + dQ)_{\text{eldy. Us}}$$

ebenfalls ein vollständiges Differential sein muss.

Um das in solcher Weise erhaltene Resultat in abgerundeter Form hinstellen zu können, müssen wir eingedenk sein derjenigen Voraussetzungen (pag. 18), welche in Betreff des behandelten Systemes unserer Untersuchung zu Grunde gelegt waren. Alsdann ergiebt sich für jenes Resultat folgende Ausdrucksweise:

Betrachtet man ein System von beliebig vielen Körpern, welches (durch von Augenblick zu Augenblick erfolgende Wärmeableitungen) in constanter Temperatur erhalten bleibt, welches aber sonst, abgesehen von irgend welchen (an Fäden wirkenden) äusseren Zugkräften, sich selber überlassen ist, so wird diejenige Quantität von lebendiger Kraft und Wärme:

$$(dT + dQ)_{\text{eldy. Us}}$$

welche das System während eines Zeitelementes dt, vermöge seiner Kräfte elektrodynamischen Ursprungs, in sich selber hervorruft, immer das vollständige Differential irgend einer Function sein, welche lediglich abhängt von der augenblicklichen Beschaffenheit des Systemes.

Von diesem Satze soll nun weiterhin Gebrauch gemacht werden zur Erforschung der noch ziemlich unbekannten Kräfte elektrodynamischen Ursprungs. Es soll also hier zur Erforschung dieser Kräfte eine Methode eingeschlagen werden, derjenigen ähnlich, welche bereits vor langer Zeit zur näheren Untersuchung der Eigenschaften der Gase in Anwendung gebracht ist.

Bemerkung. — Selbstverständlich wird der eben gefundene Satz nur dann anwendbar sein, wenn das betrachtete System aus lauter homogenen Conductoren besteht, und nirgends eine Berührung vorhanden ist zwischen Conductoren verschiedener Substanz. Denn andernfalls würden, ausser den von uns in Rechnung gebrachten Kräften elektrostatischen und elektrodynamischen Ursprungs, auch noch diejenigen elektrischen Kräfte zu berücksichtigen gewesen sein, denen die sogenannten hydroelektrischen und thermoelektrischen Ströme ihre Entstehung verdanken. — Aber unsere Hauptaufgabe besteht in der näheren Erforschung der Kräfte elektrodynamischen Ursprungs; und um bei Verfolgung dieses Zieles das Hineintreten neuer und unnöthiger Schwierigkeiten zu vermeiden, soll in der That im Folgenden an der Voraussetzung festgehalten werden, dass das betrachtete System aus lauter homogenen Conductoren besteht, und nirgends Conductoren verschiedener Substanz mit einander in Contact sind.

Zweiter Abschnitt.

Ueber die gegenseitige ponderomotorische Einwirkung zwischen zwei linearen Leitern, welche durchflossen sind von elektrischen Strömen.

Das von Ampère für diese Einwirkung aufgestellte Elementargesetz und die auf dieses Gesetz basirte Theorie werden, in etwas erweiterter Gestalt, von Neuem dargelegt.

---

§. 8. Darstellung der von Ampère gegebenen Theorie in etwas erweiterter Gestalt.

Ampère stellte sich die Aufgabe, die ponderomotorische Einwirkung zweier elektrischer Stromelemente auf einander zu ermitteln, und ging dabei aus von gewissen Prämissen, die theilsweise allerdings eine Stütze finden in den Ergebnissen seiner experimentellen Untersuchungen, strenge genommen aber als mehr oder minder hypothetisch zu bezeichnen sind. Diese Ampère'schen Prämissen oder Hypothesen mögen alle, mit Ausnahme einer einzigen *), adoptirt werden. Es mögen nämlich unsere Betrachtungen ihren Ausgang nehmen von folgenden Annahmen:

(1.) **Erste Hypothese.** Die ponderomotorische Kraft, mit welcher zwei Stromelemente Ds und Ds_1 auf einander einwirken, fällt ihrer Richtung nach zusammen mit der Ver-

---

*) Diejenige der Ampère'schen Hypothesen, welche hier noch fehlt, kann am Einfachsten so ausgesprochen werden:

Hypothese. Die ponderomotorische Wirkung zweier elektrischen Stromelemente aufeinander ist, falls man die Winkel, welche die Elemente mit ihrer Verbindungslinie und mit einander einschliessen, constant erhält, umgekehrt proportional mit dem Quadrate ihrer Entfernung.

Es erscheint sehr möglich, dass diese Hypothese — ähnlich dem Newtonschen Gesetz — nur annehmbar ist für beträchtliche Entfernungen, nicht aber in solchen Fällen, wo die Entfernungen äusserst klein sind. Hierin liegt der Grund dafür, dass wir diese Hypothese vorläufig ausgeschlossen haben.

bindungslinie der beiden Elemente. Sie ist proportional mit den Längen Ds und Ds_1 der beiden Elemente, und abgesehen von diesen Factoren nur noch abhängig von der **relativen** Lage der beiden Elemente und von ihren Stromstärken.

(2.) **Zweite Hypothese.** Sie ist mit jenen Stromstärken J und J_1 proportional, und schlägt also in ihr Gegentheil um, sobald in einem der Elemente die Stromrichtung umgekehrt wird. Sie ist für zwei zu ihrer Verbindungslinie senkrechte und zu einander parallele Stromelemente attractiv im Falle gleicher, repulsiv im Falle entgegengesetzter Stromrichtung.

(3.) **Dritte Hypothese.** Ein Stromelement $J_1 Ds_1$ kann, was seine ponderomotorische Wirkung auf ein anderes Stromelement betrifft, ersetzt werden durch seine rechtwinkligen Componenten $J_1 Dx_1$, $J_1 Dy_1$, $J_1 Dz_1$.

(4.) **Vierte Hypothese.** Die Wirkung eines geschlossenen Stromes auf ein einzelnes Stromelement steht gegen letzteres senkrecht.

Es seien a und b zwei Stromelemente; a stehe senkrecht gegen die gegebene Ebene MN, und habe seinen Mittelpunkt in derselben; andererseits besitze b eine beliebige Lage. Zwei zu a und b in Bezug auf MN symmetrisch gelegene Stromelemente seien bezeichnet mit a' und b'; so dass also z. B. a', abgesehen von der entgegengesetzten Richtung, identisch ist mit a selber. Alsdann wird offenbar die Kraft R zwischen den Elementen a, b gleich gross sein mit derjenigen Kraft R, welche stattfindet zwischen a', b'; was angedeutet sein mag durch die Formel:

Fig. 4.

(5.) $$R(a, b) = R(a', b').$$

Nimmt man statt b ein in der Ebene MN gelegenes Element c, so fällt gleichzeitig auch b' zusammen mit c; und man erhält also:

(6.) $$R(a, c) = R(a', c).$$

Nun ist aber nach der Hypothese (2.):

(7.) $$R(a, c) = - R(a', c).$$

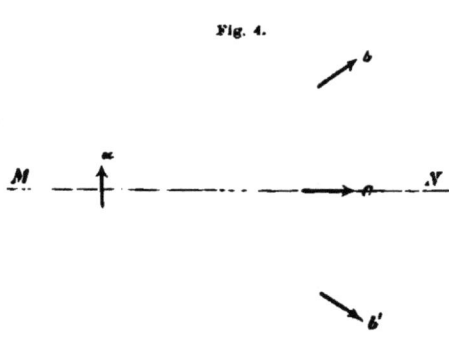

Aus diesen beiden Formeln (6.), (7.) folgt sofort:

$$R(a, c) = R(a', c) = 0. \tag{8.}$$

D. h. die Wirkung zwischen zwei Stromelementen ist immer Null, wenn das Eine in einer Ebene sich befindet, die durch das andere senkrecht hindurchgeht *). Oder anders ausgedrückt:

(9.) . . . Bezeichnet r die Verbindungslinie zweier Stromelemente, so wird die Einwirkung der beiden Elemente auf einander immer Null sein, sobald das eine senkrecht steht gegen die durch das andere und durch r sich bestimmende Ebene.

Vermöge dieses Satzes (9.) und der Hypothesen (1.), (2.), (3.), (4.) wird es nun möglich sein, die von zwei beliebig gegebenen Stromelementen auf einander ausgeübte Wirkung näher zu bestimmen.

Zunächst ist diese Wirkung nach (1.) proportional mit den Längen Ds, Ds_1 und mit den Stromstärken J, J_1 der beiden Elemente; also

$$R(Ds, Ds_1) = JDs \, . \, JDs_1 \, . \, \mathsf{P}, \tag{10.}$$

wo P abhängt von der relativen Lage der beiden Elemente, d. i. von ihrer Verbindungslinie r, von den Winkeln ϑ, ϑ_1, unter welchen sie gegen r, und von dem Winkel ε, unter welchem sie gegeneinander geneigt sind. Somit ist zu schreiben:

$$R(Ds, Ds_1) = JDs \, . \, J_1 Ds_1 \, . \, \mathsf{P}(r, \vartheta, \vartheta_1, \varepsilon). \tag{11.}$$

Fig. 5.

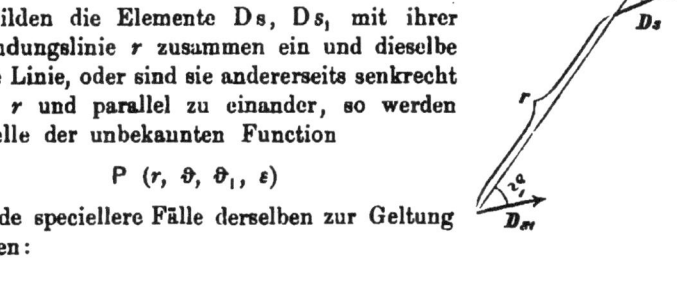

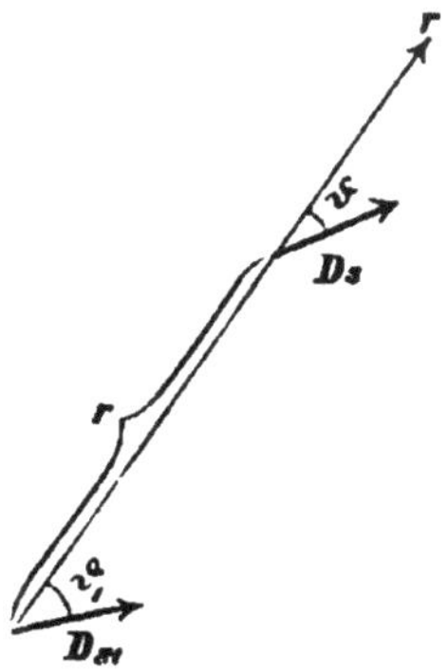

Bilden die Elemente Ds, Ds_1 mit ihrer Verbindungslinie r zusammen ein und dieselbe gerade Linie, oder sind sie andererseits senkrecht gegen r und parallel zu einander, so werden an Stelle der unbekannten Function

$$\mathsf{P}(r, \vartheta, \vartheta_1, \varepsilon)$$

folgende speciellere Fälle derselben zur Geltung kommen:

---

*) Es ist nämlich (mit Bezug auf Figur 4) wohl zu beachten, dass das Element b eine beliebige Lage im Raume, und folglich das Element c eine beliebige Lage in der Ebene MN besitzt. Denkt man sich also in der Ebene MN die Verbindungslinie r der beiden Elemente a und c construirt, so wird die Richtung von c keineswegs zusammenfallen mit r, sondern im Allgemeinen gegen r unter irgend welchem Winkel geneigt sein.

$$\begin{aligned} &\mathsf{P}\,(r,\ 0,\ 0,\ 0) = \overset{\text{I}}{\varrho}\,(r), \\ (12.)\qquad &\mathsf{P}\,(r,\ \tfrac{1}{2}\,\pi,\ \tfrac{1}{2}\,\pi,\ 0) = \overset{\text{II}}{\varrho}\,(r). \end{aligned}$$

Diese speciellen Functionen sind nur noch abhängig von r, und demgemäss bezeichnet mit $\overset{\text{I}}{\varrho}(r)$ und $\varrho(r)$.

Die allgemeine Function P lässt sich reduciren auf die speciellen Functionen $\overset{\text{I}}{\varrho}$, $\overset{\text{II}}{\varrho}$. — Um solches darzuthun, führen wir ein rechtwinkliges Axensystem ein, dessen x-Axe mit der Linie r zusammenfällt, während die y- und z-Axe beliebige Lagen haben, und bezeichnen die diesen Axen entsprechenden rechtwinkligen Componenten von $\mathrm{D}s$ und $\mathrm{D}s_1$ mit $\mathrm{D}x$, $\mathrm{D}y$, $\mathrm{D}z$ und $\mathrm{D}x_1$, $\mathrm{D}y_1$, $\mathrm{D}z_1$. Alsdann ist nach der Hypothese (3.)

$$(13.)\quad R(\mathrm{D}s, \mathrm{D}s_1) = R(\mathrm{D}s, \mathrm{D}x_1) + R(\mathrm{D}s, \mathrm{D}y_1) + R(\mathrm{D}s, \mathrm{D}z_1),$$

und durch nochmalige Anwendung desselben Satzes:

$$\begin{aligned} (14)\quad R(\mathrm{D}s, \mathrm{D}s_1) = {} & R(\mathrm{D}x, \mathrm{D}x_1) + R(\mathrm{D}x, \mathrm{D}y_1) + R(\mathrm{D}x, \mathrm{D}z_1) \\ & + R(\mathrm{D}y, \mathrm{D}x_1) + R(\mathrm{D}y, \mathrm{D}y_1) + R(\mathrm{D}y, \mathrm{D}z_1) \\ & + R(\mathrm{D}z, \mathrm{D}x_1) + R(\mathrm{D}z, \mathrm{D}y_1) + R(\mathrm{D}z, \mathrm{D}z_1). \end{aligned}$$

Von den neun Kräften rechter Hand sind aber, wie aus (9.) folgt, alle Null mit Ausnahme der in der Diagonale stehenden; so dass man erhält:

$$(15.)\quad R(\mathrm{D}s, \mathrm{D}s_1) = R(\mathrm{D}x, \mathrm{D}x_1) + R(\mathrm{D}y, \mathrm{D}y_1) + R(\mathrm{D}z, \mathrm{D}z_1).$$

Endlich lassen sich die drei Kräfte, welche jetzt noch auf der rechten Seite stehen, leicht ausdrücken vermittelst der speciellen Funtion $\overset{\text{I}}{\varrho}$, $\overset{\text{II}}{\varrho}$. Man erhält nämlich aus (11.) und mit Rücksicht auf (12.):

$$\begin{aligned} R(\mathrm{D}x, \mathrm{D}x_1) &= J\mathrm{D}x\,.\,J_1\mathrm{D}x_1\,.\,\mathsf{P}\,(r,\ 0,\ 0,\ 0) = J\mathrm{D}x\,.\,J_1\mathrm{D}x_1\,.\,\overset{\text{I}}{\varrho}(r), \\ R(\mathrm{D}y, \mathrm{D}y_1) &= J\mathrm{D}y\,.\,J_1\mathrm{D}y_1\,.\,\mathsf{P}\,(r, \tfrac{1}{2}\pi, \tfrac{1}{2}\pi, 0) = J\mathrm{D}y\,.\,J_1\mathrm{D}y_1\,.\,\overset{\text{II}}{\varrho}(r). \\ R(\mathrm{D}z, \mathrm{D}z_1) &= J\mathrm{D}z\,.\,J_1\mathrm{D}z_1\,.\,\mathsf{P}\,(r, \tfrac{1}{2}\pi, \tfrac{1}{2}\pi, 0) = J\mathrm{D}z\,.\,J_1\mathrm{D}z_1\,.\,\overset{\text{II}}{\varrho}(r). \end{aligned}$$

Somit folgt

$$(16.)\quad R(\mathrm{D}s, \mathrm{D}s_1) = JJ_1\,[\mathrm{D}x\,\mathrm{D}x_1\,\overset{\text{I}}{\varrho}(r) + (\mathrm{D}y\,\mathrm{D}y_1 + \mathrm{D}z\,\mathrm{D}z_1)\,\overset{\text{II}}{\varrho}(r)],$$

oder:

$$(17.)\quad R(\mathrm{D}s, \mathrm{D}s_1) = J\,\mathrm{D}s\,.\,J_1\mathrm{D}s_1\,[\mathsf{A}\mathsf{A}_1\,\overset{\text{I}}{\varrho}(r) + (\mathsf{B}\mathsf{B}_1 + \Gamma\Gamma_1)\overset{\text{II}}{\varrho}(r)],$$

wo A, B, Γ und A_1, B_1, Γ_1 die Richtungscosinus von $\mathrm{D}s$ und $\mathrm{D}s_1$ bezeichnen. Zufolge der Bedeutungen von ϑ, ϑ_1, ε ist nun offenbar:

$$\begin{gathered} \mathsf{A} = \cos\vartheta, \qquad \mathsf{A}_1 = \cos\vartheta_1, \\ \mathsf{A}\mathsf{A}_1 + \mathsf{B}\mathsf{B}_1 + \Gamma\Gamma_1 = \cos\varepsilon, \\ \mathsf{B}\mathsf{B}_1 + \Gamma\Gamma_1 = \cos\varepsilon - \cos\vartheta\,\cos\vartheta_1. \end{gathered}$$

Somit folgt:

$$(18.)\quad R(\mathrm{D}s, \mathrm{D}s_1) = J\,\mathrm{D}s \,.\, J_1\,\mathrm{D}s_1\,[\cos\vartheta\cos\vartheta_1 \,.\, \overset{\mathrm{I}}{\varrho}(r) + (\cos\varepsilon - \cos\vartheta\cos\vartheta_1)\,\overset{\mathrm{II}}{\varrho}(r)]\,.$$

Der hier in [ ] stehende Ausdruck repräsentirt, wie aus (11.) zu ersehen, die zu ermittelnde allgemeine Function P. Die Reduction derselben auf die speciellen Functionen $\overset{\mathrm{I}}{\varrho}$, $\overset{\mathrm{II}}{\varrho}$ ist also vollendet.

Die beiden Functionen $\overset{\mathrm{I}}{\varrho}$ und $\overset{\mathrm{II}}{\varrho}$ lassen sich reduciren auf eine einzige, ebenfalls nur von r abhängende Function. — Um solches zu zeigen, schreiben wir zunächst die Formel (18.) in folgender Weise:

$$(19.)\quad R = J\,\mathrm{D}s \,.\, J_1\,\mathrm{D}s_1\,[\overset{\mathrm{I}}{\varrho}(r)\cos\vartheta\cos\vartheta_1 + \overset{\mathrm{II}}{\varrho}(r)\,(\cos\varepsilon - \cos\vartheta\cos\vartheta_1)\,],$$

wo R, um die Vorstellung mehr zu fixiren, diejenige repulsive Kraft vorstellen soll, welche von $\mathrm{D}s_1$ ausgeübt wird auf $\mathrm{D}s$, so dass also der Werth von R positiv oder negativ sein wird, je nachdem diese Kraft die Entfernung r zu vergrössern oder zu verkleinern strebt.

Sind nun, mit Bezug auf ein beliebig gewähltes rechtwinkliges Axensystem x, y, z und x_1, y_1, z_1 die Coordinaten von $\mathrm{D}s$ und $\mathrm{D}s_1$, so ergiebt sich:

$$r^2 = (x - x_1)^2 + (y - y_1)^2 + (z - z_1)^2,$$

$$r\frac{\partial r}{\partial s} = (x - x_1)\frac{\partial x}{\partial s} + (y - y_1)\frac{\partial y}{\partial s} + (z - z_1)\frac{\partial z}{\partial s},$$

$$r\frac{\partial r}{\partial s_1} = -(x - x_1)\frac{\partial x_1}{\partial s_1} - (y - y_1)\frac{\partial y_1}{\partial s_1} - (z - z_1)\frac{\partial z_1}{\partial s_1},$$

$$\frac{\partial r}{\partial s}\frac{\partial r}{\partial s_1} + r\frac{\partial^2 r}{\partial s\,\partial s_1} = -\frac{\partial x}{\partial s}\frac{\partial x_1}{\partial s_1} - \frac{\partial y}{\partial s}\frac{\partial y_1}{\partial s_1} - \frac{\partial z}{\partial s}\frac{\partial z_1}{\partial s_1},$$

wo $\frac{\partial}{\partial s}$ und $\frac{\partial}{\partial s_1}$ Differentiationen nach den Richtungen der beiden Elemente $\mathrm{D}s$ und $\mathrm{D}s_1$ vorstellen sollen. Aus diesen Formeln ergiebt aber sich sofort:

$$\frac{\partial r}{\partial s} = \cos\vartheta \text{ (vergl. Fig. 5 auf pag. 37)},$$

$$\frac{\partial r}{\partial s_1} = -\cos\vartheta_1,$$

$$\frac{\partial r}{\partial s}\frac{\partial r}{\partial s_1} + r\frac{\partial^2 r}{\partial s\,\partial s_1} = -\cos\varepsilon,$$

$$r\frac{\partial^2 r}{\partial s\,\partial s_1} = -\cos\varepsilon + \cos\vartheta\cos\vartheta_1.$$

Somit folgt aus (19.):

$$(20.)\qquad R = J\,\mathrm{D}s\,.\,J_1\,\mathrm{D}s_1\left[-\overset{\mathrm{I}}{\varrho}(r)\,.\,\frac{\partial r}{\partial s}\frac{\partial r}{\partial s_1} - \overset{\mathrm{II}}{\varrho}(r)\,.\,r\frac{\partial^2 r}{\partial s\,\partial s_1}\right].$$

Hiefür kann geschrieben werden:

$$(21.)\qquad R = J\,\mathrm{D}s\,.\,J_1\,\mathrm{D}s_1\,.\,\frac{d\chi}{dr}\,\frac{\partial^2\psi}{\partial s\,\partial s_1},$$

wo χ, ψ neue Functionen von r sind, welche mit $\overset{\mathrm{I}}{\varrho}(r)$, $\overset{\mathrm{II}}{\varrho}(r)$ zusammenhängen durch die Relationen:

$$(22.)\qquad \begin{aligned} -\overset{\mathrm{I}}{\varrho}(r) &= \frac{d\chi}{dr}\,\frac{d^2\psi}{dr^2} = \chi'\psi'', \\ -r\overset{\mathrm{II}}{\varrho}(r) &= \frac{d\chi}{dr}\,\frac{d\psi}{dr} = \chi'\psi'. \end{aligned}$$

Zur Abkürzung sollen nämlich die Differentialquotienten nach r durch Accente angedeutet werden.

Um nun $\overset{\mathrm{I}}{\varrho}$, $\overset{\mathrm{II}}{\varrho}$ oder (was dasselbe ist) χ, ψ auf eine einzige Function zu reduciren, bringen wir die Formel (21.) in Anwendung auf diejenige Wirkung, welche ein geschlossener Strom auf ein einzelnes Stromelement ausübt.

Der geschlossene Strom habe die Stärke J_1, und sei, was seine Gestalt betrifft, repräsentirt durch die Peripherie $\beta\gamma\delta\beta$ eines Kreissegmentes, welches kleiner ist als der Halbkreis (Fig. 6). Mit diesem Strome in derselben Ebene liege das zu betrachtende Element Ds. Dasselbe besitze die Stromstärke J, befinde sich in irgend einem Puncte α, der mit den beiden Ecken β, γ jenes Kreissegmentes in gerader Linie ist, und bilde mit dieser geraden Linie $\alpha\beta\gamma$ einen rechten Winkel.

Fig. 6.

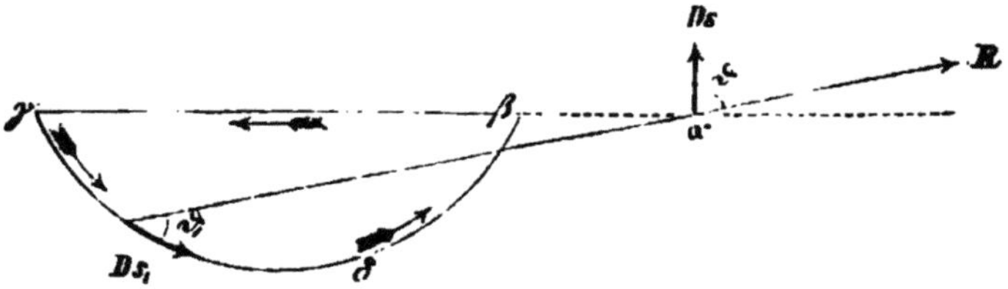

Die von einem Elemente Ds_1 des Stromes $\beta\gamma\delta\beta$ auf Ds ausgeübte Kraft R hat nach (21.) den Werth

$$(23.)\qquad R = J\,\mathrm{D}s\,.\,J_1\,\mathrm{D}s_1\,.\,\frac{d\chi}{dr}\,\frac{\partial^2\psi}{\partial s\,\partial s_1}.$$

Sind nun P und Q die Componenten der von $\beta\gamma\delta\beta$ auf Ds ausgeübten Gesammtwirkung, parallel und senkrecht zu Ds, so ist:

$$(24.)\qquad \begin{aligned} P &= \Sigma_1\,(R\cos\vartheta),\\ Q &= \Sigma_1\,(R\sin\vartheta), \end{aligned}$$

die Summation (oder Integration) Σ_1 hinerstreckt über alle Elemente von $\beta\gamma\delta\beta$. Hieraus ergiebt sich, wenn man für $\cos\vartheta$ die Ableitung $\frac{\partial r}{\partial s}$, andererseits für R den Werth (23.) substituirt:

$$(25.)\qquad P = \Sigma_1\left(J\,\mathrm{D}s\,.\,J_1\,\mathrm{D}s_1\,.\,\frac{\partial\chi}{\partial s}\,\frac{\partial^2\psi}{\partial s\,\partial s_1}\right),$$

oder was dasselbe ist:

$$(26.)\qquad \begin{aligned} P &= \frac{J\,\mathrm{D}s\,.\,J_1}{2}\,\Sigma_1\left(\mathrm{D}s_1\,.\,2\,\frac{\partial\chi}{\partial s}\,\frac{\partial}{\partial s_1}\left[\frac{\partial\psi}{\partial s}\right]\right)\\ &= \frac{J\,\mathrm{D}s\,.\,J_1}{2}\,\Sigma_1\left(\mathrm{D}s_1\,.\,2u\frac{\partial v}{\partial s_1}\right) \end{aligned}$$

wo für den Augenblick die beiden Ausdrücke $\frac{\partial\chi}{\partial s} = \frac{d\chi}{dr}\,\frac{\partial r}{\partial s} = \chi'\,\frac{\partial r}{\partial s}$ und $\frac{\partial\psi}{\partial s} = \psi'\,\frac{\partial r}{\partial s}$ mit u und v bezeichnet sein sollen.

Nun ist allgemein für beliebige Functionen u, v:

$$2u\,\frac{\partial v}{\partial s_1} = \frac{\partial\,(uv)}{\partial s_1} + u^2\,\frac{\partial}{\partial s_1}\left(\frac{v}{u}\right),$$

also wenn für u, v die eben genannten Werthe substituirt werden:

$$2u\,\frac{\partial v}{\partial s_1} = \frac{\partial\,(uv)}{\partial s_1} + \left(\chi'\,\frac{\partial r}{\partial s}\right)^2\frac{\partial}{\partial s_1}\left(\frac{\psi'}{\chi'}\right).$$

Hieraus folgt weiter:

$$\begin{aligned} 2u\,\frac{\partial v}{\partial s_1} &= \frac{\partial\,(uv)}{\partial s_1} + \left(\chi'\,\frac{\partial r}{\partial s}\right)^2\frac{d}{dr}\left(\frac{\psi'}{\chi'}\right).\frac{\partial r}{\partial s_1},\\ &= \frac{\partial\,(uv)}{\partial s_1} + (\chi'\,\psi'' - \psi'\,\chi'')\left(\frac{\partial r}{\partial s}\right)^2\frac{\partial r}{\partial s_1},\\ &= \frac{\partial\,(uv)}{\partial s_1} + \lambda\cos^2\vartheta\cos\vartheta_1. \end{aligned}$$

Denn es ist ja (vergl. pag. 39): $\frac{\partial r}{\partial s} = \cos\vartheta$, $\frac{\partial r}{\partial s_1} = -\cos\vartheta_1$. Ausserdem ist zur Abkürzung der Ausdruck $(\psi'\chi'' - \chi'\psi'')$ mit λ benannt worden.

Somit folgt aus (26.):

$$(27.)\qquad P = \frac{J\,\mathrm{D}s\,.\,J_1}{2}\,\Sigma_1\,(\mathrm{D}s_1\,.\,\lambda\cos^2\vartheta\cos\vartheta_1).$$

Nun bemerkt man (Fig. 6 auf pag. 40), dass der hier unter der Summe befindliche Ausdruck $\lambda\cos^2\vartheta\cos\vartheta_1$ für all' diejenigen Elemente $\mathrm{D}s_1$ verschwindet, welche der geradlinigen Strecke $\beta\gamma$ angehören;

denn für all' diese Elemente ist ϑ ein rechter Winkel. Es kann daher die Formel (27.) auch so geschrieben werden:

$$(28.)\qquad P = -\frac{J\,\mathrm{D}s\,.\,J_1}{2}\,\Sigma_{\gamma\delta\beta}\;(\mathrm{D}s_1\,.\,\lambda\cos^2\vartheta\cos\vartheta_1),$$

wo die Summation $\Sigma_{\gamma\delta\beta}$ nur noch über den Kreisbogen $\gamma\delta\beta$ hinerstreckt zu denken ist.

Die vom Strome $\beta\gamma\delta\beta$ auf das Element Ds ausgeübte Gesammtwirkung steht, zufolge der Hypothese (4.), senkrecht gegen Ds. Die Componente P muss also Null sein. Somit ergiebt sich aus (28.) die Relation:

$$(29.)\quad 0 = \Sigma_{\gamma\delta\beta}\;(\mathrm{D}s_1\,.\,\lambda\cos^2\vartheta\cos\vartheta_1),\ \text{wo}\ \lambda = \psi'\chi'' - \chi'\psi''.$$

Das Product $\cos^2\vartheta\cos\vartheta_1$ ist für sämmtliche Elemente Ds_1 des Bogens $\gamma\delta\beta$ von positivem Werth und verschieden von Null*) (vergl. Fig. 6 auf pag. 40). Mit Rücksicht hierauf aber folgt aus der Formel (29.), dass die Function λ identisch mit Null ist. Es mag solches näher dargelegt werden:

Die durch $\lambda = \psi'\chi'' - \chi'\psi''$ definirte Grösse λ ist, ebenso wie χ, ψ selber, eine vorläufig unbekannte Function von r. Wie nun diese Function λ auch beschaffen sein mag, immer wird sich das von 0 bis ∞ reichende (lineare) Werthgebiet des Argumentes r in einzelne Intervalle zerlegen lassen von solcher Beschaffenheit, dass λ in jedem einzelnen Intervalle entweder überall positiv, oder überall negativ ist. Irgend eines unter diesen Intervallen werde bezeichnet mit $r_1 \ldots . r_2$, und mit Bezug auf dieses werde die Gestalt des Stromes $\beta\gamma\delta\beta$ und der Ort α des Elementes Ds so eingerichtet, dass $\alpha\beta = r_1$, $\alpha\gamma = r_2$ ist. Die Summe (29.) besteht alsdann aus Gliedern: Ds_1 $\lambda\cos^2\vartheta\cos\vartheta_1$, welche (ebenso wie die dem Intervall $r_1 \ldots . r_2$ entsprechenden Werthe von λ) entweder sämmtlich positiv oder sämmtlich negativ sind. Aus dem durch die Formel (29.) constatirten Verschwinden der Summe folgt also, dass der Ausdruck $\lambda\cos^2\vartheta\cos\vartheta_1$ längs des Bogens $\gamma\delta\beta$ überall verschwindet; dieses Verschwinden aber kann, weil $\cos^2\vartheta\cos\vartheta_1$ einen durchweg von Null verschiedenen Werth besitzt, nur im Factor λ seinen Grund haben. Somit ist dargethan, dass die Function λ längs des Kreisbogens $\gamma\delta\beta$ überall verschwindet, oder (anders ausgedrückt), dass sie verschwindet für alle dem betrachteten Intervall $r_1 \ldots . r_2$ angehörenden Argumente r. — Analoges wird nun offenbar sich beweisen lassen für jedes andere der genannten Intervalle. — Folglich ist die Function λ identisch mit Null, w. z. b. w.

---

*) Allerdings ist jenes Product gleich Null im Puncte β und im Puncte γ. Doch wird hierdurch das Resultat der anzustellenden Erörterungen nicht afficirt werden.

Substituirt man für λ seine eigentliche Bedeutung (29.), so verwandelt sich die eben erhaltene Gleichung $\lambda = 0$ in

$$\psi'\chi'' - \chi'\psi'' = 0. \tag{30.}$$

Hieraus aber folgt successive:

$$\frac{\chi''}{\chi'} = \frac{\psi''}{\psi'},$$

$$\frac{d\log\chi'}{dr} = \frac{d\log\psi'}{dr},$$

$$\log\chi' = \log\psi' + \log C,$$

$$\chi' = C\psi', \tag{31.}$$

$$\chi = C\psi + D, \tag{32.}$$

wo C, D Constanten sind.

Das Vorzeichen der Constanten C lässt sich leicht bestimmen. Wir betrachten zu diesem Zwecke irgend zwei Stromelemente $\mathrm{D}s$, $\mathrm{D}s_1$, welche gegen ihre Verbindungslinie r senkrecht, und beide von gleicher Richtung sind. Die zwischen diesen Elementen vorhandene repulsive Kraft R hat nach (19.) den Werth:

$$R = J\mathrm{D}s \,.\, J_1\mathrm{D}s_1 \,.\, \overset{\text{II}}{\varphi}(r), \tag{33.}$$

weil $\vartheta = \vartheta_1 = \frac{1}{2}\pi$ und $\varepsilon = 0$ ist. Die Formel (33.) aber kann mit Rücksicht auf (22.) auch so geschrieben werden:

$$R = J\mathrm{D}s \,.\, J_1\mathrm{D}s_1\left(-\frac{\chi'\psi'}{r}\right), \tag{34.}$$

also mit Rücksicht auf (31.) auch so:

$$R = J\mathrm{D}s \,.\, J_1\mathrm{D}s_1\left(-\frac{C\psi'^2}{r}\right). \tag{35.}$$

Zufolge der Hypothese (2.) muss aber die repulsive Kraft R einen negativen Werth haben, weil in Wirklichkeit Anziehung stattfindet. Somit folgt aus (35.), dass die Constante C positiv ist. Sie mag demgemäss mit A^2, oder besser mit $8A^2$ benannt werden; so dass also z. B. die Gleichung (31.) das Aussehen gewinnt:

$$\frac{d\chi}{dr} = 8A^2\frac{d\psi}{dr}. \tag{36.}$$

Schreiben wir nun die Formeln (10.), (19.), (21.), (22.) von Neuem hin, indem wir überall an Stelle von $\frac{d\chi}{dr}$ den gefundenen Werth (36.) substituiren, so erhalten wir:

$$(37.)\quad \begin{aligned} R &= J\,\mathrm{D}s\,.\,J_1\,\mathrm{D}s_1\,.\,\mathsf{P},\\ R &= J\,\mathrm{D}s\,.\,J_1\,\mathrm{D}s_1\,[\overset{\mathrm{I}}{\varrho}(r)\,.\,\cos\vartheta\cos\vartheta_1 \\ &\qquad + \overset{\mathrm{II}}{\varrho}(r)\,(\cos\varepsilon - \cos\vartheta\cos\vartheta_1)],\\ R &= J\,\mathrm{D}s\,.\,J_1\,\mathrm{D}s_1\,.\,8A^2\frac{d\psi}{dr}\frac{\partial^2\psi}{\partial s\,\partial s_1},\\ \overset{\mathrm{I}}{\varrho}(r) &= -8A^2\frac{d\psi}{dr}\frac{d^2\psi}{dr^2} = -4A^2\frac{d}{dr}\left(\frac{d\psi}{dr}\right)^2,\\ \overset{\mathrm{II}}{\varrho}(r) &= -8A^2\frac{1}{r}\left(\frac{d\psi}{dr}\right)^2. \end{aligned}$$

Bezeichnen wir also die Differenz $\overset{\mathrm{I}}{\varrho}(r) - \overset{\mathrm{II}}{\varrho}(r)$ schlechtweg mit $\varrho(r)$, so gelangen wir schliesslich zu folgendem Resultat:

Die (repulsiv gerechnete) ponderomotorische Kraft elektrodynamischen Ursprungs R, mit welcher zwei Stromelemente $J\mathrm{D}s$ und $J_1\mathrm{D}s_1$ auf einander einwirken, besitzt den Werth:

$$(38.\mathrm{a})\qquad R = J\,\mathrm{D}s\,.\,J_1\,\mathrm{D}s_1\,.\,\mathsf{P},$$

wo die Function P nach Belieben dargestellt werden kann durch:

$$(38.\mathrm{b})\qquad \begin{aligned} \mathsf{P} &= \varrho\,\Theta\Theta_1 + \overset{\mathrm{II}}{\varrho}\,\mathsf{E},\\ \varrho &= 4A^2\left[\frac{2}{r}\left(\frac{d\psi}{dr}\right)^2 - \frac{d}{dr}\left(\frac{d\psi}{dr}\right)^2\right],\\ \overset{\mathrm{II}}{\varrho} &= -4A^2\frac{2}{r}\left(\frac{d\psi}{dr}\right)^2, \end{aligned}$$

oder auch durch:

$$(38.\mathrm{c})\qquad \mathsf{P} = 4A^2\,.\,2\frac{d\psi}{dr}\frac{\partial^2\psi}{\partial s\,\partial s_1}.$$

Dabei ist zur Abkürzung $\cos\vartheta = \Theta$, $\cos\vartheta_1 = \Theta_1$, $\cos\varepsilon = \mathsf{E}$ gesetzt, wo ϑ, ϑ_1 diejenigen Winkel bezeichnen, unter welchen $\mathrm{D}s$, $\mathrm{D}s_1$ geneigt sind gegen die Linie r, letztere gerechnet von $\mathrm{D}s_1$ nach $\mathrm{D}s$ hin, während ε den Neigungswinkel von $\mathrm{D}s$ gegen $\mathrm{D}s_1$ repräsentirt. Endlich ist unter $\psi = \psi(r)$ eine **allein von r abhängende** Function zu verstehen.

Im Folgenden mögen diese Formeln (38.a, b, c) kurzweg bezeichnet werden als **das von Ampère aufgestellte Elementargesetz**, in etwas erweiterter Gestalt. In der That lässt sich leicht zeigen, dass diese Formeln in das genannte Gesetz übergehen, sobald man $\psi = \sqrt{r}$ macht.

Für $\psi = \sqrt{r}$ wird nämlich

$$\frac{d\psi}{dr} = \frac{1}{2\sqrt{r}}, \quad \left(\frac{d\psi}{dr}\right)^2 = \frac{1}{4r}.$$

Hierdurch aber nehmen die Formeln (38.a, b, c) folgende Gestalt an:

(39.a) $R = J\,\mathrm{D}s \,.\, J_1\,\mathrm{D}s_1 \,.\, \mathsf{P}$,

(39.b) $\mathsf{P} = \varrho\,\Theta\Theta_1 + \overset{\shortparallel}{\varrho}\mathsf{E}$,

$$\varrho = A^2 \frac{3}{r^2},$$

$$\overset{\shortparallel}{\varrho} = -A^2 \frac{2}{r^2},$$

(39.c) $$\mathsf{P} = 4A^2 \,.\, \frac{1}{\sqrt{r}} \frac{\partial^2 \sqrt{r}}{\partial s\,\partial s_1},$$

Vergleicht man diese Formeln (39.a, b, c) mit dem von Ampère*) für die in Rede stehende ponderomotorische Kraft gegebenen Ausdruck:

$$-J\,\mathrm{D}s \,.\, J_1\,\mathrm{D}s_1 \,.\, \frac{2}{\sqrt{r}} \frac{\partial^2 \sqrt{r}}{\partial s\,\partial s_1},$$

so zeigt sich, abgesehen vom entgegengesetzten Vorzeichen, in der That vollständige Uebereinstimmung, sobald unsere Constante $A^2 = \frac{1}{2}$ gesetzt wird. Das entgegengesetzte Vorzeichen erklärt sich daraus, dass Ampère**) die attractiven Kräfte als positiv rechnet, während wir umgekehrt die repulsiven Kräfte als positiv aufgefasst haben, und an dieser Auffassung auch weiterhin festhalten wollen.

Vergleicht man andererseits die Formeln (39.a, b, c) mit der von meinem Vater gebrauchten Formel***):

$$R = \frac{J\,\mathrm{D}s \,.\, J_1\,\mathrm{D}s_1}{r^2} \left[\tfrac{3}{2} \cos\vartheta \cos\vartheta_1 - \cos\varepsilon\right],$$

so zeigt sich ebenfalls, sobald $A^2 = \frac{1}{2}$ genommen wird, völlige Uebereinstimmung.

Die Constante A^2 in den vorliegenden Untersuchungen $= \frac{1}{2}$ zu setzen, erschien mir nicht rathsam. Ich habe es vorgezogen, sie un-

*) Ampère: Théorie des phénomènes électrodynamiques uniquement déduite de l'expérience. Paris. 1826. pag. 60.

**) l. c. pag. 28.

***) F. Neumann: Die mathematischen Gesetze der inducirten elektrischen Ströme, vorgelesen in der Berliner Akad. der Wissensch. am 27. October 1845, pag. 24; und ferner: Ueber ein allgemeines Princip der mathematischen Theorie inducirter elektrischer Ströme, vorgelesen in der Berliner Akad. der Wissensch. am 9. August 1847, pag. 6.

bestimmt zu lassen (abhängig von den noch festzusetzenden Maasseinheiten), übrigens aber dieselbe in genau demselben Sinne eingeführt, wie es von Helmholtz*) geschehen ist.

Diese Bemerkungen mögen dienen als eine Erleichterung für die Vergleichung der hier anzustellenden Untersuchungen mit denen der genannten Autoren.

Ebenso wie das Newton'sche Gesetz mit einer Function der Entfernung r behaftet ist, welche nur für beträchtliche r identisch mit $\frac{1}{r^2}$, für sehr kleine r aber von noch unbekannter Beschaffenheit ist**), ebenso erscheint es sehr möglich, dass Analoges auch anzunehmen ist beim Ampère'schen Gesetz.

Der grösseren Sicherheit willen mag daher im Folgenden den Formeln (39. a, b, c) nur dann Gültigkeit zuerkannt werden, wenn die Entfernung r von beträchtlichem Werthe ist, im Allgemeinen aber festgehalten werden an den Formeln (38. a, b, c). Mit andern Worten: Der grösseren Sicherheit willen mag im Folgenden unter

$$\psi \quad \text{oder} \quad \psi(r)$$

eine Function verstanden werden, welche allerdings für beträchtliche r identisch mit $\sqrt{r}$, für sehr kleine r hingegen von noch unbekannter Beschaffenheit ist.

§. 9. Zusammenstellung einiger bekannten allgemeinen Formeln über die Bewegung eines starren Körpers.

Befindet sich ein starrer Körper in beliebiger Bewegung, und sind (x, y, z), $(\mathfrak{x}, \mathfrak{y}, \mathfrak{z})$ zwei rechtwinklige Axensysteme, das eine absolut fest, das andere starr verbunden mit dem Körper, so finden zwischen den Coordinaten x, y, z und $\mathfrak{x}, \mathfrak{y}, \mathfrak{z}$, welche irgend ein Massenpunct m des Körpers in Bezug auf diese beiderlei Systeme besitzt, die Relationen statt:

---

*) Helmholtz: Ueber die Bewegungsgleichungen der Elektricität für ruhende leitende Körper (Borchardt's Journal, Bd. 72. pag. 72).

**) Es mag dabei (was auch schon auf pag. 23 und 25 am Platze gewesen wäre) erinnert werden an folgende Worte von Gauss: „Attractio vulgaris quadrato distantiae reciproce proportionalis, quae omnes motus coelestes tam felici „successu explicat, nullius usus est nec in phaenomenis capillaribus, nec in phaenomenis adhaesionis et cohaesionis explicandis. — — — . Recte — — concluditur, illam attractionis legem in *distantiis minimis* naturae haud amplius consentaneam esse, sed *modificationem quandam* postulare —." (Gauss' Werke. Bd. 5. pag. 31.)

$$
(40.a) \qquad
\begin{aligned}
x &= a + C^{11}\mathfrak{x} + C^{12}\mathfrak{y} + C^{13}\mathfrak{z},\\
y &= b + C^{21}\mathfrak{x} + C^{22}\mathfrak{y} + C^{23}\mathfrak{z},\\
z &= c + C^{31}\mathfrak{x} + C^{32}\mathfrak{y} + C^{33}\mathfrak{z},
\end{aligned}
$$

wo a, b, c die Coordinaten sind, welche der Anfangspunct O des Systems $(\mathfrak{x}, \mathfrak{y}, \mathfrak{z})$ besitzt im Systeme (x, y, z), und die C die Cosinus derjenigen Winkel vorstellen, unter welchen die Axen der beiderlei Systeme gegen einander geneigt sind. Offenbar sind die Coordinaten $\mathfrak{x}$, $\mathfrak{y}$, $\mathfrak{z}$ des Massenpunctes m anzusehen als gewisse diesem Punct eigenthümlich zugehörige Constanten; während x, y, z, a, b, c und die C Functionen der Zeit sind. Aus (40.a) folgt durch Umkehrung:

$$
(40.b) \qquad
\begin{aligned}
\mathfrak{x} &= C^{11}(x-a) + C^{21}(y-b) + C^{31}(z-c),\\
\mathfrak{y} &= C^{12}(x-a) + C^{22}(y-b) + C^{32}(z-c),\\
\mathfrak{z} &= C^{13}(x-a) + C^{23}(y-b) + C^{33}(z-c).
\end{aligned}
$$

Für die dem Zeitelement dt entsprechenden Zuwüchse dx, dy, dz, da, db, dc, dC ergeben sich nun aus (40.a) die Formeln:

$$
(40.c) \qquad
\begin{aligned}
dx &= da + \mathfrak{x}dC^{11} + \mathfrak{y}dC^{12} + \mathfrak{z}dC^{13},\\
dy &= db + \mathfrak{x}dC^{21} + \mathfrak{y}dC^{22} + \mathfrak{z}dC^{23},\\
dz &= dc + \mathfrak{x}dC^{31} + \mathfrak{y}dC^{32} + \mathfrak{z}dC^{33},
\end{aligned}
$$

und hieraus folgt durch Substitution der Werthe (40.b) sofort:

$$
(40.d) \qquad
\begin{aligned}
dx &= da + (z-c)d\beta - (y-b)d\gamma,\\
dy &= db + (x-a)d\gamma - (z-c)d\alpha,\\
dz &= dc + (y-b)d\alpha - (x-a)d\beta,
\end{aligned}
$$

wo $d\alpha$, $d\beta$, $d\gamma$ die Ausdrücke repräsentiren:

$$
(40.e) \qquad
\begin{aligned}
d\alpha &= \sum_{h=1}^{h=3} C^{2h}\, dC^{3h} = -\sum_{h=1}^{h=3} C^{3h}\, dC^{2h},\\
d\beta &= \sum_{h=1}^{h=3} C^{3h}\, dC^{1h} = -\sum_{h=1}^{h=3} C^{1h}\, dC^{3h},\\
d\gamma &= \sum_{h=1}^{h=3} C^{1h}\, dC^{2h} = -\sum_{h=1}^{h=3} C^{2h}\, dC^{1h}.
\end{aligned}
$$

Den Formeln (40.d) entsprechend kann die Bewegung des Körpers während der Zeit dt aufgefasst werden als eine Verschiebung des Punctes O, und als eine gleichzeitige Drehung des Körpers um eine gewisse durch O gehende Axe. Jene Verschiebung ist der Grösse und Richtung nach repräsentirt durch da, db, dc; andererseits findet, wie aus (40.d) ersichtlich, die Drehung um eine Axe statt, deren Richtungs-Cosinus in Bezug auf das System (x, y, z) proportional sind mit $d\alpha$, $d\beta$, $d\gamma$, während gleichzeitig die Grösse des Drehungswinkels sich ausdrückt durch $\sqrt{(d\alpha)^2 + (d\beta)^2 + (d\gamma)^2}$. — Uebrigens ist bekannt, und ebenfalls aus den Formeln (40.d) leicht zu ersehen, dass die Bewegung des Körpers während der Zeit dt, wenn man will, auch aufgefasst werden kann als zusammengesetzt aus sechs Bewegungen. Von diesen sind alsdann die drei erstern repräsentirt durch die Verschiebungen da, db, dc des Punctes O, und die drei letztern durch Drehungen, deren Axen drei durch O gehende, zu x, y, z parallele Linien, und deren Drehungswinkel $d\alpha$, $d\beta$, $d\gamma$ sind. Demgemäss pflegen die Grössen da, db, dc und $d\alpha$, $d\beta$, $d\gamma$ kurzweg bezeichnet zu werden als die Verschiebungen und Drehungen des Körpers während der Zeit dt.

Bringt man die Formeln (40.d) in Anwendung auf irgend zwei Massenpuncte m und m_1 des betrachteten Körpers, so ergiebt sich durch Subtraction dieser beiderlei Formeln sofort:

$$(40.f)\qquad \begin{aligned} d(x_1 - x) &= (z_1 - z)d\beta - (y_1 - y)d\gamma, \\ d(y_1 - y) &= (x_1 - x)d\gamma - (z_1 - z)d\alpha, \\ d(z_1 - z) &= (y_1 - y)d\alpha - (x_1 - x)d\beta. \end{aligned}$$

Nimmt man nun für m und m_1 zwei Massenpuncte, deren gegenseitige Entfernung $= 1$ ist, so werden die rechtwinkligen Projectionen $x_1 - x$, $y_1 - y$, $z_1 - z$ der Linie mm_1 identisch werden mit ihren Richtungs-Cosinus. Bezeichnet man diese letztern also mit A, B, Γ, so ergiebt sich:

$$(40.g)\qquad \begin{aligned} d\mathsf{A} &= \Gamma d\beta - \mathsf{B}d\gamma, \\ d\mathsf{B} &= \mathsf{A}d\gamma - \Gamma d\alpha, \\ d\Gamma &= \mathsf{B}d\alpha - \mathsf{A}d\beta. \end{aligned}$$

Die Formeln (40.f) und (40.g) beziehen sich also auf irgend eine mit dem Körper starr verbundene Linie; die einen repräsentiren diejenigen Aenderungen, welche ihre rechtwinkligen Projectionen, die andern diejenigen, welche ihre Richtungs-Cosinus während der Zeit dt erleiden.

Findet die Bewegung des Körpers während der Zeit dt statt unter dem Einfluss irgend welcher ponderomotorischer Kräfte, und bezeichnet man dieselben, den einzelnen Massenpuncten m (x, y, z) entsprechend, mit (X, Y, Z) so wird bekanntlich

$$\Sigma[X\,dx + Y\,dy + Z\,dz]$$

die von diesen Kräften während der Zeit dt verrichtete Arbeit zu nennen sein. Substituirt man hier für dx, dy, dz ihre Werthe (40.d), so ergiebt sich:

$$(40.h)\qquad \Sigma[Xdx + Ydy + Zdz] = \mathsf{K}^{(x)}da + \mathsf{K}^{(y)}db + \mathsf{K}^{(z)}dc + \Delta^{(x)}d\alpha + \Delta^{(y)}d\beta + \Delta^{(z)}d\gamma,$$

wo die K und Δ folgende Bedeutungen haben:

$$\text{(40.i)}\quad \begin{aligned} K^{(x)} &= \Sigma X, & \Delta^{(x)} &= \Sigma\Big((y-b)\,Z - (z-c)\,Y\Big),\\ K^{(y)} &= \Sigma Y, & \Delta^{(y)} &= \Sigma\Big((z-c)\,X - (x-a)\,Z\Big),\\ K^{(z)} &= \Sigma Z, & \Delta^{(z)} &= \Sigma\Big((x-a)\,Y - (y-b)\,X\Big). \end{aligned}$$

Die Formel (40.h) zeigt also, dass die auf einen starren Körper während der Zeit dt von irgend welchen ponderomotorischen Kräften ausgeübte Arbeit in einfacher Weise sich ausdrücken lässt durch die Verschiebungen und Drehungen des Körpers einerseits, und durch die Summen und Drehungsmomente jener Kräfte andererseits.

Hat da für die Zeit dt irgend welchen Werth; während db, dc, $d\alpha$, $d\beta$, $d\gamma$ Null sind, so geht die Formel (40.h) über in:

$$\text{(40.k)}\qquad \Sigma\,[X dx + Y dy + Z dz] = (\Sigma X)\,.\,da.$$

D. h. schreitet der Körper während der Zeit dt sich selber parallel fort in der Richtung der x-Axe, so wird die während dieser Zeit auf ihn ausgeübte Arbeit identisch sein mit der (in der Richtung jener x-Axe auf ihn ausgeübten) translatorischen Kraft, dieselbe noch multiplicirt mit der Grösse der Verschiebung.

Hat andererseits $d\alpha$ für die Zeit dt irgend welchen Werth, während $d\beta$, $d\gamma$, da, db, dc Null sind, und sind ausserdem a, b, c ebenfalls Null, so nimmt die Formel (40.h) folgende Gestalt an:

$$\text{(40.l)}\qquad \Sigma\,[X dx + Y dy + Z dz] = \Big\{\Sigma(yZ - zY)\Big\}\,d\alpha.$$

D. h. dreht sich der Körper während der Zeit dt um die x-Axe, so wird die während dieser Zeit auf ihn ausgeübte Arbeit identisch sein mit dem (in Bezug auf die x-Axe ausgeübten) Drehungsmoment, dasselbe noch multiplicirt mit der Grösse der Drehung.

Die x-Axe hat eine willkührlich gewählte Lage. Folglich gelten die mit Bezug auf (40.k) und (40.l) so eben ausgesprochenen Sätze allgemein für jede Richtung und für jede Axe.

§. 10. Die Theorie des von F. Neumann eingeführten elektrodynamischen Potentials.

Gegeben mögen sein zwei biegsame Drahtringe A und B; die in irgend welchen Bewegungen begriffen sind, und auch ihrer Gestalt nach im Laufe der Zeit irgend welche Aenderungen erleiden. Diese Ringe mögen durchflossen gedacht werden von elektrischen Strömen. Es repräsentire

$$\text{(41.)}\qquad dT_A{}^B$$

diejenige lebendige Kraft, welche im Ringe A während eines gegebenen Zeitelementes dt hervorgebracht wird durch die Einwirkung des Ringes B, oder (was dasselbe ist vergl. pag. 12) diejenige ponderomotorische Arbeit, welche B auf A während dieser Zeit ausübt; ferner sei

(42.) $$(d T_A{}^B)_{\text{eldy. U.}}$$

derjenige Theil jener lebendigen Kraft oder ponderomotorisch'en Arbeit, welcher seine Entstehung verdankt den Kräften elektrodynamischen Ursprungs. — Es handelt sich um die nähere Untersuchung dieser Grösse (42.).

Irgend zwei Elemente der Ringe A und B mögen bezeichnet sein mit Ds_0 und Ds_1. Die Coordinaten x_0, y_0, z_0 des Elementes Ds_0 sind abhängig einerseits von der Bogenlänge s_0 (dieselbe gerechnet von einer bestimmten Marke bis zum Anfange von Ds_0), und sind, weil der Ring in Bewegung sich befindet, andererseits auch noch Functionen der Zeit. Von denselben beiden Argumenten, nämlich von Bogenlänge und Zeit, wird ferner auch abhängig sein die in Ds_0 vorhandene Stromstärke J_0. Analoges gilt für die Coordinaten x_1, y_1, z_1 und die Stromstärke J_1 des Elementes Ds_1.

Es mag nun die Zeit, im Allgemeinen bezeichnet mit t, specieller mit

$$\tau_0, \qquad \mathrm{T}_0, \qquad \tau_1, \qquad \mathrm{T}_1$$

benannt werden, jenachdem sie Argument von

$$x_0,\ y_0,\ z_0, \qquad J_0, \qquad x_1,\ y_1,\ z_1, \qquad J_1$$

ist; so dass also

$$(43.a)\quad \begin{cases} x_0 = \lambda\,(s_0, \tau_0), \\ y_0 = \mu\,(s_0, \tau_0), \\ z_0 = \nu\,(s_0, \tau_0), \end{cases} \qquad \begin{cases} x_1 = \Lambda\,(s_1, \tau_1), \\ y_1 = \mathrm{M}\,(s_1, \tau_1), \\ z_1 = \mathrm{N}\,(s_1, \tau_1), \end{cases}$$

$$(43.b)\quad J_0 = \xi\,(s_0, \mathrm{T}_0), \qquad\qquad J_1 = \Xi\,(s_1, \mathrm{T}_1),$$

wo λ, μ, ν, ξ und Λ, M, N, Ξ irgend welche*) Functionen sind.

Solches festgesetzt wird die gegenseitige Entfernung r zwischen

---

*) Die Functionen λ, μ, ν sind, wie man leicht erkennt, nicht ganz willkührlich zu denken. Denn zu ein und derselben Zeit sind die Coordinaten für den Anfangs- und Endpunct von Ds_0 dargestellt durch

$$x_0,\ y_0,\ z_0 \quad \text{und} \quad x_0 + \frac{\partial x_0}{\partial s_0} Ds_0,\ \ y_0 + \frac{\partial y_0}{\partial s_0} Ds_0,\ \ z_0 + \frac{\partial z_0}{\partial s_0} Ds_0.$$

Die Entfernung dieser beiden Puncte von einander ist aber $= Ds_0$. Somit folgt, dass jene Functionen der Bedingung entsprechen müssen:

$$\left(\frac{\partial x_0}{\partial s_0}\right)^2 + \left(\frac{\partial y_0}{\partial s_0}\right)^2 + \left(\frac{\partial z_0}{\partial s_0}\right)^2 = 1.$$

Ebenso verhält es sich mit Λ, M, N.

den beiden Puncten x_0, y_0, z_0 und x_1, y_1, z_1 eine Function sein, deren Charakter angedeutet ist durch das Schema:

$$(43.c) \qquad r \begin{cases} (x_0, y_0, z_0) \text{———} (s_0, \tau_0) \\ (x_1, y_1, z_1) \text{— —} (s_1, \tau_1) \end{cases}$$

D. h. r ist zunächst abhängig von den sechs Coordinaten $x_0, y_0, z_0, x_1, y_1, z_1$; und diese ihrerseits sind abhängig, die einen von s_0, τ_0, die andern von s_1, τ_1.

Bemerkt sei noch, dass die Richtungs-Cosinus A_0, B_0, Γ_0 und A_1, B_1, Γ_1 der Elemente Ds_0 und Ds_1 darstellbar sind durch

$$(44.) \qquad \begin{aligned} \mathsf{A}_0 &= \frac{\partial x_0}{\partial s_0}, & \mathsf{A}_1 &= \frac{\partial x_1}{\partial s_1}, \\ \mathsf{B}_0 &= \frac{\partial y_0}{\partial s_0}, & \mathsf{B}_1 &= \frac{\partial y_1}{\partial s_1}, \\ \Gamma_0 &= \frac{\partial z_0}{\partial s_0}, & \Gamma_1 &= \frac{\partial z_1}{\partial s_1}, \end{aligned}$$

dass folglich diese Richtungs-Cosinus, ebenso wie die Coordinaten selber, abhängig sind respective von s_0, τ_0 und von s_1, τ_1.

Nach dem Ampère'schen Gesetz [vergl. (38.a, b, c)] repräsentirt

$$(45.) \qquad R = 4A^2 \,.\, Ds_0 Ds_1 \, J_0 J_1 \,.\, 2 \frac{d\psi}{dr} \frac{\partial^2 \psi}{\partial s_0 \partial s_1}$$

diejenige ponderomotorische Kraft eldy. Us, welche das Element Ds_1 auf das Element Ds_0 ausübt. Die von dieser Kraft R während der Zeit dt auf das Element Ds_0 ausgeübte Arbeit wird, falls man ihre Componenten mit $X_0{}^1$, $Y_0{}^1$, $Z_0{}^1$ bezeichnet, dargestellt sein durch

$$\left(X_0{}^1 \frac{\partial x_0}{\partial \tau_0} + Y_0{}^1 \frac{\partial y_0}{\partial \tau_0} + Z_0{}^1 \frac{\partial z_0}{\partial \tau_0} \right) dt.$$

Hiefür aber kann, weil r die Entfernung der beiden Elemente von einander vorstellt, auch geschrieben werden:

$$R \left(\frac{x_0 - x_1}{r} \frac{\partial x_0}{\partial \tau_0} + \frac{y_0 - y_1}{r} \frac{\partial y_0}{\partial \tau_0} + \frac{z_0 - z_1}{r} \frac{\partial z_0}{\partial \tau_0} \right) dt,$$

oder kürzer:

$$R \frac{\partial r}{\partial \tau_0} dt.$$

Somit ergiebt sich für die zu berechnende Arbeit (42.), d. i. für diejenige ponderomotorische Arbeit, welche der ganze Ring B, vermöge seiner Kräfte eldy. Us, während der Zeit dt auf den ganzen Ring A ausübt, folgende Formel:

$$(46.) \qquad (dT_A{}'')_{\text{eldy. Us}} = \Sigma\Sigma\, R \frac{\partial r}{\partial \tau_0} dt.$$

die Summation ausgedehnt über sämmtliche Elemente beider Ringe; hieraus folgt durch Substitution des Werthes (45.):

$$(47.)\quad (dT_A{}^{\prime\prime})_{\text{eldy. Us}} = 4A^2 dt\,.\,\Sigma\Sigma\, \mathrm{D}s_0\,\mathrm{D}s_1\left(J_0 J_1\,.\,2\frac{\partial\psi}{\partial\tau_0}\frac{\partial^2\psi}{\partial s_0\,\partial s_1}\right).$$

Zufolge (43.a, b, c) sind s_0, τ_0, s_1, τ_1 diejenigen vier coordinirten Variablen, von welchen die Entfernung r, mithin auch die Function $\psi = \psi(r)$ in letzter Instanz abhängt. Bei mehrfacher Differentiation nach jenen vier Variablen wird daher das Resultat unabhängig sein von der Reihenfolge. Somit ist identisch:

$$(48.)\quad 2\frac{\partial\psi}{\partial\tau_0}\frac{\partial^2\psi}{\partial s_0\partial s_1} = \frac{\partial}{\partial s_0}\left(\frac{\partial\psi}{\partial s_1}\frac{\partial\psi}{\partial\tau_0}\right) + \frac{\partial}{\partial s_1}\left(\frac{\partial\psi}{\partial s_0}\frac{\partial\psi}{\partial\tau_0}\right) - \frac{\partial}{\partial\tau_0}\left(\frac{\partial\psi}{\partial s_0}\frac{\partial\psi}{\partial s_1}\right);$$

und hieraus folgt:

$$(49.)\quad J_0 J_1\,.\,2\frac{\partial\psi}{\partial\tau_0}\frac{\partial^2\psi}{\partial s_0\partial s_1} = \frac{\partial}{\partial s_0}\left(J_0 J_1\frac{\partial\psi}{\partial s_1}\frac{\partial\psi}{\partial\tau_0}\right) + \frac{\partial}{\partial s_1}\left(J_0 J_1\frac{\partial\psi}{\partial s_0}\frac{\partial\psi}{\partial\tau_0}\right)$$
$$- \frac{\partial}{\partial\tau_0}\left(J_0 J_1\frac{\partial\psi}{\partial s_0}\frac{\partial\psi}{\partial s_1}\right) - \Omega,$$

wo Ω die Bedeutung hat:

$$(50.)\qquad \Omega = J_1\frac{\partial J_0}{\partial s_0}\frac{\partial\psi}{\partial s_1}\frac{\partial\psi}{\partial\tau_0} + J_0\frac{\partial J_1}{\partial s_1}\frac{\partial\psi}{\partial s_0}\frac{\partial\psi}{\partial\tau_0}.$$

Der Uebergang von (48.) zu (49.) bewerkstelligt sich augenblicklich, falls man beachtet, dass J_0 nur von s_0, T_0, andererseits J_1 nur von s_1, T_1 abhängt.

Da wir es nun mit Stromringen, d. i. mit geschlossenen Strömen zu thun haben, so nimmt die Formel (47.) durch Substitution von (49.) folgende Gestalt an:

$$(51.)\quad (dT_A{}^{\prime\prime})_{\text{eldy. Us}} = -4A^2 dt\Big[\Sigma\Sigma\,\mathrm{D}s_0\,\mathrm{D}s_1\frac{\partial}{\partial\tau_0}\left(J_0 J_1\frac{\partial\psi}{\partial s_0}\frac{\partial\psi}{\partial s_1}\right)$$
$$+ \Sigma\Sigma\,\mathrm{D}s_0\,\mathrm{D}s_1\,\Omega\Big].$$

Setzt man also:

$$(51.\text{a})\qquad P = 4A^2\,.\,\Sigma\Sigma\,\mathrm{D}s_0\,\mathrm{D}s_1\left(J_0 J_1\frac{\partial\psi}{\partial s_0}\frac{\partial\psi}{\partial s_1}\right),$$

so wird schliesslich:

$$(51.\text{b})\quad (dT_A{}^{\prime\prime})_{\text{eldy. Us}} = -\frac{\partial P}{\partial\tau_0}dt - 4A^2 dt\,.\,\Sigma\Sigma\,\mathrm{D}s_0\,\mathrm{D}s_1\,\Omega.$$

Es mag nun der speciellere Fall ins Auge gefasst werden, dass die Ströme gleichförmig sind, dass nämlich die Stromstärken J_0, J_1, wenn auch abhängig von der Zeit, so doch unabhängig von den Bogenlängen sind. Alsdann verschwindet der Ausdruck Ω (50.); so dass die Formeln (51.a, b) die einfachere Gestaltung annehmen:

$$(52.a)\qquad P = 4A^2 J_0 J_1 . \Sigma\Sigma \, \mathrm{D}s_0 \mathrm{D}s_1 \frac{\partial\psi}{\partial s_0}\frac{\partial\psi}{\partial s_1},$$

$$(52.b)\qquad (dT_A{}^B)_{\text{eldy. Us}} = -\frac{\partial P}{\partial \tau_0}dt.$$

Der Ausdruck P ist abhängig von den räumlichen Lagen der beiden Ringe A, B, sowie von ihren Stromstärken J_0, J_1; und das Differential $\frac{\partial P}{\partial \tau_0}dt$ repräsentirt offenbar denjenigen partiellen Zuwachs, welchen der Ausdruck P während der Zeit dt annehmen würde, falls man die Stromstärken J_0, J_1, sowie die räumliche Lage von B constant erhalten, die räumliche Lage von A hingegen derjenigen Aenderung überlassen wollte, welche sie während der Zeit dt in Wirklichkeit erleidet. Demgemäss wird jenes Differential zu bezeichnen sein als der partielle Zuwachs*) von P, genommen nach der räumlichen Lage von A. Bestimmt sich die räumliche Lage des Ringes A durch irgend welche Parameter $\alpha, \alpha', \alpha'', \ldots$, und sind $d\alpha, d\alpha', d\alpha''$ die Zuwüchse dieser Parameter während der Zeit dt, so wird offenbar jenes Differential $\frac{\partial P}{\partial \tau_0}dt$ sich ausdrücken lassen durch $\left(\frac{\partial P}{\partial \alpha}d\alpha + \frac{\partial P}{\partial \alpha'}d\alpha' + \frac{\partial P}{\partial \alpha''}d\alpha'' + \ldots\right)$, so dass alsdann die Formel (52.b) auch so geschrieben werden kann:

$$(52.c)\qquad (dT_A{}^B)_{\text{eldy. Us}} = -\left(\frac{\partial P}{\partial \alpha}d\alpha + \frac{\partial P}{\partial \alpha'}d\alpha' + \frac{\partial P}{\partial \alpha''}d\alpha'' + \ldots\right).$$

Der Ausdruck P (52.a) ist übrigens, wie bald näher erörtert werden soll, derjenige, welcher von meinem Vater eingeführt worden ist unter dem Namen des **elektrodynamischen Potentiales.** Demgemäss kann der in (52.a, b, c) enthaltene Satz so ausgesprochen werden:

(52.d) .... Sind A und B zwei in Bewegung begriffene biegsame Ringe, jeder durchflossen von einem **gleichförmigen** elektrischen Strome, und ist P das elektrodynamische Potential der beiden Ringe auf einander, so wird die während der Zeit dt vom Ringe B auf den Ring A ausgeübte ponderomotorische Arbeit eldy. Us, abgesehen vom Vorzeichen,

*) Der totale Zuwachs dP, d. i. derjenige Zuwachs, welchen P während der Zeit dt in Wirklichkeit erfährt, wird sich [vergl. (43.a, b, c)] darstellen lassen durch

$$dP = \frac{\partial P}{\partial \tau_0}dt + \frac{\partial P}{\partial \mathrm{T}_0}dt + \frac{\partial P}{\partial \tau_1}dt + \frac{\partial P}{\partial \mathrm{T}_1}dt,$$

wo das erste Glied zu bezeichnen ist als der partielle Zuwachs von P nach der räumlichen Lage von A, das zweite als der partielle Zuwachs von P nach der Stromstärke von A, während die beiden letzten Glieder analoge Bedeutungen haben mit Bezug auf B.

immer gleich sein dem partiellen Zuwachs von P, genommen nach der räumlichen Lage von A.

Aus diesem Satze lässt sich durch Identificirung der beiden Ringe A und B unmittelbar ein analoger Satz gewinnen für einen einzigen Ring. Bedient man sich nämlich des früher (bei ähnlicher Gelegenheit, pag. 31, 32) exponirten Verfahrens, so gelangt man zu folgendem Resultat:

(52.e) .... Ist A ein in Bewegung begriffener biegsamer Ring, durchflossen von einem **gleichförmigen** elektrischen Strome, und ist P das elektrodynamische Potential dieses Ringes auf sich selber, so wird die während der Zeit dt vom Ringe A auf sich selber ausgeübte ponderomotorische Arbeit eldy. Us, abgesehen vom Vorzeichen, immer gleich sein dem partiellen Zuwachs von P, genommen nach der räumlichen Lage von A. Dieses Potential P des Ringes auf sich selber stellt sich dar durch eine Formel von derselben äusseren Gestalt wie (52.a), nur mit dem Unterschiede, dass noch der Factor $\frac{1}{2}$ hinzutritt.

Aus (46.) und (52.b) folgt:

$$(dT_A{}^B)_{\text{eldy. Us}} = \Sigma\Sigma\, R\, \frac{\partial r}{\partial \tau_0}\, dt = -\frac{\partial P}{\partial \tau_0}\, dt;$$

und ebenso wird offenbar, was umgekehrt die Einwirkung von A auf B anbelangt, die analoge Formel sich ergeben:

$$(dT_B{}^A)_{\text{eldy. Us}} = \Sigma\Sigma\, R\, \frac{\partial r}{\partial \tau_1}\, dt = -\frac{\partial P}{\partial \tau_1}\, dt.$$

Diese beiden letzten Formeln können nun, bei Einführung der Bezeichnung:

(52.f) $P = J_0 J_1\, Q$, wo alsdann $Q = 4\, A^2\, \Sigma\Sigma\, \mathrm{D}s_0 \mathrm{D}s_1\, \frac{\partial \psi}{\partial s_0} \frac{\partial \psi}{\partial s_1}$,

auch so dargestellt werden:

$$(dT_A{}^B)_{\text{eldy. Us}} = \Sigma\Sigma\, R\, \frac{\partial r}{\partial \tau_0}\, dt = -J_0 J_1\, \frac{\partial Q}{\partial \tau_0}\, dt,$$

$$(dT_B{}^A)_{\text{eldy. Us}} = \Sigma\Sigma\, R\, \frac{\partial r}{\partial \tau_1}\, dt = -J_0 J_1\, \frac{\partial Q}{\partial \tau_1}\, dt.$$

Nun sind aber [vergl. (43.a,b,c)] r und Q unabhängig von den Stromstärken, mithin unabhängig von den Argumenten T_0, T_1, also lediglich abhängig von τ_0, τ_1. Daher ist $\frac{dr}{dt} = \frac{\partial r}{\partial \tau_0} + \frac{\partial r}{\partial \tau_1}$, und $\frac{dQ}{dt} = \frac{\partial Q}{\partial \tau_0} + \frac{\partial Q}{\partial \tau_1}$. Mit Rücksicht hierauf ergiebt sich durch Addition der beiden letzten Formeln sofort:

(52.g) $(dT_A{}^B + dT_B{}^A)_{\text{eldy. Us}} = \Sigma\Sigma R\, dr = -J_0 J_1\, dQ,$

wo dr und dQ diejenigen Zuwüchse bezeichnen, welche r und Q während der Zeit dt in Wirklichkeit erfahren. Die ponderomotorische Arbeit eldy. Us, welche die beiden Ringe während der Zeit dt auf einander ausüben, ist also, abgesehen vom Vorzeichen, gleich dem Product $J_0 J_1$ der beiden Stromstärken, multiplicirt mit demjenigen Zuwachs, welchen das auf die Stromeinheit bezogene Potntial Q während der Zeit dt erfährt.

Der allgemeine Satz (52.a, b, c, d) mag beispielsweise in Anwendung gebracht werden auf den Fall, dass der Ring A völlig starr, und nur, sich selber parallel, nach einer gegebenen Richtung ϱ verschiebbar ist. Alsdann geht die Formel (52.c) über in

$$(dT_A{}^B)_{\text{eldy. Us}} = -\frac{\partial P}{\partial \varrho}\, d\varrho,$$

wo ϱ die Entfernung des Ringes oder (genauer ausgedrückt) etwa die Entfernung seines Schwerpunctes von irgend einer festen Ebene vorstellt, die senkrecht steht zur gegebenen Richtung, und wo $d\varrho$ die Vergrösserung dieser Entfernung während der Zeit dt bezeichnet. Bei einer solchen parallelen Verschiebung ist nun aber [vergl. pag. 49] die von den betrachteten Kräften verrichtete Arbeit gleich $\mathsf{K}^{(\varrho)} d\varrho$, falls man nämlich unter $d\varrho$ die Verschiebung selber, andererseits unter $\mathsf{K}^{(\varrho)}$ die Summe der ϱ-Componenten jener Kräfte versteht. Die vorstehende Formel kann daher auch so geschrieben werden:

$$\mathsf{K}^{(\varrho)} d\varrho = -\frac{\partial P}{\partial \varrho}\, d\varrho,$$

oder auch so:

(53.) $$\mathsf{K}^{(\varrho)} = -\frac{\partial P}{\partial \varrho},$$

und sagt mithin aus, dass die vom Ringe B auf den starren Ring A in der gegebenen Richtung ϱ ausgeübte ponderomotorische Kraft eldy. Us gleich gross ist mit der negativen partiellen Ableitung des Potentiales P nach ϱ.

Andererseits mag jener allgemeine Satz (52.a, b, c, d) angewendet werden auf den Fall, dass der Ring A völlig starr, und nur drehbar ist um eine gegebene feste Axe. Die Formel (52.c) geht alsdann über in:

$$(dT_A{}^B)_{\text{eldy. Us}} = -\frac{\partial P}{\partial \omega}\, d\omega,$$

wo ω den Drehungswinkel, und $d\omega$ seinen Zuwachs während der Zeit

dt bezeichnet. Im Falle einer solchen Drehung ist aber [vergl. pag. 49] die von den betrachteten Kräften verrichtete Arbeit gleich ihrem Drehungsmoment $\Delta^{(\omega)}$, multiplicirt mit $d\omega$. Somit geht die vorstehende Formel über in:

$$\Delta^{(\omega)}\,d\omega = -\frac{\partial P}{\partial \omega}d\omega,$$

d. i. in

(54.)
$$\Delta^{(\omega)} = -\frac{\partial P}{\partial \omega},$$

und sagt also aus, dass das vom Ringe B auf den starren Ring A ausgeübte Drehungsmoment eldy. Us $\Delta^{(\omega)}$ gleich gross ist mit der negativen partiellen Ableitung des Potentiales P nach dem Drehungswinkel ω.

Für den weitern Gebrauch wird es zweckmässig sein, die für das elektrodynamische Potential durch die Formel (52.a) gegebene Definition in folgender Weise auszudrücken:

Das elektrodynamische Potential P zweier gleichförmiger Stromringe auf einander ist definirt durch

(55.a)
$$P = J_0 J_1 \,.\, \Sigma\Sigma\; Ds_0 Ds_1 \,\Pi,$$

oder auch durch

(55.b)
$$P = J_0 J_1 \,.\, \Sigma\Sigma\; Ds_0\, Ds_1 \left(\Pi + \frac{\partial^2 w(r)}{\partial s_0 \partial s_1}\right),$$

wo $w(r)$ eine willkührliche Function von r vorstellt*), während Π die Bedeutung besitzt:

(55.c)
$$\Pi = 4A^2 \frac{\partial \psi}{\partial s_0}\frac{\partial \psi}{\partial s_1} = -4A^2\left(\frac{d\psi}{dr}\right)^2 \Theta_0 \Theta_1.$$

Dabei sind unter $\Theta_0 = \cos\vartheta_0$, $\Theta_1 = \cos\vartheta_1$ (genau ebenso wie früher pag. 44) die Cosinus derjenigen Winkel zu verstehen, unter welchen die Elemente Ds_0, Ds_1 geneigt sind gegen ihre Verbindungslinie r, letztere gerechnet von Ds_1 nach Ds_0 hin.

Das durch diese Formeln (55.a, b, c) definirte P kann nun in der That bezeichnet werden als das von meinem Vater

*) Statt $\frac{\partial^2 w(r)}{\partial s_0 \partial s_1}$ könnte offenbar auch ein Ausdruck von der Form

$$\frac{\partial^2 w(r)}{\partial s_0 \partial s_1} + \frac{\partial u(r)}{\partial s_0} + \frac{\partial v(r)}{\partial s_1}$$

zu Π hinzugefügt werden, ohne dass dadurch der Werth von P irgend welche Aenderung erlitte. Denn die Curven s_0 und s_1 sind geschlossene Curven.

eingeführte elektrodynamische Potential, in etwas erweiterter Gestalt. Denn man erkennt leicht, dass dieses P in das genannte Potential übergeht, sobald $\psi = \sqrt{r}$ gemacht wird*).

Setzt man nämlich $\psi = \sqrt{r}$, und nimmt man gleichzeitig für die willkührlich zu wählende Function $w(r)$ den Werth $A^2 r$, so wird zufolge der Formel (55.c):

$$\Pi = A^2 \frac{1}{r} \frac{\partial r}{\partial s_0} \frac{\partial r}{\partial s_1},$$

$$\Pi + \frac{\partial^2 w(r)}{\partial s_0 \, \partial s_1} = A^2 \left(\frac{1}{r} \frac{\partial r}{\partial s_0} \frac{\partial r}{\partial s_1} + \frac{\partial^2 r}{\partial s_0 \partial s_1} \right),$$

oder (was dasselbe ist, vergl. pag. 39):

$$\Pi = - A^2 \frac{\Theta_0 \Theta_1}{r},$$

$$\Pi + \frac{\partial^2 w(r)}{\partial s_0 \, \partial s_1} = - A^2 \frac{\mathsf{E}}{r},$$

wo Θ_0, Θ_1 die schon angegebenen Bedeutungen haben, während $\mathsf{E} = \cos \varepsilon$ den Cosinus desjenigen Winkels bezeichnet, unter welchem Ds_0, Ds_1 gegen einander geneigt sind. Demgemäss nehmen die Formeln (55.a, b) folgende Gestalt an:

$$P = - A^2 J_0 J_1 \, . \, \Sigma\Sigma \frac{Ds_0 \, . \, Ds_1 \, . \, \Theta_0 \Theta_1}{r}, \tag{56.a}$$

$$P = - A^2 J_0 J_1 \, . \, \Sigma\Sigma \frac{Ds_0 \, . \, Ds_1 \, . \, \mathsf{E}}{r}. \tag{56.b}$$

Diese Formeln aber sind mit denen, welche mein Vater als Definition des Potentiales P aufgestellt hat, völlig identisch, sobald man (ebenso wie früher pag. 45) die Constante $A^2 = \frac{1}{2}$ macht **).

§. 11. Fortsetzung. Betrachtung von Stromringen, die behaftet sind mit sogenannten Gleitstellen.

Denkt man sich zwei Drahtstücke, die unter irgend welchem Winkel über einander gelegt sind, in beliebige Bewegungen versetzt, jedoch der Art, dass sie beständig mit einander in Berührung bleiben, so wird der Berührungspunct im Allgemeinen von Augenblick zu Augenblick seine Lage ändern sowohl längs des einen, wie längs

---

*) Es unterliegt keinem Zweifel, dass die Function ψ den Werth $\sqrt{r}$ wirklich besitzt für den Fall beträchtlicher Entfernungen; in Frage gestellt ist ihre Beschaffenheit nur dann, wenn die Entfernungen äusserst klein sind. (Vergl. pag. 46.)

**) Vergl. die auf pag. 45 citirte Abhandlung: Ueber ein allgemeines Princip der math. Th. inducirter elektrischer Ströme; daselbst die fünf letzten Seiten.

des andern Drahtes. Sind z. B. $a, b, c, \ldots$ irgend welche auf dem einen Draht eingravirte Marken, und $\alpha, \beta, \gamma, \ldots$ irgend welche auf dem andern Drahte eingravirte Marken, so wird jener Berührungspunct im ersten Augenblick etwa dargestellt sein können durch die Superposition (a, α), im zweiten durch (b, β), im dritten durch (c, γ), u. s. w. Ein solcher von Augenblick zu Augenblick sich verändernder Berührungspunct wird bekanntlich Gleitpunkt oder Gleitstelle genannt. Die gegenseitige Berührung mag unter einem gewissen Druck stattfinden, so dass die beiden Drähte durch die Berührungs- oder Gleitstelle elektrisch leitend mit einander verbunden sind.

Als Bahn eines elektrischen Stromes sei nun gegeben ein Ring A, welcher gebildet ist aus beliebig vielen, in beliebigen Bewegungen begriffenen Drahtstücken

$$(57.)\qquad A', A'', A''', \text{ etc. etc. etc.};$$

der Art, dass je zwei aufeinander folgende Drahtstücke unter irgend welchem Winkel übereinander liegen, leitend mit einander verbunden durch ihren Berührungs- oder Gleitpunct. Für irgend einen Zeitaugenblick t sei dieser Ring A angedeutet durch das Schema:

$$(58.)\qquad p' \overset{A'}{\text{———}} q',\; p'' \overset{A''}{\text{———}} q'',\; p''' \overset{A'''}{\text{———}} q''', \text{ etc. etc. etc.}$$

Es sollen nämlich q' und p'' diejenigen Puncte von A' und A'' vorstellen, welche augenblicklich mit einander in Berührung sind; analoge Bedeutung sollen q'' und p''' besitzen für A'' und A'''; u. s. w.

Die Coordinaten x, y, z irgend eines Punctes a des Ringes A könnte man versucht sein, ähnlich wie früher (pag. 50), als Functionen der Bogenlänge und Zeit anzudeuten durch die Formeln:

$$(59.A)\qquad \begin{aligned} x &= \lambda\,(s, \tau), \\ y &= \mu\,(s, \tau), \\ z &= \nu\,(s, \tau), \end{aligned}$$

indem man die Zeit t, insofern sie Argument dieser Coordinaten ist, specieller mit τ bezeichnet sich denkt. Doch sind diese Formeln, strenge genommen, im gegenwärtigen Falle unbrauchbar oder wenigstens unzureichend. Denn der Ring A besteht aus mehreren gegen einander sich verschiebenden Theilen, so dass man gezwungen ist, jedem einzelnen Theile seine individuellen Formeln beizulegen. Diese letztern mögen, den Theilen $A', A'', A''', \ldots$ entsprechend, angedeutet werden durch die betreffenden Accente, so dass also die Coordinaten x, y, z des Punctes a, wenn derselbe z. B. dem Theile A' oder dem Theile A'' angehört, dargestellt sein sollen im erstern Falle durch:

$$x = \lambda'(s', \tau'),\quad y = \mu'(s', \tau'),\quad z = \nu'(s', \tau'),$$

im letztern Falle durch:

$$x = \lambda''(s'', \tau''),\quad y = \mu''(s'', \tau''),\quad z = \nu''(s'', \tau'').$$

Es ist klar, dass die Functionen λ', μ', ν' und λ'', μ'', ν'' von einander verschieden sind, schon deswegen, weil A' und A'' verschiedene Bewegungen besitzen. Auch die Bogenlängen s' und s'' sind von verschiedenem Charakter, insofern als s' von einer auf A', andererseits s'' von einer auf A'' eingravirten Marke aus gerechnet wird. Endlich ist der Symmetrie willen auch die Zeit τ, jenachdem sie in den einen oder andern Formeln vorkommt, verschieden benannt worden, mit τ' oder τ''.

Die auf $A', A'', A''', \ldots$ gemessenen Bogenlängen $s', s'', s''', \ldots$ mögen sämmtlich in einerlei Richtung gerechnet sein, und zwar in derjenigen, welche indicirt ist durch die Aufeinanderfolge $A', A'', A''', \ldots$.

Solches explicirt, können übrigens die für den Ring A aufgestellten Formeln (59. A) beibehalten werden; sie werden anzusehen sein als die Collectivdarstellung derjenigen individuellen Formeln, welche den einzelnen Theilen des Rings zugehören.

Ausser dem Ringe A sei nun an irgend welcher andern Stelle des Raumes gegeben noch ein zweiter Ring B, der ebenfalls in Bewegung begriffen, und ebenfalls mit beliebig vielen Gleitstellen behaftet ist. Die einzelnen Theile von B mögen benannt sein mit $B', B'', B''', \ldots$; überhaupt mögen für denselben ganz analoge Bezeichnungen eingeführt sein, wie für A. Es seien x_1, y_1, z_1 die Coordinaten irgend eines Punctes b des Ringes B; und die Abhängigkeit dieser Coordinaten von Bogenlänge und Zeit mag in collectiver Darstellung angedeutet sein durch die Formeln:

$$\text{(59.B)}\qquad \begin{aligned} x_1 &= \Lambda(s_1, \tau_1),\\ y_1 &= \mathrm{M}(s_1, \tau_1),\\ z_1 &= \mathrm{N}(s_1, \tau_1). \end{aligned}$$

Diese Collectivdarstellungen (59. A) und (59. B) sind alsdann entsprechend unsern früheren Darstellungen (pag. 50); nur ist der damalige Index 0, der Bequemlichkeit willen, unterdrückt worden.

Die Entfernung r zwischen irgend zwei Puncten a und b der Ringe A und B ist, auf Grund der Formeln (59. A, B), eine Function von $s, \tau, s_1; \tau_1$:

$$\text{(60.)}\qquad r = f(s, \tau, s_1, \tau_1).$$

Um die partiellen Ableitungen dieser Function nach den beiden ersten Argumenten s, τ zu bilden, mag der Punct b festgehalten werden; so dass die Function sich reducirt auf:

$$\text{(61.)}\qquad r = f(s, \tau)$$

Nimmt man für a den augenblicklichen Berührungspunct (q', p'') der Theile A', A'' [vergl. (58.)], so wird der Werth von r sich nach Belieben darstellen lassen

durch: oder durch:

$$(62.)\qquad r = f'(s', \tau'), \qquad\qquad r = f''(s'', \tau'').$$

Diese Formeln mögen sich beziehen speciell auf den Augenblick t, so dass also $\tau' = \tau'' = t$ ist, und andererseits unter q' und p'' diejenigen speciellen Puncte von A' und A'' zu verstehen sind, welche in diesem Augenblick t mit einander in Berührung sind.

Analoge Formeln ergeben sich offenbar für diejenigen speciellen Punkte Q' und P'' der Theile A' und A'', welche mit einander in Berührung sind im nächstfolgenden Zeitaugenblick $t + dt$; man erhält nämlich für die Entfernung $r + dr$, welche dieser Berührungspunct (Q', P'') zur Zeit $t + dt$ von jenem festgehaltenen Puncte b besitzt, die beiderlei Darstellungen:

$$(63.)\qquad r + dr = f'(s' + ds', \tau' + dt), \qquad r + dr = f''(s'' + ds'', \tau'' + dt).$$

In diesen Formeln (62.), (63.) sind alsdann unter s' und $s' + ds'$ die auf A' gemessenen Bogenlängen von q' und Q', andererseits unter s'' und $s'' + ds''$ die auf A'' gemessenen Bogenlängen von p'' und P'' zu verstehen. Zur Erläuterung diene die beistehende auf den Augenblick t sich beziehende Figur*), in welcher die auf A' und A'' angebrachten

Fig. 7.

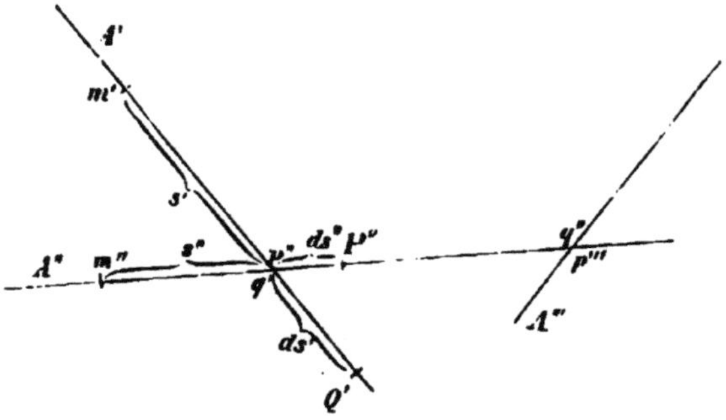

Marken, von denen aus die Bogenlängen s', $s' + ds'$ und s'', $s'' + ds''$ gezählt werden, bezeichnet worden sind mit m' und m''.

Aus den Formeln (62.), (63.) folgt sofort:

$$(64.)\qquad dr = \frac{\partial r}{\partial s'} ds' + \frac{\partial r}{\partial \tau'} dt, \qquad dr = \frac{\partial r}{\partial s''} ds'' + \frac{\partial r}{\partial \tau''} dt;$$

*) Für das Verständniss dieser Figur (namentlich der beigesetzten Buchstaben) dürfte ein Rückblick zu empfehlen sein auf das Schema (58.), dem entsprechend die Figur entworfen ist.

und hieraus folgt weiter:

$$(65.)\qquad \frac{\partial r}{\partial s'}\,ds' + \frac{\partial r}{\partial \tau'}\,dt = \frac{\partial r}{\partial s''}\,ds'' + \frac{\partial r}{\partial \tau''}\,dt.$$

In gleicher Weise, wie r selber, kann offenbar eine beliebig gegebene Function $F = F(r)$ behandelt werden; man erhält alsdann die analoge Formel:

$$(66.)\qquad \frac{\partial F}{\partial s'}\,ds' + \frac{\partial F}{\partial \tau'}\,dt = \frac{\partial F}{\partial s''}\,ds'' + \frac{\partial F}{\partial \tau''}\,dt.$$

Hier, ebenso wie in (63.), (64.), (65.), kann (vergl. die Figur) ds' dasjenige Element von A' genannt werden, welches während der Zeit dt in den Ring neu eintritt, andererseits aber ds'' als dasjenige Element von A'' bezeichnet werden, welches während dieser Zeit aus dem Ringe ausscheidet. Doch ist diese Bemerkung eigentlich nur dann richtig, wenn die Grössen ds' und ds'' (wie in der Figur der Fall) positive Werthe haben.

Strenge genommen wird zu sagen sein, dass ds' entweder die mit $(+1)$ multiplicirte Länge eines eintretenden, oder die (-1) multiplicirte Länge eines ausscheidenden Elementes vorstellt, und umgekehrtes stattfindet bei ds''. Solches mag angedeutet sein durch die Formeln:

$$(67.)\qquad ds' = \begin{cases} +\,\varepsilon', \\ -\,\alpha', \end{cases} \qquad \text{und} \qquad ds'' = \begin{cases} +\,\alpha'', \\ -\,\varepsilon'', \end{cases}$$

wo nämlich die Längen (d. i. die absoluten Werthe) der eintretenden und ausscheidenden Elemente bezeichnet gedacht werden sollen respective mit ε und α.

Es sind nun zunächst gewisse Betrachtungen und Formeln zu entwickeln, welche nicht nur hier, sondern auch späterhin von Nutzen sein werden. Es seien

a und b irgend zwei Puncte der Ringe A und B;

r ihre gegenseitige Entfernung;

$F = F(r)$ und $G = G(r)$ beliebig gegebene, jedoch stetige Function von r;

x, y, z und x_1, y_1, z_1 die Coordinaten von a und b, dargestellt gedacht durch die Formeln (59. A) und (59. B);

u, v, w und u_1, v_1, w_1 die augenblicklichen Geschwindigkeiten von a und b;

$\mathrm{D}s$ und $\mathrm{D}s_1$ zwei bei a und b gelegene Elemente der beiden Ringe;

$\mathsf{A}, \mathsf{B}, \Gamma$ und $\mathsf{A}_1, \mathsf{B}_1, \Gamma_1$ die Richtungscosinus von $\mathrm{D}s$ und $\mathrm{D}s_1$; es sollen untersucht werden die Werthe der beiden Integrale:

$$(68.) \quad \begin{aligned} K &= \Sigma \frac{\partial}{\partial s}\left(\frac{\partial G}{\partial s_1}\frac{\partial F}{\partial \tau}\right) \mathrm{D}s, \\ L &= \Sigma \frac{\partial}{\partial s}\left(\frac{\partial G}{\partial s_1}\frac{\partial F}{\partial \tau_1}\right) \mathrm{D}s, \end{aligned}$$

dieselben hinerstreckt*) gedacht über alle Elemente Ds des Ringes A.

Den eingeführten Bezeichnungen (59. A, B) zufolge, ist

$$u = \frac{\partial x}{\partial \tau}, \quad v = \frac{\partial y}{\partial \tau}, \quad w = \frac{\partial z}{\partial \tau}, \qquad u_1 = \frac{\partial x_1}{\partial \tau_1}, \quad v_1 = \frac{\partial y_1}{\partial \tau_1}, \quad w_1 = \frac{\partial z_1}{\partial \tau_1},$$

$$\mathsf{A} = \frac{\partial x}{\partial s}, \quad \mathsf{B} = \frac{\partial y}{\partial s}, \quad \Gamma = \frac{\partial z}{\partial s}, \qquad \mathsf{A}_1 = \frac{\partial x_1}{\partial s_1}, \quad \mathsf{B}_1 = \frac{\partial y_1}{\partial s_1}, \quad \Gamma_1 = \frac{\partial z_1}{\partial s_1}.$$

Somit erhält man:

$$(\alpha.) \qquad \frac{\partial F}{\partial \tau} = \frac{\partial F}{\partial x} u + \frac{\partial F}{\partial y} v + \frac{\partial F}{\partial z} w,$$

$$(\beta.) \qquad \frac{\partial F}{\partial \tau_1} = \frac{\partial F}{\partial x_1} u_1 + \frac{\partial F}{\partial y_1} v_1 + \frac{\partial F}{\partial z_1} w_1,$$

$$(\gamma.) \qquad \frac{\partial G}{\partial s_1} = \frac{\partial G}{\partial x_1} \mathsf{A}_1 + \frac{\partial G}{\partial y_1} \mathsf{B}_1 + \frac{\partial G}{\partial z_1} \Gamma_1.$$

Die Geschwindigkeiten u, v, w sind im Allgemeinen discontinuirlich in den Gleitstellen von A, z. B. verschieden für q' und p''. Demgemäss ist der Ausdruck (α.) längs A unstetig in jenen Gleitpuncten. Ebenso ist der Ausdruck (β.) unstetig in den Gleitpuncten von B, jedoch stetig längs A. Endlich ist der Ausdruck (γ.) unstetig in den Eckpuncten von B (weil in diesen die Werthe der Richtungscosinus $\mathsf{A}_1, \mathsf{B}_1, \Gamma_1$ plötzliche Sprünge darbieten), hingegen stetig längs A. — Hieraus folgt, dass von den beiden Producten

$$(\varkappa.) \qquad \frac{\partial G}{\partial s_1}\frac{\partial F}{\partial \tau},$$

$$(\lambda.) \qquad \frac{\partial G}{\partial s_1}\frac{\partial F}{\partial \tau_1}$$

ersteres ($\varkappa$.) längs A, mit Ausnahme der Gleitpuncte, stetig, letzteres (λ.) hingegen längs A überall stetig ist. Demgemäss ergiebt sich aus (68.) mit Rücksicht auf (58.):

$$(69.) \quad K = \left[\frac{\partial G}{\partial s_1}\frac{\partial F}{\partial \tau}\right]_{p'}^{q'} + \left[\frac{\partial G}{\partial s_1}\frac{\partial F}{\partial \tau}\right]_{p''}^{q''} + \left[\frac{\partial G}{\partial s_1}\frac{\partial F}{\partial \tau}\right]_{p'''}^{q'''} + \cdots,$$

$$(70.) \quad L = 0.$$

*) Jedes Glied der Summen oder Integrale K, L entspricht einer gewissen Linie r, oder (was dasselbe ist) einem gewissen Punctpaar a, b; und die Integration wird also der Art auszuführen sein, dass b fest liegen bleibt an irgend einer Stelle des Ringes B, während a längs des Ringes A einmal herumläuft.

Der Werth von K kann, etwas anders geordnet, auch so geschrieben werden:

$$K = \left[\frac{\partial G}{\partial s_1}\frac{\partial F}{\partial \tau}\right]_{p''}^{q'} + \left[\frac{\partial G}{\partial s_1}\frac{\partial F}{\partial \tau}\right]_{p'''}^{q''} + \cdots,$$

oder, mehr abgekürzt, auch so:

$$K = \Sigma\left[\frac{\partial G}{\partial s_1}\frac{\partial F}{\partial \tau}\right]_{p''}^{q'},$$

oder auch endlich so:

$$K = \Sigma\,\frac{\partial G}{\partial s_1}\left[\left(\frac{\partial F}{\partial \tau}\right)_{q'} - \left(\frac{\partial F}{\partial \tau}\right)_{p''}\right];$$

denn es ist zu beachten, dass $\frac{\partial G}{\partial s_1}$ längs A überall stetig ist, mithin z. B. in q', p'' (58.) einerlei Werth hat. Selbstverständlich ist in diesen Formeln die Summation Σ ausgedehnt zu denken über sämmtliche Gleitpuncte des Ringes A; sodass sie aus eben so vielen einzelnen Gliedern besteht, als Gleitpuncte in A vorhanden sind.

Es sei t der betrachtete Zeitaugenblick, und dt das nächstfolgende Zeitelement. Durch Multiplication mit dt ergiebt sich:

$$Kdt = \Sigma\,\frac{\partial G}{\partial s_1}\left[\left(\frac{\partial F}{\partial \tau}\,dt\right)_{q'} - \left(\frac{\partial F}{\partial \tau}\,dt\right)_{p''}\right];$$

wofür, mit Benutzung der früher eingeführten specielleren Bezeichnungen τ', τ'', auch geschrieben werden kann:

$$Kdt = \Sigma\,\frac{\partial G}{\partial s_1}\left[\left(\frac{\partial F}{\partial \tau'}\,dt\right)_{q'} - \left(\frac{\partial F}{\partial \tau''}\,dt\right)_{p''}\right];$$

oder kürzer:

$$Kdt = \Sigma\,\frac{\partial G}{\partial s_1}\left(\frac{\partial F}{\partial \tau'}\,dt - \frac{\partial F}{\partial \tau''}\,dt\right),$$

falls man nur in Gedanken festhält, dass die Summe lediglich aus Gliedern bestehen soll, welche den einzelnen Gleitpuncten von A zugehören.

Nun ist aber nach (66.)

$$\frac{\partial F}{\partial \tau'}\,dt - \frac{\partial F}{\partial \tau''}\,dt = -\left(\frac{\partial F}{\partial s'}\,ds' - \frac{\partial F}{\partial s''}\,ds''\right).$$

Somit folgt:

$$Kdt = -\,\Sigma\,\frac{\partial G}{\partial s_1}\left(\frac{\partial F}{\partial s'}\,ds' - \frac{\partial F}{\partial s''}\,ds''\right),$$

oder (was dasselbe):

$$(71.)\qquad Kdt = -\,\Sigma\,\frac{\partial G}{\partial s_1}\left(\frac{\partial F}{\partial s'}\,ds' + \frac{\partial F}{\partial s''}(-\,ds'')\right).$$

Nach (67.) ist:

$$ds' = \begin{cases} +\varepsilon', \\ -\alpha', \end{cases} \qquad \text{und} \qquad (-ds'') = \begin{cases} +\varepsilon'', \\ -\alpha''; \end{cases}$$

dabei sind unter den Grössen $+\varepsilon$ die wirklichen Längen der eintretenden Elemente, andererseits unter den Grössen $-\alpha$ die mit (-1) multiplicirten Längen der ausscheidenden Elemente zu verstehen. Fasst man nun diese beiderlei Grössen $+\varepsilon$ und $-\alpha$ zusammen unter der Collectivbezeichnung Δs, so kann die Formel (71.) einfacher so dargestellt werden:

$$(72.) \qquad K dt = -\Sigma \frac{\partial G}{\partial s_1} \frac{\partial F}{\partial s} \Delta s,$$

die Summation Σ ausgedehnt über sämmtliche Δs des Ringes A.

Substituirt man in (72.) und (70.) für K, L ihre eigentlichen Bedeutungen (68.), so erhält man:

$$(73.) \qquad \begin{aligned} dt \,.\, \Sigma \frac{\partial}{\partial s} \left(\frac{\partial G}{\partial s_1} \frac{\partial F}{\partial \tau} \right) \mathrm{D}s &= -\Sigma \frac{\partial G}{\partial s_1} \frac{\partial F}{\partial s} \Delta s, \\ dt \,.\, \Sigma \frac{\partial}{\partial s} \left(\frac{\partial G}{\partial s_1} \frac{\partial F}{\partial \tau_1} \right) \mathrm{D}s &= 0. \end{aligned}$$

Ersetzen wir nun endlich die den Ringen A und B entsprechenden Bezeichnungen:

$$A)\ x, y, z, s, \tau, \qquad B)\ x_1, y_1, z_1, s_1; \tau_1$$

durch diejenigen, deren wir uns in der Regel bedient haben, nämlich durch die Bezeichnungen:

$$A)\ x_0, y_0, z_0, s_0, \tau_0, \qquad B)\ x_1, y_1, z_1, s_1, \tau_1,$$

so nehmen die Formeln (73.) folgende Gestalt an:

$$(74.\mathrm{p}) \qquad dt \,.\, \Sigma \frac{\partial}{\partial s_0} \left(\frac{\partial G}{\partial s_1} \frac{\partial F}{\partial \tau_0} \right) \mathrm{D}s_0 = -\Sigma \frac{\partial G}{\partial s_1} \frac{\partial F}{\partial s_0} \Delta s_0,$$

$$(74.\mathrm{q}) \qquad dt \,.\, \Sigma \frac{\partial}{\partial s_0} \left(\frac{\partial G}{\partial s_1} \frac{\partial F}{\partial \tau_1} \right) \mathrm{D}s_0 = 0;$$

und in analoger Weise werden wir offenbar, indem wir den Ringen A und B die umgekehrten Rollen zuertheilen, auch folgende Formeln erhalten:

$$(75.\mathrm{p}) \qquad dt \,.\, \Sigma \frac{\partial}{\partial s_1} \left(\frac{\partial G}{\partial s_0} \frac{\partial F}{\partial \tau_1} \right) \mathrm{D}s_1 = -\Sigma \frac{\partial G}{\partial s_0} \frac{\partial F}{\partial s_1} \Delta s_1,$$

$$(75.\mathrm{q}) \qquad dt \,.\, \Sigma \frac{\partial}{\partial s_1} \left(\frac{\partial G}{\partial s_0} \frac{\partial F}{\partial \tau_0} \right) \mathrm{D}s_1 = 0.$$

Diese Formeln (74.), (75.) sind also gültig für zwei mit beliebig vielen Gleitstellen behaftete Ringe A, B, wie beschaffen die Functionen $F = F(r)$ und $G = G(r)$ auch sein mögen, falls nur dieselben stetig sind. Dabei sind unter den Δs_0 all' diejenigen Elemente zu verstehen, welche während der Zeit dt in den Ring A **eingetreten**, oder aus demselben **ausgeschieden** sind, und zwar die **wirklichen** Längen der erstern, die **mit** (— 1) **multiplicirten** Längen der letztern; andererseits sind die Δs_1 von analoger Bedeutung für den Ring B.

Auch ist es für die Gültigkeit der Formeln einerlei, ob die einzelnen Theile der Ringe A und B von völlig starrer Beschaffenheit, oder im Laufe der Zeit irgend welchen Formveränderungen ausgesetzt sind; wie solches aus der Deduction der Formeln sofort erhellt.

Solches vorausgeschickt, gehen wir über zu unserem eigentlichen Gegenstande.

Sind A und B zwei in Bewegung begriffene biegsame Ringe, jeder durchflossen von einem **gleichförmigen** elektrischen Strome, und ist P das elektrodynamische Potential der beiden Ringe aufeinander, so wird die während der Zeit dt vom Ringe B auf den Ring A ausgeübte ponderomotorische Arbeit eldy. Us, abgesehen vom Vorzeichen, immer gleich sein dem partiellen Zuwachs von P, genommen nach der räumlichen Lage von A.

So lautete der in (52.d) gefundene Satz. Auch ging aus der damaligen Deduction deutlich hervor, dass der Satz für ungleichförmige Ströme nicht mehr gültig ist. Hingegen lässt sich — und dies ist das Ziel der gegenwärtigen Untersuchung — darthun, dass derselbe, den Fall der Gleichförmigkeit vorausgesetzt, gültig bleibt, wenn die Stromringe mit Gleitstellen behaftet sind.

Sind solche Gleitstellen vorhanden, so wird zunächst die vom Ringe B auf den Ring A während der Zeit dt ausgeübte ponderomotorische Arbeit eldy. Us, genau ebenso wie früher, in (47.), darstellbar sein durch:

$$(76.)\quad (dT_A{}^B)_{\text{eldy. Us}} = 4\,A^2 dt\,.\,J_0 J_1\, \Sigma\Sigma\, \mathrm{D}s_0\, \mathrm{D}s_1\,.\,2\,\frac{\partial\psi}{\partial\tau_0}\,\frac{\partial^2\psi}{\partial s_0\,\partial s_1}\,,$$

wo in Folge der vorausgesetzten Gleichförmigkeit J_0, J_1 vor die Summenzeichen gesetzt sind; nun ist identisch:

$$(77.)\; 2\,\frac{\partial\psi}{\partial\tau_0}\,\frac{\partial^2\psi}{\partial s_0\,\partial s_1} = \frac{\partial}{\partial s_0}\left(\frac{\partial\psi}{\partial s_1}\,\frac{\partial\psi}{\partial\tau_0}\right) + \frac{\partial}{\partial s_1}\left(\frac{\partial\psi}{\partial s_0}\,\frac{\partial\psi}{\partial\tau_0}\right) - \frac{\partial}{\partial\tau_0}\left(\frac{\partial\psi}{\partial s_0}\,\frac{\partial\psi}{\partial s_1}\right);$$

somit folgt:

$$(78.)\quad (dT_A^B)_{\text{eldy. U}_s} = 4A^2 dt\,.\,J_0 J_1 \Sigma\Sigma\ \mathrm{D}s_0 \mathrm{D}s_1 \left\{ \begin{array}{c} \frac{\partial}{\partial s_0}\left(\frac{\partial\psi}{\partial s_1}\frac{\partial\psi}{\partial\tau_0}\right) + \frac{\partial}{\partial s_1}\left(\frac{\partial\psi}{\partial s_0}\frac{\partial\psi}{\partial\tau_0}\right) \\ -\frac{\partial}{\partial\tau_0}\left(\frac{\partial\psi}{\partial s_0}\frac{\partial\psi}{\partial s_1}\right) \end{array} \right\}.$$

Um die Summation rechter Hand weiter behandeln zu können, ist zu bemerken, dass aus (74. p), (75. q) die Formeln sich ergeben:

$$dt\,.\,\Sigma\ \mathrm{D}s_0 \frac{\partial}{\partial s_0}\left(\frac{\partial\psi}{\partial s_1}\frac{\partial\psi}{\partial\tau_0}\right) = -\Sigma\ \frac{\partial\psi}{\partial s_1}\frac{\partial\psi}{\partial s_0}\Delta s_0\,,$$

$$dt\,.\,\Sigma\ \mathrm{D}s_1 \frac{\partial}{\partial s_1}\left(\frac{\partial\psi}{\partial s_0}\frac{\partial\psi}{\partial\tau_0}\right) = 0.$$

Somit folgt aus (78.):

$$(79.)\quad (dT_A^B)_{\text{eldy. U}_s} = 4A^2 J_0 J_1 \left[-\Sigma\Sigma\ \Delta s_0 \mathrm{D}s_1 \frac{\partial\psi}{\partial s_0}\frac{\partial\psi}{\partial s_1} - dt\,.\,\Sigma\Sigma\ \mathrm{D}s_0 \mathrm{D}s_1 \frac{\partial}{\partial\tau_0}\left(\frac{\partial\psi}{\partial s_0}\frac{\partial\psi}{\partial s_1}\right)\right].$$

Von den Summationen $\Sigma\Sigma$ im ersten Gliede rechter Hand erstreckt sich hier die eine über all' diejenigen Elemente $\mathrm{D}s_1$, welche im Zeitaugenblick t dem Ringe B angehören, die andere hingegen über diejenigen einzelnen Elemente Δs_0, welche während der Zeit dt in den Ring A eintreten, oder aus demselben ausscheiden; und zwar ist unter Δs_0 bei jedem eintretenden Element die wirkliche Länge, bei jedem ausscheidenden hingegen die mit (— 1) multiplicirte Länge zu verstehen.

Andererseits ist nun derjenige Zuwachs $\frac{\partial P}{\partial\tau_0}dt$ zu untersuchen, welchen das elektrodynamische Potential der beiden Ringe aufeinander (55. a, b, c):

$$(80.)\qquad P = 4A^2 J_0 J_1\,.\,\Sigma\Sigma\ \mathrm{D}s_0 \mathrm{D}s_1 \frac{\partial\psi}{\partial s_0}\frac{\partial\psi}{\partial s_1}$$

während der Zeit dt erfahren würde, falls man die Stromstärken J_0, J_1 und die räumliche Lage von B constant erhalten, die räumliche Lage von A hingegen denjenigen Aenderungen überlassen wollte, welche sie während jener Zeit dt in Wirklichkeit erleidet. Bezeichnet man die während der Zeit dt in den Ring A eintretenden und aus demselben ausscheidenden Elemente, ihren wirklichen Längen nach, für den Augenblick respective mit $\Delta^e s_0$ und $\Delta^a s_0$, so findet man für den genannten Zuwachs sofort den Werth:

$$(81.)\quad \frac{\partial P}{\partial\tau_0}dt = 4A^2 J_0 J_1\,.\,\Sigma\Sigma\ \mathrm{D}s_0 \mathrm{D}s_1 \frac{\partial}{\partial\tau_0}\left(\frac{\partial\psi}{\partial s_0}\frac{\partial\psi}{\partial s_1}\right).\,dt$$
$$+\,4A^2 J_0 J_1\left[\Sigma\Sigma\ \Delta^e s_0 \mathrm{D}s_1 \frac{\partial\psi}{\partial s_0}\frac{\partial\psi}{\partial s_1} - \Sigma\Sigma\ \Delta^a s_0 \mathrm{D}s_1 \frac{\partial\psi}{\partial s_0}\frac{\partial\psi}{\partial s_1}\right].$$

Führt man also für $+\Delta^e s_0$ und $-\Delta^a s_0$ wiederum die Collectivbezeichnung Δs_0 ein, so ergiebt sich:

$$(82.)\quad \frac{\partial P}{\partial \tau_0} dt = 4A^2 J_0 J_1 \left[\Sigma\Sigma\, \Delta s_0\, Ds_1 \frac{\partial \psi}{\partial s_0} \frac{\partial \psi}{\partial s_1} + dt\,.\, \Sigma\Sigma\, Ds_0\, Ds_1 \frac{\partial}{\partial \tau_0}\left(\frac{\partial \psi}{\partial s_0} \frac{\partial \psi}{\partial s_1}\right)\right].$$

Aus (79.) nnd (82.) folgt nun aber sofort:

$$(83.)\qquad (dT_A{}^B)_{\text{eldy Us}} = -\frac{\partial P}{\partial \tau_0} dt.$$

Somit ist dargethan, dass der vorhin genannte Satz, und also auch sämmtliche Sätze (52.a, b, c, d, e, f, g), in ihrer Gültigkeit keinerlei Beeinträchtigung erleiden, wenn die Ringe A und B mit irgend welchen **Gleitstellen** behaftet sind, immer vorausgesetzt, dass die in den Ringen vorhandenen Ströme als **gleichförmig** angesehen werden dürfen. Es werden also z. B. die Formeln (52.f, g)

$$(84.)\qquad P = J_0 J_1 Q,$$

$$(85.)\qquad (dT_A{}^B + dT_B{}^A)_{\text{eldy. Us}} = \Sigma\Sigma\, R dr = -J_0 J_1\, dQ$$

gültig sein, einerlei ob die betrachteten Ringe ohne Gleitstellen, oder mit solchen behaftet sind.

Alle Eigenschaften der Kräfte eldy. Us (mögen sie bekannt oder unbekannt sein) werden sich eintheilen lassen in Elementar- und Integral-Eigenschaften, jenachdem sie Bezug haben auf einzelne Stromelemente, oder auf Complexe solcher Elemente (z. B. auf geschlossene Ströme). Demgemäss ist das Ampère'sche Gesetz ein Elementargesetz genannt worden; und derselben Terminologie entsprechend, ist andererseits das in (52.a, b) enthaltene Resultat ein Integralgesetz zu nennen.

Genauer ausgedrückt wird übrigens jenes durch (52.a, b) ausgesprochene Integralgesetz zu bezeichnen sein als **das F. Neumann'sche Integralgesetz,** in etwas erweiterter Gestalt. Denn in der That ist dasselbe nichts Anderes als eine leicht sich ergebende Verallgemeinerung derjenigen Sätze, welche von meinem Vater aufgestellt worden sind speciell mit Bezug auf fortschreitende oder drehende Bewegungen. Diese specielleren Sätze sind bereits erwähnt, nämlich dargestellt durch die in (53.) und (54.) angegebenen Formeln. Im folgenden §. soll in Kürze diejenige Methode*) dargelegt werden, deren mein Vater zur Ableitung dieser specielleren Sätze sich bedient hat.

§. 12. Andere Methode zur Entwicklung der Theorie des elektrodynamischen Potentiales.

Es seien gegeben irgend zwei geschlossene Curven; irgend ein

*) Vergl. die auf pag. 45 citirte Abhandlung: Ueber ein allgemeines Princip der mathematischen Theorie inducirter elektrischer Ströme; daselbst die fünf letzten Seiten.

Punct der einen habe die Coordinaten x_0, y_0, z_0 und die Bogenlänge s_0; ebenso irgend ein Punct der andern die Coordinaten x_1, y_1, z_1 und die Bogenlänge s_1; endlich sei

$$(1.)\qquad R = r^2 = (x_0 - x_1)^2 + (y_0 - y_1)^2 + (z_0 - z_1)^2.$$

Alsdann folgt durch Differentiation nach s_0 und s_1:

$$(2.)\qquad \begin{aligned} \frac{\partial R}{\partial s_0} &= 2\left[(x_0-x_1)\frac{\partial x_0}{\partial s_0}+\cdots\right] = 2\sqrt{R}\,.\cos\vartheta_0 = 2\sqrt{R}\,.\,\Theta_0\,,\\ \frac{\partial R}{\partial s_1} &= -2\left[(x_0-x_1)\frac{\partial x_1}{\partial s_1}+\cdots\right] = -2\sqrt{R}\,.\cos\vartheta_1 = -2\sqrt{R}\,.\,\Theta_1\,,\\ \frac{\partial^2 R}{\partial s_0\,\partial s_1} &= -2\left[\frac{\partial x_0}{\partial s_0}\frac{\partial x_1}{\partial s_1}+\cdots\right] = -2\cos\varepsilon = -2\mathsf{E}, \end{aligned}$$

wo $\Theta_0 = \cos\vartheta_0$, $\Theta_1 = \cos\vartheta_1$, $\mathsf{E} = \cos\varepsilon$ die bekannten Bedeutungen (pag. 44) besitzen.

Bezeichnet nun $U = U(R)$ eine willkührlich gegebene, lediglich von R abhängende Function, so wird:

$$(3.)\qquad \frac{\partial U}{\partial s_0} = \frac{dU}{dR}\frac{\partial R}{\partial s_0}\,,$$

$$(4.)\qquad \frac{\partial^2 U}{\partial s_0\,\partial s_1} = \frac{dU}{dR}\frac{\partial^2 R}{\partial s_0\,\partial s_1} + \frac{d^2 U}{dR^2}\frac{\partial R}{\partial s_0}\frac{\partial R}{\partial s_1}\,,$$

also mit Rücksicht auf (2.)

$$(5.)\qquad \frac{\partial^2 U}{\partial s_0\,\partial s_1} = -2\left[\frac{dU}{dR}\cdot\mathsf{E} + \frac{d^2 U}{dR^2}\cdot 2R\Theta_0\Theta_1\right],$$

oder, wenn man $\frac{dU}{dR} = V$ setzt:

$$(6.)\qquad \frac{\partial^2 U}{\partial s_0\,\partial s_1} = -2\left[V.\mathsf{E} + \frac{dV}{dR}\,.\,2R\Theta_0\Theta_1\right].$$

Zufolge (1.) ist aber $R\frac{dV}{dR} = r^2\frac{dV}{2r\,dr} = \frac{r}{2}\frac{dV}{dr}$. Somit ergiebt sich:

$$(7.)\qquad \frac{\partial^2 U}{\partial s_0\,\partial s_1} = -2\left[V\mathsf{E} + \frac{dV}{dr}\,r\,\Theta_0\Theta_1\right].$$

Multiplicirt man diese Gleichung mit den Bogenelementen Ds_0, Ds_1, und integrirt sodann über sämmtliche Elemente beider Curven, so entsteht die Formel:

$$(8.)\qquad 0 = \Sigma\Sigma\, Ds_0\, Ds_1\left[V\mathsf{E} + \frac{dV}{dr}\,r\,\Theta_0\Theta_1\right],$$

in welcher offenbar V, ebenso wie U, eine willkührliche Function von R oder (was dasselbe) von r ist. Diese Formel (8.) führt sofort zu folgendem Satz:

Sind $E(r)$ und $F(r)$ beliebige Functionen von r, jedoch mit einander verbunden durch die Relation:

$$(9.) \qquad r\frac{dE(r)}{dr} + F(r) = 0,$$

so wird jederzeit die Gleichung stattfinden:

$$(10.) \qquad \Sigma\Sigma\, \mathrm{D}s_0\, \mathrm{D}s_1\, [E(r)\,.\,\mathsf{E} - F(r)\,.\,\Theta_0\Theta_1] = 0$$

die Integration ausgedehnt über zwei geschlossene Curven von beliebiger Gestalt und Lage.

Beiläufig sei bemerkt, dass (zufolge dieses Satzes) z. B. die Gleichung stattfindet:

$$(11.) \qquad \Sigma\Sigma\frac{\mathrm{D}s_0\,\mathrm{D}s_1\,\mathsf{E}}{r} - \Sigma\Sigma\frac{\mathrm{D}s_0\,\mathrm{D}s_1\,\Theta_0\Theta_1}{r} = 0;$$

denn für $E(r) = \frac{1}{r}$, wird [zufolge (9.)]: $F(r)$ ebenfalls $= \frac{1}{r}$.

Solches vorausgeschickt, gehen wir über zum eigentlichen Gegenstande. Die eben betrachteten Curven mögen zwei gleichförmige Stromringe ohne Gleitstellen repräsentiren, A und B. Es seien:

$J_0\,\mathrm{D}s_0$ und $J_1\,\mathrm{D}s_1$ zwei Elemente der Ringe A und B;
x_0, y_0, z_0 und x_1, y_1, z_1 die Coordinaten derselben;
$r = \sqrt{(x_0 - x_1)^2 + (y_0 - y_1)^2 + (z_0 - z_1)^2}$;
$\mathsf{A}_0, \mathsf{B}_0, \Gamma_0$ und $\mathsf{A}_1, \mathsf{B}_1, \Gamma_1$ die Richtungscosinus von $\mathrm{D}s_0$ und $\mathrm{D}s_1$;
$\mathsf{E} = \mathsf{A}_0\mathsf{A}_1 + \mathsf{B}_0\mathsf{B}_1 + \Gamma_0\Gamma_1$;
$\Theta_0 = \mathsf{A}\mathsf{A}_0 + \mathsf{B}\mathsf{B}_0 + \Gamma\Gamma_0$,
$\Theta_1 = \mathsf{A}\mathsf{A}_1 + \mathsf{B}\mathsf{B}_1 + \Gamma\Gamma_1$, wo $\mathsf{A}, \mathsf{B}, \Gamma$ die Richtungscosinus der Linie r vorstellen sollen, gerechnet von $\mathrm{D}s_1$ nach $\mathrm{D}s_0$;
R die ponderomotorische Kraft eldy. Us, mit welcher $J_1\,\mathrm{D}s_1$ einwirkt auf $J_0\,\mathrm{D}s_0$;
X_0^1, Y_0^1, Z_0^1 die Componenten dieser Kraft R;
X_0^B, Y_0^B, Z_0^B die Componenten derjenigen ponderomotorischen Kraft eldy. Us, welche auf das einzelne Element $J_0\,Ds_0$ ausgeübt wird vom ganzen Ringe B;
P das elektrodynamische Potential der beiden Ringe A und B auf einander.

Es sei sogleich bemerkt, dass dieses Potential P (vergl. pag. 56) den Werth hat:

$$(12.a) \qquad P = -A^2 J_0 J_1\,.\,\Sigma\Sigma\, \mathrm{D}s_0\, \mathrm{D}s_1 \left[4\left(\frac{d\psi}{dr}\right)^2.\,\Theta_0\Theta_1\right],$$

und daher, zufolge des Satzes (9.), (10.), auch ausgedrückt werden kann durch

$$(12.b) \qquad P = -A^2 J_0 J_1 \,.\, \Sigma\Sigma \; Ds_0 \, Ds_1 \, [\varphi \,.\, E],$$

vorausgesetzt, dass man unter φ eine Function von r versteht, welche mit ψ verbunden ist durch die Relation:

$$(13.) \qquad r \frac{d\varphi}{dr} + 4 \left(\frac{d\psi}{dr}\right)^2 = 0.$$

Dieser Relation entsprechend, und in Uebereinstimmung mit einer früheren Festsetztung (pag. 46), sollen im Folgenden

$$\psi = \psi(r) \quad \text{und} \quad \varphi = \varphi(r)$$

als Functionen aufgefasst werden, welche für beträchtliche r identisch respective mit $\sqrt{r}$ und $\frac{1}{r}$, für sehr kleine r hingegen von noch unbekannter Beschaffenheit sind.

Die Kraft R hat nach dem Ampère'schen Gesetz (pag. 44) den Werth:

$$(14.) \qquad R = A^2 J_0 J_1 \, Ds_0 \, Ds_1 \,.\, 8 \frac{d\psi}{dr} \frac{\partial^2 \psi}{\partial s_0 \, \partial s_1};$$

ihre x-Componente wird daher:

$$(15.) \qquad X_0{}^1 = A^2 J_0 J_1 \, Ds_0 \, Ds_1 \,.\, 8 \frac{d\psi}{dr} \frac{\partial^2 \psi}{\partial s_0 \, \partial s_1} \frac{x_0 - x_1}{r}.$$

Hieraus ergiebt sich durch Summation über sämmtliche Elemente Ds_1 sofort:

$$(16.) \qquad X_0{}^B = A^2 J_0 J_1 \, Ds_0 \,.\, \Sigma \; Ds_1 \left\{ 8 \left(\frac{d\psi}{dr} \frac{x_0 - x_1}{r}\right) \frac{\partial^2 \psi}{\partial s_0 \, \partial s_1} \right\},$$

d. i.

$$(17.) \qquad X_0{}^B = A^2 J_0 J_1 \, Ds_0 \,.\, \Sigma \; Ds_1 \left\{ 8u \frac{\partial v}{\partial s_1} \right\},$$

wo für den Augenblick $\frac{d\psi}{dr} \frac{x_0 - x_1}{r} = u$, und $\frac{\partial \psi}{\partial s_0} = \frac{d\psi}{dr} \frac{\partial r}{\partial s_0} = v$ gesetzt worden ist.

Nun gilt allgemein für beliebige Functionen u, v die Gleichung:

$$8u \frac{\partial v}{\partial s_1} = 4 \frac{\partial (uv)}{\partial s_1} + 4u^2 \frac{\partial}{\partial s_1} \left(\frac{v}{u}\right).$$

Hieraus folgt, wenn für u, v die genannten Bedeutungen substituirt werden:

$$8u \frac{\partial v}{\partial s_1} = 4 \frac{\partial (uv)}{\partial s_1} + 4 \left(\frac{d\psi}{dr} \frac{x_0 - x_1}{r}\right)^2 \frac{\partial}{\partial s_1} \left(\frac{r}{x_0 - x_1} \frac{\partial r}{\partial s_0}\right).$$

Somit ergiebt sich aus (17.)

$$(18.)\ X_0^B = A^2 J_0 J_1 \mathrm{D}s_0 \,.\, \Sigma\ \mathrm{D}s_1 \left\{ 4 \left(\frac{d\psi}{dr} \frac{x_0 - x_1}{r} \right)^2 \frac{\partial}{\partial s_1} \left(\frac{r}{x_0 - x_1} \frac{\partial r}{\partial s_0} \right) \right\},$$

oder wenn man an Stelle der Function ψ die mit dieser durch die Relation (13.) verbundene Function φ einführt:

$$(19.)\ X_0^B = A^2 J_0 J_1 \mathrm{D}s_0 \,.\, \Sigma\ \mathrm{D}s_1 \left\{ - \frac{d\varphi}{dr} \frac{(x_0 - x_1)^2}{r} \frac{\partial}{\partial s_1} \left(\frac{r}{x_0 - x_1} \frac{\partial r}{\partial s_0} \right) \right\}.$$

Beachtet man nun, dass die Richtungscosinus von $\mathrm{D}s_0$ und $\mathrm{D}s_1$ mit $\mathsf{A}_0, \mathsf{B}_0, \Gamma_0$ und $\mathsf{A}_1, \mathsf{B}_1, \Gamma_1$ bezeichnet worden sind, so erhält man successive:

$$r \frac{\partial r}{\partial s_0} = [(x_0 - x_1)\,\mathsf{A}_0 + (y_0 - y_1)\,\mathsf{B}_0 + (z_0 - z_1)\,\Gamma_0],$$

$$\frac{r}{x_0 - x_1} \frac{\partial r}{\partial s_0} = \frac{[(x_0 - x_1)\,\mathsf{A}_0 + \cdots]}{x_0 - x_1},$$

$$\frac{\partial}{\partial s_1} \left(\frac{r}{x_0 - x_1} \frac{\partial r}{\partial s_0} \right) = - \frac{[\mathsf{A}_0 \mathsf{A}_1 + \cdots]}{x_0 - x_1} + \frac{[(x_0 - x_1)\,\mathsf{A}_0 + \cdots]\,\mathsf{A}_1}{(x_0 - x_1)^2},$$

$$\frac{(x_0 - x_1)^2}{r} \frac{\partial}{\partial s_1} \left(\frac{r}{x_0 - x_1} \frac{\partial r}{\partial s_0} \right) = - \frac{(x_0 - x_1)\,[\mathsf{A}_0 \mathsf{A}_1 + \cdots]}{r} + \frac{[(x_0 - x_1)\,\mathsf{A}_0 + \cdots]\,\mathsf{A}_1}{r},$$

$$= - \frac{\partial r}{\partial x_0} [\mathsf{A}_0 \mathsf{A}_1 + \cdots] + \left[\frac{\partial r}{\partial x_0} \mathsf{A}_0 + \cdots \right] \mathsf{A}_1,$$

$$= - \frac{\partial r}{\partial x_0} \mathsf{E} + \frac{\partial r}{\partial s_0} \mathsf{A}_1.$$

Somit folgt aus (19.):

$$(20.)\qquad X_0^B = A^2 J_0 J_1\, \mathrm{D}s_0 \,.\, \Sigma\ \mathrm{D}s_1 \left\{ \frac{\partial \varphi}{\partial x_0} \mathsf{E} - \frac{\partial \varphi}{\partial s_0} \mathsf{A}_1 \right\}.$$

Analoge Formeln werden offenbar auch für Y_0^B und Z_0^B gelten, so dass man also schreiben kann:

$$(21.)\qquad X_0^B = A^2 J_0 J_1\, \mathrm{D}s_0 \,.\, \Sigma\ \mathrm{D}s_1 \left\{ \frac{\partial \varphi}{\partial x_0} \mathsf{E} - \frac{\partial \varphi}{\partial s_0} \mathsf{A}_1 \right\},$$

$$(22.)\qquad Y_0^B = A^2 J_0 J_1\, \mathrm{D}s_0 \,.\, \Sigma\ \mathrm{D}s_1 \left\{ \frac{\partial \varphi}{\partial y_0} \mathsf{E} - \frac{\partial \varphi}{\partial s_0} \mathsf{B}_1 \right\},$$

$$(23.)\qquad Z_0^B = A^2 J_0 J_1\, \mathrm{D}s_0 \,.\, \Sigma\ \mathrm{D}s_1 \left\{ \frac{\partial \varphi}{\partial z_0} \mathsf{E} - \frac{\partial \varphi}{\partial s_0} \Gamma_1 \right\}.$$

Aus den beiden letzten Formeln *) folgt sofort:

$$(24.)\ y_0 Z_0^B - z_0 Y_0^B = A^2 J_0 J_1\, \mathrm{D}s_0 \,.\, \Sigma\ \mathrm{D}s_1 \left\{ \left(y_0 \frac{\partial \varphi}{\partial z_0} - z_0 \frac{\partial \varphi}{\partial y_0} \right) \mathsf{E} - \xi \frac{\partial \varphi}{\partial s_0} \right\},$$

---

*) Die Formeln (21.), (22.), (23.) sind, ziemlich in derselben Gestalt, bereits von Ampère gegeben in seiner Théorie des phénomènes électrodynamiques (daselbst pag. 130). Ueberhaupt ist der im gegenwärtigen §. eingeschlagene Weg bis zu dieser Stelle ziemlich in Uebereinstimmung mit den in jener Theorie gegebenen Deductionen. Von hier ab folgen nun aber diejenigen Entwicklungen, welche sich vorfinden in der am Schluss des vorhergehenden §. (Note, pag. 67) genannten Abhandlung.

wo zur Abkürzung $y_0 \Gamma_1 - z_0 B_1 = \xi$ gesetzt ist. Nun wird offenbar:

$$\xi \frac{\partial \varphi}{\partial s_0} = \frac{\partial (\varphi \xi)}{\partial s_0} - \varphi \frac{\partial \xi}{\partial s_0},$$

also mit Rücksicht auf die Bedeutung von ξ:

$$\xi \frac{\partial \varphi}{\partial s_0} = \frac{\partial (\varphi \xi)}{\partial s_0} - \varphi (B_0 \Gamma_1 - B_1 \Gamma_0).$$

Folglich kann die Formel (24.) auch so geschrieben werden:

$$(25.) \quad y_0 Z_0'' - z_0 Y_0'' = A^2 J_0 J_1 \, Ds_0 \, . \, \Sigma \, Ds_1 \left\{ \begin{array}{c} \left(y_0 \frac{\partial \varphi}{\partial z_0} - z_0 \frac{\partial \varphi}{\partial y_0} \right) E - \frac{\partial (\varphi \xi)}{\partial s_0} \\ + \varphi (B_0 \Gamma_1 - B_1 \Gamma_0) \end{array} \right\}.$$

Summirt man nun die Formel (21.) über sämmtliche Elemente Ds_0 des Ringes A, so erhält man:

$$(26.) \qquad \Sigma X_0'' = A^2 J_0 J_1 \, . \, \Sigma \Sigma \, Ds_0 \, Ds_1 \left\{ \frac{\partial \varphi}{\partial x_0} E \right\};$$

und in analoger Weise erhält man aus (25.):

$$(27.) \quad \Sigma (y_0 Z_0'' - z_0 Y_0'') = A^2 J_0 J_1 \, . \, \Sigma \Sigma \, Ds_0 Ds_1 \left\{ \left(y_0 \frac{\partial \varphi}{\partial z_0} - z_0 \frac{\partial \varphi}{\partial y_0} \right) E + \varphi (B_0 \Gamma_1 - B_1 \Gamma_0) \right\}.$$

Die Formeln (26.) und (27.) repräsentiren offenbar diejenige translatorische Wirkung und dasjenige Drehungsmoment, welche B auf A ausübt respective in der Richtung der xAchse und in Bezug auf diese Achse*).

Beiläufig bemerkt geht aus diesen Formeln (26.), (27.) deutlich hervor, dass die Ausdrücke

$$(28.) \qquad \begin{array}{l} A^2 J_0 J_1 \, Ds_0 Ds_1 \frac{\partial \varphi}{\partial x_0} E, \\ A^2 J_0 J_1 \, Ds_0 Ds_1 \frac{\partial \varphi}{\partial y_0} E, \\ A^2 J_0 J_1 \, Ds_0 Ds_1 \frac{\partial \varphi}{\partial z_0} E \end{array}$$

als die **scheinbaren** Kräfte zwischen den Elementen geschlossener Ströme bezeichnet werden können mit Bezug auf **fortschreitende**, nicht aber mit Bezug auf **drehende** Bewegungen**).

---

*) Selbstverständlich ist hier immer nur von den Kräften eldy. Us die Rede. Genauer ausgedrückt müsste man also sagen: die translatorische Wirkung eldy. Us, ebenso das Drehungsmoment eldy. Us. Doch mag der Zusatz eldy. Us, der Bequemlichkeit willen, hier und im Folgenden zuweilen unterdrückt werden.

**) Die Ausdrücke (28.) würden nämlich als die scheinbaren Elementarkräfte

Das elektrodynamische Potential P der beiden Ringe A und B aufeinander hat nach (12.b) den Werth:

$$(29.)\qquad P = -A^2 J_0 J_1 \,.\, \Sigma\Sigma\; \mathrm{D}s_0 \mathrm{D}s_1 \,[\varphi \,.\, \mathsf{E}].$$

Denken wir uns den Ring A sich selber parallel in der Richtung der xAchse unendlich wenig verschoben, so resultirt für das Potential P ein Zuwachs

$$(30.)\qquad \delta P = -A^2 J_0 J_1 \,.\, \Sigma\Sigma\; \mathrm{D}s_0 \mathrm{D}s_1 \left\{\frac{\partial \varphi}{\partial x_0}\,\delta x_0 \,.\, \mathsf{E}\right\},$$

wo δx_0 die Verschiebung des Punktes x_0, y_0, z_0 vorstellt. Bezeichnet man den gemeinschaftlichen Werth, welchen die Verschiebung δx_0 für sämmtliche Puncte des Ringes A besitzt, mit $\delta \varrho$, so folgt:

$$(31.)\qquad \frac{\delta P}{\delta \varrho} = -A^2 J_0 J_1 \,.\, \Sigma\Sigma\; \mathrm{D}s_0 \mathrm{D}s_1 \left\{\frac{\partial \varphi}{\partial x_0} \,.\, \mathsf{E}\right\},$$

also mit Rücksicht auf (26.):

$$(32.)\qquad \Sigma X_0^B = -\frac{\delta P}{\delta \varrho}.$$

D. h. die von B auf A in der Richtung der xAchse ausgeübte translatorische Wirkung ist, abgesehen vom Vorzeichen, gleich dem Differentialquotienten des Potentiales P nach einer Verschiebung von A in jener Richtung. Das ist derselbe Satz, der schon früher (pag. 55) auf anderem Wege gefunden war.

Denken wir uns andererseits dem Ringe A eine unendlich kleine Drehung um die xAxe zuertheilt, so wird das Potential P (29.) einen Zuwachs erhalten:

$$(33.)\qquad \delta P = -A^2 J_0 J_1 \,.\, \Sigma\Sigma\; \mathrm{D}s_0 \mathrm{D}s_1 \,[\mathsf{E}\,\delta\varphi + \varphi\,\delta\mathsf{E}].$$

wo $\delta\varphi$, $\delta\mathsf{E}$ die Bedeutungen haben:

$$\delta\varphi = \frac{\partial\varphi}{\partial x_0}\,\delta x_0 + \frac{\partial\varphi}{\partial y_0}\,\delta y_0 + \frac{\partial\varphi}{\partial z_0}\,\delta z_0,$$
$$\delta\mathsf{E} = \mathsf{A}_1\,\delta\mathsf{A}_0 + \mathsf{B}_1\,\delta\mathsf{B}_0 + \Gamma_1\,\delta\Gamma_0.$$

Für die Veränderungen δx_0, δy_0, δz_0 und $\delta\mathsf{A}_0$, $\delta\mathsf{B}_0$, $\delta\Gamma_0$ ergeben sich aber aus unsern allgemeinen Formeln [(40.d,g) auf pag. 47, 48] die Werthe:

---

mit Bezug auf drehende Bewegungen nur dann angesehen werden können, wenn das in der Formel (27.) enthaltene Glied

$$\Sigma\Sigma\; \mathrm{D}s_0 \mathrm{D}s_1\, \varphi\,(\mathsf{B}_0\Gamma_1 - \mathsf{B}_1\Gamma_0)$$

jederzeit Null wäre. Dass solches aber nicht der Fall ist, ergiebt sich leicht, z. B. durch Betrachtung unendlich kleiner Ströme.

$$\delta x_0 = 0, \qquad \delta A_0 = 0,$$
$$\delta y_0 = - z_0\, \delta\omega, \qquad \delta B_0 = - \Gamma_0\, \delta\omega,$$
$$\delta z_0 = + y_0\, \delta\omega, \qquad \delta \Gamma_0 = + B_0\, \delta\omega,$$

falls man nämlich unter $\delta\omega$ den unendlich kleinen Winkel versteht, um welchen der Ring A um die x Axe gedreht worden ist. Somit folgt:

$$\delta\varphi = \left(y_0 \frac{\partial\varphi}{\partial z_0} - z_0 \frac{\partial\varphi}{\partial y_0}\right) \delta\omega,$$
$$\delta E = (B_0\Gamma_1 - B_1\Gamma_0)\, \delta\omega.$$

Substituirt man aber diese Werthe in (33.), so ergiebt sich

$$(34.) \quad \frac{\delta P}{\delta\omega} = - A^2 J_0 J_1 \,.\, \Sigma\Sigma\; Ds_0 Ds_1 \left\{\left(y_0 \frac{\partial\varphi}{\partial z_0} - z_0 \frac{\partial\varphi}{\partial y_0}\right) E + \varphi(B_0\Gamma_1 - B_1\Gamma_0)\right\}$$

und hieraus folgt mit Rücksicht auf (27.) sofort:

$$(35.) \qquad \Sigma\,(y_0 Z_0^{\,B} - z_0\, Y_0^{\,B}) = - \frac{\delta P}{\delta\omega}.$$

D. h. das von B auf A in Bezug auf die x Achse ausgeübte Drehungsmoment ist, abgesehen vom Vorzeichen, gleich dem Differentialquotienten des Potentiales P nach einer Drehung von A um jene Achse; — ein Satz, welcher übereinstimmt mit dem schon früher (pag. 56) erhaltenen Resultat.

§. 13. Ueber die Frage, ob für die ponderomotorischen Kräfte elektrodynamischen Ursprungs ein elementares Potential existiren kann.

Es seien A, B zwei starre Drahtringe, die durchflossen sind von den gleichförmigen elektrischen Strömen J_0, J_1. Befinden sich diese Ringe in irgend welchen Bewegungen, und gleichzeitig etwa auch die in ihnen vorhandenen Ströme J_0, J_1 (unbeschadet ihrer Gleichförmigkeit) in irgend welchem Zustande der Veränderung, so wird (vergl. pag. 53) für jedes Zeitelement dt die Formel gelten:

$$(1.) \qquad (d T_A^{\,B})_{\text{eldy. U.}} = - \left(\frac{\partial P}{\partial\alpha} d\alpha + \frac{\partial P}{\partial\alpha'} d\alpha' + \cdots\right).$$

Hier bezeichnet P das elektrodynamische Potential der beiden Ringe aufeinander, und $(d T_A^{\,B})_{\text{eldy. U.}}$ die Arbeit derjenigen ponderomotorischen Kräfte elektrodynamischen Ursprungs, welche der Ring B während des gegebenen Zeitelementes dt ausübt auf den Ring A. Ausserdem sind unter $\alpha, \alpha', \ldots$ diejenigen Parameter zu verstehen, durch welche die räumliche Lage des Ringes A in irgend einem Augenblick sich bestimmt, und unter $d\alpha, d\alpha', \ldots$ die Zuwüchse dieser Parameter während der Zeit dt. Die Formel (1.) sagt also aus, dass für jedes

Zeitelement dt die vom Ringe B auf den Ring A ausgeübte ponderomotische Arbeit eldy. Us gleich gross ist mit dem negativen partiellen Zuwachs des Potentiales P, genommen nach der räumlichen Lage von A.

Bei den hier anzustellenden Erörterungen wollen wir, der Einfachheit willen, uns beschränken auf den Fall beträchtlicher Entfernungen. Alsdann ist (vergl. pag. 46) die Function ψ identisch mit $\sqrt{r}$, folglich das Potential P (vergl. pag. 57) darstellbar durch

$$(2.)\qquad P = -A^2 J_0 J_1 \,.\, \Sigma\Sigma\, \frac{\Theta_0 \Theta_1}{r}\, Ds_0\, Ds_1\,,$$

oder auch durch:

$$(3.)\qquad P = -A^2 J_0 J_1 \,.\, \Sigma\Sigma\, \frac{\mathsf{E}}{r}\, Ds_0\, Ds_1\,,$$

wo $r, \Theta_0, \Theta_1, \mathsf{E}$ dieselben Bedeutungen haben wie im Ampère'schen Gesetz (pag. 44). Multiplicirt man die Formeln (2.) und (3.) respective mit $\frac{1-k}{2}$ und $\frac{1+k}{2}$, und addirt, so erhält man für P folgende dritte Darstellung:

$$(4.)\qquad P = -A^2 J_0 J_1 \,.\, \Sigma\Sigma \left(\frac{1-k}{2}\,\frac{\Theta_0\Theta_1}{r} + \frac{1+k}{2}\,\frac{\mathsf{E}}{r}\right) Ds_0\, Ds_1\,,$$

wo offenbar k eine völlig willkührliche Constante ist. An Stelle von (4.) mag kürzer geschrieben werden:

$$(5.)\qquad P = \Sigma\Sigma\, p\, Ds_0\, Ds_1\,,$$

wo alsdann p zu definiren ist durch die Formel:

$$(6.)\qquad p\, Ds_0\, Ds_1 = -A^2 J_0 J_1 \left(\frac{1-k}{2}\,\frac{\Theta_0\Theta_1}{r} + \frac{1+k}{2}\,\frac{\mathsf{E}}{r}\right) Ds_0\, Ds_1\,.$$

Andererseits sei bemerkt, dass die in (1.) mit $(dT_A{}^B)_{\text{eldy. Us}}$ bezeichnete Arbeit in folgender Weise ausgedrückt werden kann:

$$(7.)\qquad (dT_A{}^B)_{\text{eldy. Us}} = \Sigma\Sigma\, (dT_0{}^1)_{\text{eldy. Us}}\,,$$

wo alsdann $(dT_0{}^1)_{\text{eldy. Us}}$ diejenige Arbeit eldy. Us repräsentirt, welche ein einzelnes Element Ds_1 des Ringes B ausübt auf ein einzelnes Element Ds_0 des Ringes A.

Durch Substitution der Werthe (5.), (7.) gewinnt nun die Formel (1.) folgende Gestalt:

$$(8.)\qquad \Sigma\Sigma\, (dT_0{}^1)_{\text{eldy. Us}} = -\Sigma\Sigma \left(\frac{\partial p}{\partial \alpha}\, d\alpha + \frac{\partial p}{\partial \alpha'}\, d\alpha' + \cdots\right) Ds_0\, Ds_1\,.$$

oder (was dasselbe ist) folgende:

$$(9.)\qquad \Sigma\Sigma\, (dT_0{}^1)_{\text{eldy. Us}} = -\Sigma\Sigma \left(\frac{\partial (p\, Ds_0\, Ds_1)}{\partial \alpha}\, d\alpha + \frac{\partial (p\, Ds_0\, Ds_1)}{\partial \alpha'}\, d\alpha' + \cdots\right).$$

Die vom Ringe B auf den Ring A ausgeübte Arbeit $\Sigma\Sigma\,(dT_0{}^1)_{eldy.\,U_s}$ ist also, wie aus der Formel (9.) deutlich hervorgeht, von solcher Beschaffenheit, als würde von jedem einzelnen Elemente Ds_1 auf jedes einzelne Element Ds_0 eine Arbeit $(dT_0{}^1)_{eldy.\,U_s}$ ausgeübt vom Werthe:

$$(10.)\quad (dT_0{}^1)_{eldy.\,U_s} = -\left(\frac{\partial(p\,Ds_0\,Ds_1)}{\partial\alpha}\,d\alpha + \frac{\partial(p\,Ds_0\,Ds_1)}{d\alpha'}\,d\alpha' + \cdots\right).$$

Jene frühere Formel (1.) kann bezeichnet werden als ein für zwei gleichförmige Stromringe gültiges Integralgesetz, andererseits die Formel (10.) als ein aus diesem, durch Repartirung auf die einzelnen Elemente, sich ergebendes Elementargesetz. Dem entsprechend würde alsdann P das elektrodynamische Potential der beiden Ringe A, B aufeinander, und $p\,Ds_0\,Ds_1$ dasjenige der beiden Elemente Ds_0, Ds_1 aufeinander zu nennen sein.

Ein solcher Process der Repartirung ist selbstverständlich vom mathematischen Standpuncte aus völlig unberechtigt, ebenso unberechtigt, als wollte man aus einer gegebenen Gleichung $a + b = \alpha + \beta$ den Schluss ziehen, dass $a = \alpha$ und $b = \beta$ sein müsse. Auch würde die Formel (10.) ein Elementargesetz repräsentiren, welches, wie leicht zu übersehen, mit dem Ampère'schen Elementargesetz in Widerspruch steht.

Doch könnte man die Dinge von einem andern Standpuncte aus betrachten. Man könnte behaupten, wirklich durch die Erfahrung constatirt sei das Ampère'sche Elementargesetz keineswegs, sondern nur das aus ihm sich ergebende, durch die Formel (1.) ausgedrückte Integralgesetz. Demgemäss habe jedes andere Elementargesetz, falls dasselbe nur ebenfalls hinleite zu dem genannten Integralgesetze (1.), dieselbe Berechtigung wie das Ampère'sche. Der Annahme des durch (10.) ausgedrückten neuen Elementargesetzes an Stelle des Ampère'schen stünde also kein Bedenken entgegen; ausserdem aber falle zu seinen Gunsten noch der Umstand ins Gewicht, dass dasselbe, dem Ampère'schen gegenüber, durch grössere Einfachheit sich auszeichne, nämlich verträglich sei mit der Existenz eines elementaren Potentiales.

Unterwerfen wir nun, auf solche Empfehlung hin, das durch die Formel (10.) ausgedrückte neue Elementargesetz einer näheren Betrachtung; und denken wir uns dabei, der grösseren Bequemlichkeit willen, den Ring B, mithin auch das Element Ds_1, als unbeweglich. Der Ausdruck $p\,Ds_0\,Ds_1$ (6.) ist nicht nur abhängig von den Coordinaten des Elements Ds_0, sondern auch von seiner Richtung. Folglich wird, jenem neuen Gesetze (10.) zufolge, die elementare Arbeit $(dT_0{}^1)_{eldy.\,U_s}$ auch dann noch einen gewissen Werth besitzen, wenn das Element Ds_0, ohne seinen Ort im Raum zu ändern, nur seine Richung wechselt. Jenem Gesetze (10.) zufolge, sind also die ponderomotorischen Kräfte elektrodynamischen Ursprungs, welche das unbewegliche Element Ds_1 auf das Element Ds_0 ausübt, von solcher Beschaffenheit, dass sie eine gewisse Arbeit verrichten, sobald das Element Ds_0 etwa um seinen eignen Mittelpunkt sich dreht. Mit andern Worten: Jenem Gesetze zufolge werden die genannten Kräfte ein gewisses Drehungsmoment auf Ds_0 ausüben. — Unterwirft man die in solcher Weise sich ergebenden elementaren Drehungsmomente nämlich das von Ds_1 auf Ds_0, und umgekehrt von Ds_0 auf Ds_1 ausgeübte, einer näheren Untersuchung, so zeigt sich, dass die geometrischen Charakteristiken *) dieser beiden Momente parallel, von gleicher Stärke und entgegengesetzter Richtung sind, vorausgesetzt, dass man der bisher unbestimmt gelassenen Constanten k [welche in $p\,Ds_0\,Ds_1$ (6.) enthalten ist] den Werth $+1$ zu Theil werden lässt. Ueberhaupt zeigt sich, dass jenes neue Elementargesetz (10.) bei Annahme dieses speciellen Werthes von k im vollen Einklange steht mit den Anforderungen des allgemeinen Princips der Action und Reaction.

Soweit also würde kein Einwand zu erheben sein gegen die Annahme jenes neuen Elementargesetzes (10.) und des damit verbundenen elementaren Potentiales $p\,Ds_0\,Ds_1$. Doch ergeben sich gewichtige Einwände von einer andern Seite her.

Denkt man sich nämlich den Stromring A zusammengesetzt aus zwei Theilen, von welchen der eine A' drehbar ist um eine gegebene Achse, während der andere A'' eine völlig feste Aufstellung hat, und denkt man sich andererseits den Stromring B ersetzt durch ein ebenfalls fest aufgestelltes Solenoid, dessen geometrische Achse zusammenfällt mit jener gegebenen Drehungsachse, so wird die relative Lage zwischen diesem Solenoide B und dem Theile A', falls man letztern um die genannte Achse in Umdrehung versetzt, fortwährend dieselbe bleiben. Die während irgend eines Zeitelementes dt dieser Umdrehung vom Solenoid B auf den Theil A' ausgeübte Arbeit $(dT_{A'}{}^{B})_{\text{eldy. U.}}$ hat nun zufolge des neuen Elementargesetzes (10.) den Werth:

$$(11.)\qquad (dT_{A'}{}^{B})_{\text{eldy. U.}} = -\frac{\partial\,(\Sigma\Sigma\; p\,Ds_0\,Ds_1)}{\partial\alpha}\,d\alpha\,,$$

wo α den Drehungswinkel, und $d\alpha$ den Zuwachs von α während der Zeit dt bezeichnet. Selbstverständlich ist in diesem Werthe (11.) unter

*) Unter der geometrischen Charakteristik eines Drehungsmomentes soll eine mit der Achse des Momentes parallele Linie verstanden sein, welche durch ihre Länge und Richtung die Stärke und den Sinn des Drehungsmomentes angiebt.

(12.) $$\Sigma\Sigma'\ p\, Ds_0\, Ds_1$$

ein Integral zu verstehen, welches sich ausdehnt über alle Elemente Ds_0 des Theiles A' und über alle Elemente Ds_1 des Solenoides B.

Während der genannten Umdrehungsbewegung bleibt nun aber, wie schon bemerkt, die relative Lage zwischen A' und B fortdauernd ein und dieselbe, mithin der Werth des Integrales (12.) unabhängig von α. Somit folgt aus (11.), dass

(13.) $$(d\, T_{A'}{}^{B})_{\text{eldy. Us}} = 0$$

ist, dass also die vom Solenoid auf den Theil A' während seiner Umdrehung ausgeübte ponderomotorische Arbeit eldy. Us fortdauernd Null bleibt, und dass mithin die vom Solenoide auf den Theil A' ausgeübten ponderomotorischen Kräfte eldy. Us nicht im Stande sein können, diesen Theil A', falls er etwa zu Anfang in Ruhe sich befindet, in Umdrehung zu versetzen. Solches aber widerspricht bekanntlich in directer Weise den experimentellen Thatsachen *).

Die Vorstellung, das Ampère'sche Elementargesetz dürfe oder müsse ersetzt werden durch jenes neue in (10.) angegebene Elementargesetz, überhaupt die Vorstellung, für die ponderomotorischen Kräfte eldy. Us existire ein elementares Potential, — diese Vorstellungen brechen also zusammen unter dem Gewicht der empirischen Thatsachen.

Ein solches Wort wie Potential kann allerdings in höchst verschiedenen **) Bedeutungen gebraucht werden; und es wird daher angemessen sein, das eben ausgesprochene Ergebniss ein wenig sorgfältiger zu formuliren, indem wir sagen:

Das für die ponderomotorischen Kräfte eldy. Us mit Bezug auf zwei gleichförmige Stromringe von meinem

---

*) Die erste der hierher gehörigen experimentellen Thatsachen dürfte von Savary entdeckt worden sein (vergl. Ampère: Théorie des phén. électrody., pag. 47). Diejenige specielle Thatsache, welche bei den obigen Erörterungen vorzugsweise ins Auge gefasst ist, nämlich die Rotation eines elektrischen Stromleiters um einen Magneten oder um ein Solenoid, tritt deutlich hervor bei dem von Faraday construirten Rotationsapparat. Man findet die Beschreibung dieses Apparates in Wiedemann's Lehre vom Galvanismus (Braunschweig, 1863, Bd. II, pag. 121), ferner in Wüllner's Lehrbuch der Experimentalphysik (Leipzig, 1865, Bd. II, pag. 1125).

**) In ganz anderer Bedeutung ist z. B. dieses Wort Potential von mir gebraucht worden in einer Abhandlung über die Principien der Elektrodynamik vom Jahre 1868 (Programm der Tübinger Universität vom Juli 1868; vergl. auch die Math. Annalen, Bd. I, pag. 317).

Vater eingeführte Potential P besitzt bekanntlich die charakteristische Eigenschaft, dass die von solchen Ringen aufeinander ausgeübten translatorischen Wirkungen und Drehungsmomente identisch sind mit der negativen partiellen Ableitung von P nach der betreffenden Richtung oder nach dem betreffenden Drehungswinkel, und dass allgemeiner die von dem **einen** Ringe auf den **andern** während irgend eines Zeitelements ausgeübte Arbeit identisch ist mit dem negativen partiellen Zuwachs von P, genommen nach der räumlichen Lage jenes **andern** Ringes. — Dass ein derselben Eigenschaften sich erfreuendes Potential auch existire für irgend zwei Strom**elemente**, ist den empirischen Thatsachen gegenüber ein Ding der Unmöglichkeit*).

Allerdings wird mit Bezug auf gewisse specielle Fälle (wenn z. B. die betrachteten Ringe starr oder wenigstens ohne Gleitstellen, und die in ihnen vorhandenen Ströme gleichförmig sind) der Annahme eines solchen elementaren Potentiales kein Hinderniss entgegenstehen. Doch wird dieses elementare Potential, eben weil seine Anwendbarkeit auf specielle Fälle beschränkt ist, niemals angesehen werden dürfen als der Ausdruck des wirklichen Elementargesetzes, sondern aufzufassen sein als der Ausdruck eines scheinbaren Elementargesetzes, welches in jenen speciellen Fällen mit dem wirklichen äquivalent ist. Das in (10.) angegebene scheinbare Elementargesetz bietet übrigens, wie vorhin gezeigt worden ist, die Eigenthümlichkeit dar, dass ihm zufolge zwischen zwei Stromelementen nicht nur gegenseitige translatorische Kräfte, sondern daneben auch noch gegenseitige Drehungsmomente vorhanden sein würden.

*) Man findet diese Erörterungen, theilweise ein wenig weiter ausgeführt, in einem Aufsatze, den ich in den von Clebsch und mir herausgegebenen Math. Annalen (Bd. V, pag. 602) veröffentlicht habe. Zugleich findet man dort (pag. 614), in unmittelbarem Anschluss an diese Erörterungen, gewisse Bedenken ausgesprochen gegen die neuerdings von Helmholtz entwickelte Theorie (Borchardt's Journal, Bd. 72, pag. 57 und Bd. 75, pag. 35). Ohne auf diese Bedenken hier von Neuem einzugehen, mag nur noch bemerkt sein, dass der Ausdruck (6.) genau derjenige ist, welchen Helmholtz als das Potential zweier Stromelemente aufeinander bezeichnet, dass es aber auf einem Irrthum beruht, wenn Helmholtz sagt, jener Ausdruck verwandele sich für $k = +1$ in das von meinem Vater aufgestellte Potential. Denn in den betreffenden Abhandlungen meines Vaters ist nirgends von einem Potential zwischen Stromelementen die Rede, sondern immer nur von dem Potential zwischen geschlossenen gleichförmigen Strömen.

Dritter Abschnitt.

Untersuchung gewisser Integrale, welche hinerstreckt sind über geschlossene Curven.

Es enthält dieser Abschnitt gewisse Betrachtungen, welche voranzuschicken erforderlich ist, falls langwierige Unterbrechungen in den nächstfolgenden Abschnitten vermieden werden sollen.

---

§. 14. Ueber diejenigen Unterscheidungen, welche mit Hülfe der Worte Links und Rechts ausgedrückt zu werden pflegen.

(1.) **Erste Definition.** Denkt man sich eine bestimmte Richtung π festgesetzt auf der Peripherie einer Kreisfläche, und ferner eine bestimmte Richtung α festgesetzt auf der Achse*) der Kreisfläche, so sollen diese beiden Richtungen **positiv** zu einander genannt werden, sobald der in π Liegende und nach dem Mittelpunct der Kreisfläche Hinsehende die Richtung α markirt mit ausgestreckter **Linken.**

Wir haben uns also, falls die Richtung π in gewöhnlicher Weise durch einen Pfeil angedeutet ist, eine ihrer Länge nach mit diesem Pfeil zusammenfallende menschliche Figur vorzustellen, in solcher Lage, dass ihre Füsse am Schweif, ihr Kopf an der Spitze des Pfeils sich befinden, und gleichzeitig ihre Augen nach dem Mittelpunct der Kreisfläche hingewendet sind. Die beiden Richtungen π und α heissen positiv zu einander, sobald diese Figur die Richtung α markirt mit ihrem ausgestreckten linken Arm. Es wird mithin z. B. die scheinbare Bewegung der Sonne um die Erde positiv zu nennen sein in Bezug auf diejenige Richtung der Erdachse, welche vom Nordpol zum Südpol geht.

---

*) Unter der Achse ist die auf der Kreisfläche in ihrem Mittelpunct errichtete Normale zu verstehen.

Durch α ist ein geradliniges Fortschreiten, andererseits durch π eine gewisse Drehung indicirt. Sind α und π positiv zu einander, so werden jenes Fortschreiten und diese Drehung ebenfalls als positiv zu einander zu bezeichnen sein.

Sind im Raume irgend zwei Linien g und h, jede von festgesetzter Richtung, gegeben, welche ohne sich zu treffen in irgend welchem Abstande an einander vorübergehen, so wird, falls man die eine derselben, z. B. g, als Achse betrachtet, gleichzeitig durch die andere h eine gewisse Umdrehungsrichtung um diese Achse markirt sein*). Oder anders ausgedrückt: Betrachtet man g als das α, so wird gleichzeitig durch h ein gewisses π markirt sein. Mit Bezug hierauf gilt folgender Satz:

Sind die Linien g, h, respective als α, π betrachtet, positiv zu einander, so sind dieselben, respective als π, α betrachtet, ebenfalls positiv zu einander.

Der Satz ist leicht zu beweisen, wenn wir ihn zunächst ein wenig anders aussprechen. Die beiden Linien g, h mögen durch die Linie k ihres kürzesten Abstandes starr mit einander verbunden sein; und diese starre Figur (g, k, h) sei gegeben in zwei (congruenten) Exemplaren. In dem einen Exemplar sei g mit α, h mit π bezeichnet, in dem andern umgekehrt g mit π', h mit α'. Darzuthun ist alsdann, dass wenn α, π positiv zu einander sind, Gleiches auch gilt von α', π'. Hiefür aber ergiebt sich der Beweis augenblicklich. Denn jene beiden Exemplare können, wie leicht zu übersehen, in doppelter Weise mit einander zur Deckung gebracht werden, einerseits so dass g mit g, h mit h zusammenfällt, andererseits aber auch so, dass das g des ersten Exemplars mit dem h des zweiten, und das h des ersten mit dem g des zweiten zur Deckung gelangt**). Jene beiden Exemplare (g, h), welche respective bezeichnet waren mit (α, π) und (π', α'), sind also unter einander congruent nicht nur im Sinne (α, π), (π', α'), son-

*) Man kann sich nämlich die Linien g, h enthalten denken in einem starren Körper, g als eine feste Achse des Körpers, h aber als eine auf den Körper einwirkende Kraft ansehen. Durch diese Kraft h wird alsdann der Körper um jene Achse in einem bestimmten Sinne in Umdrehung versetzt werden.

**) Dass die erste Deckungsart möglich ist, folgt unmittelbar aus der vorausgesetzten Congruenz der beiden Exemplare. Denken wir uns nun aber die beiden Exemplare in dieser Lage, also g mit g, h mit h, folglich auch k mit k zusammenfallend, und lassen wir vom Mittelpunct der Linie k eine Achse l ausgehen, gleich geneigt gegen die beiden Richtungen g und h, so wird das eine Exemplar (g, k, h) falls man dasselbe um die Achse l um 180° dreht, von Neuem mit dem andern Exemplar zur Deckung gelangen, diesmal aber so, dass g und h respective mit h und g zusammenfallen. Dies aber ist die behauptete zweite Deckungsart.

dern ebenso auch im Sinne (α, π), (α', π'). Aus der Voraussetzung, dass α, π positiv zu einander sind, folgt daher, dass α', π' ebenfalls positiv zu einander sind. W. z. b. w.

Aus diesen Betrachtungen entspringt die Berechtigung für folgende Bezeichungsweise:

(2.) **Zweite Definition.** Zwei im Raume aneinander vorbeigehende, unter irgend welchem Winkel gegen einander geneigte Linien mögen **positiv zu einander** genannt werden, sobald angedeutet werden soll, dass jene Linien zu diesem Namen berechtigt sind, falls man die eine als Achsenrichtung, die andere als Umdrehungsrichtung ansieht.

Oder anders ausgedrückt: Sie mögen **positiv zu einander** genannt werden, sobald der in der einen Linie Liegende und nach irgend einem Puncte der andern Linie Hinsehende die Richtung dieser andern mit ausgestreckter Linken markirt.

Die in (1.) speciell für eine Kreisfläche getroffene Festsetzung lässt sich ohne Schwierigkeit ausdehnen auf jedes beliebige Flächenstück, einerlei ob dasselbe eben oder krumm ist; man gelangt alsdann zu folgender Definition:

(3.) **Dritte Definition.** Ist längs des Randes eines gegebenen Flächenstücks eine bestimmte Richtung σ festgesetzt, und ist ferner in irgend einem Puncte m dieses Flächenstücks eine Normale α von bestimmter Richtung construirt, so wird man zunächst bei einer auf dem Flächenstück um m beschriebenen unendlich kleinen Kreislinie diejenige Richtung π anzugeben im Stande sein, welche mit jener Umlaufsrichtung σ gleichsinnig ist. Solches ausgeführt gedacht, sollen σ und α **positiv** zu einander genannt werden, sobald π und α **positiv** zu einander sind*).

Endlich mag noch hinzugefügt werden folgende

(4.) **Vierte Definition.** Sind r_1, r_2, r_3 drei Strahlen, welche von ein und demselben Punct O ausgehen, so mag der Cha-

---

*) Sind die Richtungen σ und α (im eben angegebenen Sinne) positiv zu einander, so pflegt man σ auch positiv zu nennen in Bezug auf diejenige Seite des Flächenstücks, auf welcher die Normale α errichtet ist, z. B. positiv zu nennen in Bezug auf die obere Seite, indem man als obere Seite kurzweg diejenige bezeichnet, auf welcher α errichtet ist. In solcher Weise tritt die hier gegebene Definition in volle Uebereinstimmung mit der von mir bei einer früheren Gelegenheit ausgesprochenen Definition (Vorlesungen über die Riemann'sche Theorie der Abel'schen Functionen. Verlag von Teubner in Leipzig. 1865. pag. 71).

rakter dieses Strahlenbündels **positiv** genannt werden, sobald die durch die Reihenfolge r_1, r_2, r_3 indicirte Umlaufsrichtung **positiv** ist in Bezug auf irgend einen vierten von O ausgehenden Strahl, dessen Neigungen gegen r_1, r_2, r_3 kleiner als 90° sind.

Bezeichnet man also diesen vierten Strahl mit α, und bezeichnet man ferner mit 1, 2, 3 dasjenige sphärische Dreieck, welches auf einer um O beschriebenen Kugelfläche durch die Strahlen r_1, r_2, r_3 markirt ist, so wird das Strahlenbündel r_1, r_2, r_3 seinem Charakter nach positiv zu nennen sein, sobald die durch die Reihenfolge 1, 2, 3 indicirte Umlaufsrichtung des sphärischen Dreiecks positiv ist in Bezug auf die durch α repräsentirte Normale.

(5.) **Determination.** Für alle folgenden Untersuchungen sei festgesetzt, dass das zu Grunde gelegte rechtwinklige Achsensystem (x, y, z oder ξ, η, ζ oder $\mathfrak{x}, \mathfrak{y}, \mathfrak{z}$) jedesmal von **positivem** Charakter ist.

Von der Definition (4.) aus gelangt man (und zwar am einfachsten wohl durch unmittelbare Anschauung) zu folgendem

(6.) **Satz.** Bilden drei von demselben Punct ausgehende Strahlen r_1, r_2, r_3 ein Strahlenbündel von positivem Charakter, so wird ein in r_1 Liegender und in der Richtung von r_2 Fortsehender die Richtung von r_3 markiren mit ausgestreckter Linken.

Wir gehen nunmehr über zu sich anlehnenden analytischen Betrachtungen. Es sei x, y, z ein rechtwinkliges Achsensystem mit dem Anfangspunct O, und z' die Verlängerung von z über O hinaus. Dann ist x, y, z von positivem, hingegen x, y, z' von negativem Charakter; was angedeutet werden mag durch

$$\text{Char}\,(x, y, z) = \text{pos.},$$
$$\text{Char}\,(x, y, z') = \text{neg.}$$

Es sei nun ferner r_1, r_2, r_3 ein beliebig gegebenes von O ausgehendes Strahlenbündel, und α derjenige vierte Strahl, welcher gegen r_1, r_2, r_3 unter gleichem, und zwar spitzem, Winkel geneigt ist. Setzt man also

$$(\alpha, r_1) = \varphi_1, \qquad (\varphi_2, \varphi_3) = \psi_1,$$
$$(\alpha, r_2) = \varphi_2, \qquad (\varphi_3, \varphi_1) = \psi_2,$$
$$(\alpha, r_3) = \varphi_3, \qquad (\varphi_1, \varphi_2) = \psi_3,$$

so wird $\varphi_1 = \varphi_2 = \varphi_3 < 90°$ sein; während gleichzeitig unter ψ_1, ψ_2, ψ_3 diejenigen Winkel verstanden werden sollen, unter welchen die Ebenen von $\varphi_1, \varphi_2, \varphi_3$ in der Linie α zusammenstossen.

Indem wir die Linie α ungeändert lassen, ertheilen wir den Strahlen r_1, r_2, r_3 um den Punct O derartige Drehungen, dass zunächst

$\cos\varphi_1 = \cos\varphi_2 = \cos\varphi_3 = \sqrt{\frac{1}{3}}$, und dass sodann $\psi_1 = \psi_2 = \psi_3$ wird. Diese Bewegung lässt sich offenbar immer in stetiger Weise, und zugleich in solcher Weise ausführen, dass die Strahlen r_1, r_2, r_3 während des ganzen Verlaufes der Bewegung niemals in dieselbe Ebene zu liegen kommen. Nach Ausführung dieser Bewegung wird das Strahlenbündel r_1, r_2, r_3 ein rechtwinkliges sein.

War nun das Strahlenbündel r_1, r_2, r_3 zu Anfang von positivem Charakter, so wird dasselbe während jener Bewegung, bei welcher niemals alle drei Strahlen in dieselbe Ebene fielen, diesen Charakter beibehalten, und also zu Ende jener Bewegung congruent sein mit dem Achsensystem x, y, z. War andererseits das Strahlenbündel zu Anfang von negativem Charakter, so wird es nach Ausführung jener Bewegung congruent sein mit dem Systeme x, y, z'. Demgemäss wird es nachträglich nur noch einer gewissen Drehung des rechtwinklig gewordenen Strahlenbündels r_1, r_2, r_3 um den Punct O bedürfen, damit dasselbe im einen Falle mit x, y, z, im andern mit x, y, z' zur wirklichen Deckung gelange.

Ein beliebig gegebenes Strahlenbündel r_1, r_2, r_3 von positivem Charakter wird also durch eine stetige Bewegung seiner Strahlen, und ohne diese Strahlen jemals in dieselbe Ebene zu bringen, zur Deckung gebracht werden können mit dem Systeme x, y, z. Und in analoger Weise wird ein Strahlenbündel r_1, r_2, r_3 von negativem Charakter zur Deckung gebracht werden können mit dem Systeme x, y, z'.

Sind nun $\mathsf{A}_i, \mathsf{B}_i, \Gamma_i$ die Richtungscosinus der Strahlen r_i in Bezug auf die Axen x, y, z, so wird die Determinante

$$\Delta = \begin{vmatrix} \mathsf{A}_1 & \mathsf{A}_2 & \mathsf{A}_3 \\ \mathsf{B}_1 & \mathsf{B}_2 & \mathsf{B}_3 \\ \Gamma_1 & \Gamma_2 & \Gamma_3 \end{vmatrix},$$

während der eben genannten Bewegung sich verwandeln

entweder in: oder in:

$$\begin{vmatrix} 1 & 0 & 0 \\ 0 & 1 & 0 \\ 0 & 0 & 1 \end{vmatrix}, \qquad \begin{vmatrix} 1 & 0 & 0 \\ 0 & 1 & 0 \\ 0 & 0 & -1 \end{vmatrix},$$

jenachdem der Charakter des Strahlenbündels positiv oder negativ ist. D. h. die Determinante Δ wird im erstern Fall in $+1$, im letztern in -1 übergehen.

Dieser Uebergang wird, weil jene Bewegung der Strahlen eine stetige ist, ebenfalls ein stetiger sein, und wird gleichzeitig, weil jene Strahlen bei ihrer Bewegung niemals in dieselbe Ebene fallen, in solcher Weise erfolgen, dass die Determinante inzwischen niemals Null wird.

Die Determinante Δ kann also, in stetiger Weise und ohne inzwischen Null zu werden, in $+1$ oder in -1 übergeführt werden, jenachdem das gegebene Strahlenbündel r_1, r_2, r_3 von positivem oder negativem Charakter ist. Hieraus aber folgt sofort, dass jene Determinante Δ auch schon während ihres ursprünglichen Zustandes im erstern Fall einen positiven, im letztern einen negativen Werth besessen haben muss. Wir gelangen daher zu folgendem Ergebniss:

Satz. Der Charakter eines beliebig gegebenen Strahlenbündels

$$r_1, r_2, r_3$$

wird jederzeit positiv oder negativ sein, jenachdem die zugehörige Determinante

$$(7.)\qquad \begin{vmatrix} \mathsf{A}_1 & \mathsf{A}_2 & \mathsf{A}_3 \\ \mathsf{B}_1 & \mathsf{B}_2 & \mathsf{B}_3 \\ \Gamma_1 & \Gamma_2 & \Gamma_3 \end{vmatrix},$$

einen positiven oder negativen Werth besitzt.

Es ist ferner das analytische Kriterium zu eruiren für zwei Linien g, h, welche zu einander positiv sind [vergl. (2.)]. Die Linie g mag durch zwei Puncte markirt, und demgemäss mit PQ bezeichnet sein; ebenso h bezeichnet sein mit $P'Q'$. Liegen nun PQ und $P'Q'$ positiv zu einander, so wird (wie die unmittelbare Anschauung zeigt) das Strahlenbündel PQ, PP', PQ' ebenfalls von positivem Charakter sein, was angedeutet sein mag durch:

$$(8.)\qquad \mathrm{Char}\,(PQ,\ PP',\ PQ') = \mathrm{pos.}$$

Sind A, B, C und A', B', C' die Coordinaten von P und P', ferner $\mathsf{A}, \mathsf{B}, \Gamma$ und $\mathsf{A}', \mathsf{B}', \Gamma'$ die Richtungscosinus von PQ und $P'Q'$, so werden

$$A' - A,\ B' - B,\ C' - C$$

die rechtwinkligen Projectionen von PP', und

$$A' - A + l'\mathsf{A}',\quad B' - B + l'\mathsf{B}',\quad C' - C + l'\Gamma'$$

die rechtwinkligen Projectionen von PQ' vorstellen; dabei ist unter l' eine positive Zahl, nämlich die Länge von $P'Q'$ zu verstehen. Aus (8.) folgt daher durch Anwendung des Satzes (7.) sofort:

$$\begin{vmatrix} \mathsf{A} & A' - A & A' - A + l'\mathsf{A}' \\ \mathsf{B} & B' - B & B' - B + l'\mathsf{B}' \\ \Gamma & C' - C & C' - C + l'\Gamma' \end{vmatrix} = \mathrm{pos.},$$

oder was dasselbe ist:

$$\begin{vmatrix} \mathsf{A} & A' - A & \mathsf{A}' \\ \mathsf{B} & B' - B & \mathsf{B}' \\ \Gamma & C' - C & \Gamma' \end{vmatrix} = \mathrm{pos.}$$

Hiefür endlich kann geschrieben werden:

$$\begin{vmatrix} A - A' & \mathsf{A} & \mathsf{A}' \\ B - B' & \mathsf{B} & \mathsf{B}' \\ C - C' & \Gamma & \Gamma' \end{vmatrix} = \text{pos.}$$

Somit gelangen wir zu folgendem Resultat:

Satz. Sind im Raume irgend vier Puncte P, Q, P', Q' gegeben, sind ferner A, B, C und A', B', C' die Coordinaten von P und P', und sind endlich $\mathsf{A}, \mathsf{B}, \Gamma$ und $\mathsf{A}', \mathsf{B}', \Gamma'$ die Richtungscosinus von PQ und $P'Q'$, so werden die beiden Linien PQ und $P'Q'$ positiv oder negativ zu einander liegen, jenachdem die Determinante

$$(9.)\qquad \begin{vmatrix} A - A' & \mathsf{A} & \mathsf{A}' \\ B - B' & \mathsf{B} & \mathsf{B}' \\ C - C' & \Gamma & \Gamma' \end{vmatrix}$$

einen positiven oder negativen Werth besitzt.

Es sei gegeben ein ebenes Flächenstück, begrenzt von einer convexen Randcurve *); und es seien ξ, η, ζ und $\xi + D\xi$, $\eta + D\eta$, $\zeta + D\zeta$ die Coordinaten für irgend zwei aufeinanderfolgende Puncte dieser Randcurve; ferner seien ξ_m, η_m, ζ_m die Coordinaten eines beliebigen Punktes m im Innern des Flächenstückes. Endlich seien α, β, γ die Richtungscosinus derjenigen in m errichteten Normale, welche positiv liegt zu der durch die Reihenfolge (ξ, η, ζ), $(\xi + D\xi, \eta + D\eta, \zeta + D\zeta)$ indicirten Umlaufsrichtung. Alsdann wird, weil die Curve überall convex ist, die Linie $D\xi, D\eta, D\zeta$ positiv liegen zur Normale α, β, γ. Folglich wird, nach (9.), die Relation stattfinden:

$$(10.a)\qquad \begin{vmatrix} \xi - \xi_m & D\xi & \alpha \\ \eta - \eta_m & D\eta & \beta \\ \zeta - \zeta_m & D\zeta & \gamma \end{vmatrix} = \text{pos.},$$

d. i. die Relation

$$(10.b)\qquad \alpha\,[(\eta - \eta_m)\,D\zeta - (\zeta - \zeta_m)\,D\eta] + \cdots\cdots = \text{pos.}$$

Andererseits ergeben sich, weil α, β, γ gegen $\xi - \xi_m$, $\eta - \eta_m$, $\zeta - \zeta_m$ und gegen $D\xi, D\eta, D\zeta$ senkrecht steht, sofort die Relationen:

$$(11.)\qquad \begin{aligned} \alpha &= \varkappa\,[(\eta - \eta_m)\,D\zeta - (\zeta - \zeta_m)\,D\eta], \\ \beta &= \varkappa\,[(\zeta - \zeta_m)\,D\xi - (\xi - \xi_m)\,D\zeta], \\ \gamma &= \varkappa\,[(\xi - \xi_m)\,D\eta - (\eta - \eta_m)\,D\xi], \end{aligned}$$

wo $\varkappa$ einen noch unbekannten Factor vorstellt. Dieser Factor bestimmt sich durch die bekannte Relation:

$$1 = \alpha^2 + \beta^2 + \gamma^2;$$

*) Dieses Flächenstück kann also z. B. auch dargestellt sein durch eine Dreiecksfläche oder überhaupt durch ein ebenes convexes Polygon.

man erhält also:

$$1 = \varkappa^2 \begin{Bmatrix} [(\xi-\xi_m)^2 + (\eta-\eta_m)^2 + (\zeta-\zeta_m)^2] \, [(D\xi)^2 + (D\eta)^2 + (D\zeta)^2] \\ - \, [(\xi-\xi_m)\, D\xi + (\eta-\eta_m)\, D\eta + (\zeta-\zeta_m)\, D\zeta]^2 \end{Bmatrix},$$

oder einfacher geschrieben:

$$1 = \varkappa^2 \left\{\varrho^2 (D\sigma)^2 - (\varrho\, D\sigma \cos\omega)^2\right\},$$

wo ϱ und $D\sigma$ die Längen der beiden Linien $\xi-\xi_m, \eta-\eta_m, \zeta-\zeta_m$, und $D\xi, D\eta, D\zeta$ vorstellen, während ω den Winkel bezeichnet, unter welchem diese beiden Linien gegen einander geneigt sind. Somit folgt:

$$1 = \varkappa^2 \varrho^2 (D\sigma)^2 \sin^2\omega,$$

oder was dasselbe ist:

$$1 = \varkappa^2 (2\delta)^2,$$

wo δ den Flächeninhalt des durch den Punct m und das Linienelement $D\sigma$ bestimmten Dreiecks vorstellt. Somit ergiebt sich:

$$\varkappa = \frac{\varepsilon}{2\delta}, \quad \text{wo } \varepsilon = \pm 1 \text{ ist.} \tag{12.}$$

Demgemäss nehmen die Werthe von α, β, γ (11.) folgende Gestalt an:

$$\begin{aligned} \alpha &= \varepsilon\, \frac{(\eta-\eta_m)\, D\zeta - (\zeta-\zeta_m)\, D\eta}{2\delta}, \\ \beta &= \varepsilon\, \frac{(\zeta-\zeta_m)\, D\xi - (\xi-\xi_m)\, D\zeta}{2\delta}, \\ \gamma &= \varepsilon\, \frac{(\xi-\xi_m)\, D\eta - (\eta-\eta_m)\, D\xi}{2\delta}. \end{aligned} \tag{13.}$$

Substituirt man aber diese Werthe in die Gleichung (10. a, b), so ergiebt sich sofort, dass die bisjetzt noch zweifelhafte Grösse ε den Werth $+1$ besitzen muss*). Man erhält also schliesslich:

$$\begin{aligned} 2\alpha\delta &= (\eta-\eta_m)\, D\zeta - (\zeta-\zeta_m)\, D\eta, \\ 2\beta\delta &= (\zeta-\zeta_m)\, D\xi - (\xi-\xi_m)\, D\zeta, \\ 2\gamma\delta &= (\xi-\xi_m)\, D\eta - (\eta-\eta_m)\, D\xi. \end{aligned} \tag{14.}$$

Summirt man die erste dieser Gleichungen über sämmtliche Elemente $D\sigma$ der gegebenen Randcurve, so erhält man:

$$2\alpha\, \Sigma\, \delta = \Sigma\, (\eta D\zeta - \zeta D\eta) - \eta_m\, \Sigma\, D\zeta + \zeta_m\, \Sigma\, D\eta.$$

Nun ist offenbar $\Sigma\, D\xi = 0$, ebenso $\Sigma\, D\eta = 0$, und $\Sigma\, D\zeta = 0$; ferner $\Sigma\, \delta = \lambda$, falls man nämlich unter λ den Flächeninhalt des gegebenen Flächenstückes versteht. Somit ergiebt sich:

$$\begin{aligned} 2\alpha\lambda &= \Sigma\, (\eta D\zeta - \zeta D\eta); \text{ und ebenso:} \\ 2\beta\lambda &= \Sigma\, (\zeta D\xi - \xi D\zeta), \\ 2\gamma\lambda &= \Sigma\, (\xi D\eta - \eta D\xi). \end{aligned} \tag{15.}$$

---

*) Es ist nämlich zu beachten, dass die Grösse δ den Flächeninhalt eines Dreiecks vorstellt, und folglich von positivem Werthe ist.

Diese Gleichungen (15.) sind vorläufig nur bewiesen für ein ebenes Flächenstück von convexer Randcurve. Doch lässt sich nachträglich leicht zeigen, dass sie allgemeinere Geltung besitzen. Ist nämlich ein ebenes Flächenstück gegeben von beliebig geformter Randcurve; so wird man dasselbe offenbar zerlegen können in kleinere Flächenstücke, jedes von convexer Randcurve, z. B. zerlegen können in lauter unendlich kleine Dreiecke. Die Gleichungen (15.) gelten alsdann für jedes dieser kleineren Flächenstücke. Hieraus aber folgt sodann durch Summation sofort, dass sie auch gültig sind für das gegebene Flächenstück. Somit gelangen wir zu folgendem Resultat:

Satz. Sind [mit Bezug auf irgend ein rechtwinkliges Axensystem*)], ξ, η, ζ und $\xi + D\xi$, $\eta + D\eta$, $\zeta + D\zeta$ zwei aufeinanderfolgende Puncte am Rande eines beliebig gegebenen ebenen Flächenstückes, sind ferner α, β, γ die Richtungscosinus derjenigen auf dem Flächenstück errichteten Normale, welche positiv liegt zu der durch $D\xi, D\eta, D\zeta$ indicirten Umlaufrichtung**), und bezeichnet endlich λ den Quadratinhalt des Flächenstücks, so werden jederzeit die Relationen stattfinden:

$$\begin{aligned} 2\alpha\lambda &= \Sigma\,(\eta D\zeta - \zeta D\eta), \\ 2\beta\lambda &= \Sigma\,(\zeta D\xi - \xi D\zeta), \qquad (16.) \\ 2\gamma\lambda &= \Sigma\,(\xi D\eta - \eta D\xi), \end{aligned}$$

die Summation (oder Integration) Σ ausgedehnt gedacht über den ganzen Rand des Flächenstückes.

§. 15. Fünf allgemeine Sätze über Curven-Integrale.

Erster Satz. Sind x, y, z und $x + Dx$, $y + Dy$, $z + Dz$ zwei aufeinanderfolgende Puncte einer geschlossenen, unendlich kleinen, ebenen Curve, und sind ferner

$$U = U(x, y, z), \quad V = V(x, y, z), \quad W = W(x, y, z)$$

beliebig gegebene Functionen, so wird das über jene Curve hinerstreckte Integral

$$\Sigma\,(UDx + VDy + WDz) \qquad (17.a)$$

*) Selbstverständlich soll das Axensystem in Einklang gedacht werden mit der ein für alle Mal getroffenen Determination (5.).

**) Unter der Umlaufrichtung $D\xi, D\eta, D\zeta$ ist diejenige zu verstehen, welche angedeutet wird durch die Aufeinanderfolge der beiden Puncte:

$$\xi, \eta, \zeta \quad \text{und} \quad \xi + D\xi,\ \eta + D\eta,\ \zeta + D\zeta.$$

einen Werth besitzen, der sich ausdrücken lässt durch:

$$(17.b)\quad \lambda\left[\alpha\left(\frac{\partial W}{\partial y}-\frac{\partial V}{\partial z}\right)+\beta\left(\frac{\partial U}{\partial z}-\frac{\partial W}{\partial x}\right)+\gamma\left(\frac{\partial V}{\partial x}-\frac{\partial U}{\partial y}\right)\right],$$

oder auch durch:

$$(17.c)\quad \lambda\left[\frac{\partial(\gamma V-\beta W)}{\partial x}+\frac{\partial(\alpha W-\gamma U)}{\partial y}+\frac{\partial(\beta U-\alpha V)}{\partial z}\right].$$

In diesem Ausdrucke bezeichnet λ den Quadratinhalt der von der Curve umgrenzten ebenen Fläche; ferner bezeichnen daselbst α, β, γ die Richtungscosinus derjenigen auf λ errichteten Normale, welche positiv liegt zu der durch $\mathrm{D}x, \mathrm{D}y, \mathrm{D}z$ indicirten Umlaufrichtung; endlich bezeichnen daselbst [nämlich in (17.b, c)] x, y, z die Coordinaten eines Punctes, welcher auf λ selber oder unendlich nahe an λ beliebig gewählt werden darf.

Beweis. — Um den Satz zu beweisen, setzen wir

$$(18.)\quad x=x_m+\xi,\quad y=y_m+\eta,\quad z=z_m+\zeta,$$

und folglich:

$$(19.)\quad \mathrm{D}x=\mathrm{D}\xi,\quad \mathrm{D}y=\mathrm{D}\eta,\quad \mathrm{D}z=\mathrm{D}\zeta,$$

wo m irgend ein fester Punct sein soll, der entweder auf λ selber oder unendlich nahe an λ liegt, und x_m, y_m, z_m die Coordinaten dieses Punctes vorstellen sollen. Alsdann wird:

$$U\,.\,\mathrm{D}x=U(x,y,z)\,.\,\mathrm{D}x=U(x_m+\xi, y_m+\eta, z_m+\zeta)\,.\,\mathrm{D}\xi,$$

und folglich durch Entwickelung nach ξ, η, ζ:

$$U\mathrm{D}x=\left[U_m+\left(\frac{\partial U}{\partial x}\right)_m\xi+\left(\frac{\partial U}{\partial y}\right)_m\eta+\left(\frac{\partial U}{\partial z}\right)_m\zeta\right]\mathrm{D}\xi.$$

Hieraus folgt, wenn man über die Randcurve von λ integrirt, sofort:

$$(20.)\quad \Sigma\, U\mathrm{D}x=U_m\Sigma\,\mathrm{D}\xi+\left(\frac{\partial U}{\partial x}\right)_m\Sigma\,\xi\mathrm{D}\xi+\left(\frac{\partial U}{\partial y}\right)_m\Sigma\,\eta\mathrm{D}\xi+\left(\frac{\partial U}{\partial z}\right)_m\Sigma\,\zeta\mathrm{D}\xi.$$

Nun ist $\Sigma\,\mathrm{D}\xi=0$; ebenso $\Sigma\,\mathrm{D}(\xi^2)=0$, d. i. $\Sigma\,\xi\mathrm{D}\xi=0$. Somit ergeben sich die Formeln:

$$(21.a)\quad \begin{aligned}&\Sigma\,\mathrm{D}\xi=0, &&\Sigma\,\xi\mathrm{D}\xi=0,\\ &\Sigma\,\mathrm{D}\eta=0, &&\Sigma\,\eta\mathrm{D}\eta=0,\\ &\Sigma\,\mathrm{D}\zeta=0, &&\Sigma\,\zeta\mathrm{D}\zeta=0.\end{aligned}$$

Ferner erhält man $\Sigma\,\mathrm{D}(\eta\zeta)=0$, d. i.

$$\Sigma\,(\eta\mathrm{D}\zeta+\zeta\mathrm{D}\eta)=0,$$

und ausserdem durch Benutzung des Satzes (16.):

$$\Sigma\,(\eta D\zeta - \zeta D\eta) = 2\alpha\lambda.$$

Aus diesen beiden letzten Relationen folgt sofort $\Sigma\,\eta D\zeta = \alpha\lambda$, und $\Sigma\,\zeta D\eta = -\alpha\lambda$. Somit ergeben sich die Formeln:

$$(21.b)\qquad \begin{array}{ll} \Sigma\,\eta D\zeta = \alpha\lambda, & \Sigma\,\zeta D\eta = -\alpha\lambda, \\ \Sigma\,\zeta D\xi = \beta\lambda, & \Sigma\,\xi D\zeta = -\beta\lambda, \\ \Sigma\,\xi D\eta = \gamma\lambda, & \Sigma\,\eta D\xi = -\gamma\lambda. \end{array}$$

Mit Hülfe der Formeln (21.a, b) erhält man nun aus (20.) sofort:

$$\Sigma\; U\,Dx = \lambda\left[\beta\left(\frac{\partial U}{\partial z}\right)_m - \gamma\left(\frac{\partial U}{\partial y}\right)_m\right];\ \text{ebenso wird:}$$

$$(22.)\quad \Sigma\; V\,Dy = \lambda\left[\gamma\left(\frac{\partial V}{\partial x}\right)_m - \alpha\left(\frac{\partial V}{\partial z}\right)_m\right],$$

$$\Sigma\; W\,Dz = \lambda\left[\alpha\left(\frac{\partial W}{\partial y}\right)_m - \beta\left(\frac{\partial W}{\partial x}\right)_m\right].$$

Hieraus aber folgt durch Addition:

$$(23.)\qquad \Sigma\,(U Dx + V Dy + W Dz)$$
$$= \lambda\left[\alpha\left(\frac{\partial W}{\partial y} - \frac{\partial V}{\partial z}\right) + \beta\left(\frac{\partial U}{\partial z} - \frac{\partial W}{\partial x}\right) + \gamma\left(\frac{\partial V}{\partial x} - \frac{\partial U}{\partial y}\right)\right]_m,$$

wo der angehängte Index m andeuten soll, dass der ganze Ausdruck zu beziehen ist auf den vorhin festgesetzten Punct m. Dieser Punct m aber konnte auf λ oder in unendlicher Nähe von λ beliebig gewählt werden. Der aufgestellte Satz ist daher durch die Formel (23.) vollständig bewiesen.

Zweiter Satz. Es seien x, y, z und $x + Dx$, $y + Dy$, $z + Dz$ (ebenso wie im vorhergehenden Satz) zwei aufeinander folgende Puncte einer unendlich kleinen ebenen geschlossenen Curve; von analoger Bedeutung seien x_1, y_1, z_1 und $x_1 + Dx_1$, $y_1 + Dy_1$, $z_1 + Dz_1$ für irgend eine andere solche Curve; mit Bezug auf diese Puncte seien die Bezeichnungen eingeführt:

$$(24.a)\qquad \begin{array}{c} (x - x_1)^2 + (y - y_1)^2 + (z - z_1)^2 = r^2 = R, \\ x - x_1 = \xi, \quad y - y_1 = \eta, \quad z - z_1 = \zeta; \end{array}$$

endlich sei $f = f(r)$ eine **beliebig** gegebene Function von r, und zur Abkürzung gesetzt:

$$(24.b)\qquad \frac{df}{dR} = f', \qquad \frac{d^2f}{dR^2} = f''; -$$

alsdann wird das über beide Curven ausgedehnte Integral:

$$(24.c)\qquad K = \Sigma\Sigma\,[f\,(Dx\,Dx_1 + Dy\,Dy_1 + Dz\,Dz_1)]$$

dargestellt sein durch den Ausdruck:

$$(24.d)\qquad 4\lambda\lambda_1\left\{\begin{matrix} f''\,(\alpha\xi+\beta\eta+\gamma\zeta)\,(\alpha_1\xi+\beta_1\eta+\gamma_1\zeta) \\ -\,(f''r^2+f')\,(\alpha\alpha_1+\beta\beta_1+\gamma\gamma_1)\end{matrix}\right\}.$$

Dieser Ausdruck ist bezogen zu denken auf irgend zwei Puncte m und m_1, welche auf λ und λ_1 **beliebig** gewählt sein können; dabei haben λ, α, β, γ in Bezug auf die **eine** Curve die bekannte (im vorhergehenden Satz explicirte) Bedeutung, und λ_1, α_1, β_1, γ_1 die analoge Bedeutung in Bezug auf die **andere** Curve.

Beweis. — Das vorgelegte Integral

$$(25.)\qquad K=\Sigma\Sigma\,[f\mathrm{D}x_1\,.\,\mathrm{D}x+f\mathrm{D}y_1\,.\,\mathrm{D}y+f\mathrm{D}z_1\,.\,\mathrm{D}z]$$

nimmt, falls man mit Hülfe des vorhergehenden Satzes (17. a, b, c) zunächst die Integration nach Dx, Dy, Dz ausführt, folgende Gestalt an:

$$(26.)\qquad K=\lambda\,.\,\Sigma\left[\frac{\partial\,[f(\gamma\mathrm{D}y_1-\beta\mathrm{D}z_1)]}{\partial x}+\frac{\partial\,[f(\alpha\mathrm{D}z_1-\gamma\mathrm{D}x_1)]}{\partial y}+\frac{\partial\,[f(\beta\mathrm{D}x_1-\alpha\mathrm{D}y_1)]}{\partial z}\right];$$

hiefür kann geschrieben werden:

$$(27.)\qquad K=\lambda\,.\,\Sigma\,[U_1\mathrm{D}x_1+V_1\mathrm{D}y_1+W_1\mathrm{D}z_1],$$

wo alsdann U_1, V_1, W_1 die Bedeutungen haben:

$$(28.)\qquad \begin{aligned} U_1&=\beta\frac{\partial f}{\partial z}-\gamma\frac{\partial f}{\partial y},\\ V_1&=\gamma\frac{\partial f}{\partial x}-\alpha\frac{\partial f}{\partial z},\\ W_1&=\alpha\frac{\partial f}{\partial y}-\beta\frac{\partial f}{\partial x}.\end{aligned}$$

Bringt man nun die in (27.) noch vorhandene Integration ebenfalls zur Ausführung, wiederum mit Hülfe des Satzes (17.a, b, c); so erhält man:

$$(29.)\qquad K=\lambda\lambda_1\left[\frac{\partial(\gamma_1V_1-\beta_1W_1)}{\partial x_1}+\frac{\partial(\alpha_1W_1-\gamma_1U_1)}{\partial y_1}+\frac{\partial(\beta_1U_1-\alpha_1V_1)}{\partial z_1}\right].$$

Aus (28.) ergiebt sich:

$$\gamma_1V_1-\beta_1W_1=(\alpha\alpha_1+\beta\beta_1+\gamma\gamma_1)\frac{\partial f}{\partial x}-\alpha\left(\alpha_1\frac{\partial f}{\partial x}+\beta_1\frac{\partial f}{\partial y}+\gamma_1\frac{\partial f}{\partial z}\right),$$

also mit Rücksicht auf (24.a, b):

$$\gamma_1V_1-\beta_1W_1=[(\alpha\alpha_1+\beta\beta_1+\gamma\gamma_1)\,\xi-\alpha\,(\alpha_1\xi+\beta_1\eta+\gamma_1\zeta)]\,2f'.$$

Hieraus folgt durch Differentiation nach x_1:

$$(30.)\quad \frac{\partial(\gamma_1 V_1 - \beta_1 W_1)}{\partial x_1} = [(\alpha\alpha_1+\beta\beta_1+\gamma\gamma_1)\xi - \alpha(\alpha_1\xi+\beta_1\eta+\gamma_1\zeta)](-4\xi f^{II}) + [(\alpha\alpha_1+\beta\beta_1+\gamma\gamma_1) - \alpha\alpha_1](-2f^{I});$$

es ist nämlich zu beachten, dass z. B. $\xi = x - x_1$, mithin $\frac{\partial\xi}{\partial x_1} = -1$ ist. Bildet man die mit (30.) analogen Ausdrücke, und substituirt man alle diese Ausdrücke in (29.) so ergiebt sich sofort:

$$(31.)\quad K = \lambda\lambda_1 \begin{Bmatrix} -4f^{II}(\alpha\alpha_1+\beta\beta_1+\gamma\gamma_1)r^2 + 4f^{II}(\alpha\xi+\cdots)(\alpha_1\xi+\cdots) \\ -4f^{I}(\alpha\alpha_1+\beta\beta_1+\gamma\gamma_1) \end{Bmatrix}.$$

Dies aber ist der behauptete Ausdruck (24. d).

Beispiel. — Für den Specialfall

$$(32.)\quad f = \frac{1}{\sqrt{R}} = \frac{1}{r}$$

nehmen die Differentialquotienten (24. b) folgende Werthe an:

$$f^{I} = -\frac{1}{2R\sqrt{R}} = -\frac{1}{2r^3},$$
$$f^{II} = +\frac{3}{4R^2\sqrt{R}} = +\frac{3}{4r^5};$$

woraus folgt:

$$f^{II}r^2 + f^{I} = \frac{1}{4r^3}.$$

In diesem Specialfalle gewinnt also unser Satz (24. c, d) folgende Gestalt:

$$(33.)\quad \Sigma\Sigma\,\frac{\mathrm{D}x\,\mathrm{D}x_1 + \mathrm{D}y\,\mathrm{D}y_1 + \mathrm{D}z\,\mathrm{D}z_1}{r}$$
$$= \lambda\lambda_1\left(\frac{3(\alpha\xi+\beta\eta+\gamma\zeta)(\alpha_1\xi+\beta_1\eta+\gamma_1\zeta)}{r^5} - \frac{(\alpha\alpha_1+\beta\beta_1+\gamma\gamma_1)}{r^3}\right);$$

oder, was dasselbe ist, folgende:

$$(34.)\quad \Sigma\Sigma\,\frac{\mathrm{D}x\,\mathrm{D}x_1 + \mathrm{D}y\,\mathrm{D}y_1 + \mathrm{D}z\,\mathrm{D}z_1}{r}$$
$$= \lambda\lambda_1\left(\frac{3[\alpha(x-x_1)+\cdots][\alpha_1(x-x_1)+\cdots]}{r^5} - \frac{[\alpha\alpha_1+\cdots]}{r^3}\right).$$

Die rechte Seite dieser Formel, in welcher unter x, y, z und x_1, y_1, z_1 die Coordinaten der Puncte m und m_1, unter r die gegenseitige Entfernung dieser Puncte, endlich unter α, β, γ und $\alpha_1, \beta_1, \gamma_1$ die Richtungscosinus der in diesen Puncten auf λ und λ_1 errichteten Normalen zu verstehen sind, lässt sich weiter vereinfachen. Bezeichnet man nämlich die eben genannten Normalen kurzweg mit n und n_1, so ergiebt sich sofort:

$$r^2 = (x - x_1)^2 + (y - y_1)^2 + (z - z_1)^2,$$

$$r \frac{\partial r}{\partial n} = (x - x_1)\,\alpha + (y - y_1)\,\beta + (z - z_1)\,\gamma.$$

$$r \frac{\partial r}{\partial n_1} = -\left[(x - x_1)\,\alpha_1 + (y - y_1)\,\beta_1 + (z - z_1)\,\gamma_1\right],$$

$$r \frac{\partial^2 r}{\partial n\,\partial n_1} + \frac{\partial r}{\partial n}\frac{\partial r}{\partial n_1} = -\left(\alpha\alpha_1 + \beta\beta_1 + \gamma\gamma_1\right).$$

Demgemäss kann die rechte Seite jener Formel auch so geschrieben werden:

$$\lambda\lambda_1 \left(-\frac{3}{r^3}\frac{\partial r}{\partial n}\frac{\partial r}{\partial n_1} + \frac{1}{r^3}\left(r\frac{\partial^2 r}{\partial n\,\partial n_1} + \frac{\partial r}{\partial n}\frac{\partial r}{\partial n_1}\right)\right),$$

oder auch so:

$$\lambda\lambda_1 \left(-\frac{2}{r^3}\frac{\partial r}{\partial n}\frac{\partial r}{\partial n_1} + \frac{1}{r^2}\frac{\partial^2 r}{\partial n\,\partial n_1}\right),$$

oder endlich auch so:

$$-\lambda\lambda_1 \frac{\partial^2 \frac{1}{r}}{\partial n\;\partial n_1}.$$

Jene Formel selber nimmt daher die Gestalt an:

$$(35.)\qquad \Sigma\Sigma\,\frac{\mathrm{D}x\,\mathrm{D}x_1 + \mathrm{D}y\,\mathrm{D}y_1 + \mathrm{D}z\,\mathrm{D}z_1}{r} = -\lambda\lambda_1 \frac{\partial^2 \frac{1}{r}}{\partial n\;\partial n_1}.$$

„Sind also zwei unendlich kleine ebene geschlossene Curven gegeben mit den Elementen Ds und Ds_1, und bezeichnet r die Entfernung zweier solcher Elemente von einander, so wird das über beide „Curven ausgedehnte Integral

$$(36.\text{a})\qquad \Sigma\Sigma\,\frac{\mathrm{D}s\,\mathrm{D}s_1\,\cos(\mathrm{D}s,\,\mathrm{D}s_1)}{r}$$

„einen Werth besitzen, welcher sich ausdrücken lässt durch:

$$(36.\text{b})\qquad -\lambda\lambda_1 \frac{\partial^2 \frac{1}{r}}{\partial n\;\partial n_1}.$$

„In diesem Ausdruck bezeichnen λ, λ_1 die von den beiden Curven be-

„grenzten Flächen; ferner ist daselbst unter r die gegenseitige Entfer-
„nung zweier Puncte m, m_1 zu verstehen, welche auf λ, λ_1 beliebig gewählt werden dürfen; endlich sind unter n, n_1 diejenigen auf λ, λ_1 in „den Puncten m, m_1 errichteten Normalen zu verstehen, welche positiv „liegen zu den durch Ds, Ds_1 indicirten Umlaufrichtungen *)."

Dritter Satz. Ist eine lediglich von r abhängende Function f von solcher Beschaffenheit gegeben, dass für sie das (im vorgehenden Satz genannte) Integral

$$(37.)\qquad K = \Sigma\Sigma\,[f\,(\mathrm{D}x\,\mathrm{D}x_1 + \mathrm{D}y\,\mathrm{D}y_1 + \mathrm{D}z\,\mathrm{D}z_1)]$$

jederzeit **verschwindet**, wie beschaffen die beiden geschlossenen Curven, über welche das Integral sich ausdehnt, ihrer Lage, Grösse und Gestalt nach auch sein mögen; — so folgt daraus, dass jene Function f eine **Constante** ist.

Beweis. — Es ist vorausgesetzt, f wäre von solcher Beschaffenheit, dass K verschwindet für zwei ganz beliebige geschlossene Curven. Aus dieser Voraussetzung folgt, dass K z. B. auch dann verschwindet, wenn die Curven unendlich klein und eben sind; in diesem Falle aber hat K, nach (24.c,d), den Werth

$$(38.)\qquad K = 4\lambda\lambda_1\left\{\begin{matrix} f''\,(\alpha\xi + \beta\eta + \gamma\zeta)\,(\alpha_1\xi + \beta_1\eta + \gamma_1\zeta) \\ -\,(f''r^2 + f')\,(\alpha\alpha_1 + \beta\beta_1 + \gamma\gamma_1)\end{matrix}\right\}.$$

Aus der gemachten Voraussetzung folgt mithin, dass dieser Ausdruck (38.) verschwindet, und zwar immer verschwindet, wie beschaffen die relative Lage der unendlich kleinen Curven auch sein mag. Oder mit andern Worten: aus der gemachten Voraussetzung folgt, dass dieser Ausdruck (38.) verschwindet für beliebige Werthe der Richtungscosinus:

$$\begin{matrix} \alpha, & \beta, & \gamma, \\ \alpha_1, & \beta_1, & \gamma_1, \\ \dfrac{\xi}{r}, & \dfrac{\eta}{r}, & \dfrac{\zeta}{r}. \end{matrix}$$

Solches constatirt, ergiebt sich sofort, dass f' und f'' identisch mit Null sein müssen, dass also f selber unabhängig von R, oder (was dasselbe) unabhängig von r sein muss. W. z. b. w.

Vierter Satz. Es seien Ds und Ds_1 die Elemente zweier geschlossener Curven, und r ihre gegenseitige Entfernung; ausserdem sei gesetzt:

---

*) Jedem der Elemente Ds, Ds_1 ist nämlich eine bestimmte Richtung zuertheilt zu denken. Denn sonst würde cos (Ds, Ds_1), und ebenso also auch das Integral (36.a), um dessen Werthermittelung es sich handelt, keine bestimmte Bedeutung haben.

$$\cos(Ds, Ds_1) = \mathsf{E}, \quad \cos(Ds, r) = \Theta, \quad \cos(Ds_1, r) = \Theta_1,$$

wo r gerechnet sein soll von Ds_1 nach Ds.

Alsdann wird für eine beliebige nur von r abhängende Function $F = F(r)$ jederzeit die Gleichung stattfinden:

$$(39.) \qquad \Sigma\Sigma\, Ds\, Ds_1 \left[\left(\int \frac{F dr}{r}\right) \mathsf{E} + F\Theta\Theta_1\right] = 0,$$

die Integration ausgedehnt gedacht über jene beiden geschlossenen Curven.

Beweis. — Der Satz ist, abgesehen von der etwas abweichenden Form, identisch mit einem schon früher (pag. 69) gefundenem Satze.

Fünfter Satz. Hält man fest an den Bezeichnungen des vorhergehenden Satzes, versteht man ferner unter $E = E(r)$ und $F = F(r)$ irgend zwei nur von r abhängende Functionen, und ist bekannt, dass das über zwei geschlossene Curven ausgedehnte Integral

$$(40.\text{a}) \qquad L = \Sigma\Sigma\, Ds\, Ds_1\, (E\mathsf{E} - F\Theta\Theta_1)$$

jederzeit **verschwindet**, wie beschaffen jene beiden geschlossenen Curven auch sein mögen; — so folgt daraus, dass die beiden Functionen E und F miteinander verknüpft sind durch die Relation:

$$(40.\text{b}) \qquad r\frac{dE}{dr} + F = 0.$$

Beweis. — Addirt man zu dem Integrale

$$L = \Sigma\Sigma\, Ds\, Ds_1\, (E\mathsf{E} - F\Theta\Theta_1)$$

das zufolge des vorhergehenden Satzes jederzeit verschwindende Integral (39.):

$$\Sigma\Sigma\, Ds\, Ds_1 \left[\left(\int \frac{F dr}{r}\right) \mathsf{E} + F\Theta\Theta_1\right],$$

so erhält man:

$$L = \Sigma\Sigma\, Ds\, Ds_1 \left(E + \int \frac{F dr}{r}\right) \mathsf{E},$$

d. i.

$$L = \Sigma\Sigma \left[\left(E + \int \frac{F dr}{r}\right) (Dx\, Dx_1 + Dy\, Dy_1 + Dz\, Dz_1)\right],$$

wo Dx, Dy, Dz und Dx_1, Dy_1, Dz_1 die rechtwinkligen Projectionen von Ds und Ds_1 vorstellen.

In Betreff der Functionen E, F ist nun in unserm Satze als bekannt vorausgesetzt, dass dieses Integral L verschwindet für zwei geschlossene Curven, wie beschaffen dieselben auch sein mögen. Aus dieser Voraussetzung aber folgt mit Rückblick auf (37.) sofort, dass die Function

$$E + \int \frac{F\,dr}{r}$$

eine Constante ist. Es ergiebt sich also:

$$E + \int \frac{F\,dr}{r} = \text{Const.},$$

und hieraus durch Differentiation nach r:

$$\frac{dE}{dr} + \frac{F}{r} = 0; \text{ w. z. b. w.}$$

Corollar. Sind die Functionen

$$U = U(x, y, z), \quad V = V(x, y, z), \quad W = W(x, y, z)$$

von solcher Beschaffenheit, dass das über eine in sich zurücklaufende Curve hinerstreckte Integral

$$\Sigma\ (U\mathrm{D}x + V\mathrm{D}y + W\mathrm{D}z),$$

wie jene Curve im Uebrigen auch beschaffen sein mag, jederzeit verschwindet, so wird der Ausdruck

$$U\mathrm{D}x + V\mathrm{D}y + W\mathrm{D}z$$

ein vollständiges Differential sein.

Der Beweis dieser Behauptung ergiebt sich unmittelbar durch Anwendung des ersten Satzes*). Auch erkennt man leicht, dass, mit Bezug auf ein Gebiet von n Dimensionen, Analoges gelten wird von einem Ausdruck von der Form:

$$U_1 \mathrm{D}x_1 + U_2 \mathrm{D}x_2 + U_3 \mathrm{D}x_3 \ldots\ldots + U_n \mathrm{D}x_n,$$

wo jedes U eine Function von $x_1, x_2, x_3, \ldots x_n$ vorstellen soll.

*) Selbstverständlich sind, wenn jener erste Satz (pag. 88), und ebenso das hier angegebene Corollar, wirklich strenge sein sollen, noch gewisse Bedingungen der Stetigkeit und Eindeutigkeit hinzuzufügen. Derartige Bedingungen sind hier (und auch an andern Stellen dieses Werkes) absichtlich unterdrückt worden, um nicht, durch allerhand leicht zu suppeditirendes Beiwerk, den Blick von der Hauptsache abzulenken.

Vierter Abschnitt.

Ueber die gegenseitige elektromotorische Einwirkung zwischen zwei linearen Leitern, welche durchflossen sind von elektrischen Strömen.

Das für diese Einwirkung anzunehmende Elementargesetz wird ermirt, jedoch in einer Form, die vorläufig noch behaftet ist mit einer nicht unbeträchtlichen Anzahl von unbekannten Functionen der Entfernung.

---

§. 16. Einleitende Betrachtungen.

Es sei A ein homogener*), drahtförmiger Metallring von überall gleichem Querschnitt. Dieser Ring befinde sich unter dem Einfluss beliebig gegebener elektromotorischer Kräfte. Es soll der in dem Ringe entstehende elektrische Strom berechnet werden, — unter der Voraussetzung, jene Kräfte seien von solcher Beschaffenheit, dass dieser Strom fortwährend als gleichförmig**) angesehen werden kann.

Es sei m_0 irgend ein Punct des Ringes, mit der Bogenlänge s_0; ferner $\mathfrak{P}_0$ die in diesem Puncte vorhandene elektromotorische Kraft, gerechnet in der Richtung von s_0 (d. i. in der Richtung einer in m_0 an den Ring gelegten Tangente); endlich sei k_0 die Leitungsfähigkeit des Ringes. Alsdann wird im Puncte m_0 eine elektrische Strömung i_0 vorhanden sein, welche den Werth***) besitzt:

$$(1.)\qquad i_0 = k_0 \mathfrak{P}_0.$$

---

*) Vergl. die Bemerkung auf pag. 34.

**) Ein elektrischer Strom soll ungleichförmig heissen, wenn seine Stärke eine Function von Zeit und Bogenlänge ist; er soll gleichförmig genannt werden, wenn seine Stärke nur eine Function der Zeit ist; und er soll endlich constant genannt werden, wenn seine Stärke weder von der Zeit, noch auch von der Bogenlänge abhängt.

***) Es ergiebt sich dieser Werth augenblicklich aus der für lineare Leiter geltenden Fundamentalgleichung, Formel (9.), pag. 15.

Multiplicirt man diese Gleichung mit dem Querschnitt q_0 des Ringes, und beachtet man, dass $q_0\, i_0$ identisch ist mit der sogenannten Stromstärke J_0 (vergl. pag. 2), so erhält man:

$$(2.)\qquad J_0 = k_0\, q_0\, \mathfrak{P}_0,$$

oder was dasselbe ist:

$$(3.)\qquad \frac{J_0\, \mathrm{D}s_0}{k_0\, q_0} = \mathfrak{P}_0\, \mathrm{D}s_0,$$

wo der hinzugetretene Factor $\mathrm{D}s_0$ einen unendlich kleinen Zuwachs der dem Punkte m_0 entsprechenden Bogenlänge s_0 vorstellen soll.

Integriren wir nun die Gleichung (3.) über alle Bogenelemente $\mathrm{D}s_0$ des ganzen Ringes, und beachten wir, dass zufolge der gemachten Voraussetzungen nicht nur k_0 und q_0, sondern auch J_0 unabhängig sind von der Bogenlänge, so ergiebt sich:

$$(4.)\qquad J_0 \frac{\Sigma\, \mathrm{D}s_0}{k_0 q_0} = \Sigma\, \mathfrak{P}_0 \mathrm{D}s_0,$$

oder einfacher:

$$(5.)\qquad J_0 \frac{l_0}{k_0 q_0} = \Sigma\, \mathfrak{P}_0 \mathrm{D}s_0,$$

wo l_0 die Länge (d. i. den Umfang) des Ringes bezeichnet. Der Bruch $\frac{l_0}{k_0\, q_0}$ repräsentirt eine dem Ringe eigenthümlich zugehörige Constante, den sogenannten elektrischen Widerstand des Ringes. Bezeichnet man diesen Widerstand mit kurzweg w_0, so lautet die erhaltene Formel:

$$(6.)\qquad J_0\, w_0 = \Sigma\, \mathfrak{P}_0\, \mathrm{D}s_0.$$

Soll also die in dem Ringe A entstehende Stromstärke J_0 ermittelt werden, so handelt es sich um die Berechnung der hier auf der rechten Seite befindlichen Summe $\Sigma\, \mathfrak{P}_0\, \mathrm{D}s_0$.

Um die Vorstellungen zu fixiren, mag angenommen werden, ausser dem betrachteten Ringe A seien noch beliebig viele andere Körper $B, C, D, \ldots$ vorhanden, jeder von beliebiger Gestalt und Grösse, und im Innern eines jeden dieser Körper $B, C, D, \ldots$ fänden irgend welche elektrischen Vorgänge statt; auch seien der Ring A und die Körper $B, C, D, \ldots$ nicht etwa fest aufgestellt, sondern begriffen in irgend welchen Bewegungen. Jene im Ringe A, im Puncte m_0 (d. i. in einem Puncte des Elementes $\mathrm{D}s_0$) vorhandene elektromotorische Kraft $\mathfrak{P}_0$ wird alsdann herstammen theils von den in $A, B, C, D, \ldots$ augenblicklich vorhandenen elektrischen Ladungen, theils auch von den augenblicklich in $A, B, C, D, \ldots.$ vorhandenen elektrischen Strömungen; sie wird also eine Summe zweier Kräfte sein, von denen die eine elektrostatischen, die andere elektrodynamischen*) Ursprungs ist. Die erstere, die Kraft elektrostatischen Ursprungs lässt sich sofort angeben; sie besitzt den Werth:

(7.a) $$-\frac{\partial \Phi}{\partial s_0},$$

wo Φ das elektrostatische Potential des Complexes $A, B, C, D, \ldots$ in Bezug auf den Punct m_0 bezeichnet, d. i. in Bezug auf eine in diesem Punct zu denkende elektrische Masseneinheit**). Die letztere hingegen, die Kraft elektrodynamischen Ursprunges ist uns vorläufig noch völlig unbekannt; sie sei bezeichnet mit

(7.b) $$\mathfrak{E}_0.$$

Alsdann wird:

(7.c) $$\mathfrak{P}_0 = -\frac{\partial \Phi}{\partial s_0} + \mathfrak{E}_0;$$

so dass also die Formel (6.) sich so darstellen lässt:

(8.) $$J_0 \mathrm{w}_0 = -\Sigma \frac{\partial \Phi}{\partial s_0} \mathrm{D} s_0 + \Sigma\, \mathfrak{E}_0\, \mathrm{D} s_0,$$

oder, weil das erste Glied rechter Hand verschwindet***), auch so:

(9.) $$J_0 \mathrm{w}_0 = \Sigma\, \mathfrak{E}_0\, \mathrm{D} s_0.$$

Durch Zusammenstellung von (6.) und (9.) folgt:

(10.ξ) $$J_0 \mathrm{w}_0 = \Sigma\, \mathfrak{P}_0\, \mathrm{D} s_0 = \Sigma\, \mathfrak{E}_0\, \mathrm{D} s_0,$$

oder was dasselbe ist:

(10.η) $$J_0 \mathrm{w}_0\, dt = (\Sigma\, \mathfrak{P}_0\, \mathrm{D} s_0)\, dt = (\Sigma\, \mathfrak{E}_0\, \mathrm{D} s_0)\, dt,$$

wo der hinzugefügte Factor dt dasjenige Zeitelement vorstellen soll, auf welches die Formeln sich beziehen.

---

*) Man vergl. die früher (pag. 10, 11) festgestellte Nomenclatur.

**) Bezeichnet nämlich Φ das oben genannte Potential, und sind $\mathfrak{x}_0, \mathfrak{y}_0, \mathfrak{z}_0$ die Coordinaten des Punctes m_0, so werden (vergl. pag. 26) die rechtwinkligen Componenten der in m_0 vorhandenen elektromotorischen Kraft elektrostatischen Ursprungs die Werthe besitzen:

$$-\frac{\partial \Phi}{\partial \mathfrak{x}_0}, \quad -\frac{\partial \Phi}{\partial \mathfrak{y}_0}, \quad -\frac{\partial \Phi}{\partial \mathfrak{z}_0}.$$

Folglich wird die bei der Berechnung von $\mathfrak{P}_0$ in Betracht kommende, nämlich der Richtung $\mathrm{D}s_0$ entsprechende Componente jener Kraft den Werth besitzen:

$$-\frac{\partial \Phi}{\partial s_0}; \quad \text{w. z. z. w.}$$

***) Vorausgesetzt war nämlich, dass der betrachtete Ring A aus homogenem Metalle besteht. Demgemäss wird das Potential Φ längs des ganzen Ringes stetig sein; und folglich das über den Ring hinerstreckte Integral

$$\Sigma \frac{\partial \Phi}{\partial s_0} \mathrm{D} s_0$$

in der That gleich Null sein.

Durch diese Formeln (10. ξ, η) ist die Ermittelung der im Ringe A entstehenden Stromstärke J_0 zurückgeführt auf die Berechnung der rechts befindlichen Summen.

Bevor wir auf die Bestimmung dieser Summen uns einlassen können, bedarf es zuvor einiger Bemerkungen über rein äusserliche Dinge, nämlich über die üblich gewordene Bezeichnungsweise.

Die von uns eingeführten Grössen

$$(11.\xi) \qquad \mathfrak{P}_0 \quad \text{und} \quad \mathfrak{E}_0$$

repräsentiren diejenige elektromotorische Kraft, welche in irgend einem Puncte m_0 des Ringes A, und zwar in der Richtung des Ringes, hervorgebracht wird von allen vorhandenen Körpern $A, B, C, D, \ldots$ zusammengenommen; wobei hinzuzufügen, dass $\mathfrak{P}_0$ den ganzen Werth der genannten Kraft, hingegen $\mathfrak{E}_0$ nur denjenigen Theil der Kraft repräsentirt, welcher elektrodynamischen Ursprunges ist. — Daneben pflegt man nun die Producte

$$(11.\eta) \qquad \mathfrak{P}_0\, dt \quad \text{und} \quad \mathfrak{E}_0\, dt$$

zu bezeichnen als diejenige elektromotorische Kraft, welche in dem genannten Punct und in der genannten Richtung von den Körpern $A, B, C, D, \ldots$ hervorgebracht wird **während des Zeitelementes** dt; wiederum mit dem Unterschiede, dass $\mathfrak{P}_0\, dt$ den ganzen Werth dieser Kraft, $\mathfrak{E}_0\, dt$ hingegen nur den elektrodynamischen Bestandtheil derselben angiebt*).

---

*) Bewegt sich ein ponderabler Massenpunct M in der Richtung der x-Axe unter der Einwirkung einer gegebenen Kraft X, so gilt bekanntlich die Differentialgleichung

$$M \frac{d^2x}{dt^2} = X,$$

wofür auch geschrieben werden kann:

$$d\left(M \frac{dx}{dt}\right) = X\, dt.$$

Das Product $X dt$ drückt also, wie diese Gleichung zeigt, denjenigen Zuwachs aus, welchen die mit M multiplicirte Geschwindigkeit des Punctes erfährt während der Zeit dt. Demgemäss würde man berechtigt sein, dieses Product $X dt$ zu bezeichnen als die auf den Punct M während der Zeit dt ausgeübte Kraft; gleichzeitig würde alsdann X selber etwa zu interpretiren sein als die während der Zeiteinheit ausgeübte Kraft.

Eine derartige Bezeichnungsweise, nicht gerade üblich im Bereich der ponderomotorischen Kräfte, empfiehlt sich als besonders zweckmässig bei Betrachtung elektromotorischer Kräfte, und stimmt z. B. auch vollständig überein mit der von meinem Vater angewandten Ausdrucksweise. Diese Bezeichnungsweise aber ist es, welche oben, mit Bezug auf die Producte (11. η), eingeführt wurde.

Was ferner die in (10. $\mathfrak{x}, \eta$) enthaltene Summe

$$(12.\mathfrak{x}) \qquad \Sigma\, \mathfrak{P}_0\, Ds_0 \quad \text{oder} \quad \Sigma\, \mathfrak{E}_0\, Ds_0$$

betrifft, so pflegt man dieselbe zu bezeichnen als die Summe derjenigen elektromotorischen Kräfte, welche im ganzen Ringe A hervorgebracht werden durch die Einwirkung des Complexes $A, B, C, D, \ldots$. Diese Ausdrucksweise empfiehlt sich durch ihre Kürze, leidet aber an einer gewissen Ungenauigkeit. Denn strenge genommen würde man zu sagen haben: die Summe sämmtlicher Bogenelemente des Ringes A, jedes multiplicirt mit der in ihm vorhandenen und in seiner Richtung gerechneten elektromotorischen Kraft. — Ausserdem endlich pflegt man das Product

$$(12.\eta) \qquad (\Sigma\, \mathfrak{P}_0\, Ds_0)\, dt \quad \text{oder} \quad (\Sigma\, \mathfrak{E}_0\, Ds_0)\, dt$$

zu bezeichnen als die Summe derjenigen elektromotorischen Kräfte, welche im ganzen Ringe A durch Einwirkung des Complexes $A, B, C, D, \ldots$ hervorgebracht werden **während des Zeitelementes** dt. — Selbstverständlich findet zwischen den mit $\mathfrak{P}_0$ und zwischen den mit $\mathfrak{E}_0$ behafteten Ausdrücken (12. $\mathfrak{x}, \eta$) wiederum der schon erwähnte Unterschied statt; die erstern repräsentiren die ganzen Werthe der in Rede stehenden Summen, die letztern hingegen nur die elektrodynamischen Bestandtheile derselben.

Die vom Complexe $A, B, C, D, \ldots$ in einem Puncte des Elementes Ds_0 in der Richtung dieses Elementes hervorgebrachte elektromotorische Kraft eldy. Us $\mathfrak{E}_0$ kann offenbar, entsprechend den einzelnen Körpern $A, B, C, D, \ldots$ in ebenso viele einzelne Theile zerlegt werden:

$$(13.) \qquad \mathfrak{E}_0 = \mathfrak{E}_0{}^A + \mathfrak{E}_0{}^B + \mathfrak{E}_0{}^C + \mathfrak{E}_0{}^D + \cdots;$$

und hiedurch ergeben sich analoge Zerlegungen für die in (12. $\mathfrak{x}, \eta$) angegebenen Summen. So wird z. B.

$$(14.) \quad (\Sigma\, \mathfrak{E}_0 Ds_0) dt = (\Sigma\, \mathfrak{E}_0{}^A Ds_0) dt + (\Sigma\, \mathfrak{E}_0{}^B Ds_0) dt + (\Sigma\, \mathfrak{E}_0{}^C Ds_0) dt + (\Sigma\, \mathfrak{E}_0{}^D Ds_0)\, dt + \cdots$$

In dieser Formel (14.) werden alsdann die Glieder der rechten Seite zu bezeichnen sein als die Summen derjenigen elektromotorischen Kräfte eldy. Us, welche im Ringe A während der Zeit dt hervorgerufen werden respective von A selber, von B, von C, von D, u. s. w.

Von der Berechnung dieser auf der rechten Seite von (14.) befindlichen Summen soll der folgende § handeln, allerdings nur unter der Voraussetzung, dass, ebenso wie A, ebenso auch $B, C, D, \ldots$ lauter Drahtringe sind.

§. 17. Das von F. Neumann für die elektromotorischen Kräfte eldy. Us aufgestellte Integralgesetz.

Um für die elektromotorischen Kräfte eldy. Us eine möglichst sichere Grundlage zu gewinnen, bedienen wir uns eines bestimmten allgemeinen Princips, welches ausgezeichnet sein dürfte durch seine Einfachheit, sowie auch durch den, in Folge experimenteller Prüfung, ihm zu Theil gewordenen hohen Grad von Zuverlässigkeit. Dieses von meinem Vater aufgestellte allgemeine Princip bezieht sich (vergl. den Schluss des vorhergehenden §) auf die Summe derjenigen elektromotorischen Kräfte, welche zwei elektrische Stromringe in einander hervorrufen, und kann in folgender Weise*) ausgesprochen werden:

(15.) .... Sind zwei von elektrischen Strömen J_0 und J_1 durchflossene Drahtringe A und B in irgend welchen Bewegungen begriffen, kann ferner angenommen werden, dass jene Ströme während dieser Bewegungen fortwährend gleichförmig bleiben, und bezeichnet man endlich das elektrodynamische Potential der beiden Ringe aufeinander mit $J_0 J_1 Q$, so wird die Summe derjenigen elektromoto-

*) F. Neumann: Ueber ein allgemeines Princip der mathematischen Theorie inducirter elektrischer Ströme (vorgelesen in der Berliner Ak. d. Wiss. am 9. August 1847).

Bei dieser Gelegenheit mag bemerkt werden, dass die Grösse ε [von welcher sogleich, nämlich in (15.), die Rede sein wird] nach der Ansicht meines Vaters nicht unbedingt als eine Constante betrachtet werden darf. Diese Ansicht ist ausgesprochen in folgenden Worten:

„Was die Constante ε betrifft, so haben Faraday und Lenz gezeigt, dass „sie unabhängig von der Beschaffenheit des Leiters ist; ihr numerischer Werth „hängt also nur von den Einheiten der Länge, der Zeit und der Stromstärke ab. „Indessen giebt es Inductionserscheinungen, welche nur durch die Annahme er-„klärt werden zu können scheinen, dass eine momentan wirkende Ursache die „elektromotorische Kraft nicht bloss momentan inducirt, sondern während einer „gewissen wenn auch äusserst kurzen Zeit; wonach also ε nicht constant, son-„dern eine Function der Zeit ist, die aber verschwindet, wenn ihr Argument „nicht sehr klein ist. Ich werde diesen Umstand später weiter auseinandersetzen, „wenn ich die hier für lineare Induction zu entwickelnden Principien auf die „in bewegten Flächen und Körpern inducirten Ströme ausdehnen werde, wo „sein Einfluss vorzugsweise bemerklich wird, wie dies die Theorie der Arago-„schen Scheibe zeigen wird. Hier will ich nur bemerken, dass diese nicht mo-„mentane Induction bei Drähten ohne erheblichen Einfluss auf die Summe der „elektromotorischen Kräfte ist, die während einer gewissen Zeit erregt „werden, und ohne allen Einfluss, wenn die inducirende Ursache am Anfange „und Ende dieser Zeit denselben Werth hat, z. B. wenn sie periodisch wirkt."

Vergl. F. Neumann: Die mathematischen Gesetze der inducirten elektrischen Ströme (vorgelesen in der Berl. Ak. d. Wss. am 27. October 1845), daselbst zu Ende des §. 1.

rischen Kräfte eldy. Us, welche B in A während eines gegebenen Zeitelementes dt hervorbringt, gleich sein dem der Zeit dt entsprechenden Zuwachs des Productes $\varepsilon J_1 Q$, wo ε eine gewisse Constante, die sogenannte Inductionsconstante vorstellt.

Dieses Integralgesetz [so können wir das Princip seinem Inhalte *) nach nennen] bietet offenbar noch keine Mittel dar zur Auffindung des jenen Kräften entsprechenden Elementargesetzes. Allerdings sind von meinem Vater über das Elementargesetz ebenfalls gewisse Angaben gemacht worden, jedoch nur in sehr reservirter Weise. So wird z. B. an einer Stelle **) ausdrücklich gesagt, die von einem Elemente in einem andern inducirte elektromotorische Kraft besitze einen gewissen daselbst näher angegebenen Werth, insofern die Elemente geschlossenen Umgängen angehören; auch werden an dortiger Stelle für jene elektromotorische Kraft zwei verschiedene Werthe angegeben, zwischen denen man, weil eben geschlossene Umgänge vorausgesetzt sind, die Wahl hat. Es handelt sich also an der genannten Stelle nicht um die Aufstellung des wirklichen Elementargesetzes, sondern nur um die Eruirung eines seiner Anwendbarkeit nach auf mehr oder weniger specielle Fälle beschränkten scheinbaren Elementargesetzes.

Abstrahiren wir also, wie solches vorläufig, und zwar absichtlich, überall geschehen ist, von der höher stehenden Weber'schen Theorie, so wird das wirkliche Elementargesetz der in Rede stehenden Kräfte vorläufig als ein noch völlig unbekanntes zu bezeichnen sein.

In der Eruirung dieses Elementargesetzes wird unsere Hauptaufgabe bestehen. Zunächst indessen bedarf es einer gewissen vorläufigen Untersuchung, um näheren Aufschluss zu erhalten über den Werth der Inductionsconstanten ε.

Das in (15.) angegebene Integralgesetz findet seinen Ausdruck durch die Formel:

$$(16.) \qquad (\Sigma_0 \; \mathfrak{E}_0'' D s_0)\, dt = \varepsilon\, d\,(J_1 Q),$$

---

*) Jenes Princip ist ein Integralgesetz zu nennen, weil es sich bezieht auf gewisse Summen von elektromotorischen Kräften. Dem gegenüber wird unter einem Elementargesetz dasjenige zu verstehen sein, welches Auskunft giebt über die einzelnen Kräfte, also z. B. Auskunft giebt über diejenige elektromotorische Kraft, welche in irgend einem Puncte eines gegebenen Conductors hervorgebracht wird durch ein einzelnes elektrisches Stromelement.

**) F. Neumann: Ueber ein allgem. Princip der math. Th. der inducirten elektrischen Ströme; daselbst dritte Seite des §. 4.

wo $\mathfrak{E}_0^B$, ebenso wie in (13.), (14.), diejenige elektromotorische Kraft eldy. Us repräsentirt, welche in irgend einem Punkte des zu A gehörigen Elementes Ds_0, und zwar in der Richtung dieses Elementes, hervorgebracht wird vom Ringe B.

Die Kraft E_0^B kann, entsprechend den einzelnen Elementen Ds_1 des Ringes B, in ebensoviele einzelne Theile zerlegt werden:

$$(17.) \qquad \mathfrak{E}_0^B = \Sigma_1 \; \mathfrak{E}_0^1;$$

so dass also $\mathfrak{E}_0^1$ diejenige elektromotorische Kraft eldy. Us vorstellt, welche in einem Puncte von Ds_0, und zwar in der Richtung von Ds_0, hervorgebracht wird durch das einzelne Element Ds_1. Durch Substitution von (17.) gewinnt das Integralgesetz (16.) folgende Gestalt:

$$(18.) \qquad (\Sigma_0 \Sigma_1 \; \mathfrak{E}_0^1 \, Ds_0)\, dt = \varepsilon \, d\,(J_1 Q).$$

Selbstverständlich sind hier überall unter Σ_0 und Σ_1 zwei Summationen zu verstehen, von denen die eine sich hinerstreckt über alle Ds_0 des Ringes A, die andere über alle Ds_1 des Ringes B.

Um nun Näheres zu ermitteln in Betreff der Inductionsconstanten ε, wollen wir uns die beiden Ringe A, B in beliebigen Bewegungen begriffen denken, während gleichzeitig die in ihnen enthaltenen, als gleichförmig vorausgesetzten Ströme J_0, J_1 in irgend welchen uns unbekannten Veränderungen begriffen sind; und unsere Aufmerksamkeit richten auf diejenigen Quantitäten lebendiger Kraft und Wärme, welche in diesen Ringen entstehen während eines gegebenen Zeitelementes dt.

Versteht man unter $\alpha, \alpha', \ldots$ und $\beta, \beta', \ldots$ diejenigen Parameter, durch welche die räumlichen Lagen der Ringe A und B in jedem Augenblick sich bestimmen, ferner unter $d\alpha, d\alpha', \ldots$ und $d\beta, d\beta', \ldots$ die Zuwüchse dieser Parameter während des gegebenen Zeitelementes dt, endlich [wie schon in (15.) festgesetzt wurde] unter $J_0 J_1 Q$ das elektrodynamische Potential der beiden Ringe aufeinander, so wird dasjenige Quantum lebendiger Kraft, welches im Ringe A während der Zeit dt vom Ringe B durch Kräfte elektrodynamischen Ursprungs hervorgerufen wird, den Werth haben:

$$(dT_A^B)_{\text{eldy. Us}} = -\left(\frac{\partial\,(J_0 J_1 Q)}{\partial \alpha}\, d\alpha + \frac{\partial\,(J_0 J_1 Q)}{\partial \alpha'}\, d\alpha' + \cdots\right),$$

wie solches aus früheren Betrachtungen [pag. 53, form. (52.a, b, c, d)] unmittelbar folgt. Hiefür kann einfacher geschrieben werden:

$$(19.\text{a}) \quad (dT_A^B)_{\text{eldy. Us}} = -J_0 J_1 \left(\frac{\partial Q}{\partial \alpha}\, d\alpha + \frac{\partial Q}{\partial \alpha'}\, d\alpha' + \cdots\right);$$

und ebenso ergiebt sich:

$$(19.\text{b}) \quad (dT_B^A)_{\text{eldy. Us}} = -J_0 J_1 \left(\frac{\partial Q}{\partial \beta}\, d\beta + \frac{\partial Q}{\partial \beta'}\, d\beta' + \cdots\right).$$

Endlich folgt durch Addition von (19.a, b):

$$(19.c)\qquad (dT_A{}^B + dT_B{}^A)_{\text{eldy. Us}} = -J_0 J_1\, dQ,$$

wo dQ den totalen Zuwachs von Q, d. i. denjenigen Zuwachs vorstellt, welchen Q während der Zeit dt in Wirklichkeit erleidet.

Andererseits sei bemerkt, dass [zufolge früherer Betrachtungen, pag. 15] die in irgend einem Element Ds_0 des Ringes A während der Zeit dt sich entwickelnde Wärmemenge dQ_0 den Werth hat:

$$(20.)\qquad dQ_0 = Ds_0\, \mathfrak{P}_0\, J_0\,.\, dt,$$

wo $\mathfrak{P}_0$ die in den Puncten des Elementes vorhandene elektromotorische Kraft vorstellt, dieselbe gerechnet in der Richtung des Elementes.

Diese Kraft $\mathfrak{P}_0$ kann in mannigfaltiger Weise zerlegt werden; wodurch jedesmal die Wärmemenge dQ_0 in ebensoviele correspondirende Theile zerfällt (vergl. pag. 16).

Bezeichnet man also mit

$$dQ_0{}^1$$

denjenigen Theil des Quantums dQ_0, welcher hervorgebracht wird durch die Einwirkung eines speciellen Elementes Ds_1 des Ringes B; und bezeichnet man weiter mit

$$(dQ_0{}^1)_{\text{eldy. Us}}$$

denjenigen Theil des Quantums $dQ_0{}^1$, welcher seine Entstehung verdankt den Kräften elektrodynamischen Ursprungs, so erhält man:

$$(21.)\qquad dQ_0{}^1 = Ds_0\, \mathfrak{P}_0{}^1\, J_0\,.\, dt,$$

$$(22.)\qquad (dQ_0{}^1)_{\text{eldy. Us}} = Ds_0\, \mathfrak{E}_0{}^1\, J_0\,.\, dt,$$

wo $\mathfrak{P}_0{}^1$ denjenigen Theil von $\mathfrak{P}_0$ vorstellt, welcher speciell herrührt vom Elemente Ds_1, und $\mathfrak{E}_0{}^1$ denjenigen Theil von $\mathfrak{P}_0{}^1$ repräsentirt, welcher elektrodynamischen Ursprunges ist. Aus dieser Definition der Kraft $\mathfrak{E}_0{}^1$ folgt übrigens sofort, dass dieselbe identisch ist mit der schon in (17.), (18.) enthaltenen.

Summirt man das Wärmequantum (22.) über alle Ds_0 des Ringes A und alle Ds_1 des Ringes B, so erhält man offenbar diejenige Wärmemenge, welche im ganzen Ringe A während der Zeit dt vom ganzen Ringe B, und zwar durch Kräfte elektrodynamischen Ursprungs, hervorgebracht wird. Bezeichnet man also diese letztere Wärmemenge mit $(dQ_A{}^B)_{\text{eldy. Us}}$, so wird:

$$(23.)\qquad (dQ_A{}^B)_{\text{eldy. Us}} = (\Sigma_0 \Sigma_1\, Ds_0\, \mathfrak{E}_0{}^1)\, J_0\, dt.$$

Hieraus aber folgt mit Rücksicht auf (18.) sofort:

$$(24.a)\qquad \frac{1}{\varepsilon}\,(dQ_A{}^B)_{\text{eldy. Us}} = J_0\, d\,(J_1\, Q);$$

und in analoger Weise wird offenbar sich ergeben die parallel stehende Formel:

(24. b) $$\frac{1}{\varepsilon}(dQ_B{}^A)_{\text{eldy. Us}} = J_1\, d\,(J_0 Q).$$

Durch Addition von (24. a, b) folgt:

(24. c) $$\frac{1}{\varepsilon}(dQ_A{}^B + dQ_B{}^A)_{\text{eldy. Us}} = J_0\, d\,(J_1 Q) + J_1\, d\,(J_0 Q),$$
$$= d\,(J_0 J_1 Q) + J_0 J_1\, dQ.$$

Fasst man nun endlich die beiden Formeln (19. c) und (24. c) durch Addition zusammen, so erhält man:

(25.) $$(dT_A{}^B + dT_B{}^A)_{\text{eldy. Us}} + \frac{1}{\varepsilon}(dQ_A{}^B + dQ_B{}^A)_{\text{eldy. Us}} = dP_{AB},$$

wo P_{AB} den Ausdruck $J_0 J_1 Q$, d. i. das elektrodynamische Potential der beiden Ringe A, B aufeinander vorstellt. Aus dieser Formel (25.) ergeben sich, durch Anwendung einer früher (pag. 31, 32) exponirten Methode, sofort folgende weiteren Formeln:

(26.) $$(dT_A{}^A)_{\text{eldy. Us}} + \frac{1}{\varepsilon}(dQ_A{}^A)_{\text{eldy. Us}} = \frac{1}{2}\, dP_{AA} = dP_A,$$

(27.) $$(dT_B{}^B)_{\text{eldy. Us}} + \frac{1}{\varepsilon}(dQ_B{}^B)_{\text{eldy. Us}} = \frac{1}{2}\, dP_{BB} = dP_B,$$

wo $P_A = \frac{1}{2} P_{AA}$ das elektrodynamische Potential des Ringes A auf sich selber, ebenso $P_B = \frac{1}{2} P_{BB}$ dasjenige des Ringes B auf sich selber vorstellt.

Schliesslich gelangt man durch Addition von (25.), (26.), (27.) zu einer Formel:

(28.) $$(dT)_{\text{eldy. Us}} + \frac{1}{\varepsilon}(dQ)_{\text{eldy. Us}} = d\,(P_{AB} + P_A + P_B),$$

in welcher linker Hand diejenigen Quanta von lebendiger Kraft und Wärme sich vorfinden, die während der Zeit dt und in Folge der Kräfte eldy. Us sich entwickeln in dem *ganzen* von uns betrachteten System, d. i. in beiden Ringen A und B zusammengenommen. Zugleich sei bemerkt, dass der auf der rechten Seite dieser Formel vorhandene Ausdruck

(29.) $$P_{AB} + P_A + P_B$$

offenbar nichts Anderes ist, als *das elektrodynamische Potential des Systems A, B auf sich selber.*

Denken wir uns nun das System A, B, etwa abgesehen von irgend welchen äusseren (an Fäden wirkenden) Zugkräften, *sich selber überlassen*, und seine Temperatur (durch von Augenblick zu Augenblick stattfindende Wärmeableitungen) constant erhalten, so muss zufolge eines früher erhaltenen Satzes (pag. 33) die Quantität

(30.) $$(dT)_{\text{eldy. Us}} + (dQ)_{\text{eldy. Us}}$$

ein vollständiges Differential sein. Wird diese Thatsache zusammengehalten mit der gleichzeitig geltenden Formel (28.), so ergiebt sich mit einer an Gewissheit streifenden Wahrscheinlichkeit, dass die Constante ε gleich Eins ist. Denn wäre ε von Eins verschieden, so würden zwei vollständige Differentiale vorhanden sein, der Ausdruck (28.) und der Ausdruck (30.); woraus folgen würde, dass auch $(dT)_{\text{eldy. Us}}$ ein vollständiges Differential ist, ebenso $(dQ)_{\text{eldy. Us}}$. Solches aber wäre im höchsten Grade unwahrscheinlich.

Wir können also setzen *)

(31.) $$\varepsilon = 1.$$

Hierdurch aber gewinnt die Formel (18.), durch welche das von meinem Vater aufgestellte Integralgesetz sich ausdrückte, die Gestalt:

(32.) $$(\Sigma_0 \Sigma_1 \ (\mathfrak{E}_0{}^1 \, Ds_0) \, dt = d\,(J_1 Q);$$

sodass also jenes Gesetz fortan in folgender Weise ausgesprochen werden kann:

(33.) .... Sind zwei von elektrischen Strömen J_0 und J_1 durchflossene Drahtringe A und B in irgend welcher Bewegung begriffen, kann ferner angenommen werden, dass jene Ströme während dieser Bewegung fortwährend gleichförmig bleiben, und bezeichnet man endlich das elektrodynamische Potential der beiden Ringe aufeinander mit $J_0 J_1 Q$, so wird die Summe derjenigen elektromotorischen Kräfte eldy. Us, welche B in A während eines gegebenen Zeitelementes dt hervorbringt, immer gleich sein demjenigen Zuwachs, welchen das Product $J_1 Q$ während dieses Zeitelementes dt erfährt.

Mit Rücksicht auf (31.) nimmt ferner die Formel (28.) folgende Gestalt an:

(34.) $$(dT + dQ)_{\text{eldy. Us}} = d\,(P_A + P_B + P_{AB});$$

und hieraus erkennen wir, dass die früher (pag. 21) von uns mit $\mathfrak{F}_c$ bezeichnete Function im vorliegenden Falle den Werth hat:

(35.) $$(-1)\,(P_A + P_B + P_{AB}).$$

---

*) Selbstverständlich hat dieser Zahlenwerth $\varepsilon = 1$ nur dann einen Sinn, wenn man diejenige Bestimmung im Auge behält, welche früher (pag. 6) in Betreff der verschiedenen Maasseinheiten getroffen worden ist.

Mit andern Worten: Wir erkennen, dass dieser Ausdruck (35.) das elektrodynamische Postulat repräsentirt für ein System von zwei gleichförmigen Stromringen.

§. 18. Fortsetzung. — Anwendung des F. Neumann'schen Integralgesetzes auf gewisse einfache Fälle.

Zwei Drahtringe A und B, von denen jeder homogen ist, befinden sich in einer beliebig gegebenen Bewegung. Zu Anfang der Bewegung sind in den Ringen irgend welche elektrische Ströme vorhanden. Es soll untersucht werden, in welcher Weise diese Ströme J_0 und J_1 sich ändern im weiteren Verlaufe jener Bewegung. Dabei sei vorausgesetzt, die Bewegung der Ringe sei eine so langsame, dass die in den Ringen vorhandenen Ströme fortwährend als gleichförmig angesehen werden können; und ferner vorausgesetzt, dass die in Betracht kommenden elektrischen Kräfte lediglich von den Ringen selber herrühren, dass also keine äusseren elektrischen Kräfte vorhanden sind.

Zur Bestimmung von J_0 können wir uns sofort einer früher [(10. ξ, η) auf pag. 99] entwickelten Formel bedienen:

$$J_0 \, w_0 = \Sigma_0 \, \mathfrak{E}_0 \, Ds_0, \tag{36.}$$

wo w_0 den Widerstand des Ringes A, ferner Ds_0 irgend ein Element von A, und $\mathfrak{E}_0$ die in Ds_0 vorhandene elektromotorische Kraft eldy. Us vorstellt, letztere gerechnet in der Richtung Ds_0. Offenbar wird diese Kraft $\mathfrak{E}_0$ herrühren theils von den einzelnen Elementen Ds_a des Ringes A selber, theils von den Elementen Ds_1 des Ringes B. Somit kann gesetzt werden

$$\mathfrak{E}_0 = \Sigma_1 \, \mathfrak{E}_0{}^1 + \Sigma_a \, \mathfrak{E}_0{}^a, \tag{37.}$$

wo $\mathfrak{E}_0{}^1$ und $\mathfrak{E}_0{}^a$ diejenigen Theile der Kraft $\mathfrak{E}_0$ vorstellen sollen, welche respective herstammen von zwei speciellen Elementen Ds_1 und Ds_a, und die Summationen Σ_1 und Σ_a respective hinerstreckt sind über alle Ds_1 des Ringes B und über alle Ds_a des Ringes A.

Durch Substitution des Werthes (37.) in (36.) folgt:

$$J_0 \, w_0 = \Sigma_0 \Sigma_1 \, \mathfrak{E}_0{}^1 \, Ds_0 + \Sigma_0 \Sigma_a \, \mathfrak{E}_0{}^a \, Ds_0 \tag{38.}$$

Nun ist aber zufolge des eben besprochenen Integralgesetzes (32.), (33.):

$$(\Sigma_0 \Sigma_1 \, \mathfrak{E}_0{}^1 \, Ds_0) \, dt = d\,(J_1 \, Q_{AB}), \tag{39.}$$

wo der grösseren Deutlichkeit willen Q_{AB} für Q gesetzt ist, sodass also Q_{AB} das elektrodynamische der beiden Ringe A, B aufeinander vorstellt, bezogen auf die Stromeinheit. Die Formel (39.) wird gültig sein, welche Lage, Gestalt und Stromstärke der Ring B auch besitzen mag; sie wird daher gültig bleiben, wenn man an Stelle des gegebenen Ringes B einem andern Ring A' nimmt, welcher in Superposition mit A sich befindet, und seiner Form wie seinem innern Zustande nach mit A völlig identisch ist. Somit folgt:

$$(40.)\qquad (\Sigma_0 \Sigma_\alpha (\mathfrak{E}_0^\alpha \mathrm{D} s_0)\, dt = d\,(J_0 Q_{AA'}), \\ = d\,(J_0 Q_{AA}),$$

Hier repräsentirt $Q_{AA'}$ oder Q_{AA} denjenigen Ausdruck, in welchen Q_{AB} sich verwandelt durch eine Identificirung von B mit A; so dass also $\frac{1}{2} Q_{AA}$ das elektrodynamische Potential des Ringes A auf sich selber vorstellt, bezogen auf die Stromeinheit.

Durch Substitution von (39.), (40.) in die Formel (38.) folgt:

$$(41.\alpha)\qquad J_0 \mathrm{w}_0\, dt = d\,(Q_{AA} J_0 + Q_{AB} J_1);$$

und ebenso ergiebt sich offenbar die parallel stehende Formel:

$$(41.\beta)\qquad J_1 \mathrm{w}_1\, dt = d\,(Q_{BA} J_0 + Q_{BB} J_1),$$

wo w_1 den Widerstand des Ringes B, ferner $\frac{1}{2} Q_{BB}$ das elektrodynamische Potential des Ringes B auf sich selber bezeichnet, bezogen auf die Stromeinheit, und endlich $Q_{BA} = Q_{AB}$ ist.

Befinden sich die beiden Ringe, ihrer Gestalt und Lage nach, in gegebener Bewegung, so sind die Potentiale Q_{AB}, $\frac{1}{2} Q_{AA}$, $\frac{1}{2} Q_{BB}$ gegebene Functionen der Zeit; so dass man also in diesem Fall die Stromstärken J_0, J_1 als Functionen der Zeit zu bestimmen im Stande sein wird durch Integration der beiden Differentialgleichungen (41. α,β).

Wir beschränken uns bei der weiteren Betrachtung dieser Gleichungen auf den Fall, dass die Ringe congruent, aus gleichem Metall verfertigt und von starrer Gestalt sind. Dann kann gesetzt werden:

$$(42.)\qquad \mathrm{w}_0 = \mathrm{w}_1 = \mathrm{w}, \\ Q_{AA} = Q_{BB} = q, \\ Q_{AB} = Q,$$

wo w, q gegebene Constanten vorstellen, und Q eine gegebene Function der Zeit. Jene Gleichungen nehmen daher in diesem Falle die Gestalt an:

$$(43.)\qquad J_0 \mathrm{w}\, dt = d\,(q J_0 + Q J_1), \\ J_1 \mathrm{w}\, dt = d\,(Q J_0 + q J_1),$$

und können folglich auch so dargestellt werden:

$$(44.)\qquad \begin{aligned} J_0 w\,dt - J_1\,dQ &= q\,dJ_0 + Q\,dJ_1, \\ J_1 w\,dt - J_0\,dQ &= Q\,dJ_0 + q\,dJ_1. \end{aligned}$$

Diese Formeln führen zu einer beachtenswerthen Folgerung.

Nehmen wir nämlich an, dass die Werthe von J_0 und J_1 einander gleich sind zu Anfang des Zeitelementes dt, so sind die linken Seiten der beiden Formeln unter einander identisch, die rechten also ebenfalls einander gleich; hieraus aber folgt sofort:

$$(45.)\qquad (Q - q)\,dJ_0 = (Q - q)\,dJ_1,$$

d. i.

$$(46.)\qquad dJ_0 = dJ_1.$$

Aus der gemachten Annahme, J_0 und J_1 wären einander gleich zu Anfang des Zeitelementes dt, folgt also, dass sie einander gleich sind auch zu Ende des Zeitelementes. Somit gelangen wir zu folgendem (bisher wohl noch nicht bemerktem) Satze:

Findet zwischen den Stromstärken J_0 und J_1, die in zwei einander congruenten, aus demselben Metall bestehenden starren Ringen vorhanden sind, in irgend einem Augenblick die Relation statt $J_0 = J_1$, so wird diese Relation $J_0 = J_1$ auch fortbestehen bei einer beliebigen Bewegung der beiden Ringe. — Dabei ist vorausgesetzt, die Bewegung sei eine so langsame, dass die Ströme immer als gleichförmig angesehen werden dürfen, und ferner vorausgesetzt, dass keine äusseren elektromotorischen Kräfte influiren.

Bezeichnet man den gemeinschaftlichen Werth von J_0, J_1 kurzweg mit J, so ergiebt sich, aus (44.) für dieses J die Differentialgleichung:

$$(47.)\qquad J\,(w\,dt - dQ) = (q + Q)\,dJ,$$

woraus folgt:

$$(48.)\qquad \log J = \int \frac{w\,dt - dQ}{q + Q}.$$

Für den idealen Fall, dass die Leitungsfähigkeit $= \infty$, mithin der Widerstand $w = 0$ ist, würde hieraus folgen:

$$(49.)\qquad \log J = -\lg (q + Q) + \log C,$$

d. i.

$$(50.)\qquad J = \frac{C}{q + Q},$$

wo C eine Constante vorstellt.

Beiläufige Bemerkung. Aus den Gleichungen (41. α,β) ist unmittelbar ersichtlich, dass für den Fall eines einzigen Stromringes die Formel sich ergeben wird:

$$(51.)\qquad J\,w\,dt = d\,(qJ).$$

wo $\frac{1}{2}q$ das elektrodynamische Potential des Ringes auf sich selber vorstellt, bezogen auf die Stromeinheit. Ist, wie wir annehmen wollen, der Ring starr, seiner Gestalt nach unveränderlich, so repräsentirt q eine dem Ringe eigenthümliche Constante. Somit folgt:

$$(52.)\qquad J\,w\,dt = q\,dJ,$$

und hieraus:

$$(53.)\qquad d\log J = \frac{q\,dt}{w},$$

also schliesslich:

$$(54.)\qquad J = J^0\,e^{\frac{q(t-t^0)}{w}},$$

wo unter J^0 der Werth der Stromstärke zur Zeit t^0 zu verstehen ist.

Diese Formel (54.) giebt also an, in welcher Weise die Stromstärke J in einem einzelnen starren Metallringe im Laufe der Zeit sich ändern wird, falls sie zu Anfang einen beliebig gegebenen Werth J^0 hatte, und in ihrer Aenderung beständig als gleichförmig angesehen werden darf.

Offenbar wird in einem solchen Ringe die Stromstärke J mehr und mehr abnehmen und schliesslich Null werden. Somit folgt aus (54.), dass die Constante q negativ sein muss. Oder genauer ausgedrückt:

Bei einem individuell gegebenen starren Ringe sind immer nur zwei Fälle möglich. Entweder die ihm zugehörige Constante q ist negativ. Oder die Voraussetzung, dass ein in ihm vorhandener, zu Anfang gleichförmiger Strom auch in seinem weiteren Verlauf als gleichförmig angesehen werden dürfe, ist für jenen Ring unstatthaft *).

§. 19. Ueber das den elektromotorischen Kräften eldy. Us zuzuschreibende Elementargesetz.

Es sei gegeben ein Draht, durchflossen von einem elektrischen Strom, dessen Stärke eine beliebige Function von Zeit und Bogen-

*) Vor nicht langer Zeit ist [wenigstens, falls ich die betreffende Stelle (Borchardt's Journal, Bd. 72, pag. 70) richtig verstanden habe] die Behauptung ausgesprochen worden, jene Grösse q müsse immer negativ sein für jeden beliebigen Ring, d. i. für jede beliebige in sich zurücklaufende Curve. Mir ist ein Beweis dieses Satzes nicht bekannt; allerdings aber auch keine Thatsache bekannt, welche gegen den Satz spräche.

länge ist; irgend ein Element dieses Drahtes sei bezeichnet mit Ds_1. Ausserdem sei gegeben ein ponderabler Körper A von beliebiger Gestalt und Grösse. Jenes Element Ds_1 und der Körper A seien begriffen in irgend welchen Bewegungen. — Es soll ermittelt werden diejenige elektromotorische Kraft eldy. Us, welche das Stromelement Ds_1 während eines gegebenen Zeitelementes dt hervorbringt in irgend einem Puncte des Körpers.

Bei Lösung dieser Aufgabe mögen folgende Hypothesen zu Grunde gelegt werden.

(1.) .... **Erste Hypothese.** Die elektromotorische Kraft eldy.Us, welche in irgend einem Puncte des Körpers während der Zeit dt hervorgebracht wird von dem gegebenen Stromelemente Ds_1, ist proportional mit der Länge Ds_1 des Elementes, sonst aber nur noch abhängig von seiner **Stromstärke** und von seiner **relativen Lage**, so wie von denjenigen Aenderungen, welche diese beiderlei Dinge (nämlich Stromstärke und relative Lage) erleiden während der Zeit dt. Sie ist Null, falls solche Aenderungen nicht stattfinden*).

(2.) .... **Zweite Hypothese.** Sie ist, wenn man die Stromstärke jenes Elementes Ds_1 mit J_1, und die Aenderung von J_1 während der Zeit dt mit dJ_1 bezeichnet, zerlegbar in zwei Kräfte, von denen die eine proportional mit J_1, die andere proportional mit dJ_1 ist. Mit andern Worten: Ihre rechtwinkligen Componenten sind homogene lineare Functionen von J_1 und dJ_1.

(3.) .... **Dritte Hypothese.** Denkt man sich das Stromelement $J_1 Ds_1$ zerlegt in drei rechtwinklige Componenten $J_1 Dx_1$, $J_1 Dy_1$, $J_1 Dz_1$, welche, mit dem Elemente starr verbunden, an seiner Bewegung Theil nehmen, so ist die elektromotorische Wirkung von $J_1 Ds_1$ identisch mit der elek-

---

*) Befinden sich das gegebene Stromelement Ds_1 und der gegebene Körper — er mag A genannt werden — in beliebigen Bewegungen, so werden sie ausser ihrer relativen Bewegung noch irgend welche gemeinschaftliche absolute Bewegung besitzen. Diese letztere kann keinen Einfluss haben auf die von Ds_1 in A hervorgebrachten elektromotorischen Kräfte. Denn sonst würden solche Kräfte auch dann entstehen müssen, wenn beide, Ds_1 und A, fest verbunden gedacht mit unserer Erde, an der Bewegung derselben Theil nehmen. — Die von Ds_1 in einem Puncte des Körpers A hervorgebrachte elektromotorische Kraft kann also in der That nur abhängig sein von der relativen Bewegung, oder (was dasselbe) nur abhängig sein von der Veränderung der relativen Lage.

Man findet diese Schlussfolgerung in der Abhandlung meines Vaters: Die allgem. Gesetze der inducirten elektrischen Ströme, 27. Octob., 1845; daselbst zu Anfang des §. 4.

tromotorischen Gesammtwirkung von $J_1 Dx_1$, $J_1 Dy_1$, $J_1 Dz_1$, vorausgesetzt, dass nicht nur J_1 selber, sondern auch dJ_1 für alle vier Elemente einerlei Werth hat.

(4.) .... **Vierte Hypothese.** Es wird angenommen, dass das von meinem Vater für zwei Stromringe aufgestellte Integralgesetz (pag. 107):

$$dt \,.\, \Sigma\Sigma\, (\mathfrak{E}_0^1 Ds_0) = d\,(J_1 Q)$$

immer gültig ist, sobald die Ringe **ohne** Gleitstellen, und die in ihnen vorhandenen Ströme **gleichförmig** sind*).

Dass die letzte Hypothese (nämlich die Annahme des von meinem Vater aufgestellten Integralgesetzes) zur Bewältigung der vorgelegten Aufgabe (d. i. zur Auffindung des entsprechenden Elementargesetzes) unzureichend ist, erkennt man leicht. Hat man aber anerkannt, dass die Hinzunahme irgend welcher anderer Hypothesen eine Sache der Nothwendigkeit ist, so dürften sich die hier hinzugezogenen Hypothesen (1.), (2.), (3.) einigermassen empfehlen durch ihre Einfachheit, ferner durch die Analogie, in welcher sie zu den von Ampère über die ponderomotorischen Kräfte eldy. Us gemachten Hypothesen stehen, endlich auch durch den Umstand, dass sie von den meisten Physikern (wenn auch vielleicht nur stillschweigend) bereits anerkannt zu sein scheinen.

Der gewöhnlichen Nomenclatur Folge leistend wird das gegebene Stromelement Ds_1 die inducirende Ursache, andererseits der gegebene Körper das inducirte Object zu nennen sein. Mit Bezug auf irgend ein rechtwinkliges Axensystem $(\mathfrak{x}, \mathfrak{y}, \mathfrak{z})$, welches mit diesem Körper in starrer Verbindung steht, mögen folgende Bezeichnungen eingeführt werden:

(5.) m irgend ein Punct im Innern des Körpers;
r die Entfernung dieses Punctes m vom gegebenen Stromelement $J_1 Ds_1$;
$\mathfrak{U}$, $\mathfrak{V}$, $\mathfrak{W}$ die Richtungscosinus von r, gerechnet von Ds_1 nach m;

---

*) Wenn dieses Integralgesetz (oder allgemeine Princip) hier nicht in seinem ganzen Umfange von mir benutzt wird, so geschieht solches absichtlich, nämlich um die Sicherheit der Grundlagen zu erhöhen. Denn es dürfte wohl keinem Zweifel unterliegen, dass jenes Gesetz ein höheres Zutrauen verdient für Ringe ohne Gleitstellen, als für solche Ringe, die mit Gleitstellen behaftet sind.

$\mathfrak{A}, \mathfrak{B}, \mathfrak{C}$ die Richtungscosinus irgend welcher Linie, die, im Innern des Körpers markirt, im Punkte m ihren Ausgangspunkt hat;

$\mathfrak{A}_1, \mathfrak{B}_1, \mathfrak{C}_1$ die Richtungscosinus des Elementes $J_1 \mathrm{D}s_1$;

$\mathfrak{X}dt, \mathfrak{Y}dt, \mathfrak{Z}dt$ die rechtwinkligen Componenten derjenigen elektromotorischen Kraft eldy. Us, welche vom Stromelement $J_1 \mathrm{D}s_1$ während der Zeit dt hervorgebracht wird im Puncte m;

$\mathfrak{E}dt$ die Componente der eben genannten Kraft nach der mit dem Körper starr verbundenen Richtung $\mathfrak{A}, \mathfrak{B}, \mathfrak{C}$.

Zufolge der Hypothese (1.) werden die Componenten $\mathfrak{X}dt$, $\mathfrak{Y}dt$, $\mathfrak{Z}dt$ proportional sein mit $\mathrm{D}s_1$, sonst aber nur noch abhängen können von

$$(6.) \qquad r, \mathfrak{U}, \mathfrak{V}, \mathfrak{W}, \mathfrak{A}_1, \mathfrak{B}_1, \mathfrak{C}_1, J_1,$$

sowie von denjenigen Aenderungen

$$(7.) \qquad dr, d\mathfrak{U}, d\mathfrak{V}, d\mathfrak{W}, d\mathfrak{A}_1, d\mathfrak{B}_1, d\mathfrak{C}_1, dJ_1,$$

welche diese Grössen erfahren während der Zeit dt. Somit wird also z. B. die Componente $\mathfrak{X}dt$ sich darstellen lassen durch:

$$(8.) \qquad \mathfrak{X}dt = \mathrm{D}s_1 \, . \, f(r, dr, \mathfrak{U}, d\mathfrak{U}, \ldots, \mathfrak{A}_1, d\mathfrak{A}_1, \ldots, J_1, dJ_1),$$

wo f eine unbekannte Function jener sechzehn Argumente (6.), (7.) vorstellt. Hieraus folgt durch Entwickelung nach den Argumenten (7.) sofort:

$$\mathfrak{X}dt = \mathrm{D}s_1 \, [c + \partial\, dr + (e' d\mathfrak{U} + e'' d\mathfrak{V} + e''' d\mathfrak{W}) \\ + (f' d\mathfrak{A}_1 + f'' d\mathfrak{B}_1 + f''' d\mathfrak{C}_1) + G\, dJ_1],$$

wo die Coefficienten $c, \partial, e', e'', e''', f', f'', f''', G$ nur noch Functionen der acht Argumente (6.) sind. Nach der Hypothese (1.) muss $\mathfrak{X}dt$ verschwinden, sobald die Aenderungen (7.) sämmtlich Null sind; folglich ist der Coefficient c gleich Null; sodass sich also ergiebt:

$$\mathfrak{X}dt = \mathrm{D}s_1 \, [\partial\, dr + (e' d\mathfrak{U} + e'' d\mathfrak{V} + e''' d\mathfrak{W}) \\ + (f' d\mathfrak{A}_1 + f'' d\mathfrak{B}_1 + f''' d\mathfrak{C}_1) + G\, dJ_1].$$

Nach der Hypothese (2.) ist $\mathfrak{X}dt$ eine homogene lineare Function von J_1 und dJ_1; hieraus folgt erstens, dass G unabhängig ist von J_1, ferner, dass die übrigen Coefficienten $\partial, e', e'', e''', f', f'', f'''$ die Grösse J_1 als Factor enthalten müssen, im Uebrigen aber ebenfalls unabhängig von J_1 sind. Setzt man also:

$$\partial = J_1 D, \quad e' = J_1 E', \quad e'' = J_1 E'', \quad e''' = J_1 E''', \\ f' = J_1 F', \quad f'' = J_1 F'', \quad f''' = J_1 F''',$$

und folglich:

$$(9.a) \qquad \mathfrak{X}dt = \mathrm{D}s_1 \, . \, J_1 [D\, dr + (E' d\mathfrak{U} + E'' d\mathfrak{V} + E''' d\mathfrak{W}) \\ + (F' d\mathfrak{A}_1 + F'' d\mathfrak{B}_1 + F''' d\mathfrak{C}_1)] + \mathrm{D}s_1 (dJ_1) G,$$

so werden $D, E', E'', E''', F', F'', F''', G$ nur noch abhängen von den sieben Argumenten:

$$(9.\text{b}) \qquad r, \mathfrak{U}, \mathfrak{V}, \mathfrak{W}, \mathfrak{A}_1, \mathfrak{B}_1, \mathfrak{C}_1 .$$

Analoge Ausdrücke resultiren offenbar für die übrigen Componenten, nämlich für $\mathfrak{Y}dt$, $\mathfrak{Z}dt$.

Sodann aber ergiebt sich die in (5.) genannte Componente $\mathfrak{E}dt$ durch Anwendung der Formel:

$$(10.\text{a}) \qquad \mathfrak{E}dt = \mathfrak{A}\mathfrak{X}dt + \mathfrak{B}\mathfrak{Y}dt + \mathfrak{C}\mathfrak{Z}dt;$$

wobei besonders zu betonen ist,

(10.b) dass die Grössen $\mathfrak{X}dt$, $\mathfrak{Y}dt$, $\mathfrak{Z}dt$, wie aus (9.a, b) deutlich hervorgeht, von $\mathfrak{A}, \mathfrak{B}, \mathfrak{C}$ unabhängig sind, dass mithin $\mathfrak{E}dt$ eine homogene lineare Function von $\mathfrak{A}, \mathfrak{B}, \mathfrak{C}$ ist.

Es mag nun gegenwärtig diese Kraft $\mathfrak{E}dt$ von einem etwas andern Standpuncte aus betrachtet werden. Dadurch wird sich für diese Kraft eine Formel ergeben von etwas anderer Beschaffenheit; und diese neue Formel soll sodann mit der eben gefundenen (10. a, b) in Vergleich gestellt werden.

Das gegebene Stromelement $J_1 Ds_1$ und der gegebene Körper sollten während der Zeit dt in beliebigen Bewegungen begriffen sein; unseren Betrachtungen über die während dieser Zeit in irgend einem Puncte m des Körpers hervorgebrachte elektromotorische Kraft war zu Grunde gelegt worden ein mit dem Körper starr verbundenes Axensystem $(\mathfrak{x}, \mathfrak{y}, \mathfrak{z})$. An all' diesen Vorstellungen, sowie an den eingeführten Bezeichnungen mag festgehalten werden; nur sei gegenwärtig angenommen, der Körper wäre ein Isolator, in diesen Isolator wäre eingeschlossen ein in der Richtung $\mathfrak{A}, \mathfrak{B}, \mathfrak{C}$ durch den Punct m gehender Metalldraht, und ein bei m befindliches Element dieses Drahtes wäre bezeichnet mit Ds.

Fig. 8.

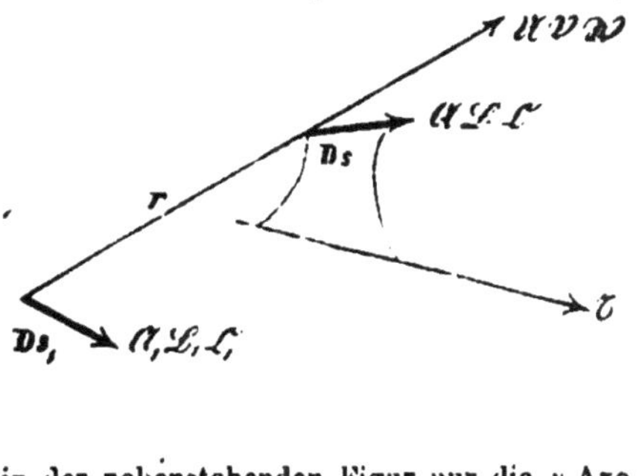

Die vorhin (10.a, b) besprochene Kraft $\mathfrak{E}dt$ repräsentirt alsdann offenbar diejenige elektromotorische Kraft eldy. Us, welche in einem Puncte des Drahtelementes Ds, und zwar in der Richtung dieses Elementes, während der Zeit dt von dem gegebenen Stromelement $J_1 Ds_1$ hervorgebracht wird*).

*) Von dem Axensystem $(\mathfrak{x}, \mathfrak{y}, \mathfrak{z})$ ist in der nebenstehenden Figur nur die $\mathfrak{x}$-Axe gezeichnet. Gleichzeitig ist daselbst durch die zwischen dieser Axe und dem Drahtelement Ds angebrachten Klammern die starre Verbindung angedeutet, welche zwischen Ds und jenem Axensystem stattfindet.

Setzt man (ebenso wie früher): $\cos(Ds, Ds_1) = \mathsf{E}$, $\cos(Ds, r) = \Theta$, $\cos(Ds_1, r) = \Theta_1$, wobei die Richtung r stets gerechnet sein soll im Sinne $Ds_1 \rightarrow Ds$, so ergiebt sich:

$$
(11.)\quad \begin{aligned}
\Theta &= \mathfrak{A}\,\mathfrak{U} + \mathfrak{B}\,\mathfrak{V} + \mathfrak{C}\,\mathfrak{W},\\
\Theta_1 &= \mathfrak{A}_1\mathfrak{U} + \mathfrak{B}_1\mathfrak{V} + \mathfrak{C}_1\mathfrak{W},\\
\mathsf{E} &= \mathfrak{A}\mathfrak{A}_1 + \mathfrak{B}\mathfrak{B}_1 + \mathfrak{C}\mathfrak{C}_1;
\end{aligned}
$$

und ferner:

$$
(12.)\quad \begin{aligned}
d\Theta &= \mathfrak{A}\,d\mathfrak{U} + \mathfrak{B}\,d\mathfrak{V} + \mathfrak{C}\,d\mathfrak{W},\\
d\Theta_1 &= (\mathfrak{A}_1 d\mathfrak{U} + \mathfrak{B}_1 d\mathfrak{V} + \mathfrak{C}_1 d\mathfrak{W}) + (\mathfrak{U}\,d\mathfrak{A}_1 + \mathfrak{V}\,d\mathfrak{B}_1 + \mathfrak{W}\,d\mathfrak{C}_1),\\
d\mathsf{E} &= \mathfrak{A}\,d\mathfrak{A}_1 + \mathfrak{B}\,d\mathfrak{B}_1 + \mathfrak{C}\,d\mathfrak{C}_1;
\end{aligned}
$$

denn es ist zu beachten, dass Ds mit dem Axensysteme $(\mathfrak{x}, \mathfrak{y}, \mathfrak{z})$ in starrer Verbindung steht, mithin $d\mathfrak{A}$, $d\mathfrak{B}$, $d\mathfrak{C}$ Null sind.

Die relative Lage des Stromelementes $J_1 Ds_1$ in Bezug auf das Drahtelement Ds ist offenbar völlig bestimmt durch Angabe der vier Grössen $r, \Theta, \Theta_1, \mathsf{E}$. Zufolge der Hypothese (1.) wird daher jene von $J_1 Ds_1$ während der Zeit dt in Ds hervorgebrachte elektromotorische Kraft $\mathfrak{E}dt$ proportional sein mit Ds_1, sonst aber lediglich abhängen können von

$$(13.)\qquad r,\ \Theta,\ \Theta_1,\ \mathsf{E},\ J_1,$$

sowie von denjenigen Aenderungen

$$(14.)\qquad dr,\ d\Theta,\ d\Theta_1,\ d\mathsf{E},\ dJ_1,$$

welche diese Grössen erfahren während der Zeit dt. Somit folgt:

$$\mathfrak{E}dt = Ds_1 \,.\, F(r, dr, \Theta, d\Theta, \Theta_1, d\Theta_1, \mathsf{E}, d\mathsf{E}, J_1, dJ_1),$$

wo F irgend welche Function der beistehenden Argumente vorstellt. Hieraus ergiebt sich durch Entwickelung nach den Grössen (14.) sofort:

$$\mathfrak{E}dt = Ds_1 \,.\, (h + k\,dr + l\,d\Theta + m\,d\Theta_1 + n\,d\mathsf{E} + O\,dJ_1),$$

wo die Coefficienten h, k, l, m, n, O nur noch abhängig sind von den fünf Argumenten (13.). Nach der Hypothese (1.) verschwindet $\mathfrak{E}dt$, sobald die Aenderungen (14.) sämmtlich Null sind; somit folgt $h = 0$; und es wird also:

$$\mathfrak{E}dt = Ds_1 (k\,dr + l\,d\Theta + m\,d\Theta_1 + n\,d\mathsf{E} + O\,dJ_1).$$

Nach der Hypothese (2.) ist $\mathfrak{E}dt$ eine homogene lineare Function von J_1 und dJ_1. Hieraus folgt, dass O von J_1 unabhängig ist, und dass k, l, m, n proportional mit J_1, im Uebrigen aber ebenfalls von J_1 unabhängig sind. Somit ergiebt sich:

$$(15.a)\quad \mathfrak{E}dt = Ds_1 \,.\, J_1 (K\,dr + L\,d\Theta + M\,d\Theta_1 + N\,d\mathsf{E}) + Ds_1 (dJ_1) O,$$

wo nun gegenwärtig die Coefficienten K, L, M, N, O lediglich abhängen können von den vier Argumenten:

$$(15.b)\qquad r,\ \Theta,\ \Theta_1,\ \mathsf{E}.$$

Für ein und dieselbe Kraft $\mathfrak{E}dt$ haben wir jetzt zweierlei Ausdrücke (10.a) und (15.a). Der erstere ist eine homogene lineare Function von $\mathfrak{A}, \mathfrak{B}, \mathfrak{C}$. Gleiches muss daher auch von dem letztern gelten. Hieraus aber folgt, weil die während der Zeit dt vor sich gehenden Aenderungen $dr, d\Theta, d\Theta_1, dE$ völlig willkührlich und von einander unabhängig sind, augenblicklich, dass Gleiches auch gelten muss von den einzelnen Gliedern dieses letzteren Ausdrucks, also gelten muss von den fünf Producten:

$$Kdr, \quad Ld\Theta, \quad Md\Theta_1, \quad NdE, \quad OdJ_1.$$

Diese Producte lassen sich mit Rücksicht auf (12.) so darstellen:

$$(16.)\quad \begin{aligned} Kdr &= K(r, \Theta, \Theta_1, E) \,.\, dr, \\ Ld\Theta &= L(r, \Theta, \Theta_1, E) \,.\, (\mathfrak{A}d\mathfrak{U} + \mathfrak{B}d\mathfrak{B} + \mathfrak{C}d\mathfrak{W}), \\ Md\Theta_1 &= M(r, \Theta, \Theta_1, E) \,.\, [(\mathfrak{A}_1 d\mathfrak{U} + \cdots) + (\mathfrak{U}d\mathfrak{A}_1 + \cdots)], \\ NdE &= N(r, \Theta, \Theta_1, E) \,.\, (\mathfrak{A}d\mathfrak{A}_1 + \mathfrak{B}d\mathfrak{B}_1 + \mathfrak{C}d\mathfrak{C}_1), \\ OdJ_1 &= O(r, \Theta, \Theta_1, E) \,.\, dJ_1, \end{aligned}$$

wo, der grösseren Deutlichkeit willen, den Grössen K, L, M, N, O diejenigen Argumente r, Θ, Θ_1, E beigefügt sind, von denen sie abhängen [vergl. (15.a,b)].

Jeder von diesen Ausdrücken (16.) muss also eine homogene lineare Function von $\mathfrak{A}, \mathfrak{B}, \mathfrak{C}$ sein. Hieraus folgt einerseits, dass

$$K(r, \Theta, \Theta_1, E), \quad M(r, \Theta, \Theta_1, E), \quad O(r, \Theta, \Theta_1, E)$$

ebenfalls homogene lineare Functionen von $\mathfrak{A}, \mathfrak{B}, \mathfrak{C}$, mithin nach (11.) ebensolche Functionen auch von Θ, E sind, und andererseits, dass

$$L(r, \Theta, \Theta_1, E), \quad N(r, \Theta, \Theta_1, E)$$

unabhängig von $\mathfrak{A}, \mathfrak{B}, \mathfrak{C}$, mithin nach (11.) auch unabhängig von Θ, E sind. Es werden also diese K, L, M, N, O von folgender Form sein:

$$(17.)\quad \begin{aligned} K &= \Theta \,.\, \mathsf{K}(r, \Theta_1) + E \,.\, \ddot{\mathsf{K}}(r, \Theta_1), \\ L &= \Lambda(r, \Theta_1), \\ M &= \Theta \,.\, \mathsf{M}(r, \Theta_1) + E \,.\, \ddot{\mathsf{M}}(r, \Theta_1), \\ N &= \mathsf{N}(r, \Theta_1), \\ O &= \Theta \,.\, \Omega(r, \Theta_1) + E \,.\, \ddot{\Omega}(r, \Theta_1), \end{aligned}$$

wo $\mathsf{K}, \ddot{\mathsf{K}}, \Lambda, \mathsf{M}, \ddot{\mathsf{M}}, \mathsf{N}, \Omega, \ddot{\Omega}$ lediglich abhängen von den beigefügten beiden Argumenten r und Θ_1.

Um in der Bestimmung von K, L, M, N, O einen Schritt weiter zu thun, bringen wir jetzt die Hypothese (3.) in Anwendung. An Stelle des bisher benutzten mit Ds verbundenen Axensystemes $(\mathfrak{x}, \mathfrak{y}, \mathfrak{z})$ wird es hiebei zweckmässig sein, ein anderes Axensystem (ξ, η, ζ) einzuführen, welches in starrer Verbindung*) sich befindet mit dem Stromelemente J_1 Ds_1. Mit Bezug auf dieses mögen die Richtungscosinus von

Fig. 9.

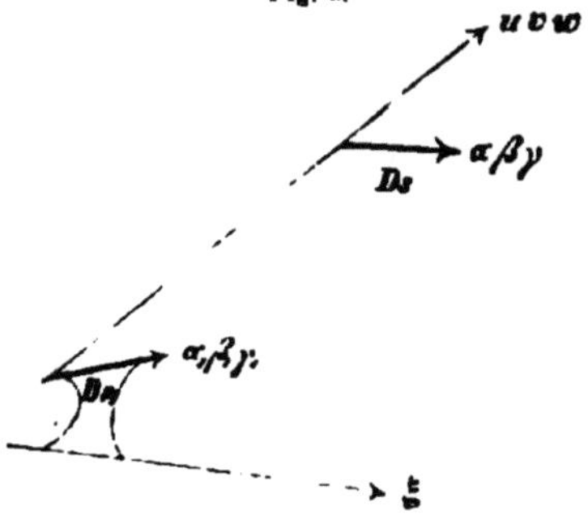

$$r\,(\mathrm{D}s_1 \rightarrow \mathrm{D}s),$$

und die Richtungscosinus der Elemente

$$\mathrm{D}s \text{ und } \mathrm{D}s_1$$

bezeichnet sein durch u, v, w, durch α, β, γ und durch $\alpha_1, \beta_1, \gamma_1$. Alsdann ist:

$$(18.)\quad \begin{aligned} \Theta &= \alpha u + \beta v + \gamma w\,, \\ \Theta_1 &= \alpha_1 u + \beta_1 v + \gamma_1 w, \\ \mathsf{E} &= \alpha\alpha_1 + \beta\beta_1 + \gamma\gamma_1. \end{aligned}$$

und folglich:

$$(19.)\quad \begin{aligned} d\Theta &= (\alpha du + \beta dv + \gamma dw) + (u d\alpha + v d\beta + w d\gamma)\,, \\ d\Theta_1 &= \alpha_1 du + \beta_1 dv + \gamma_1 dw, \\ d\mathsf{E} &= \alpha_1 d\alpha + \beta_1 d\beta + \gamma_1 d\gamma, \\ 0 &= u du + v dv + w dw, \\ 0 &= \alpha d\alpha + \beta d\beta + \gamma d\gamma. \end{aligned}$$

Gleichzeitig sind alsdann $J_1 \alpha_1$ Ds_1, $J_1 \beta_1$ Ds_1, $J_1 \gamma_1$ Ds_1 die rechtwinkligen Componenten des Stromelementes J_1 Ds_1, entsprechend den Axen ξ, η, ζ.

Das Stromelement J_1 Ds_1 erzeugt während der Zeit dt im Elemente Ds in der Richtung dieses Elementes eine elektromotorische Kraft $\mathfrak{E}dt$, welche dargestellt worden ist durch die Formel (15.):

$$(20.)\quad \mathfrak{E}dt = \mathrm{D}s_1\,[J_1\,(Kdr + Ld\Theta + Md\Theta_1 + Nd\mathsf{E}) + (dJ_1)\,O],$$

wo K, L, M, N, O, nach (17.), von folgender Gestalt sind:

$$(21.)\quad \begin{aligned} K &= \Theta.\mathsf{K}\,(r,\Theta_1) + \mathsf{E}.\ddot{\mathsf{K}}\,(r,\Theta_1), \qquad L = \Lambda\,(r,\Theta_1), \\ M &= \Theta.\mathsf{M}\,(r,\Theta_1) + \mathsf{E}.\ddot{\mathsf{M}}\,(r,\Theta_1), \qquad N = \mathsf{N}\,(r,\Theta_1), \\ O &= \Theta.\Omega\,(r,\Theta_1) + \mathsf{E}.\ddot{\Omega}\,(r,\Theta_1). \end{aligned}$$

Jene neuen Stromelemente $J_1 \alpha_1$ Ds_1, $J_1 \beta_1$ Ds_1, $J_1 \gamma_1$ Ds_1, welche bezeichnet worden sind als die Componenten des gegebenen Stromelementes J_1 Ds_1, werden, jedes für sich allein betrachtet, während der Zeit dt ebenfalls gewisse elektromotorische Kräfte hervorbringen im Element Ds; und diese Kräfte, wiederum gemessen nach der Richtung von Ds, mögen benannt werden mit $\mathfrak{E}^{\xi}dt$, $\mathfrak{E}^{\eta}dt$, $\mathfrak{E}^{\zeta}dt$.

---

*) Diese starre Verbindung ist angedeutet in der beistehenden Figur (vergl. die Note auf pag. 115).

Dieselben Bedeutungen, welche

$$\text{(22.a)}\quad \alpha_1,\ \beta_1,\ \gamma_1,\quad \Theta,\ \Theta_1,\ \mathsf{E}\quad \text{für das Stromelement } J_1\,\mathrm{D}s_1$$

besitzen, haben offenbar

$$\text{(22.b)}\quad \begin{array}{lll} 1,\ 0,\ 0, & \Theta,\ u,\ \alpha & \text{für das Stromelement } J_1\,\alpha_1\,\mathrm{D}s_1, \\ 0,\ 1,\ 0, & \Theta,\ v,\ \beta & \text{für das Stromelement } J_1\,\beta_1\,\mathrm{D}s_1, \\ 0,\ 0,\ 1, & \Theta,\ w,\ \gamma & \text{für das Stromelement } J_1\,\gamma_1\,\mathrm{D}s_1. \end{array}$$

Mit Rücksicht hierauf ergeben sich aus (20.), für die Kräfte $\mathfrak{E}^\xi dt$, $\mathfrak{E}^\eta dt$, $\mathfrak{E}^\zeta dt$ folgende Ausdrücke

$$\text{(23.)}\quad \begin{aligned} \mathfrak{E}^\xi dt &= \alpha_1\,\mathrm{D}s_1\,[J_1\,(K^\xi dr + L^\xi d\Theta + M^\xi du + N^\xi d\alpha) + (dJ_1)O^\xi], \\ \mathfrak{E}^\eta dt &= \beta_1\,\mathrm{D}s_1\,[J_1\,(K^\eta dr + L^\eta d\Theta + M^\eta dv + N^\eta d\beta) + (dJ_1)O^\eta], \\ \mathfrak{E}^\zeta dt &= \gamma_1\,\mathrm{D}s_1\,[J_1\,(K^\zeta dr + L^\zeta d\Theta + M^\zeta dw + N^\zeta d\gamma) + (dJ_1)O^\zeta]; \end{aligned}$$

während gleichzeitig aus (21.) für K^ξ, L^ξ, M^ξ, N^ξ, O^ξ die Werthe resultiren:

$$\text{(24.)}\quad \begin{aligned} K^\xi &= \Theta.\mathsf{K}\,(r,\ u) + \alpha.\ddot{\mathsf{K}}\,(r,\ u), & L^\xi &= \mathsf{\Lambda}\,(r,\ u), \\ M^\xi &= \Theta.\mathsf{M}\,(r,\ u) + \alpha.\ddot{\mathsf{M}}\,(r,\ u), & N^\xi &= \mathsf{N}\,(r,\ u), \\ O^\xi &= \Theta.\Omega\,(r,\ u) + \alpha.\ddot{\Omega}\,(r,\ u); \end{aligned}$$

analoge Werthe stellen sich heraus für K^η, L^η, M^η, N^η, O^η und für K^ζ, L^ζ, M^ζ, N^ζ, O^ζ; dieselben können aus den Werthen (24.) unmittelbar abgeleitet werden, indem man u, α einmal mit v, β, ein andermal mit w, γ vertauscht, und mögen daher hier nicht weiter hingeschrieben werden.

Nach der Hypothese (3.) findet nun die Relation statt:

$$\text{(25.)}\qquad \mathfrak{E}dt = \mathfrak{E}^\xi dt + \mathfrak{E}^\eta dt + \mathfrak{E}^\zeta dt.$$

welche durch Substitution der Werthe (23.) übergeht in:

$$\text{(26.)}\quad \mathfrak{E}dt = \mathrm{D}s_1\,.\,J_1 \begin{Bmatrix} (K^\xi\alpha_1 + K^\eta\beta_1 + K^\zeta\gamma_1)dr + (M^\xi\alpha_1 du + M^\eta\beta_1 dv + M^\zeta\gamma_1 dw) \\ + (L^\xi\alpha_1 + L^\eta\beta_1 + L^\zeta\gamma_1)d\Theta + (N^\xi\alpha_1 d\alpha + N^\eta\beta_1 d\beta + N^\zeta\gamma_1 d\gamma) \end{Bmatrix}$$
$$+ \mathrm{D}s_1\,.\,(dJ_1)\,(O^\xi\alpha_1 + O^\eta\beta_1 + O^\zeta\gamma_1).$$

Die in (20.) und (26.) für $\mathfrak{E}dt$ aufgestellten Ausdrücke müssen untereinander identisch sein. Um aber eine Vergleichung der einzelnen Glieder dieser Ausdrücke vornehmen zu können, ist offenbar erforderlich, dass an Stelle der neun Differentiale $d\Theta$, $d\Theta_1$, $d\mathsf{E}$, du, dv, dw, $d\alpha$, $d\beta$, $d\gamma$ solche Differentiale eingeführt werden, welche von einander unabhängig sind. Diese an und für sich sehr mühsame Operation kann bedeutend erleichtert werden durch eine zweckmässige Wahl des Axensystems (ξ, η, ζ).

Das betrachtete materielle System besteht einerseits aus dem Drahtelement $\mathrm{D}s$, andererseits aus dem starren Complex ($\mathrm{D}s_1$, ξ, η, ζ); und jedes dieser beiden Objecte befindet sich während des betrachteten Zeitelementes in einer beliebigen Bewegung. Wir wollen uns nun jenen starren Complex (Ds_1, ξ, η, ζ) in solcher Weise eingerichtet denken, dass die von Ds_1 nach Ds gehende Linie r zu Anfang des Zeitelements dt gegen die drei Axen ξ, η, ζ unter gleichen Winkeln geneigt ist. Nach wie vor sollen aber die Bewegungen der beiden Objecte Ds und (Ds_1, ξ, η, ζ) durchaus willkührlich bleiben, so dass also jene Gleichheit, welche zwischen den genannten Winkeln stattfindet zu Anfang der Zeit dt, verloren gehen wird im Verlaufe dieser Zeit.

Solches festgesetzt, wird $u^2 = v^2 = w^2 = \frac{1}{3}$ sein, und folglich:

$$(27.a)\qquad u = v = w = c, \qquad \text{wo } c = \frac{1}{\sqrt{3}}.$$

Hingegen werden du, dv, dw nach wie vor willkührlich sein, nur verbunden durch die bekannte Relation $udu + vdv + wdw = 0$. — Ferner nehmen alsdann die Relationen (18.) folgende Gestalt an

$$(27.b)\qquad \begin{aligned} \Theta &= c(\alpha + \beta + \gamma), \\ \Theta_1 &= c(\alpha_1 + \beta_1 + \gamma_1), \\ \mathsf{E} &= \alpha\alpha_1 + \beta\beta_1 + \gamma\gamma_1; \end{aligned}$$

und die Relationen (19.) folgende:

$$(27.c)\qquad \begin{aligned} d\Theta &= \alpha du + \beta dv + \gamma dw + c\,(d\alpha + d\beta + d\gamma), \\ d\Theta_1 &= \alpha_1 du + \beta_1 dv + \gamma_1 dw, \\ d\mathsf{E} &= \alpha_1 d\alpha + \beta_1 d\beta + \gamma_1 d\gamma, \\ 0 &= du + dv + dw, \\ 0 &= \alpha d\alpha + \beta d\beta + \gamma d\gamma, \\ d\Psi &= \alpha\alpha_1 du + \beta\beta_1 dv + \gamma\gamma_1 dw. \end{aligned}$$

Die hier hinzugefügte letzte Relation hat an und für sich, d. i. für die schon vorhandenen Differentiale keine Bedeutung; sie dient zur Definition eines neuen Differentiales $d\Psi$.

Vermittelst der sechs Relationen (27.c) können die sechs Differentiale du, dv, dw, $d\alpha$, $d\beta$, $d\gamma$ ausgedrückt werden durch die vier von einander unabhängigen Differentiale:

$$d\Theta,\ d\Theta_1,\ d\mathsf{E},\ d\Psi;$$

und diese letztern werden in die beiderlei Ausdrücke für $\mathfrak{E}dt$ also einzuführen sein, falls man die einzelnen Glieder dieser beiden Ausdrücke mit einander vergleichbar machen will. Zuvor indessen sind noch einige einfache Relationen zu entwickeln.

Mit Rücksicht auf (27.a, b, c) ergiebt sich nämlich aus (24.)

$$\begin{aligned} K^\xi &= \Theta \,.\, \mathsf{K}(r, c) + \alpha \,.\, \overset{\shortparallel}{\mathsf{K}}(r, c), \\ K^\eta &= \Theta \,.\, \mathsf{K}(r, c) + \beta \,.\, \overset{\shortparallel}{\mathsf{K}}(r, c), \\ K^\zeta &= \Theta \,.\, \mathsf{K}(r, c) + \gamma \,.\, \overset{\shortparallel}{\mathsf{K}}(r, c); \end{aligned}$$

und hieraus folgt, wiederum mit Rücksicht auf (27.a,b,c), sofort:

$$K^{\xi}\alpha_1 + K^{\eta}\beta_1 + K^{\zeta}\gamma_1 = \Theta\Theta_1 \frac{1}{c}\,\mathsf{K}(r,c) + \mathsf{E}\,.\,\overset{\shortparallel}{\mathsf{K}}(r,c).$$

Schreibt man also hiefür:

$$(28.\text{a}) \qquad K^{\xi}\alpha_1 + K^{\eta}\beta_1 + K^{\zeta}\gamma_1 = \varkappa\,\Theta\Theta_1 + \overset{\shortparallel}{\varkappa}\mathsf{E},$$

so werden $\varkappa$ und $\overset{\shortparallel}{\varkappa}$ (weil c die unveränderliche Zahl $\frac{1}{\sqrt{3}}$ repräsentirt) Functionen vorstellen, die lediglich von r abhängen.

Aus (24.) folgt ferner, immer mit Rücksicht auf (27.a,b,c):

$$M^{\xi} = \Theta\,.\,\mathsf{M}(r,c) + \alpha\,.\,\overset{\shortparallel}{\mathsf{M}}(r,c),$$
$$M^{\eta} = \Theta\,.\,\mathsf{M}(r,c) + \beta\,.\,\overset{\shortparallel}{\mathsf{M}}(r,c),$$
$$M^{\zeta} = \Theta\,.\,\mathsf{M}(r,c) + \gamma\,.\,\overset{\shortparallel}{\mathsf{M}}(r,c),$$

mithin:

$$(28.\text{b}) \quad M^{\xi}\alpha_1 du + M^{\eta}\beta_1 dv + M^{\zeta}\gamma_1 dw = \Theta\, d\Theta_1\,.\,\mathsf{M}(r,c) + d\Psi\,.\,\overset{\shortparallel}{\mathsf{M}}(r,c),$$
$$= \mu\,\Theta\, d\Theta_1 + \overset{\shortparallel}{\mu}\, d\Psi,$$

wo alsdann μ, $\overset{\shortparallel}{\mu}$ wiederum lediglich von r abhängen.

Sodann ergiebt sich aus (24.) mit Rücksicht auf (27.a,b,c):

$$O^{\xi} = \Theta\,.\,\Omega(r,c) + \alpha\,.\,\overset{\shortparallel}{\Omega}(r,c),$$
$$O^{\eta} = \Theta\,.\,\Omega(r,c) + \beta\,.\,\overset{\shortparallel}{\Omega}(r,c),$$
$$O^{\zeta} = \Theta\,.\,\Omega(r,c) + \gamma\,.\,\overset{\shortparallel}{\Omega}(r,c),$$

und folglich:

$$(28.\text{c}) \quad O^{\xi}\alpha_1 + O^{\eta}\beta_1 + O^{\zeta}\gamma_1 = \Theta\Theta_1 \frac{1}{c}\,\Omega(r,c) + \mathsf{E}\,.\,\overset{\shortparallel}{\Omega}(r,c),$$
$$= \omega\,\Theta\Theta_1 + \overset{\shortparallel}{\omega}\,\mathsf{E},$$

wo ω, $\overset{\shortparallel}{\omega}$ nur noch von r abhängen.

Ferner folgt aus (24.) mit Rücksicht auf (27.a,b,c):

$$L^{\xi} = L^{\eta} = L^{\zeta} = \Lambda(r,c),$$

mithin:

$$(28.\text{d}) \qquad L^{\xi}\alpha_1 + L^{\eta}\beta_1 + L^{\zeta}\gamma_1 = \Theta_1 \frac{1}{c}\,\Lambda(r,c),$$
$$= \lambda\,\Theta_1,$$

wo λ nur r enthält.

Schliesslich folgt aus (24.) mit Rücksicht auf (27.a,b,c):

$$N^{\xi} = N^{\eta} = N^{\zeta} = \mathsf{N}(r,c),$$

und also:

$$(28.\text{e}) \quad N^{\xi}\alpha_1 d\alpha + N^{\eta}\beta_1 d\beta + N^{\zeta}\gamma_1 d\gamma = d\mathsf{E}\,.\,\mathsf{N}(r,c),$$
$$= \nu\, d\mathsf{E},$$

wo ν eine nur von r abhängende Function vorstellt.

Wenden wir uns nun endlich zu den beiden mit einander zu vergleichenden Ausdrücken. Der eine derselben (20.) lautet

$$(29.)\quad \mathfrak{E}dt = \mathrm{D}s_1 \,.\, J_1 (K dr + L d\Theta + M d\Theta_1 + N d\mathsf{E}) + \mathrm{D}s_1 \,.\, (dJ_1) O;$$

während der andere (26.) unter Rücksicht auf (28. a, b, c, d, e) in folgender Weise sich darstellt:

$$(30.)\quad \mathfrak{E}dt = \mathrm{D}s_1 \,.\, J_1 \begin{Bmatrix} (\varkappa\Theta\Theta_1 + \overset{''}{\varkappa}\mathsf{E})dr + \mu\Theta d\Theta_1 + \overset{''}{\mu} d\Psi \\ + \lambda\Theta_1 d\Theta + \nu d\mathsf{E} \end{Bmatrix} + \mathrm{D}s_1 \,.\, (dJ_1)(\omega\Theta\Theta_1 + \overset{''}{\omega}\mathsf{E}).$$

Beide Ausdrücke (29.) und (30.) sind bezogen auf die von einander unabhängigen Differentiale:

$$dr,\ d\Theta,\ d\Theta_1,\ d\mathsf{E},\ d\Psi,\ dJ_1.$$

Aus der Identität der beiden Ausdrücke folgt also, dass die diesen Differentialen entsprechenden Glieder einzeln einander gleich sein müssen. Somit erhält man die Relationen:

$$(31.)\quad \begin{aligned} K &= \varkappa\Theta\Theta_1 + \overset{''}{\varkappa}\mathsf{E}, & L &= \lambda\Theta_1, \\ M &= \mu\Theta, & N &= \nu, \\ O &= \omega\Theta\Theta_1 + \overset{''}{\omega}\mathsf{E}, \end{aligned}$$

und ausserdem [durch Vergleichung der mit $d\Psi$ behafteten Glieder] die Relation: $\overset{''}{\mu} = 0$.

Durch Substitution der Werthe (31.) in die Formel (29.) folgt:

$$(32.)\quad \mathfrak{E}dt = \mathrm{D}s_1 \,.\, J_1 [(\varkappa\Theta\Theta_1 + \overset{''}{\varkappa}\mathsf{E})dr + \lambda\Theta_1 d\Theta + \mu\Theta d\Theta_1 + \nu d\mathsf{E}] + \mathrm{D}s_1 \,.\, (dJ_1)(\omega\Theta\Theta_1 + \overset{''}{\omega}\mathsf{E}).$$

Die elektromotorische Kraft $\mathfrak{E}dt$ ist diejenige, welche von dem Stromelement $J_1 \mathrm{D}s_1$ hervorgebracht wird im Drahtelemente Ds. Ob in diesem Drahtelement Ds schon von Hause aus irgend welcher elektrischer Strom vorhanden ist, oder nicht, bleibt gleichgültig. Denn zufolge unserer Hypothese (1.) ist die inducirte elektromotorische Kraft völlig unabhängig von denjenigen elektrischen Processen, welche in dem inducirten Körper, respective in dem inducirten Drahtelement stattfinden. Demgemäss können wir das vorläufig erhaltene Resultat unserer Untersuchung so aussprechen:

Befinden sich zwei Stromelemente JDs und J_1Ds_1 in irgend welcher Bewegung, und die in ihnen vorhandenen Stromstärken J und J_1 in irgend welchem Zustande der Veränderung, so wird die während eines gegebenen Zeitelementes dt von J_1Ds_1 in irgend einem Puncte des Elementes JDs, und zwar in der Richtung dieses Elementes. hervorgebrachte elektromotorische Kraft eldy. Us $\mathfrak{E}dt$ den Werth besitzen:

$$(33.)\quad \mathfrak{E}dt = Ds_1 \,.\, J_1\,[(\varkappa\Theta\Theta_1 + \overset{\shortparallel}{\varkappa}\mathsf{E})\,dr + \lambda\Theta_1 d\Theta + \mu\Theta d\Theta_1 + \nu d\mathsf{E}] + Ds_1\,(dJ_1)(\omega\Theta\Theta_1 + \overset{\shortparallel}{\omega}\mathsf{E}),$$

wo durch die Charakteristik d diejenigen Aenderungen angedeutet sein sollen, welche stattfinden während des gegebenen Zeitelementes dt.

Hier haben $r, \Theta, \Theta_1, \mathsf{E}$ dieselben Bedeutungen wie im Ampère'schen Gesetz (pag. 44); während $\varkappa, \overset{\shortparallel}{\varkappa}, \lambda, \mu, \nu, \omega, \overset{\shortparallel}{\omega}$ **sieben** noch unbekannte Functionen von r vorstellen.

Es handelt sich nun um die Ermittelung dieser sieben Functionen. Hiebei wird uns einerseits das allgemeine Axiom der lebendigen Kraft, andererseits aber auch die bisher noch unbenutzt gebliebene vierte Hypothese (pag. 113) zu Statten kommen.

§. 20. Genauere Feststellung des Elementargesetzes, gestützt auf das Axiom der lebendigen Kraft. — Erste Methode.

Wir wollen das genannte Axiom in Anwendung bringen auf die aufeinanderfolgenden Zustände eines gewissen gegebenen materiellen Systems, unter der Voraussetzung, dasselbe werde in constanter Temperatur erhalten, und die von Aussen her einwirkenden Kräfte seien sämmtlich ordinärer Natur.

Das System bestehe aus beliebig vielen von isolirenden Hüllen umschlossenen starren und homogenen*) Drahtringen $A, B, C, \ldots$ und aus der in ihnen enthaltenen elektrischen Materie. Die räumliche Lage eines jeden Ringes sei analytisch ausgedrückt durch sechs Parameter, und diese Parameter mögen für alle Ringe zusammengenommen bezeichnet sein mit $\pi', \pi'', \ldots$.

In einem gegebenen Augenblick t^0 sei der Zustand des Systemes $A, B, C, \ldots$ willkührlich gegeben, sowohl hinsichtlich der räumlichen Lagen und Geschwindigkeiten, als auch hinsichtlich der elektrischen Ladungen und Strömungen. Es sollen also zur Zeit t^0 die Grössen $\pi', \pi'', \ldots, \frac{d\pi'}{dt}, \frac{d\pi''}{dt}, \ldots$ beliebige Werthe besitzen; und ebenso sollen zu jener Zeit auch die Dichtigkeiten E der elektrischen Ladungen**) und die Intensitäten J der elektrischen Ströme gegeben

---

*) Man vergl. die Bemerkung auf pag. 34.

**) Bezeichnet man für irgend einen der Ringe $A, B, C, \ldots$ ein unendlich kleines Element (seiner Länge nach) mit Ds, so wird die in diesem Element zur Zeit t vorhandene Elektricitätsmenge proportional mit Ds, folglich gleich EDs zu setzen sein. Der Factor E soll kurzweg die Dichtigkeit der in dem Element vorhandenen elektrischen Ladung genannt werden.

sein als beliebige Functionen der Bogenlängen. — Dieser Zustand mag kurzweg der Anfangszustand, und t^0 der Augenblick des Anfangszustandes genannt werden.

Vom Augenblick t^0 an sei das System, abgesehen von irgend welchen (an Fäden wirkenden) äusseren Zugkräften sich selber *) überlassen. Auch sei vorausgesetzt, dasselbe bleibe durch geeignete (von Augenblick zu Augenblick erfolgende) Wärmeableitungen in constanter Temperatur erhalten.

Nach dem allgemeinen Axiom der lebendigen Kraft (oder vielmehr nach einem daraus abgeleiteten Satze, pag. 33) muss alsdann diejenige Quantität von lebendiger Kraft und Wärme

(1.) $$(dT + dQ)_{\text{eldy. Us}},$$

welche das System $A, B, C, \ldots$ während eines beliebigen Zeitelementes dt, vermöge seiner Kräfte eldy. Us, in sich selber hervorruft, das vollständige Differential irgend einer unbekannten Function sein, welche lediglich abhängen darf von der augenblicklichen Beschaffenheit des Systems.

Der analytische Ausdruck einer solchen Function wird lediglich zusammengesetzt sein aus denjenigen Grössen, welche der augenblicklichen Beschaffenheit des Systems angehören. Diese Grössen aber zerfallen in zweierlei Gattungen. Die einen sind constant, nämlich im augenblicklichen Zustande des Systems von genau denselben Werthen wie in allen übrigen; die andern sind variabel, und haben also im Allgemeinen im augenblicklichen Zustande andere Werthe, als früher oder später. Die erstern mögen die charakteristischen Constanten, die letztern die charakteristischen Variablen des Systems genannt werden.

Zu den charakteristischen Constanten des Systems $A, B, C, \ldots$ gehören die räumlichen Dimensionen, überhaupt alle Constanten, durch welche die Figuren und Querschnitte der einzelnen Ringe sich ausdrücken, ferner die Dichtigkeiten der ponderablen Massen, ferner die Quantitäten freier Elektricität, mit denen die (von isolirenden Hüllen

---

*) Da die Ringe $A, B, C, \ldots$ homogen sind, und von Aussen her keinerlei elektromotorische Kräfte einwirken, so werden bekanntlich die zu Anfang vorhandenen Stromintensitäten J binnen einer äusserst kurzen Zeit erlöschen, falls die Bewegungen der Ringe von mässiger Stärke sind. Somit sind wir in der unangenehmen Lage, entweder die Zeitdauer der betrachteten Processe uns als eine ungemein kurze denken zu müssen, oder annehmen zu müssen, dass die Ringe (etwa in Folge ihrer anfänglichen Geschwindigkeiten) in äusserst rapiden Bewegungen sich befinden.

Doch sei sogleich bemerkt, dass diese Unannehmlichkeit vollständig fortfällt bei derjenigen zweiten Methode, von welcher im nächstfolgenden §. die Rede sein wird.

umschlossenen) Ringe von Hause aus beladen sind, ferner die Leitungsfähigkeiten der Ringe, u. s. w. — Auch gehört zu denselben diejenige constante Temperatur, in welcher das System (zufolge der gemachten Voraussetzung) fortdauernd erhalten bleibt.

Andererseits sind zu den charakteristischen Variablen des Systems zu rechnen die Parameter π, die elektrischen Dichtigkeiten E, die elektrischen Stromstärken J, ferner vielleicht auch irgend welche nach der Zeit gebildeten Differentialquotienten der π, E, J; u. s. w.

Solches vorangeschickt, können wir also sagen:

(2.) .... „Die in (1.) angegebene Quantität $(dT + dQ)_{\text{eldy. Us}}$ „muss das vollständige Differential irgend einer unbekannten Function „sein, deren analytischer Ausdruck lediglich zusammengesetzt sein darf „aus den charakteristischen Constanten und aus den charakteristischen „Variablen des gegebenen Systems."

Es muss mithin jene Function z. B. unabhängig sein von den auf das System einwirkenden äusseren Zugkräften.

Um aus diesem Satze den gehörigen Gewinn zu ziehen, mag zunächst die in (1.) genannte Quantität, ihrem analytischen Ausdrucke nach, näher bestimmt werden. Zu diesem Zwecke seien folgende Bezeichnungen eingeführt:

- Ds_0 und Ds_1 irgend zwei Bogenelemente der Ringe $A, B, C, \ldots$;
- r ihre gegenseitige Entfernung;
- $\Theta_0, \Theta_1, \mathsf{E}$ die im Ampère'schen Gesetz (pag. 44) auftretenden Cosinus;
- x_0, y_0, z_0 und x_1, y_1, z_1 die Coordinaten der beiden Elemente;
- J_0 und J_1 ihre Stromstärken;
- R die (repulsiv gerechnete) ponderomotorische Kraft eldy. Us, welche nach dem Ampère'schen Gesetz Ds_1 auf Ds_0 ausübt;
- $X_0{}', Y_0{}', Z_0{}'$ die rechtwinkligen Componenten dieser Kraft;
- $\mathfrak{E}_0{}'dt$ diejenige elektromotorische Kraft eldy. Us, welche von Ds_1 während der Zeit dt hervorgebracht wird in irgend einem Puncte des Elementes Ds_0, und zwar in der Richtung dieses Elementes;
- d die Charakteristik für diejenigen Aenderungen, welche stattfinden während der Zeit dt.

Alsdann ergeben sich sofort die Formeln:

$$(3.a)\quad (dT_0{}')_{\text{eldy. Us}} = X_0{}'dx_0 + Y_0{}'dy_0 + Z_0{}'dz_0,$$
$$= R\,\frac{(x_0 - x_1)\,dx_0 + (y_0 - y_1)\,dy_0 + (z_0 - z_1)\,dz_0}{r},$$

$$(3.b)\quad (dQ_0{}')_{\text{eldy. Us}} = J_0\,Ds_0\,\mathfrak{E}_0{}'\,dt,$$

wo*) die linken Seiten diejenigen Quantitäten von lebendiger Kraft und Wärme vorstellen, welche, vermöge der Kräfte eldy. Us, von Ds_1 während der Zeit dt hervorgerufen werden in Ds_0.

Die Kräfte R und $\mathfrak{E}_0{}^1 dt$ lassen sich, unter Benutzung des Ampère'schen Gesetzes (pag. 44) und des im vorhergehenden §. entwickelten Gesetzes (pag. 122), in folgender Weise darstellen:

(4.a) $R = J_0 Ds_0 \,.\, J_1 Ds_1 \,.\, \mathsf{P}$,

(4.b) $\mathfrak{E}_0{}^1 dt = J_1 Ds_1 . [\mathsf{K} dr + \lambda \Theta_1 d\Theta_0 + \mu \Theta_0 d\Theta_1 + \nu d\mathsf{E}] + (dJ_1) Ds_1 . \Omega$,

wo P, K, Ω zur Abkürzung stehen für die Ausdrücke

$$(5.)\qquad \begin{aligned} \mathsf{P} &= \varrho\, \Theta_0 \Theta_1 + \overset{\shortparallel}{\varrho}\, \mathsf{E}, \\ \mathsf{K} &= \varkappa\, \Theta_0 \Theta_1 + \overset{\shortparallel}{\varkappa}\, \mathsf{E}, \\ \Omega &= \omega \Theta_0 \Theta_1 + \overset{\shortparallel}{\omega} \mathsf{E}, \end{aligned}$$

während gleichzeitig ϱ, $\overset{\shortparallel}{\varrho}$, $\varkappa$, $\overset{\shortparallel}{\varkappa}$, ω, $\overset{\shortparallel}{\omega}$ und λ, μ, ν Functionen sind, die lediglich von r abhängen. — Durch Substitution der Werthe (4.a,b) in (3.a,b) folgt:

$$(6.a)\quad (dT_0{}^1)_{\text{eldy. Us}} = Ds_0 Ds_1 \,.\, J_0 J_1\, \mathsf{P}\, \frac{(x_0 - x_1)\, dx_0 + (y_0 - y_1)\, dy_0 + (z_0 - z_1)\, dz_0}{r},$$

$$(6.b)\quad (dQ_0{}^1)_{\text{eldy. Us}} = Ds_0 Ds_1 \,.\, J_0 J_1 [\mathsf{K} dr + \lambda \Theta_1 d\Theta_0 + \mu \Theta_0 d\Theta_1 + \nu d\mathsf{E}] + Ds_0 Ds_1 \,.\, J_0 (dJ_1)\, \Omega.$$

Analoge Formeln werden offenbar sich ergeben, wenn man umgekehrt die Einwirkung von Ds_0 auf Ds_1 in Betracht zieht. Addirt man diese analogen Formeln zu den schon vorhandenen (6.a,b), so folgt:

$$(7.a)\quad (dT_0{}^1 + dT_1{}^0)_{\text{eldy. Us}} = Ds_0 Ds_1 \,.\, J_0 J_1\, \mathsf{P}\, dr,$$

$$(7.b)\quad (dQ_0{}^1 + dQ_1{}^0)_{\text{eldy. Us}} = Ds_0 Ds_1 \,.\, J_0 J_1 [2\mathsf{K} dr + (\lambda + \mu)\, d(\Theta_0 \Theta_1) + 2\nu d\mathsf{E}] + Ds_0 Ds_1 \,.\, \Omega\, d(J_0 J_1).$$

Hieraus aber folgt weiter:

$$(8.)\quad (dT_0{}^1 + dT_1{}^0 + dQ_0{}^1 + dQ_1{}^0)_{\text{eldy. Us}} = Ds_0 Ds_1 [d(J_0 J_1 \Omega) + J_0 J_1 \mathsf{Y}],$$

wo Y die Bedeutung hat:

$$(9.)\quad \mathsf{Y} = (2\mathsf{K} + \mathsf{P})\, dr + (\lambda + \mu)\, d(\Theta_0 \Theta_1) + 2\nu d\mathsf{E} - d\Omega.$$

Dieser Ausdruck Y erlangt übrigens, wie sofort bemerkt sein mag, durch Substitution der Werthe (5.) die einfachere Gestalt:

$$(10.)\quad \mathsf{Y} = (\alpha \Theta_0 \Theta_1 + \beta \mathsf{E})\, dr + \gamma\, d(\Theta_0 \Theta_1) + \delta\, d\mathsf{E},$$

wo alsdann unter α, β, γ, δ folgende lediglich von r abhängende Functionen zu verstehen sind:

---

*) Die Formel (3.b) wurde bereits früher abgeleitet, auf pag. 105. Ebenso ist auch Formel (3.a), allerdings in etwas anderer Gestalt, schon früher besprochen worden, pag. 51.

$$(11.)\qquad \begin{aligned} \alpha &= (2\varkappa + \varrho) - \frac{d\omega}{dr}, & \gamma &= (\lambda + \mu) - \omega, \\ \beta &= (2\overset{\shortparallel}{\varkappa} + \overset{\shortparallel}{\varrho}) - \frac{d\overset{\shortparallel}{\omega}}{dr}, & \delta &= 2\nu - \overset{\shortparallel}{\omega}. \end{aligned}$$

Summirt man die Formel (8.) über sämmtliche Elementenpaare Ds_0, Ds_1 des gegebenen Systemes $A, B, C, \ldots$ (jedes Paar immer nur einmal genommen), so erhält man:

$$(12.)\qquad (dT + dQ)_{\text{eldy. Us}} = \tfrac{1}{2}\Sigma\Sigma\; Ds_0\, Ds_1\, [d\,(J_0 J_1 \Omega) + J_0 J_1 \Upsilon].$$

Hier repräsentirt die linke Seite die zu berechnende Quantität (1.), nämlich diejenige Quantität von lebendiger Kraft und Wärme, welche das gegebene System $A, B, C, \ldots$, vermöge der in ihm vorhandenen Kräfte eldy. Us, während der Zeit dt in sich selber hervorbringt. Auf der rechten Seite ist die Operation $\Sigma\Sigma$ der Art ausgeführt zu denken, dass zunächst bei festgehaltenem Ds_0 summirt ist über alle Elemente Ds_1 des Systemes, hierauf aber der so erhaltene Ausdruck von Neuem summirt ist über alle Elemente Ds_0 des Systemes*); so dass also jedwedes Elementenpaar Ds_0, Ds_1 im Ausdruck $\Sigma\Sigma$ doppelt vorkommt, mithin nur einmal vorkommt im Ausdruck $\frac{1}{2}\Sigma\Sigma$.

Uebrigens kann die Formel (12.), weil die Ringe $A, B, C, \ldots$ nach unserer Voraussetzung starr, also ohne Gleitstellen sind, auch so dargestellt werden:

$$(13.)\qquad (dT + dQ)_{\text{eldy. Us}} = d\,\{\tfrac{1}{2}\,\Sigma\Sigma\,[Ds_0\, Ds_1\, J_0 J_1 \Omega]\} + U,$$

wo alsdann U, mit Rücksicht auf (10.), die Bedeutung hat:

$$(14.)\qquad U = \tfrac{1}{2}\,\Sigma\Sigma\,[Ds_0 Ds_1 J_0 J_1 ((\alpha\Theta_0\Theta_1 + \beta\mathsf{E})dr + \gamma d(\Theta_0\Theta_1) + \delta d\mathsf{E})].$$

Die $\alpha, \beta, \gamma, \delta$ hängen nur von r ab [vergl. (11.)]; der irgend zwei Elementen Ds_0, Ds_1 zugehörige Ausdruck

$$(15.)\qquad (\alpha\Theta_0\Theta_1 + \beta\mathsf{E})\,dr + \gamma\,d\,(\Theta_0\Theta_1) + \delta\,d\mathsf{E}$$

muss daher darstellbar sein durch die Bogenlängen s_0, s_1 der beiden Elemente, ferner durch die Parameter $\pi', \pi'', \ldots$, und endlich durch diejenigen Aenderungen $d\pi', d\pi'', \ldots$, welche diese Parameter erfahren während des betrachteten Zeitelementes dt. Mit andern Worten: Jener Ausdruck (15.) muss sich umgestalten lassen in

$$(16.\text{a})\qquad (\alpha\Theta_0\Theta_1 + \beta\mathsf{E})dr + \gamma d(\Theta_0\Theta_1) + \delta d\mathsf{E} = \Pi' d\pi' + \Pi'' d\pi'' + \cdots,$$

wo alsdann die Π lediglich abhängen von s_0, s_1 und den Parametern π, was angedeutet sein mag durch:

$$(16.\text{b})\qquad \Pi^{(n)} = \Pi^{(n)}\,(s_0, s_1, \pi', \pi'', \ldots).$$

---

*) Das Zeichen $\Sigma\Sigma$ ist also genau in derselben Bedeutung hier gebraucht, welche früher (Note auf pag. 23) festgesetzt wurde.

Vermöge dieser Umgestaltung (16.a, b) gewinnt nun der Ausdruck U (14.) folgendes Aussehen:

$$(17.a) \qquad U = V'd\pi' + V''d\pi'' + \cdots,$$

wo die V dargestellt sind durch die Integrale:

$$(17.b) \qquad V^{(n)} = \tfrac{1}{2}\,\Sigma\Sigma\,[\mathrm{D}s_0\,\mathrm{D}s_1\,J_0 J_1\,\Pi^{(n)}].$$

Nach dem Satze (2.) muss die Quantität $(dT + dQ)_{\text{eldy. U}}$ ein vollständiges Differential sein. Gleiches muss daher gelten von dem in (13.) für jene Quantität gefundenen Werthe, und also auch gelten von dem letzten Term U dieses Werthes. Der Term U (14.) enthält die variablen Grössen J, nicht aber die dJ. Folglich kann derselbe jener Anforderung, ein vollständiges Differential zu sein, nur dadurch entsprechen, dass er identisch verschwindet. Hieraus folgt dann aber weiter, dass die in dem Term U (14.) enthaltenen Functionen $\alpha, \beta, \gamma, \delta$ ebenfalls identisch Null sind. — Eine solche Schlussweise würde allerdings sehr kurz, aber auch sehr wenig überzeugend *) sein. Wir werden daher zur Erreichung des eben angedeuteten Zieles einen etwas längeren Weg einschlagen, der jedoch hinsichtlich seiner Strenge Nichts zu wünschen übrig lassen dürfte.

Nach dem Satze (2.) muss die Quantität $(dT + dQ)_{\text{eldy. U}}$ das vollständige Differential irgend einer unbekannten Function sein, deren analytischer Ausdruck lediglich zusammengesetzt sein darf aus den charakteristischen Constanten und den charakteristischen Variablen des betrachteten Systemes $A, B, C, \ldots$. Gleiches muss daher, nach (13.), auch gelten vom Terme U; es muss also

$$(18.) \qquad U = df$$

sein, wo f eine noch unbekannte Function bezeichnet, deren analytischer Ausdruck lediglich zusammengesetzt sein darf aus den charakteristischen Constanten und charakteristischen Variablen des gegebenen Systemes. Aus (17.) und (18.) ergiebt sich aber die Formel:

$$(19.) \qquad df = V'd\pi' + V''d\pi'' + \cdots,$$

welche zeigt, dass in f keine andern Variablen enthalten sein können als die Parameter π. Somit darf also der analytische Ausdruck

---

*) Die in den Integralen V (17.b) enthaltenen J können angesehen werden als unbekannte Functionen der Bogenlängen und der Zeit; während andererseits die Π abhängen von den Bogenlängen und von den π. Möglicherweise könnten nun jene unbekannten Functionen J von solcher Beschaffenheit sein, dass die Integrale V ihrerseits von der Zeit unabhängig, also nur noch abhängig von den π sind. Dann aber würde U (17.a), auch ohne zu verschwinden, ein vollständiges Differential sein.

von f lediglich zusammengesetzt sein aus den charakteristischen Constanten des gegebenen Systemes und aus den Parametern π. Gleiches gilt offenbar von den V; denn nach (19.) ist

$$V' = \frac{\partial f}{\partial \pi'}, \quad V'' = \frac{\partial f}{\partial \pi''}, \ldots .$$

(20.) .... „Bezeichnet man also die charakteristischen Constanten „des gegebenen Systemes mit $c', c'', \ldots$, so werden die in

$$U = V' d\pi' + V'' d\pi'' + \cdots$$

„enthaltenen Functionen V von folgender Gestalt sein:

$$V^{(n)} = V^{(n)}(c', c'', \ldots, \pi', \pi'', \ldots);$$

„dass heisst, die c sind die einzigen Constanten, und die π die „einzigen Variablen, welche in diesen V überhaupt enthalten sein „können."

Wir stellen uns nun die Aufgabe, die Functionen V wirklich zu bestimmen für irgend eine specielle Lage des gegebenen Systemes $A, B, C, \ldots$, d. h. für diejenigen speciellen Werthe $p', p'', \ldots$, welche die Parameter $\pi', \pi'', \ldots$ bei jener speciellen Lage annehmen.

Die Functionen V sind nach (20.) unabhängig von den auf das System (an irgend welchen Fäden) einwirkenden äusseren Zugkräften. Sollten also diese Kräfte etwa von Hause aus in irgend welcher Weise (etwa als Functionen der Zeit) gegeben sein, so werden wir trotzdem dieselben von Augenblick zu Augenblick ganz nach unserm Gefallen abändern dürfen, ohne dass dadurch irgend welche Aenderungen eintreten in der Beschaffenheit der Functionen V. Um nun die Werthe dieser V für die specielle Lage p (d. h. für die Parameter p) zu ermitteln, wollen wir jene äusseren Zugkräfte von Augenblick zu Augenblick in solcher Weise uns regulirt denken, dass das System $A, B, C, \ldots$, nachdem es von seinem gegebenen Anfangszustande aus beliebig lange Zeit andere und andere Zustände durchlaufen hat, allmählig mit mehr und mehr abnehmender Geschwindigkeit der gegebenen Lage p sich nähert, endlich mit der Geschwindigkeit Null in diese Lage hineingelangt, und sodann in derselben festgehalten wird. Denken wir uns diese Fixirung des Systemes (welche ebenfalls durch passende Regulirung der äusseren Zugkräfte zu bewirken ist) unendlich lange Zeit andauernd, so werden die in dem System vorhandenen Stromstärken J (wie aus experimentellen Ergebnissen mit Sicherheit geschlossen werden kann) schwächer und schwächer werden, und schliesslich erlöschen. In demselben Augenblick aber, wo die J erlöschen, in demselben Augenblick verschwinden, nach (17.b), auch die V. Somit sind wir also zu der Einsicht gelangt, dass die Functionen V für die specielle Lage p, unter gewissen Umständen und zu einer gewissen Zeit, Null sind. Hieraus aber folgt, mit Rücksicht auf (20.), sofort, dass sie für jene Lage p immer*) Null sind. Die Lage p war aber beliebig gewählt; folglich gilt Gleiches auch für jede andere Lage π des Systemes. Wir können also sagen:

(21.) .... „Die in (20.) genannten Functionen V', V'', ... sind „identisch Null, und der dort angegebene Ausdruck U also ebenfalls „identisch Null."

Solches erkannt, können wir nunmehr endlich den eigentlichen Faden unserer Untersuchung weiter verfolgen. Substituiren wir zunächst in den Formeln (13.), (14.) für U den eben gefundenen Werth Null, und recapituliren wir dabei, was in Betreff dieser Formeln zu sagen ist, so werden wir uns etwa in folgender Weise auszudrücken haben.

(22.) .... „Wird ein System beliebig vieler homogener und „starrer Drahtringe $A, B, C, \ldots$ durch von Augenblick zu Augen„blick erfolgende Wärmeableitungen in constanter Temperatur erhalten, „ist ferner der Anfangszustand des Systemes, hinsichtlich seiner pon„derablen wie hinsichtlich seiner elektrischen Materie, in willkühr„licher Weise festgesetzt, und ist endlich das System, abgesehen „von jenen Wärmeableitungen und abgesehen von irgend welchen „(an Fäden wirkenden) äusseren Zugkräften, sich selber überlassen, so „werden vom Augenblick des Anfangszustandes ab fortdauernd die „Formeln gelten:

$$(dT + dQ)_{\text{eldy. Us}} = d\left\{\tfrac{1}{2}\Sigma\Sigma\,[\mathrm{D}s_0\,\mathrm{D}s_1\,J_0 J_1\,\Omega]\right\},$$

$$\Sigma\Sigma\,[\mathrm{D}s_0\,\mathrm{D}s_1\,J_0J_1\,((\alpha\Theta_0\Theta_1 + \beta\mathsf{E})\,dr + \gamma d(\Theta_0\Theta_1) + \delta\,d\mathsf{E})] = 0.$$

„Hier haben Ω und $\alpha, \beta, \gamma, \delta$ nach (5.), (11.), die Bedeutungen:

$$\Omega = \omega\,\Theta_0\Theta_1 + \overset{''}{\omega}\,\mathsf{E},$$

$$\alpha = (2\varkappa + \varrho) - \frac{d\omega}{dr}, \qquad \gamma = (\lambda + \mu) - \omega,$$

$$\beta = (2\overset{''}{\varkappa} + \overset{''}{\varrho}) - \frac{d\overset{''}{\omega}}{dr}, \qquad \delta = 2\nu - \overset{''}{\omega}.$$

„Ausserdem ist unter $(dT + dQ)_{\text{eldy. Us}}$ diejenige Quantität von leben„diger Kraft und Wärme zu verstehen, welche das gegebene System, „vermöge seiner Kräfte eldy. Us, während des betrachteten Zeitelemen„tes dt in sich selber hervorbringt."

Beiläufig folgt aus diesen Ergebnissen (22.), dass die von uns früher (pag. 21) mit $\mathfrak{F}_e$ bezeichnete Function dargestellt ist durch den Ausdruck:

---

*) Denn die gesuchten V sind nach (20.), ausser von den Constanten c', c'', ..., nur noch abhängig von der gegebenen Lage p (d. i. von den Parametern p', p'', ...). Ihre Werthe für diese Lage p sind also stets ein und dieselben.

$$(23.) \qquad (-1)\,\tfrac{1}{2}\,\Sigma\Sigma\,[Ds_0\,Ds_1\,J_0J_1\,\Omega],$$

dieser Ausdruck also zu bezeichnen sein wird als das elektrodynamische Postulat des gegebenen Systemes. Es repartirt sich nun aber dieser Ausdruck (23.), weil die J im Anfangszustande und folglich auch in späteren Zuständen ungleichförmig (d. i. Functionen der Bogenlängen) sind, in völlig bestimmter Weise auf die einzelnen Elementenpaare $Ds_0\,Ds_1$; und wir gelangen daher, unter Rücksicht darauf, dass jedes solches Paar in $\Sigma\Sigma$ doppelt, mithin in $\frac{1}{2}\,\Sigma\Sigma$ nur einmal*) vorkommt, zu folgendem Satz:

Das elektrodynamische Postulat irgend zweier elektrischer Stromelemente J_0Ds_0 und J_1Ds_1 besitzt den Werth:

$$(24.a) \qquad (-1)\,Ds_0\,Ds_1\,J_0J_1\,\Omega,$$

wo Ω die Bedeutung hat:

$$(24.b) \qquad \Omega = \omega\,\Theta_0\Theta_1 + \overset{\shortparallel}{\omega}\,\mathsf{E}.$$

Dabei sind unter r, Θ_0, Θ_1, E dieselben Grössen zu verstehen, wie im Ampère'schen Gesetz (pag. 44), ferner unter ω, $\overset{\shortparallel}{\omega}$ zwei noch unbekannte, lediglich von r abhängende Functionen.

Von hervorragender Wichtigkeit ist ein anderes in (22.) zu Tage getretenes Ergebniss. Wir sehen nämlich aus (22.), dass die Summe

$$(25.) \quad \Sigma\Sigma\left[Ds_0Ds_1\,J_0J_1\left((\alpha\,\Theta_0\Theta_1 + \beta\mathsf{E})\frac{dr}{dt} + \gamma\,\frac{d(\Theta_0\Theta_1)}{dt} + \delta\,\frac{d\mathsf{E}}{dt}\right)\right]$$

in jedem Augenblick Null sein muss, also auch Null sein muss zur Zeit t^0 des willkührlich gegebenen Anfangszustandes. Zu jener Zeit t^0 waren aber die J willkührlich gegebene Functionen der Bogenlängen. Somit folgt, dass der unter dem Summenzeichen stehende Ausdruck

$$(26.) \qquad (\alpha\Theta_0\Theta_1 + \beta\mathsf{E})\frac{dr}{dt} + \gamma\,\frac{d(\Theta_0\Theta_1)}{dt} + \delta\,\frac{d\mathsf{E}}{dt}$$

zu jener Zeit Null sein muss für jedes einzelne Elementenpaar Ds_0, Ds_1.

In diesem Ausdruck (26.) sind $\alpha, \beta, \gamma, \delta$ unbekannte Functionen von r. Andererseits sind r, Θ_0, Θ_1, E und $\frac{dr}{dt}, \frac{d\Theta_0}{dt}, \frac{d\Theta_1}{dt}, \frac{d\mathsf{E}}{dt}$ diejenigen acht Grössen, durch welche die relative Lage und relative Geschwindigkeit des betrachteten Elementenpaares Ds_0, Ds_1 sich bestimmt. Zur Zeit t^0 haben aber Ds_0, Ds_1 willkührlich gegebene Lagen und Geschwindigkeiten, mithin jene acht Grössen willkührlich gegebene

*) Vergl. die Note auf pag. 127.

Werthe. Aus dem Verschwinden des Ausdruckes (26.) zur Zeit t^0 folgt also, dass die Functionen $\alpha, \beta, \gamma, \delta$ einzeln Null sind, und zwar Null sind für jedes beliebige r; denn es gehört ja r ebenfalls zu jenen acht Grössen, die zur Zeit t^0 willkührliche Werthe besitzen.

Erinnert man sich also an die eigentlichen Bedeutungen von $\alpha, \beta, \gamma, \delta$ (22.), so gelangt man zu folgenden Formeln:

$$2\varkappa + \varrho = \frac{d\omega}{dr}, \qquad \lambda + \mu = \omega,$$

$$2\ddot{\varkappa} + \ddot{\varrho} = \frac{d\ddot{\omega}}{dr}, \qquad 2\nu = \ddot{\omega},$$

gültig für jedes beliebige r. Diese Formeln können auch so dargestellt werden:

$$(27.) \quad \begin{aligned} \varkappa &= \frac{1}{2}\left(\frac{d\omega}{dr} - \varrho\right), \qquad \lambda = \frac{1}{2}(\omega - \sigma), \qquad \mu = \frac{1}{2}(\omega + \sigma), \\ \ddot{\varkappa} &= \frac{1}{2}\left(\frac{d\ddot{\omega}}{dr} - \ddot{\varrho}\right), \qquad \nu = \frac{1}{2}\ddot{\omega}, \end{aligned}$$

wo alsdann σ eine neue unbekannte Function von r vorstellt.

Hinsichtlich der von uns benutzten Abkürzungen (pag. 126):

$$(28.) \quad \begin{aligned} \mathsf{P} &= \varrho\, \Theta_0\Theta_1 + \ddot{\varrho}\, \mathsf{E}, \\ \mathsf{K} &= \varkappa\, \Theta_0\Theta_1 + \ddot{\varkappa}\, \mathsf{E}, \\ \Omega &= \omega\, \Theta_0\Theta_1 + \ddot{\omega}\, \mathsf{E}, \end{aligned}$$

ergiebt sich nunmehr, unter Anwendung der für $\varkappa$, $\ddot{\varkappa}$ erhaltenen Werthe (27.), successive:

$$(29.) \quad \begin{aligned} 2\,\mathsf{K}\,dr &= \Theta_0\Theta_1 \,.\, 2\varkappa dr + \mathsf{E} \,.\, 2\ddot{\varkappa} dr, \\ &= [\Theta_0\Theta_1\, d\omega + \mathsf{E}\, d\ddot{\omega}] - \mathsf{P}\, dr, \\ &= (d\Omega - \mathsf{P}\, dr) - [\omega\, d(\Theta_0\Theta_1) + \ddot{\omega}\, d\mathsf{E}]. \end{aligned}$$

Ferner folgt, unter Anwendung der Werthe von λ, μ, ν (27.):

$$(30.) \quad \begin{aligned} 2(\lambda\, \Theta_1\, d\Theta_0 + \mu\, \Theta_0\, d\Theta_1 + \nu\, d\mathsf{E}) &= \omega\, d(\Theta_0\, \Theta_1) \\ &+ \sigma(\Theta_0\, d\Theta_1 - \Theta_1\, d\Theta_0) + \ddot{\omega}\, d\mathsf{E}. \end{aligned}$$

Endlich folgt durch Addition von (29.), (30.) sofort:

$$(31.) \quad \begin{aligned} 2(\mathsf{K}\, dr + \lambda\, \Theta_1\, d\Theta_0 + \mu\, \Theta_0\, d\Theta_1 + \nu\, d\mathsf{E}) &= \\ = (d\Omega - \mathsf{P}\, dr) + \sigma(\Theta_0\, d\Theta_1 - \Theta_1\, d\Theta_0). \end{aligned}$$

Hiedurch aber gewinnt die für die elektromotorische Kraft $\mathfrak{E}_0{}'\,dt$ geltende Formel (pag. 126) folgendes Aussehen:

$$(32.) \quad \mathfrak{E}_0{}'\,dt = J_1\, \mathsf{D}s_1\, \frac{(d\Omega - \mathsf{P}\,dr) + \sigma(\Theta_0\, d\Theta_1 - \Theta_1\, d\Theta_0)}{2} + (dJ_1)\,\mathsf{D}s_1\,\Omega.$$

Das im vorhergehenden §. in Betreff dieser elektromotorischen Kraft erhaltene Resultat (pag. 122) erlangt demnach gegenwärtig folgende bestimmtere Gestaltung.

Befinden sich zwei Stromelemente $J_0 Ds_0$ und $J_1 Ds_1$ in irgend welchem Zustande der Bewegung, und die in ihnen enthaltenen Stromstärken J_0 und J_1 in irgend welchem Zustande der Veränderung, so wird die während der Zeit dt von $J_1 Ds_1$ in irgend einem Punct des Elementes $J_0 Ds_0$, und zwar in der Richtung dieses Elementes, hervorgebrachte elektromotorische Kraft eldy. Us $\mathfrak{E}_0' dt$ den Werth besitzen:

$$\text{(33.a)}\quad \mathfrak{E}_0' dt = J_1 Ds_1 \left(d\Omega - \mathsf{P}\, dr + \sigma \frac{\Theta_0 d\Theta_1 - \Theta_1 d\Theta_0}{2} \right) + (dJ_1) Ds_1 \Omega ,$$

wo durch die Charakteristik d diejenigen Aenderungen angedeutet sind, welche stattfinden während der gegebenen Zeit dt.

Hier haben r, Θ_0, Θ_1, E, ebenso auch

$$\text{(33.b)}\qquad \mathsf{P} = \varrho\, \Theta_0\, \Theta_1 + \ddot{\varrho}\, \mathsf{E}$$

genau dieselben Bedeutungen, wie im Ampère'schen Gesetz (pag. 44). Andererseits hat Ω die Bedeutung:

$$\text{(33.c)}\qquad \Omega = \omega\, \Theta_0\, \Theta_1 + \ddot{\omega}\, \mathsf{E};$$

wobei hinzuzufügen ist, dass ω, $\ddot{\omega}$, und ebenso auch σ, lediglich von r abhängende Functionen sind, über deren Beschaffenheit aber bis jetzt noch nicht die mindeste Kenntniss erlangt ist.

Es sind also gegenwärtig noch drei unbekannte Functionen von r zu bestimmen, nämlich ω, $\ddot{\omega}$ und σ.

§. 21. Zweite Methode zur genaueren Feststellung des Elementargesetzes, ebenfalls gestützt auf das Axiom der lebendigen Kraft.

Diejenige Quantität von lebendiger Kraft und Wärme:

$$(dT + dQ)_{\text{eldy. Us}},$$

welche das betrachtete (in constanter Temperatur erhaltene) System A, B, C, . . ., vermöge seiner inneren elektrodynamischen Kräfte, binnen der Zeit dt in sich selber hervorbringt, muss das vollständige Differential irgend einer Function sein, welche lediglich abhängt von der augenblicklichen Beschaffenheit des Systemes.

(A.) . . . . „Dieser Satz gilt nicht nur dann, wenn die von Aussen „her auf das System einwirkenden Kräfte durchweg ordinären

„Ursprungs sind, sondern bleibt (wie bald gezeigt werden soll) „auch dann noch in Gültigkeit, wenn jene äusseren Kräfte theils or- „dinären, theils elektrostatischen, theils elektrodynami- „schen Ursprungs sind.“

Somit ergeben sich, was die Verfolgung unseres eigentlichen Zieles, nämlich die genauere Feststellung des den elektromotorischen Kräften eldy. Us zuzuschreibenden Elementargesetzes betrifft, zwei Methoden, von denen die eine ebenso wie die andere jenen Satz zur Basis hat.

(B. 1) .... Die **erste Methode** besteht darin, dass wir auf das System $A, B, C, \ldots$ von Aussen her nur ordinäre Kräfte einwirken lassen.

Diese Methode und die Resultate, zu denen sie hinleitet, sind im vorhergehenden §. exponirt worden.

(B. 2) .... Die **zweite Methode** besteht darin, dass wir auf das System $A, B, C, \ldots$ von Aussen her, ganz nach Belieben, theils ordinäre, theils elektrostatische, theils elektrodynamische Kräfte einwirken lassen.

Bei Anwendung dieser zweiten Methode werden also an den Ringen $A, B, C, \ldots$ nicht nur Fäden zu befestigen sein, an denen von Aussen her beliebig gezogen werden kann, sondern gleichzeitig werden, in der Nähe des Systemes $A, B, C, \ldots$, irgend welche Apparate (in Gang erhaltene Reibungs-Elektrisirmaschinen und geschlossene Galvanische Batterien) aufzustellen sein, so dass also die auf das System $A, B, C, \ldots$ von Aussen her influirenden Kräfte repräsentirt sind theils durch die an jenen Fäden wirkenden Zugkräfte, theils durch die von diesen Apparaten ausgehenden elektrostatischen und elektrodynamischen Kräfte *).

Da jener zu Anfang des gegenwärtigen §. von Neuem ausgesprochene Satz, welcher die Basis der ersten Methode bildet, zufolge der Behauptung (A.), in genau derselben Weise auch als Basis der zweiten Methode dienen kann, so erkennt man sofort, dass beide Methoden hinsichtlich ihrer analytischen Behandlung Schritt für Schritt identisch verlaufen, mithin auch identisch sein werden hinsichtlich ihrer Resultate.

Es bleibt somit nur noch übrig, die in (A.) ausgesprochene Behauptung zu rechtfertigen; und das soll im folgenden §. geschehen.

§. 22. Allgemeine Erörterungen über das Princip der lebendigen Kraft.

Bei diesen Erörterungen mögen der Reihe nach verschiedene Fälle

*) Die Unannehmlichkeiten, welche bei der ersten Methode hervortraten (Note, pag. 124), werden, wie man sieht, fortfallen bei Anwendung dieser zweiten Methode.

in Betracht gezogen werden, je nach Beschaffenheit des gegebenen materiellen Systems und je nach Beschaffenheit der vorhandenen äusseren Umstände.

Erster Fall.

„Das System besteht aus unveränderlichen ponderablen Massen„puncten, und die vorhandenen inneren Kräfte sind durchweg ordi„nären Ursprungs, analytisch also ausgedrückt*) durch irgend welche „Functionen der Entfernungen."

„Gleichzeitig stehen uns irgend welche ordinären Kräfte zur Ver„fügung, vermittelst deren wir von Aussen her in beliebiger Weise auf „das System einwirken können."

In diesem Falle sind nur ponderomotorische Kräfte vorhanden; und wir gelangen daher, auf Grund der bekannten Fundamentalgleichungen

$$(\alpha.) \qquad Mx'' = X, \quad My'' = Y, \quad Mz'' = Z$$

und durch bekannte Deductionen, zu dem Theorem:

$$(\beta.) \qquad dT + d\mathfrak{F} = dS.$$

Hier bezeichnet T die lebendige Kraft des Systemes, $\mathfrak{F}$ eine von der augenblicklichen Beschaffenheit des Systemes abhängende Function **), und dT, $d\mathfrak{F}$ diejenigen Zuwüchse, welche T, $\mathfrak{F}$ erfahren während der Zeit dt; andererseits repräsentirt dS diejenige Arbeit, welche während dieser Zeit dt auf das System ausgeübt worden ist speciell von den äusseren Kräften.

Die von ponderomotorischen Kräften ausgeübte Arbeit ist (vergl. pag. 12) nichts Anderes, als das von denselben hervorgebrachte Quantum lebendiger Kraft. Bezeichnet man also die inneren Kräfte des Systemes mit (J), und die von Aussen her einwirkenden mit (A), so wird, was die in $(\beta.)$ enthaltenen Quantitäten dT und dS betrifft, nicht nur die Zerlegung zu bemerken sein:

$$dT = (dT)_A + (dT)_J,$$

sondern gleichzeitig auch zu bemerken sein, dass

$$dS = (dT)_A$$

---

*) Die Kräfte ordinären Ursprungs sind diejenigen, welche den ponderablen Massen inhärent sind; diese Kräfte aber sollen, wie auf pag. 10 ausdrücklich angenommen wurde, nur von den Entfernungen abhängen.

**) Beispielsweise wird diese Function $\mathfrak{F}$, falls die innern Kräfte des Systems dem Newton'schen Anziehungsgesetz entsprechen, dargestellt sein durch:

$$\mathfrak{F} = -K \, . \, \Sigma\Sigma \, \frac{MM'}{r},$$

wo unter M, M' irgend zwei Massenpuncte des Systems zu verstehen sind, unter r ihre gegenseitige Entfernung, endlich unter K eine Constante.

ist. Dabei sind selbstverständlich unter $(dT)_A$ und $(dT)_J$ diejenigen Quanta lebendiger Kraft zu verstehen, welche im gegebenen Systeme während der Zeit dt hervorgerufen werden speciell durch die äussern, und speciell durch die innern Kräfte. Die Formel (β.) kann daher auch so geschrieben werden:

$$(\gamma.) \qquad (dT)_A + (dT)_J + d\mathfrak{F} = (dT)_A,$$

oder auch so:

$$(\delta.) \qquad (dT)_J + d\mathfrak{F} = 0.$$

In dem hier betrachteten ersten Falle haben wir ein materielles System vor uns, welches — mag es in der Natur existiren oder nicht — seiner Beschaffenheit nach bestimmten mathematischen Definitionen unterworfen ist, und die gefundene, durch (β.) oder (γ.) oder (δ.) dargestellte Formel spiegelt nur wieder, was durch diese Definitionen von uns selber in das System hineingelegt war; denn sie entspringt aus diesen Definitionen durch streng mathematische Deductionen. Mit vollem Recht wird sie also zu bezeichnen sein als ein auf Grund dieser Definitionen sich ergebendes Theorem. — Dem gegenüber werden diejenigen Formeln, welche in den folgenden Fällen, von gewissen allgemeinen Gesichtspuncten aus, sich ergeben, als Axiome zu benennen sein.

Zweiter Fall.

„Das zu betrachtende materielle System ist von unbekannter Be„schaffenheit, nur sei vorausgesetzt*), dass sämmtliche in ihm vor„handenen inneren Kräfte theils ordinären, theils elektrostatischen, „theils elektrodynamischen Ursprungs sind."

„Es stehen uns zur Verfügung äussere Kräfte, die ebenfalls „ordinären, elektrostatischen und elektrodynamischen Ursprungs sind, „ferner äussere Wärmequellen, d. i. irgend welche Körper von „beliebigen Temperaturen. Wir können also diese äusseren Kräfte „und Wärmequellen in willkührlicher Weise auf das gegebene Sy„stem einwirken lassen, sodass wir durch die erstern irgend welche „Quanta von lebendiger Kraft und Wärme im Innern des Systems her„vorzubringen, andererseits durch Application der letztern irgend „welche (positiven oder negativen) Wärmequanta in das System hinein„zuleiten im Stande sind."

*) Hinsichtlich dieser Voraussetzung ist im Auge zu behalten, dass über die Kräfte ordinären, elektrostatischen und elektrodynamischen Ursprungs ein für alle Mal (pag. 10—18) gewisse Determinationen, z. B. gewisse (ponderomotorische und elektromotorische) Fundamentalgleichungen aufgestellt worden sind.

An diesen Determinationen soll, wo von Kräften ordinären, elektrostatischen und elektrodynamischen Ursprungs die Rede ist, durchweg festgehalten werden.

Um für lebendige Kraft und Wärme eine Collectivbenennung zu gewinnen, mag (nach dem Vorgange namhafter Physiker) erstere als kinetische, letztere als thermische Energie bezeichnet sein. Jene Quanta von lebendiger Kraft und Wärme, welche wir vermittelst der äusseren Kräfte im Systeme hervorrufen, und jene Wärmequanta, welche wir vermittelst der äusseren Wärmequellen in das System hineinleiten, können alsdann zusammengenommen bezeichnet werden als die dem System von Aussen her zugeführten Quanta von Energie.

Eine nähere Untersuchung über die Zustandsänderungen des gegebenen Systems anstellen zu wollen auf Grund der speciellen Beschaffenheit des Systems, ist unmöglich; denn diese specielle Beschaffenheit ist uns unbekannt. Ausführbar hingegen erscheint eine solche Untersuchung auf Grund gewisser universeller Ideen, welche durch die Arbeiten von S. Carnot, J. R. Mayer, Colding, Joule, Helmholtz, Clausius allmählig sich Bahn gebrochen, und (in Folge vielfältiger experimenteller Bestätigungen) allmählig einen hohen Grad von Wahrscheinlichkeit erlangt haben. Diese universellen Ideen, näher determinirt mit Bezug auf den vorliegenden Fall, dürften ihren Ausdruck finden in folgenden beiden Sätzen:

(a.) **Erster Grundsatz.** Dasjenige Quantum von kinetischer und thermischer Energie, welches dem gegebenen System von Aussen her zuzuführen ist, damit dasselbe, von einem gegebenen Anfangszustande aus, eine gegebene Reihe von Zuständen durchlaufe, ist lediglich abhängig von der Beschaffenheit dieser Zustände.

(b.) **Zweiter Grundsatz.** Dasjenige Quantum von kinetischer und thermischer Energie, welches dem System von Aussen her zuzuführen ist, damit dasselbe, von einem gegebenen Anfangszustande aus, irgend welche Reihe von Zuständen durchlaufe, schliesslich aber in jenen anfänglichen Zustand wieder zurückkehre, ist immer gleich Null.

Die charakteristischen Constanten und die charakteristischen Variablen*) des gegebenen Systems mögen benannt sein, die einen mit $c', c'', \ldots$, die andern mit $\alpha, \beta, \ldots$ Gegeben seien irgend zwei unendlich wenig von einander verschiedene Zustände $(\alpha, \beta, \ldots)$ und $(\alpha + d\alpha, \beta + d\beta, \ldots)$, mit einander verbunden durch die Zwi-

*) Es sollen diese Namen hier in dem Sinne verstanden werden, wie früher (pag. 124).

schenzustände $(\alpha + nd\alpha,\ \beta + nd\beta, \ldots)$, wo n eine von 0 bis 1 wachsende Zahl vorstellt.

Wir wollen annehmen, durch geeignete Verwenduug und Regulirung der uns zur Disposition stehenden äusseren Kräfte und Wärmequellen sei es möglich, das gegebene System zunächst in den Zustand $(\alpha, \beta, \ldots)$ zu versetzen, und sodann dasselbe aus diesem Zustande längs des Weges $(\alpha + nd\alpha,\ \beta + nd\beta, \ldots)$ übergehen zu lassen in den Zustand $(\alpha + d\alpha,\ \beta + d\beta, \ldots)$; zugleich sei $d\mathsf{E}$ dasjenige Quantum von theils kinetischer theils thermischer Energie, welche dem Systeme, während eines solchen Ueberganges von $(\alpha, \beta, \ldots)$ in $(\alpha + d\alpha, \beta + d\beta, \ldots)$, von Aussen her zuzuführen ist. Dieses Quantum $d\mathsf{E}$ muss alsdann, nach dem Grundsatze (a.), in folgender Weise darstellbar sein:

$$(c.)\qquad d\mathsf{E} = f(\alpha, \beta, \ldots, d\alpha, d\beta, \ldots, c', c'', \ldots),$$

wo f einen Ausdruck bezeichnet, welcher lediglich zusammengesetzt sein darf aus den beigefügten Argumenten. Hieraus folgt durch Entwicklung nach dem Taylor'schen Satz:

$$(d.)\qquad d\mathsf{E} = f(\alpha, \beta, \ldots, 0, 0, \ldots, c', c'', \ldots) + A\,d\alpha + B\,d\beta + \ldots,$$

wo die $A, B, \ldots$ nur noch abhängig sind von den $\alpha, \beta, \ldots$ und den $c', c'', \ldots$

Der Formel (d.) zufolge repräsentirt der Term

$$(e.)\qquad f(\alpha, \beta, \ldots, 0, 0, \ldots, c', c'', \ldots)$$

denjenigen Werth, welchen $d\mathsf{E}$ annehmen würde für $d\alpha = d\beta = \ldots = 0$, also dasjenige Quantum von Energie, welches dem System von Aussen her zuzuführen ist, um dasselbe aus dem Zustande $(\alpha, \beta, \ldots)$ übergehen zu lassen in eben denselben Zustand $(\alpha, \beta, \ldots)$. Ist mithin t der Zeitaugenblick dieses Zustandes $(\alpha, \beta, \ldots)$, so kann jener Term (e.) bezeichnet werden als dasjenige Quantum Energie, welches dem Systeme zugeführt wird vom Augenblick $t - 0$ bis zum Augenblick $t + 0$. Hieraus folgt, dass jener Term (e.) gleich Null ist, dass mithin die Formel (d.) die einfachere Gestalt annimmt:

$$(f.)\qquad d\mathsf{E} = A\,d\alpha + B\,d\beta + \cdots$$

Lässt man daher das System, unter Anwendung der äusseren Kräfte und Wärmequellen, während eines Zeitintervalles $t_1 \ldots t_2$ irgend welche Zustände $(\alpha_1, \beta_1, \ldots) \ldots (\alpha_2, \beta_2, \ldots)$ durchlaufen, so wird das dem Systeme während dieses Zeitintervalls von Aussen her zugeführte Quantum Energie E_{12}, auf Grund der Formel (f.), den Werth haben:

$$(g.)\qquad \mathsf{E}_{12} = \int_{t_1}^{t_2} (A\,d\alpha + B\,d\beta + \cdots),$$

die Integration hinerstreckt über die durchlaufenen Zustände.

Nach dem Grundsatze (b.) muss nun das Quantum E_{12} immer **Null** sein, sobald der erste von jenen Zuständen identisch ist mit dem letzten, also $(\alpha_1, \beta_1, ..)$ identisch mit $(\alpha_2, \beta_2, ..)$. Das in (g.) stehende Integral

$$\int (A d\alpha + B d\beta + \cdot\cdot)$$

muss daher jederzeit verschwinden, sobald es hinerstreckt ist über eine in sich zurücklaufende Reihe von Zuständen. Hieraus folgt — wenigstens mit ziemlicher Wahrscheinlichkeit*) —, dass das unter dem Integralzeichen stehende Aggregat

$$A d\alpha + B d\beta + \cdot\cdot$$

ein **vollständiges Differential** ist. Hieraus aber ergiebt sich, weil (wie schon bemerkt) die $A, B, ..$ nur von den $\alpha, \beta, ..$ und $c', c'', ..$ abhängen, dass dieses Aggregat die Form besitzen muss:

$$\text{(h.)} \qquad A d\alpha + B d\beta + \cdot\cdot = dF(\alpha, \beta, .., c', c'', ..),$$

wo F einen Ausdruck vorstellt, welcher lediglich zusammengesetzt sein darf aus den beigefügten Argumenten. Aus (f.) und (h.) ergiebt sich:

$$\text{(i.)} \qquad d\mathsf{E} = dF(\alpha, \beta, .., c', c'', ..),$$

in Worten ausgedrückt:

Das dem gegebenen System während der Zeit dt von Aussen her zugeführte Quantum von kinetischer und thermischer Energie wird immer das vollständige Differential irgend einer Function sein, welche lediglich abhängt von der augenblicklichen Beschaffenheit des Systemes, deren analytischer Ausdruck also lediglich zusammengesetzt ist aus den charakteristischen Variablen und Constanten des Systemes.

Die Formel (i.) kann auch so geschrieben werden:

$$\text{(k.)} \qquad dT + d[F(\alpha, \beta, .., c', c'', ..) - T] = d\mathsf{E},$$

wo T die lebendige Kraft des Systemes vorstellen soll. Zur Abkürzung werde gesetzt:

$$\text{(l.)} \qquad F(\alpha, \beta, .., c', c'', ..) - T = \mathfrak{F};$$

alsdann wird $\mathfrak{F}$ (ebenso wie F und T) eine Function sein, die lediglich abhängt von der augenblicklichen Beschaffenheit des Systemes. Ferner mag das in (k.) enthaltene $d\mathsf{E}$ in folgende Theile zerlegt werden:

$$\text{(m.)} \qquad d\mathsf{E} = (dT)_A + (dQ)_A - dQ;$$

---

*) Wirkliche Sicherheit würde dieser Schluss (vergl. pag. 96) nur dann besitzen, wenn wir vermittelst der äusseren Kräfte und Wärmequellen **jedes** beliebige Werthsystem der $d\alpha$, $d\beta$, ... hervorzurufen im Stande wären. Hierüber aber kann im Allgemeinen nichts Bestimmtes gesagt werden.

hier sollen $(dT)_A$ und $(dQ)_A$ diejenigen Quanta von lebendiger Kraft und Wärme bezeichnen, welche im System hervorgerufen werden durch die äusseren Kräfte; andererseits soll $(-dQ)$ das aus den äusseren Wärmequellen in das System übergehende Wärmequantum vorstellen, so dass also $(+dQ)$ diejenige Wärmemenge repräsentirt, welche umgekehrt vom System an jene Quellen abgegeben wird. — Durch Substitution von (l.) und (m.) erlangt die Formel (k.) folgendes Aussehen:

$$(n.) \qquad dT + d\mathfrak{F} = (dT)_A + (dQ)_A - dQ.$$

Dritter Fall.

„Die Verhältnisse mögen dieselben sein, wie im vorhergehenden „Fall, nur soll die Beschaffenheit und Application der äusseren Wärme-„quellen der Art gedacht werden, dass das System fortdauernd in „constanter Temperatur erhalten bleibt."

Das gegebene System ist also etwa eingebettet zu denken in eine unendlich grosse Wärmequelle von unveränderlicher Temperatur, so dass jede durch die innern und äussern Kräfte im System hervorgebrachte Wärmequantität augenblicklich in die umgebende Quelle abfliesst. Alsdann wird die durch dQ bezeichnete, d. h. die während der Zeit dt vom System an jene Quelle abgegebene Wärmemenge identisch sein mit derjenigen, welche während dieser Zeit durch die innern und äussern Kräfte im Systeme hervorgebracht wird. Die in der Gleichung (n.), d. i. in der Gleichung:

$$(o.) \qquad dT + dQ + d\mathfrak{F} = (dT)_A + (dQ)_A$$

enthaltenen einzelnen Glieder lassen sich also im vorliegenden Fall folgendermassen charakterisiren:

- dT und dQ die während der Zeit dt im Systeme durch die innern und äussern Kräfte hervorgebrachten Quantitäten von lebendiger Kraft und Wärme;
- $(dT)_A$ und $(dQ)_A$ diejenigen Theile der Quantitäten dT und dQ, welche speciell herrühren von den äussern Kräften;
- $\mathfrak{F}$ eine im Allgemeinen unbekannte Function, welche lediglich abhängt von der augenblicklichen Beschaffenheit des Systemes;
- $d\mathfrak{F}$ das der Zeit dt entsprechende Differential von $\mathfrak{F}$.

Nun kann offenbar gesetzt werden:

$$(p.) \qquad \begin{aligned} dT &= (dT)_A + (dT)_J, \\ dQ &= (dQ)_A + (dQ)_J, \end{aligned}$$

wo alsdann unter $(dT)_J$ und $(dQ)_J$ diejenigen Theile von dT und dQ zu verstehen sind, welche speciell herrühren von den innern Kräften des Systemes. Hiedurch geht die Formel (o.) über in:

(q.) $$(dT)_J + (dQ)_J + d\mathfrak{J} = 0,$$

oder, kürzer geschrieben, in:

(r.) $$(dT + dQ)_J = - d\mathfrak{J};$$

sodass wir also folgenden Satz erhalten:

Sind die in einem materiellen System vorhandenen **innern**, ebenso wie die auf dasselbe einwirkenden **äussern** Kräfte, theils ordinären, theils elektrostatischen, theils elektrodynamischen Ursprungs, und denkt man sich das System (durch geeignete Wärmeableitungen) in constanter Temperatur erhalten, so wird dasjenige Quantum lebendiger Kraft und Wärme, welches im Systeme während der Zeit dt, speciell in Folge der **innern** Kräfte, sich entwickelt, immer das vollständige Differential irgend einer Function sein, welche lediglich abhängt von der augenblicklichen Beschaffenheit des Systemes.

Da die innern Kräfte theils ord., theils elst., theils eldy. Ursprungs sind, so zerfällt das Quantum $(dT + dQ)_J$ in drei entsprechende Theile; so dass die Formel (r.) die Gestalt annimmt:

(s.) $$(dT)_{J,\,\text{ord. Us}} + (dT + dQ)_{J,\,\text{elst. Us}} + (dT + dQ)_{J,\,\text{eldy. Us}} = - d\mathfrak{J}.$$

Aus früheren Untersuchungen ergeben sich aber die Relationen *):

(t.) $$(dT)_{J,\,\text{ord. Us}} = - dO,$$
$$(dT + dQ)_{J,\,\text{elst. Us}} = - dU,$$

wo O das ordinäre, und U das elektrostatische Potential des gegebenen Systemes auf sich selber bezeichnet. Aus (s.) und (t.) folgt sofort:

(u.) $$(dT + dQ)_{J,\,\text{eldy. Us}} = - d(\mathfrak{J} - O - U);$$

in Worten ausgedrückt:

Sind die in einem materiellen System vorhandenen **innern**, ebenso wie die auf dasselbe einwirkenden **äussern** Kräfte, theils ordinären, theils elektrostatischen, theils elektrodynamischen Ursprungs, und denkt man sich das System (durch geeignete Wärmeableitungen) in constanter Temperatur erhalten, so wird dasjenige Quantum lebendiger Kraft und Wärme, welches im Systeme während der Zeit dt, speciell in Folge der **innern elektrodynamischen** Kräfte, sich entwickelt, immer das vollständige Differential irgend einer Function sein, welche lediglich abhängt von der augenblicklichen Beschaffenheit des Systemes.

Hiedurch ist die im vorhergehenden §. [in (A.) pag. 133] aufgestellte Behauptung gerechtfertigt.

*) In der That sind die Formeln (t.), abgesehen von einer etwas andern Bezeichnungsweise, identisch mit den Formeln (31.) pag. 24 und (61.) pag. 32.

§. 23. Weitere Erforschung des Elementargesetzes, gestützt auf das F. Neumann'sche Integralgesetz.

Die Annahme, dass das genannte Integralgesetz immer gültig ist, sobald nur die Ströme gleichförmig, und Gleitstellen nicht vorhanden sind, bildet den Inhalt unserer vierten Hypothese (pag. 113); und diese vierte Hypothese, von welcher bisher noch kein Gebrauch gemacht wurde, soll nun herangezogen werden, um Aufschluss zu gewinnen über die in unserem Elementargesetz (pag. 133) noch enthaltenen unbekannten Functionen ω, $\overset{\shortparallel}{\omega}$, σ.

Auf ein aus zwei starren und homogenen*) Drahtringen A und B bestehendes System mögen von Aussen her beliebig gegebene Kräfte einwirken, nämlich Kräfte, welche theils ordinären, theils elektrostatischen, theils elektrodynamischen Ursprungs sind. Es sollen diejenigen räumlichen Bewegungen und elektrischen Vorgänge in Betracht gezogen werden, welche das System in Folge dieser äussern Kräfte und in Folge der gleichzeitig vorhandenen inneren Kräfte von Augenblick zu Augenblick darbieten wird.

Dabei sei vorausgesetzt, der Anfangszustand des Systemes und jene gegebenen äussern Kräfte seien von solcher Beschaffenheit, dass die in den Ringen A und B entstehenden elektrischen Ströme J_0 und J_1 fortdauernd als gleichförmig**) angesehen werden dürfen.

Sind $\mathrm{D}s_0$, $\mathrm{D}s_1$ irgend zwei respective zu A und B gehörige Elemente, haben ferner r, Θ_0, Θ_1, E dieselben Bedeutungen wie im Ampère'schen Gesetz, und bedienen wir uns endlich der schon früher gebrauchten Abkürzungen:

$$(34.)\qquad \begin{aligned} \Pi &= -4A^2\left(\frac{d\psi}{dr}\right)^2\Theta_0\Theta_1,\\ \mathsf{P} &= \rho\,\Theta_0\Theta_1 + \overset{\shortparallel}{\rho}\,\mathsf{E},\\ \Omega &= \omega\Theta_0\Theta_1 + \overset{\shortparallel\shortmid}{\omega}\mathsf{E},\end{aligned}$$

so besitzt das elektrodynamische Potential P der beiden Ringe aufeinander den Werth:

$$(35.)\qquad P = J_0 J_1 \,.\, Q = J_0 J_1 \,.\, \Sigma\Sigma\ \mathrm{D}s_0\,\mathrm{D}s_1\,\Pi,$$

(vergl. pag. 56); ferner wird alsdann die von zwei Elementen $\mathrm{D}s_0$, $\mathrm{D}s_1$ auf einander ausgeübte ponderomotorische Kraft eldy. Us R dargestellt sein durch:

$$(36.)\qquad R = J_0 J_1\,\mathrm{D}s_0\,\mathrm{D}s_1\,\mathsf{P},$$

---

*) Vergl. die Bemerkung auf pag. 34.

**) Vergl. die Note pag. 97.

(vergl. pag. 44); endlich wird alsdann die von Ds_1 während der Zeit dt in Ds_0 hervorgerufene elektromotorische Kraft eldy. Us $\mathfrak{E}_0{}^1\,dt$ sich ausdrücken durch:

$$(37.)\quad \mathfrak{E}_0{}^1\,dt = J_1\,Ds_1\,\frac{(d\Omega - \mathsf{P}\,dr) + \sigma(\Theta_0\,d\Theta_1 - \Theta_1\,d\Theta_0)}{2} + (dJ_1)\,Ds_1\,\Omega,$$

(vergl. pag. 133), wo mit d diejenigen Veränderungen bezeichnet sind, welche während der Zeit dt stattfinden.

Die in den Ringen A, B vorhandenen Stromstärken J_0, J_1 sind nach unserer Voraussetzung gleichförmig; somit können auf diese Ringe in Anwendung gebracht werden die von meinem Vater aufgestellten Integralgesetze, das ponderomotorische, und das elektromotorische. Ersteres findet [vergl. (52.g), pag. 55] seinen Ausdruck in der Formel:

$$(38.)\qquad \Sigma\Sigma\;(R\,dr) = -\,J_0 J_1\,dQ,$$

welche mit Rücksicht auf (36.) auch so geschrieben werden kann:

$$(39.)\qquad J_0 J_1\,.\,\Sigma\Sigma\;(Ds_0\,Ds_1\,\mathsf{P}\,dr) = -\,J_0 J_1\,dQ,$$

wo Q die in (35.) genannte Bedeutung besitzt. Letzteres, welches den Gegenstand unserer vierten Hypothese (pag. 113) ausmacht, drückt sich aus durch die Gleichung:

$$(40.\text{a})\qquad (\Sigma\Sigma\;Ds_0\,\mathfrak{E}_0{}^1)\,dt = d\,(J_1\,Q),$$

und durch die mit dieser parallel stehende Gleichung:

$$(40.\text{b})\qquad (\Sigma\Sigma\;Ds_1\,\mathfrak{E}_1{}^0)\,dt = d\,(J_0 Q).$$

Durch Substitution des Werthes (37.) in (40.a) folgt:

$$J_1\,.\,\Sigma\Sigma\;Ds_0\,Ds_1\,\frac{(d\Omega - \mathsf{P}\,dr) + \sigma\,(\Theta_0\,d\Theta_1 - \Theta_1\,d\Theta_0)}{2}$$
$$+\,(dJ_1)\,.\,\Sigma\Sigma\;Ds_0\,Ds_1\,\Omega = d\,(J_1\,Q),$$

oder (was dasselbe ist):

$$J_0 J_1\,\frac{d(\Sigma\Sigma\;Ds_0 Ds_1\,\Omega) - \Sigma\Sigma\;Ds_0 Ds_1\,\mathsf{P}dr + \Sigma\Sigma\;Ds_0 Ds_1\,\sigma(\Theta_0\,d\Theta_1 - \Theta_1\,d\Theta_0)}{2}$$
$$+\,J_0\,(dJ_1)\,.\,\Sigma\Sigma\;Ds_0\,Ds_1\,\Omega = J_0\,d\,(J_1\,Q),$$

oder mit Rücksicht auf (39.):

$$(41.\text{a})\quad J_0 J_1\,\frac{d\,(\Sigma\Sigma\;Ds_0 Ds_1\,\Omega) + dQ + \Sigma\Sigma\;Ds_0 Ds_1\,\sigma(\Theta_0\,d\Theta_1 - \Theta_1\,d\Theta_0)}{2}$$
$$+\,J_0\,(dJ_1)\,.\,\Sigma\Sigma\;Ds_0\,Ds_1\,\Omega = J_0\,d\,(J_1\,Q).$$

In analoger Weise folgt offenbar aus (40.b):

$$(41.\text{b})\quad J_0 J_1\,\frac{d(\Sigma\Sigma\;Ds_0 Ds_1\,\Omega) + dQ + \Sigma\Sigma\;Ds_0 Ds_1\,\sigma(\Theta_1\,d\Theta_0 - \Theta_0\,d\Theta_1)}{2}$$
$$+\,J_1\,(dJ_0)\,.\,\Sigma\Sigma\;Ds_0\,Ds_1\,\Omega = J_1\,d\,(J_0\,Q).$$

Durch Addition von (41.a) und (41.b) ergiebt sich:

$$J_0 J_1 \,.\, d\,(\Sigma\Sigma\ \mathrm{D}s_0\,\mathrm{D}s_1\,\Omega) + J_0 J_1\, dQ$$
$$+ d\,(J_0 J_1)\,.\,\Sigma\Sigma\ \mathrm{D}s_0\,\mathrm{D}s_1\,\Omega = d\,(J_0 J_1 Q) + J_0 J_1\, dQ,$$

oder (was dasselbe ist):

$$(42.)\qquad d\,(J_0 J_1\,.\,\Sigma\Sigma\ \mathrm{D}s_0\,\mathrm{D}s_1\,\Omega) = d\,(J_0 J_1 Q).$$

Hieraus aber folgt durch Integration:

$$J_0 J_1\,.\,\Sigma\Sigma\ \mathrm{D}s_0\,\mathrm{D}s_1\,\Omega = J_0 J_1 Q + C$$

oder ein wenig anders geschrieben:

$$(43.)\qquad J_0 J_1\,[(\Sigma\Sigma\ \mathrm{D}s_0\,\mathrm{D}s_1\,\Omega) - Q] = C,$$

wo C eine Constante, nämlich eine Grösse vorstellt, welche während der betrachteten Bewegung des Systemes A, B beständig ein und denselben Werth behält.

Bei den hier durchgeführten Betrachtungen und Rechnungen sind die auf das System A, B von Aussen her einwirkenden (theils ordinären theils elektrischen) Kräfte innerhalb eines gewissen Spielraums willkührlich gelassen. Dieser Spielraum determinirt sich durch die bei unseren Betrachtungen und Rechnungen benutzte Voraussetzung, jene Kräfte seien von solcher Beschaffenheit, dass die in den Ringen A, B vorhandenen Stromstärken J_0, J_1 fortdauernd als gleichförmig angesehen werden dürfen. Denken wir uns also jene äusseren Kräfte, ohne Ueberschreitung dieses Spielraums, von Augenblick zu Augenblick in willkührlicher Weise abgeändert, so wird trotzdem die Differentialgleichung (42.) gültig bleiben von Zeitelement zu Zeitelement, und folglich die in der Integralgleichung (43.) enthaltene Constante C beständig ein und dieselbe bleiben.

Mit Rücksicht hierauf ist es leicht, einerseits den wirklichen Werth der Constanten C zu ermitteln, und andererseits auch denjenigen Werth zu finden, welchen der offenbar nur von geometrischen Verhältnissen abhängende Ausdruck

$$(44.)\qquad f = (\Sigma\Sigma\ \mathrm{D}s_0\,\mathrm{D}s_1\,\Omega) - Q$$

annimmt für eine beliebig gegebene specielle Lage des Systemes A, B, z. B. für seine Anfangslage.

Zu diesem Zwecke denken wir uns die auf das System einwirkenden äusseren ordinären Kräfte der Art regulirt, dass das System in dieser Anfangslage fortdauernd, ins Unendliche hin, festgehalten wird. Gleichzeitig denken wir uns äussere elektrische Kräfte in Anwendung gebracht, welche eine gewisse Zeit hindurch gleichförmige elektrische Ströme J_0, J_1 in den Ringen hervorrufen, allmählig aber erlöschen, so dass schliesslich J_0, J_1 ebenfalls zu Null herabsinken. Bringen wir nun auf diese Vorgänge die Gleichung (43.), d. i. die Gleichung:

$$(45.)\qquad J_0 J_1 f = C$$

in Anwendung, so folgt, mit Rücksicht auf das schliessliche Nullwerden von J_0, J_1, sofort, dass C ebenfalls Null ist. Die Constante C ist aber während der betrachteten Vorgänge beständig ein und dieselbe, folglich fortdauernd Null; sodass sich also aus (45.) die Formel ergiebt:

$$(46.)\qquad J_0 J_1 f = 0,$$

als gültig im ganzen Verlauf der betrachteten Vorgänge. Eine gewisse Zeit lang hatten aber J_0, J_1 von Null verschiedene Werthe. Somit folgt aus der Formel (46.), dass der Ausdruck f für die gegebene specielle Lage des Systems nothwendig Null ist.

Jene specielle Lage ist aber identisch mit der willkührlich gegebenen Anfangslage. Somit ergiebt sich, dass der Ausdruck f Null ist für jede beliebige Lage des Systemes.

Der Ausdruck f (44.) kann mit Rücksicht auf (35.) so dargestellt werden:

$$(47.)\qquad f = \Sigma\Sigma\ \mathrm{D}s_0\, \mathrm{D}s_1\, (\Omega - \Pi),$$

also mit Rücksicht auf (34.) auch so:

$$(48.)\qquad f = \Sigma\Sigma\ \mathrm{D}s_0\, \mathrm{D}s_1 \left\{ \left[\omega + 4A^2\left(\frac{d\psi}{dr}\right)^2\right] \Theta_0\Theta_1 + \overset{\shortparallel}{\omega}\, \mathrm{E} \right\};$$

und dieser Ausdruck f muss also, wie wir eben gesehen haben, für die beiden Ringe A und B jederzeit verschwinden, welche relative Lage, und welche Gestalt die beiden Ringe auch immer haben mögen. Hieraus aber ergiebt sich durch Anwendung eines früher (pag. 95) gefundenen Satzes, dass die Functionen ω, $\overset{\shortparallel}{\omega}$ mit einander verknüpft sein müssen durch die Relation:

$$(49.)\qquad \omega + 4A^2\left(\frac{d\psi}{dr}\right)^2 = r\,\frac{d\overset{\shortparallel}{\omega}}{dr}.$$

Aus dem Verschwinden des Ausdruckes f folgt ferner, mit Rückblick auf (44.), die Gleichung:

$$(50.)\qquad Q = \Sigma\Sigma\ \mathrm{D}s_0\, \mathrm{D}s_1\, \Omega.$$

Durch Substitution dieses Werthes von Q in (35.) folgt weiter:

$$(51.)\qquad P = J_0 J_1 \,.\, \Sigma\Sigma\ \mathrm{D}s_0\, \mathrm{D}s_1\, \Omega = J_0 J_1 \,.\, \Sigma\Sigma\ \mathrm{D}s_0\, \mathrm{D}s_1\, \Pi.$$

Aus (49.) und (51.) folgt endlich der Satz:

Unter Anwendung der Abkürzungen

$$(52.a)\qquad \Pi = -4A^2\left(\frac{d\psi}{dr}\right)^2 \Theta_0\Theta_1\,,$$
$$\Omega = \omega\,\Theta_0\Theta_1 + \overset{\shortparallel}{\omega}\,\mathsf{E}\,,$$

kann das elektrodynamische Potential P zweier gleichförmiger Stromringe aufeinander nach Belieben dargestellt werden durch die eine oder andere der beiden Formeln

$$(52.b)\qquad \begin{aligned} P &= J_0J_1\,.\,\Sigma\Sigma\ \mathrm{D}s_0\,\mathrm{D}s_1\,\Pi\,,\\ P &= J_0J_1\,.\,\Sigma\Sigma\ \mathrm{D}s_0\,\mathrm{D}s_1\,\Omega\,. \end{aligned}$$

Dabei sind unter $r, \Theta_0, \Theta_1, \mathsf{E}$ dieselben Grössen zu verstehen, wie im Ampère'schen Gesetz (pag. 44), andererseits unter ω, $\overset{\shortparallel}{\omega}$ zwei lediglich von r abhängende Functionen, welche durch die Relation

$$(52.c)\qquad \omega + 4A^2\left(\frac{d\psi}{dr}\right)^2 = r\,\frac{d\overset{\shortparallel}{\omega}}{dr}$$

mit einander verknüpft, im Uebrigen aber noch unbekannt sind *).

---

*) Dass die beiden in (52.b) angegebenen Integrale:

$$\Sigma\Sigma\ \mathrm{D}s_0\,\mathrm{D}s_1\,\Pi \qquad \text{und} \qquad \Sigma\Sigma\ \mathrm{D}s_0\,\mathrm{D}s_1\,\Omega$$

von gleichem Werthe sind, lässt sich übrigens noch auf anderem Wege darthun, nämlich nachweisen auf Grund der Relation (52,c).

Nach (52.a) ist

$$\Pi - \Omega = -\left[\omega + 4A^2\left(\frac{d\psi}{dr}\right)^2\right]\Theta_0\Theta_1 - \overset{\shortparallel}{\omega}\,\mathsf{E}\,;$$

hieraus folgt mit Rücksicht auf jene Relation (52.c):

$$\begin{aligned}
\Pi - \Omega &= -r\,\frac{d\overset{\shortparallel}{\omega}}{dr}\,\Theta_0\Theta_1 - \overset{\shortparallel}{\omega}\,\mathsf{E}\,,\\
&= +r\,\frac{d\overset{\shortparallel}{\omega}}{dr}\,\frac{\partial r}{\partial s_0}\,\frac{\partial r}{\partial s_1} + \overset{\shortparallel}{\omega}\left(\frac{\partial r}{\partial s_0}\,\frac{\partial r}{\partial s_1} + r\,\frac{\partial^2 r}{\partial s_0\,\partial s_1}\right), \text{ (vergl. pag. 39)},\\
&= +\overset{\shortparallel}{\omega}\,r\,\frac{\partial^2 r}{\partial s_0\,\partial s_1} + \left(\overset{\shortparallel}{\omega} + r\,\frac{d\overset{\shortparallel}{\omega}}{dr}\right)\frac{\partial r}{\partial s_0}\,\frac{\partial r}{\partial s_1}\,,\\
&= +\overset{\shortparallel}{\omega}\,r\,\frac{\partial^2 r}{\partial s_0\,\partial s_1} + \frac{d(\overset{\shortparallel}{\omega}r)}{dr}\,\frac{\partial r}{\partial s_0}\,\frac{\partial r}{\partial s_1}\,.
\end{aligned}$$

Setzt man also für den Augenblick: $\int \overset{\shortparallel}{\omega}\,r\,dr = \lambda$, so folgt:

$$\Pi - \Omega = +\frac{\partial^2 \lambda}{\partial s_0\,\partial s_1}\,.$$

Hieraus aber ergiebt sich sofort:

$$\Sigma\Sigma\ \mathrm{D}s_0\,\mathrm{D}s_1\,(\Pi - \Omega) = 0\,, \text{ w. z. z. w.}$$

Nach einem früheren Satze (pag. 131) ist das elektrodynamische Postulat irgend zweier Stromelemente $J_0\,\mathrm{D}s_0$ und $J_1\,\mathrm{D}s_1$ dargestellt durch den Ausdruck:

$$(-1)\,J_0 J_1\,\mathrm{D}s_0\,\mathrm{D}s_1\,\Omega.$$

Das elektrodynamische Postulat zweier gleichförmiger Stromringe auf einander besitzt daher den Werth

$$(-1)\,J_0 J_1\,.\,\Sigma\Sigma\,\mathrm{D}s_0\,\mathrm{D}s_1\,\Omega,$$

und ist also, abgesehen vom Factor (-1) identisch mit dem Potentiale P (52.b).

Somit wird in unmittelbarem Anschluss an (52. a, b, c) hinzuzufügen sein, dass das elektrodynamische Postulat irgend zweier Stromelemente $J_0\,\mathrm{D}s_0$, $J_1\,\mathrm{D}s_1$ den Werth hat:

$$(52.\mathrm{d})\qquad (-1)\,J_0 J_1\,\mathrm{D}s_0\,\mathrm{D}s_1\,\Omega,$$

und ferner, dass für zwei **gleichförmige** Stromringe das elektrodynamische Postulat, abgesehen vom Vorzeichen, identisch ist mit dem elektrodynamischen Potential.

Aus den hier durchgeführten Untersuchungen scheinen sich, wenn wir auf frühere Formeln, z. B. (41.a):

$$J_0 J_1\,\frac{d(\Sigma\Sigma\,\mathrm{D}s_0\,\mathrm{D}s_1\,\Omega) + dQ + \Sigma\Sigma\,\mathrm{D}s_0\,\mathrm{D}s_1\,\sigma\,(\Theta_0\,d\Theta_1 - \Theta_1\,d\Theta_0)}{2}$$
$$+ J_0\,(dJ_1)\,.\,\Sigma\Sigma\,\mathrm{D}s_0\,\mathrm{D}s_1\,\Omega = J_0\,d\,(J_1\,Q)$$

zurückgreifen, noch weitere Aufschlüsse zu ergeben. Unterdrückt man nämlich hier den gemeinschaftlichen Factor J_0, und substituirt man gleichzeitig für $\Sigma\Sigma\,\mathrm{D}s_0\,\mathrm{D}s_1\,\Omega$ den in (50.) gefundenen Werth Q, so folgt:

$$J_1\,(dQ) + J_1\,\frac{\Sigma\Sigma\,\mathrm{D}s_0\,\mathrm{D}s_1\,\sigma\,(\Theta_0\,d\Theta_1 - \Theta_1\,d\Theta_0)}{2}$$
$$+ (dJ_1)\,Q = d\,(J_1\,Q),$$

oder was dasselbe ist:

$$(53.)\qquad \Sigma\Sigma\,\mathrm{D}s_0\,\mathrm{D}s_1\,\sigma\,(\Theta_0\,d\Theta_1 - \Theta_1\,d\Theta_0) = 0.$$

Auf den ersten Blick scheint diese Gleichung (53.), welche, ihrer Ableitung nach, gültig ist für zwei beliebige und in beliebigen Bewegungen begriffene Ringe, geeignet, uns nähere Auskunft zu geben über die Beschaffenheit der von r abhängenden Function σ. Doch ist das leider nicht der Fall. In der That soll im folgenden §. gezeigt werden, dass der durch (53.) gestellten Anforderung entsprochen wird, wenn man für σ eine völlig willkührliche Function von r einsetzt. Es bleibt somit diese Function σ, trotz jener Gleichung (53.), uns völlig unbekannt.

In Betreff der gesuchten elektromotorischen Kraft $\mathfrak{E}_0^1\, dt$ sind wir daher durch die Betrachtungen des gegenwärtigen §. nur äusserst wenig weiter gelangt.

Soll zusammengestellt werden, was in Betreff der elektromotorischen Kraft,

$$\mathfrak{E}_0^1\, dt \tag{54.a}$$

bis jetzt ermittelt worden ist, so wird Wort für Wort zu wiederholen sein, was bereits früher (pag. 133) gesagt wurde, und nur noch hinzuzufügen sein, dass zwischen den Functionen ω, $\overset{\shortparallel}{\omega}$ die Relation stattfindet;

$$\omega + 4A^2 \left(\frac{d\psi}{dr}\right)^2 = r\frac{d\overset{\shortparallel}{\omega}}{dr}, \tag{54.b}$$

und dass der Ausdruck $\Omega = \omega\, \Theta_0\Theta_1 + \overset{\shortparallel}{\omega}\, \mathsf{E}$, multiplicirt mit $(-1)\, Ds_0\, Ds_1\, J_0 J_1$, das elektrodynamische Postulat der betrachteten Stromelemente $J_0\, Ds_0$ und $J_1\, Ds_1$ repräsentirt.

§. 24. Betrachtungen zur Ergänzung des Vorhergehenden.

Es soll hier der Beweis geliefert werden für die ausgesprochene Behauptung, dass der Gleichung (53.) Genüge geschieht, wenn man in ihr für σ eine völlig willkührliche Function von r einsetzt.

Gehören die Puncte (x_0, y_0, z_0) und (x_1, y_1, z_1) zwei Ringen an, welche ohne Gleitstellen, jedoch biegsam sind, und ihrer Lage und Gestalt nach von Augenblick zu Augenblick sich ändern, so werden die Coordinaten jener beiden Puncte in folgender Weise darstellbar sein:

$$\begin{aligned} x_0 &= \lambda\,(s_0, t), & x_1 &= \Lambda\,(s_1, t), \\ y_0 &= \mu\,(s_0, t), & y_1 &= \mathsf{M}\,(s_1, t), \\ z_0 &= \nu\,(s_0, t), & z_1 &= \mathsf{N}\,(s_1, t), \end{aligned} \tag{55.}$$

wo s_0, s_1 die Bogenlängen der beiden Puncte sind, und t die Zeit bezeichnet. Diesen Darstellungen entsprechend, sind die Formeln zu bemerken:

$$\Theta_0 = +\frac{\partial r}{\partial s_0}, \qquad \Theta_1 = -\frac{\partial r}{\partial s_1}, \tag{56.}$$

wo r, Θ_0, Θ_1 dieselben Grössen sein sollen, wie im Ampère'schen Gesetz (pag. 44).

Zur Untersuchung sei nun vorgelegt das über die beiden Ringe ausgedehnte Integral:

$$K = \Sigma\Sigma\; Ds_0\, Ds_1\, U\,(\Theta_0\, d\Theta_1 - \Theta_1\, d\Theta_0) \tag{57.}$$

wo U eine beliebige Function von r vorstellen mag, und $d\Theta_0$, $d\Theta_1$

die dem Zeitelement dt entsprechenden Aenderungen von Θ_0, Θ_1 bezeichnen sollen. Dieses Integral K kann mit Rücksicht auf (55.), (56.) auch so geschrieben werden:

$$(58.)\quad K = dt\,.\,\Sigma\Sigma\;\mathrm{D}s_0\,\mathrm{D}s_1\,U\left(-\frac{\partial r}{\partial s_0}\frac{\partial^2 r}{\partial s_1\,\partial t}+\frac{\partial r}{\partial s_1}\frac{\partial^2 r}{\partial s_0\,\partial t}\right),$$

oder, wenn $\int U dr = V$, mithin $U = \frac{dV}{dr}$ gesetzt wird, auch so:

$$(59.)\quad K = dt\,.\,\Sigma\Sigma\;\mathrm{D}s_0\,\mathrm{D}s_1\left(-\frac{\partial V}{\partial s_0}\frac{\partial^2 r}{\partial s_1\,\partial t}+\frac{\partial V}{\partial s_1}\frac{\partial^2 r}{\partial s_0\,\partial t}\right).$$

Nun findet aber, weil U, V lediglich Functionen von r sein sollen, die identische Gleichung statt:

$$-\frac{\partial V}{\partial s_0}\frac{\partial^2 r}{\partial s_1\,\partial t}+\frac{\partial V}{\partial s_1}\frac{\partial^2 r}{\partial s_0\,\partial t} = -\frac{\partial}{\partial s_1}\left(\frac{\partial V}{\partial s_0}\frac{\partial r}{\partial t}\right)+\frac{\partial}{\partial s_0}\left(\frac{\partial V}{\partial s_1}\frac{\partial r}{\partial t}\right).$$

Somit folgt aus (59.):

$$(60.)\qquad K = 0,$$

w. z. b. w.

§. 25. Betrachtung von Stromringen, welche behaftet sind mit sogenannten Gleitstellen.

Es seien gegeben zwei mit Gleitstellen behaftete Ringe A und B, die in irgend welchen Bewegungen begriffen und von elektrischen Strömen durchflossen sind. Doch mögen die Ströme als gleichförmig vorausgesetzt werden.

Die zur Zeit t im Ringe A vorhandenen Elemente mögen mit $\mathrm{D}s_0$ benannt sein, und andererseits mögen diejenigen Elemente, welche während des Zeitelementes dt in den Ring A eintreten oder aus ihm ausscheiden, in dem früher angegebenen collectiven Sinne (pag. 65) mit Δs_0 bezeichnet sein. Analoge Bedeutungen mögen $\mathrm{D}s_1$ und Δs_1 besitzen für den Ring B.

Zur Vereinfachung wollen wir vorläufig annehmen, dass die Elemente Δs_0 und Δs_1 sämmtlich positiv sind, dass also während der Zeit dt in beiden Ringen nur eintretende, nicht aber ausscheidende Elemente vorhanden sind.

Die elektromotorische Kraft eldy. Us: $\mathfrak{E}_0{}^1 dt$, welche $\mathrm{D}s_1$ während der Zeit dt in irgend einem Puncte von $\mathrm{D}s_0$, in der Richtung von $\mathrm{D}s_0$, hervorruft, hat (pag. 148) den Werth:

$$(1.)\quad \mathfrak{E}_0{}^1\,dt = \frac{J_1\,\mathrm{D}s_1\,[(d\Omega - \mathrm{P}dr)+\sigma(\Theta_0 d\Theta_1 - \Theta_1 d\Theta_0)]}{2} + (dJ_1)\,\mathrm{D}s_1\,\Omega, \qquad \binom{\mathrm{D}s_1}{\mathrm{D}s_0}$$

wo dJ_1 den der Zeit dt entsprechenden Zuwachs der Stromstärke vorstellt. Die rechter Hand beigefügte Signatur $\binom{\mathrm{D}s_1}{\mathrm{D}s_0}$ mag dienen, um diejenigen Elemente im Auge zu behalten, auf welche die Formel sich bezieht.

Die analoge Formel für die Einwirkung von Δs_1 auf $\mathrm{D}s_0$ lautet:

$$(2.)\quad \mathfrak{E}_0{}' dt = \frac{Y_1 \Delta s_1 [(d\Omega - \mathsf{P} dr) + \sigma(\Theta_0 d\Theta_1 - \Theta_1 d\Theta_0)]}{2} + J_1 \Delta s_1 \Omega. \quad \binom{\Delta s_1}{\mathrm{D}s_0}$$

Dass im letzten Gliede J_1 zu setzen ist, unterliegt keinem Zweifel. Denn Δs_1 ist ein während der Zeit dt neu eintretendes Element; seine Stromstärke wächst also während dieser Zeit von 0 auf J_1 an. Fraglich aber erscheint, welcher Werth im ersten Gliede dem Y_1 beizulegen ist.

In der früheren Formel (1.) ist es mit Bezug auf jenes erste Glied einerlei, ob dort J_1 selber, oder statt dessen $J_1 + dJ_1$ gesetzt wird, also einerlei, ob daselbst der Werth der Stromstärke zu Anfang oder zu Ende der Zeit dt genommen wird; denn der Unterschied zwischen J_1 und $J_1 + dJ_1$ ist unendlich klein. In der Formel (2.) hingegen scheint eine solche Verwechselung nicht gestattet, weil die Stromstärke in Δs_1 zu Anfang und zu Ende der Zeit dt die sehr verschiedenen Werthe 0 und J_1 besitzt. Es fragt sich also, ob in der Formel (2.) für Y_1 der Werth 0, oder J_1, oder vielleicht ein gewisser Mittelwerth zu nehmen ist. Um rationell zu verfahren, würde die Zeit dt von Neuem in unendlich viele, etwa n Zeitelemente, und die Drahtlänge Δs_1 in die n correspondirenden Elemente zu zerlegen sein, u. s. w.

Glücklicherweise sind indessen solche Erörterungen nicht erforderlich. Man bemerkt sofort, dass das erste Glied der Formel (2.) verschwindend klein ist gegen das zweite, dass nämlich letzteres (in Folge des Δs_1) unendlich klein erster Ordnung, ersteres hingegen (in Folge von Δs_1 und $d\Omega$, dr, $d\Theta_0$, $d\Theta_1$) unendlich klein zweiter Ordnung ist. Somit reducirt sich die Formel (2.) auf:

$$(3.)\qquad \mathfrak{E}_0{}' dt = J_1 \Delta s_1 \Omega. \qquad \binom{\Delta s_1}{\mathrm{D}s_0}$$

Denkt man sich die Formel (1.) für sämmtliche $\mathrm{D}s_1$, und die Formel (3.) für sämmtliche Δs_1 der Reihe nach hingestellt, so gelangt man durch Addition all' dieser Formeln zu dem Ergebniss:

$$(4.)\qquad \begin{aligned} dt \,.\, \Sigma\, \mathfrak{E}_0{}' = {} & J_1 \left[\frac{\Sigma\, \mathrm{D}s_1 (d\Omega - \mathsf{P} dr)}{2} + \Sigma\, \Delta s_1 \Omega\right] \\ & + J_1 \frac{\Sigma\, \mathrm{D}s_1\, \sigma (\Theta_0 d\Theta_1 - \Theta_1 d\Theta_0)}{2} \qquad \binom{B}{\mathrm{D}s_0} \\ & + (dJ_1)\, \Sigma\, \mathrm{D}s_1\, \Omega\,; \end{aligned}$$

dies also ist diejenige elektromotorische Kraft eldy. Us, welche der ganze Ring B während der gegebenen Zeit dt hervorbringt in irgend einem Puncte von Ds_0, die Kraft gerechnet in der Richtung von Ds_0.

Aus (4.) folgt durch Multiplication mit Ds_0 und Summation über sämmtliche Ds_0 sofort:

$$(5.)\quad dt\,.\,\Sigma\Sigma\; Ds_0\,\mathfrak{E}_0^1 = J_1\left[\Sigma\Sigma\;\frac{Ds_0 Ds_1 (d\Omega - \mathsf{P}\,dr)}{2} + \Sigma\Sigma\; Ds_0 \Delta s_1 \Omega\right]$$
$$+ J_1\,\frac{\Sigma\Sigma\; Ds_0 Ds_1\, \sigma\,(\Theta_0 d\Theta_1 - \Theta_1 d\Theta_0)}{2} \qquad \binom{B}{A}$$
$$+ (dJ_1)\,\Sigma\Sigma\; Ds_0\, Ds_1\, \Omega;$$

dies ist diejenige elektromotorische Kraft eldy. Us, welche der ganze Ring B im ganzen Ringe A während der Zeit dt hervorbringt. Allerdings scheinen hiebei die Elemente Δs_0 noch nicht berücksichtigt zu sein. Wollte man aber diese Elemente Δs_0 mit in Rechnung ziehen, so würde, weil die Anzahl der Δs_0 endlich (nämlich entsprechend der Anzahl der in A vorhandenen Gleitstellen), die Anzahl der Ds_0 hingegen unendlich gross ist, zu dem in (5.) angegebenem Ausdruck nur noch ein Glied hinzutreten, welches diesem Ausdruck gegenüber verschwindend klein ist.

Nur der Bequemlichkeit willen war bisher vorausgesetzt, die Δs_0 und Δs_1 seien sämmtlich positiv. Nachträglich übersieht man leicht, dass die erhaltene Formel (5.) auch dann noch gültig sein wird, wenn die Δs_0 und Δs_1 theils positiv theils negativ sind, also gültig sein wird, einerlei ob während der Zeit dt in jedem der beiden Ringe nur eintretende, oder gleichzeitig auch ausscheidende Elemente vorhanden sind.

Um den Ausdruck (5.) zu vereinfachen, sei bemerkt, dass das elektrodynamische Potential P (vergl. pag. 146) der beiden Ringe A, B auf einander sich darstellen lässt durch

$$(6.)\qquad \begin{aligned} P &= J_0 J_1\, Q, \\ Q &= \Sigma\Sigma\; Ds_0\, Ds_1\, \Omega; \end{aligned}$$

woraus mit Bezug auf die Zeit dt sich ergiebt:

$$(7.)\qquad \begin{aligned} dP &= Q\, d\,(J_0 J_1) + J_0 J_1\, dQ, \\ dQ &= \Sigma\Sigma\; Ds_0 Ds_1\, d\Omega + \Sigma\Sigma\; Ds_0 \Delta s_1\, \Omega + \Sigma\Sigma\; \Delta s_0 Ds_1\, \Omega. \end{aligned}$$

Andererseits sei bemerkt, dass nach einem früher gefundenem Satz [(52.g), pag. 55] die Formel stattfindet:

$$(8.)\qquad dQ = -\frac{\Sigma\Sigma\; R\,dr}{J_0 J_1} = -\frac{J_0 J_1\,.\,\Sigma\Sigma\; Ds_0 Ds_1\, \mathsf{P}\,dr}{J_0 J_1},$$

wo $R = J_0 J_1\, Ds_0\, Ds_1\, \mathsf{P}$ diejenige ponderomotorische Kraft eldy. Us bezeichnet, welche zwei Elemente $J_0\, Ds_0$ und $J_1\, Ds_1$ (nach dem Ampère'schen Gesetz) auf einander ausüben. Durch Addition der beiderlei Werthe von dQ, in (7.) und (8.), erhält man:

$$(9.)\quad 2dQ = \Sigma\Sigma\ \mathrm{D}s_0\mathrm{D}s_1\,(d\Omega - \mathsf{P}dr) + \Sigma\Sigma\ (\mathrm{D}s_0\Delta s_1\Omega + \Delta s_0\mathrm{D}s_1\Omega);$$

oder anders geschrieben:

$$(10.)\quad J_1\frac{\Sigma\Sigma\ \mathrm{D}s_0\mathrm{D}s_1(d\Omega - \mathsf{P}dr)}{2} = J_1\,dQ - J_1\frac{\Sigma\Sigma\ (\mathrm{D}s_0\Delta s_1\Omega + \Delta s_0\mathrm{D}s_1\Omega)}{2},$$

oder falls $J_1 . \Sigma\Sigma\ \mathrm{D}s_0\,\Delta s_1\,\Omega$ auf beiden Seiten addirt wird:

$$(11.)\quad J_1\left[\frac{\Sigma\Sigma\ \mathrm{D}s_0\mathrm{D}s_1\,(d\Omega - \mathsf{P}dr)}{2} + \Sigma\Sigma\ \mathrm{D}s_0\,\Delta s_1\,\Omega\right]$$
$$= J_1\,dQ + J_1\frac{\Sigma\Sigma\ (\mathrm{D}s_0\,\Delta s_1\,\Omega - \Delta s_0\,\mathrm{D}s_1\,\Omega)}{2}.$$

Soviel in Betreff des Gliedes erster Zeile in (5.).

Es handelt sich nun ferner um eine gewisse Umgestaltung des dortigen Gliedes zweiter Zeile. Aehnlich wie früher (pag. 58, 59) mag die Entfernung r zweier Elemente der Ringe A und B aufgefasst werden als eine Function von vier Argumenten

$$s_0,\ \tau_0,\ s_1,\ \tau_1,$$

der Art, dass die Zeit, je nachdem sie in den Coordinaten des zu A oder zu B gehörigen Elements enthalten ist, mit τ_0 oder τ_1 bezeichnet, und die Bogenlänge s_0 oder s_1 jedesmal längs desjenigen speciellen Bahnstückes gerechnet wird, dem das Element angehört. Alsdann ist $\Theta_0 = \frac{\partial r}{\partial s_0}$, $\Theta_1 = -\frac{\partial r}{\partial s_1}$, mithin:

$$(12.)\quad \sigma\,(\Theta_0 d\Theta_1 - \Theta_1 d\Theta_0) = \sigma\left[\frac{\partial r}{\partial s_1}\,d\left(\frac{\partial r}{\partial s_0}\right) - \frac{\partial r}{\partial s_0}\,d\left(\frac{\partial r}{\partial s_1}\right)\right],$$
$$= \sigma\left[\frac{\partial r}{\partial s_1}\,\frac{\partial^2 r}{\partial s_0\,\partial t} - \frac{\partial r}{\partial s_0}\,\frac{\partial^2 r}{\partial s_1\,\partial t}\right]dt,$$

wo offenbar $\frac{\partial}{\partial t} = \frac{\partial}{\partial \tau_0} + \frac{\partial}{\partial \tau_1}$. Setzt man nun zur Abkürzung:

$$(13.)\qquad \int\sigma\,dr = \lambda, \qquad\qquad \sigma = \frac{d\lambda}{dr},$$

so ergiebt sich weiter:

$$(14.)\quad \sigma\,(\Theta_0 d\Theta_1 - \Theta_1 d\Theta_0) = \left[\frac{\partial\lambda}{\partial s_1}\,\frac{\partial^2 r}{\partial s_0\,\partial t} - \frac{\partial\lambda}{\partial s_0}\,\frac{\partial^2 r}{\partial s_1\,\partial t}\right]dt,$$
$$= \left[\frac{\partial}{\partial s_0}\left(\frac{\partial\lambda}{\partial s_1}\,\frac{\partial r}{\partial t}\right) - \frac{\partial}{\partial s_1}\left(\frac{\partial\lambda}{\partial s_0}\,\frac{\partial r}{\partial t}\right)\right]dt,$$

und folglich:

$$(15.)\quad J_1\frac{\Sigma\Sigma\ \mathrm{D}s_0\,\mathrm{D}s_1\,\sigma\,(\Theta_0 d\Theta_1 - \Theta_1 d\Theta_0)}{2}$$
$$= J_1\frac{dt}{2}\,.\,\Sigma\Sigma\ \mathrm{D}s_0\,\mathrm{D}s_1\left[\frac{\partial}{\partial s_0}\left(\frac{\partial\lambda}{\partial s_1}\,\frac{\partial r}{\partial t}\right) - \frac{\partial}{\partial s_1}\left(\frac{\partial\lambda}{\partial s_0}\,\frac{\partial r}{\partial t}\right)\right].$$

Die Integration rechter Hand kann weiter ausgeführt werden mit Hülfe von früher [(74. p, q) pag. 64] gefundenen Formeln; aus denselben ergiebt sich nämlich sofort:

$$dt \,.\, \Sigma \,\frac{\partial}{\partial s_0}\left(\frac{\partial \lambda}{\partial s_1}\frac{\partial r}{\partial \tau_0}\right) \mathrm{D}s_0 = - \Sigma \,\frac{\partial \lambda}{\partial s_1}\frac{\partial r}{\partial s_0}\,\Delta s_0 ,$$

$$dt \,.\, \Sigma \,\frac{\partial}{\partial s_0}\left(\frac{\partial \lambda}{\partial s_1}\frac{\partial r}{\partial \tau_1}\right) \mathrm{D}s_0 = 0 ,$$

woraus durch Addition folgt:

(16. a)
$$dt \,.\, \Sigma \,\frac{\partial}{\partial s_0}\left(\frac{\partial \lambda}{\partial s_1}\frac{\partial r}{\partial t}\right) \mathrm{D}s_0 = - \Sigma \,\frac{\partial \lambda}{\partial s_1}\frac{\partial r}{\partial s_0}\,\Delta s_0 = - \Sigma \,\frac{d\lambda}{dr}\frac{\partial r}{\partial s_1}\frac{\partial r}{\partial s_0}\,\Delta s_0 .$$

In gleicher Weise ergiebt sich die analoge Formel:

(16. b)
$$dt \,.\, \Sigma \,\frac{\partial}{\partial s_1}\left(\frac{\partial \lambda}{\partial s_0}\frac{\partial r}{\partial t}\right) \mathrm{D}s_1 = - \Sigma \,\frac{\partial \lambda}{\partial s_0}\frac{\partial r}{\partial s_1}\,\Delta s_1 = - \Sigma \,\frac{d\lambda}{dr}\frac{\partial r}{\partial s_0}\frac{\partial r}{\partial s_1}\,\Delta s_1 .$$

Nun ist $\frac{\partial r}{\partial s_0} = \Theta_0$, $\frac{\partial r}{\partial s_1} = - \Theta_1$, und [nach (13.)] $\frac{d\lambda}{dr} = \sigma$. Die Formeln (16. a, b) können daher auch so geschrieben werden:

(17. a)
$$dt \,.\, \Sigma \;\mathrm{D}s_0 \,\frac{\partial}{\partial s_0}\left(\frac{\partial \lambda}{\partial s_1}\frac{\partial r}{\partial t}\right) = \Sigma \;\Delta s_0\, \sigma\, \Theta_0\, \Theta_1 ,$$

(17. b)
$$dt \,.\, \Sigma \;\mathrm{D}s_1 \,\frac{\partial}{\partial s_1}\left(\frac{\partial \lambda}{\partial s_0}\frac{\partial r}{\partial t}\right) = \Sigma \;\Delta s_1\, \sigma\, \Theta_0\, \Theta_1 .$$

Durch (17. a, b) gewinnt der Ausdruck (15.) folgende Gestalt:

(18.)
$$J_1 \frac{\Sigma\Sigma \;\mathrm{D}s_0\, \mathrm{D}s_1\, \sigma\, (\Theta_0\, d\Theta_1 - \Theta_1\, d\Theta_0)}{2} = J_1 \frac{\Sigma\Sigma \;(\Delta s_0\, \mathrm{D}s_1\, \sigma\, \Theta_0 \Theta_1 - \mathrm{D}s_0\, \Delta s_1\, \sigma\, \Theta_0 \Theta_1)}{2} .$$

Endlich kann das Glied dritter Zeile in (5.), mit Rücksicht auf (6.), sofort in die Form gebracht werden:

(19.)
$$(dJ_1)\, \Sigma\Sigma \;\mathrm{D}s_0\, \mathrm{D}s_1\, \Omega = (dJ_1)\, Q = Q\, dJ_1 .$$

Substituirt man nun in (5.) für die einzelnen Glieder die gefundenen Werthe (11.), (18.), (19.), so folgt:

(20. a)
$$dt \,.\, \Sigma\Sigma \;\mathrm{D}s_0\, \mathfrak{E}_0{}^1 = d(J_1\, Q) + J_1 \frac{\Sigma\Sigma \;(\mathrm{D}s_0\, \Delta s_1\, \Upsilon - \Delta s_0\, \mathrm{D}s_1\, \Upsilon)}{2} ,$$

wo Υ die Bedeutung hat:

$$(20.\mathrm{b}) \qquad \Upsilon = \Omega - \sigma\, \Theta_0 \Theta_1,$$
$$= (\omega - \sigma)\, \Theta_0 \Theta_1 + \overset{''}{\omega}\, \mathsf{E};$$

denn Ω hat den Werth $\omega\, \Theta\Theta_1 + \overset{''}{\omega}\, \mathsf{E}$, (vergl. pag. 133).

Das von meinem Vater (auch für den Fall von Gleitstellen) proponirte Integralgesetz drückt sich aus durch die Formel (pag. 113):

$$(21.) \qquad dt \,.\, \Sigma\Sigma\; Ds_0\, \mathfrak{E}_0{}^1 = d\,(J_1 Q).$$

Soll zwischen dieser und der hier gefundenen Formel (20.a) Uebereinstimmung vorhanden sein, so müsste für je zwei mit Gleitstellen behaftete Ringe, wie dieselben auch beschaffen sein mögen, immer die Gleichung stattfinden:

$$(\alpha.) \qquad \Sigma\Sigma\; (Ds_0\, \Delta s_1\, \Upsilon - \Delta s_0\, Ds_1\, \Upsilon) = 0,$$

Zur Erfüllung dieser Gleichung aber ist, weil die Δs_0 und Δs_1 ihrer Anzahl und Lage nach willkührlich sind, erforderlich und ausreichend, dass für eine beliebig gegebene geschlossene Curve s_0 und für ein beliebig gegebenes einzelnes Linienelement Δs_1 immer die Gleichung stattfindet:

$$(\beta.) \qquad \Sigma\; Ds_0\, \Upsilon = 0,$$

das Υ bezogen gedacht einerseits auf die Elemente Ds_0 der Curve, andererseits auf jenes einzelne Element Δs_1.

(22.), . . . „Die Gleichung (β.) ist also die nothwendige und aus„reichende Bedingung dafür, dass zwischen den beiderlei Gesetzen „(20.a,b) und (21.) Uebereinstimmung stattfindet."

Es sind die Consequenzen zu untersuchen, welche aus dieser Bedingung für die Beschaffenheit von Υ resultiren. — Findet die Gleichung (β.) statt für jede geschlossene Curve und jedes daneben gegebene einzelne Element, so wird auch für je zwei geschlossene Curven s_0 und s_1 beständig die Gleichung stattfinden:

$$(\gamma.) \qquad \Sigma\Sigma\; Ds_0\, Ds_1\, \Upsilon = 0;$$

und es wird folglich [nach einem früher gefundenen Satz (pag. 95)] der Ausdruck Υ oder $(\omega - \sigma)\, \Theta_0\Theta_1 + \overset{''}{\omega}\, \mathsf{E}$ der Relation entsprechen müssen:

$$(\delta.) \qquad \omega - \sigma = r\, \frac{d\overset{''}{\omega}}{dr}.$$

Es ist also (δ.) eine Folge von (β.). Auch das Umgekehrte ist der Fall. Denn aus (δ.) würde zunächst folgen, dass der Ausdruck Υ sich darstellen lässt in der Form:

$$(\varepsilon.)\qquad \Upsilon = r\frac{d\overset{\shortparallel}{\omega}}{dr}\Theta_0\Theta_1 + \overset{\shortparallel}{\omega}\,E,$$

$$= -\left[r\frac{d\overset{\shortparallel}{\omega}}{dr}\frac{\partial r}{\partial s_0}\frac{\partial r}{\partial s_1} + \overset{\shortparallel}{\omega}\left(\frac{\partial r}{\partial s_0}\frac{\partial r}{\partial s_1} + r\frac{\partial^2 r}{\partial s_0 \partial s_1}\right)\right],$$

$$= -\left[\frac{d(r\overset{\shortparallel}{\omega})}{dr}\frac{\partial r}{\partial s_0}\frac{\partial r}{\partial s_1} + r\,\overset{\shortparallel}{\omega}\,\frac{\partial^2 r}{\partial s_0 \partial s_1}\right],$$

$$= -\frac{\partial}{\partial s_0}\left(r\,\overset{\shortparallel}{\omega}\,\frac{\partial r}{\partial s_1}\right);$$

und hieraus würde weiter folgen, dass Υ der Bedingung (β.) Genüge leistet. Somit ist also in der That dargethan, dass auch umgekehrt (β.) eine Folge von (δ.) ist.

Die beiden Bedingungen (β.) und (δ.) sind mithin untereinander äquivalent; und das Ergebniss (22.) kann daher auch so ausgesprochen werden:

(23.) .... „Die Relation (δ.) ist die nothwendige und ausreichende „Bedingung dafür, dass die beiderlei Gesetze (20. a, b) und (21.) mit „einander in Einklang sind.“

Jene Relation (δ.) gewinnt aber durch Vergleichung mit einer früher (pag. 148) erhaltenen Relation:

$$(\zeta.)\qquad \omega + 4A^2\left(\frac{d\psi}{dr}\right)^2 = r\frac{d\overset{\shortparallel}{\omega}}{dr}$$

die einfachere Gestalt:

$$(\eta.)\qquad \sigma = -4A^2\left(\frac{d\psi}{dr}\right)^2.$$

Somit kann das Ergebniss (23.) schliesslich so ausgesprochen werden:

Soll das von mir für die elektromotorischen Kräfte eldy. Us entwickelte Elementargesetz (pag. 148) auch für solche Stromringe, die mit **Gleitstellen** behaftet sind, in Uebereinstimmung sich befinden mit dem von meinem Vater aufgestellten Integralgesetz, so ist erforderlich und ausreichend, dass die in jenem Elementargesetz auftretende Function σ den Werth besitze:

$$(24.)\qquad \sigma = -4A^2\left(\frac{d\psi}{dr}\right)^2,$$

wo ψ die in dem Ampère'schen Gesetz (pag. 44) enthaltene Function, und A die daselbst enthaltene Constante repräsentiren.

Indessen fragt es sich wohl, ob das in Rede stehende Integralgesetz für den Fall von Gleitstellen als hinlänglich constatirt betrachtet werden darf; und es soll daher vorläufig von dem für σ erhaltenem Werthe (24.) im Folgenden **kein** Gebrauch gemacht werden.

Schliesslich mögen in Betracht gezogen werden diejenigen Quantitäten von lebendiger Kraft und Wärme, welche sich in den beiden mit Gleitstellen behafteten Ringen A und B während des Zeitelementes dt entwickeln in Folge ihrer gegenseitigen Kräfte eldy. Us. Wir bedienen uns dabei der früher (pag. 67 und 105) gefundenen Formeln*):

$$(25.)\qquad (dT_A{}^B + dT_B{}^A)_{\text{eldy. Us}} = - J_0 J_1 \, dQ,$$

$$(26.)\qquad (dQ_A{}^B)_{\text{eldy. Us}} = J_0 \, dt \, . \, \Sigma\Sigma \; \mathfrak{E}_0{}^1 \, Ds_0 \, .$$

Substituirt man in letzterer für die rechte Seite den gefundenen Werth (20. a), so ergiebt sich:

$$(27.\text{a})\quad (dQ_A{}^B)_{\text{eldy. Us}} = J_0 \, d(J_1 Q) + J_0 J_1 \frac{\Sigma\Sigma \; (Ds_0 \Delta s_1 \Upsilon - \Delta s_0 Ds_1 \Upsilon)}{2}.$$

In gleicher Weise gilt offenbar umgekehrt für die Wirkung von A auf B die analoge Formel:

$$(27.)\quad (dQ_B{}^A)_{\text{eldy. Us}} = J_1 \, d(J_0 Q) + J_0 J_1 \frac{\Sigma\Sigma \; (Ds_1 \Delta s_0 \Upsilon - \Delta s_1 Ds_0 \Upsilon)}{2};$$

und durch Addition von (27. a), (27. b) folgt sofort:

$$(28.)\quad (dQ_A{}^B + dQ_B{}^A)_{\text{eldy. Us}} = J_0 \, d\,(J_1 Q) + J_1 \, d\,(J_0 Q),$$
$$= d\,(J_0 J_1 Q) + J_0 J_1 \, dQ.$$

Endlich folgt aus (25.) und (28.):

$$(29.)\quad (dT_A{}^B + dT_B{}^A + dQ_A{}^B + dQ_B{}^A)_{\text{eldy. Us}} = d\,(J_0 J_1 Q),$$

oder, indem man für Q den Werth (6.) substituirt:

$$(30.)\quad (dT_A{}^B + dT_B{}^A + dQ_A{}^B + dQ_B{}^A)_{\text{eldy. Us}} = d[J_0 J_1 . \Sigma\Sigma \; Ds_0 Ds_1 \Omega].$$

Diese Formel (30.) enthält nichts Neues; sie hätte bequemer erhalten werden können direct auf Grund der Bedeutung von Ω. Denn der Ausdruck

$$(-1) \, J_0 \, Ds_0 \, J_1 \, Ds_1 \, \Omega$$

repräsentirt das **elektrodynamische Postulat** zweier Stromelemente $J_0 \, Ds_0$ und $J_1 \, Ds_1$ (vergl. pag. 147). — In der That sind die Rechnungen (25.) bis (30.) nur angestellt worden, um eine gewisse Controle zu erhalten für die früheren Formeln dieses §.

---

*) Dass die **erste** dieser Formeln auch für den Fall von **Gleitstellen** gültig ist, geht aus den betreffenden Erörterungen (pag. 67) deutlich hervor. Andererseits aber erkennt man leicht in **directer** Weise, dass Gleiches auch gilt von der **zweiten** Formel.

Fünfter Abschnitt.

Ueber die gegenseitige ponderomotorische Einwirkung zwischen zwei körperlichen Leitern, welche durchflossen sind von elektrischen Strömen.

Die Betrachtungen dieses Abschnitts haben zu ihrer Basis das Ampère'sche Elementargesetz. Sie werden hinleiten zu einer gewissen Erweiterung des von F. Neumann speciell für lineare Leiter (nämlich für lineare elektrische Stromringe) aufgestellten Integralgesetzes.

---

§. 26. Betrachtung des allgemeinen Falles, dass die elektrischen Strömungen im Innern der beiden Körper beliebig gegeben sind.

Zwei starre Körper A und B seien begriffen in irgend welchen Bewegungen, und gleichzeitig mögen im Innern eines jeden irgend welche elektrische Vorgänge stattfinden. Wir stellen uns die Aufgabe, diejenige ponderomotorische Arbeit eldy. Us

(1.) $$(d\,T_A{}^B)_{\text{eldy. Us}}$$

zu berechnen, welche B während der Zeit dt ausübt auf A.

Es seien

m_0 und m_1 irgend zwei ponderable Massenpuncte der Körper A und B;

r die gegenseitige Entfernung dieser Puncte m_0 und m_1;

x_0, y_0, z_0 und x_1, y_1, z_1 ihre Coordinaten in Bezug auf ein absolut festes Axensystem;

$\mathfrak{x}_0, \mathfrak{y}_0, \mathfrak{z}_0$ und $\mathfrak{x}_1, \mathfrak{y}_1, \mathfrak{z}_1$ ihre Coordinaten in Bezug auf zwei Axensysteme, von denen das eine mit A, das andere mit B in starrer Verbindung sich befindet;

i_0 und i_1 die Stärken der in m_0 und m_1 zur Zeit t vorhandenen elektrischen Strömungen;

s_0 und s_1 zwei von m_0 und m_1 ausgehende Linien, welche die augenblicklichen*) Richtungen dieser Strömungen andeuten;

$\mathfrak{u}_0, \mathfrak{v}_0, \mathfrak{w}_0$ und $\mathfrak{u}_1, \mathfrak{v}_1, \mathfrak{w}_1$ die Componenten von i_0 und i_1, genommen nach den mit A und B verbundenen Axensystemen;

$\mathrm{D}\mathfrak{v}_0$ und $\mathrm{D}\mathfrak{v}_1$ zwei bei m_0 und m_1 abgegrenzte Volumelemente der Körper A und B; dabei soll $\mathrm{D}\mathfrak{v}_0$ von solcher Kleinheit sein, dass zur Zeit t die elektrische Strömung in allen Puncten von $\mathrm{D}\mathfrak{v}_0$ einerlei Stärke und einerlei Richtung hat; Analoges soll gelten von $\mathrm{D}\mathfrak{v}_1$.

Die Zeit t mag, jenachdem sie Argument der Bewegungen der ponderablen Massen, oder Argument der innern elektrischen Bewegungen ist, verschieden bezeichnet sein, im erstern Falle mit τ, im letztern mit T; ausserdem mögen diese Argumente τ, T ihrerseits specieller benannt sein mit τ_0, T_0 oder τ_1, T_1, jenachdem sie zugehörig sind dem Körper A oder B.

Sind

$$\begin{aligned}
x_0 &= C^1 + C^{11}\mathfrak{x}_0 + C^{12}\mathfrak{y}_0 + C^{13}\mathfrak{z}_0, & x_1 &= D^1 + D^{11}\mathfrak{x}_1 + D^{12}\mathfrak{y}_1 + D^{13}\mathfrak{z}_1,\\
y_0 &= C^2 + C^{21}\mathfrak{x}_0 + C^{22}\mathfrak{y}_0 + C^{23}\mathfrak{z}_0, & y_1 &= D^2 + D^{21}\mathfrak{x}_1 + D^{22}\mathfrak{y}_1 + D^{23}\mathfrak{z}_1,\\
z_0 &= C^3 + C^{31}\mathfrak{x}_0 + C^{32}\mathfrak{y}_0 + C^{33}\mathfrak{z}_0, & z_1 &= D^3 + D^{31}\mathfrak{x}_1 + D^{32}\mathfrak{y}_1 + D^{33}\mathfrak{z}_1
\end{aligned}$$

diejenigen Relationen, durch welche die beiderlei Coordinaten von m_0, ebenso die beiderlei Coordinaten von m_1 mit einander zusammenhängen, so werden die Coefficienten C und D, weil die beiden Körper in irgend welchen Bewegungen begriffen sind, Functionen der Zeit sein; und zwar wird diese Zeit (entsprechend den eben getroffenen Festsetzungen) als Argument der C mit τ_0, als Argument der D mit τ_1 zu bezeichnen sein; so dass also jene Relationen (2.) in collectiver Weise angedeutet werden können durch:

$$(3.\mathrm{a})\quad x_0, y_0, z_0 = \lambda(\mathfrak{x}_0, \mathfrak{y}_0, \mathfrak{z}_0, \tau_0), \qquad x_1, y_1, z_1 = \Lambda(\mathfrak{x}_1, \mathfrak{y}_1, \mathfrak{z}_1, \tau_1);$$

während andererseits die in m_0 und m_1 vorhandenen Strömungscomponenten $\mathfrak{u}_0, \mathfrak{v}_0, \mathfrak{w}_0$ und $\mathfrak{u}_1, \mathfrak{v}_1, \mathfrak{w}_1$ in collectiver Weise darstellbar sind durch:

$$(3.\mathrm{b})\quad \mathfrak{u}_0, \mathfrak{v}_0, \mathfrak{w}_0 = \xi(\mathfrak{x}_0, \mathfrak{y}_0, \mathfrak{z}_0, \mathrm{T}_0), \qquad \mathfrak{u}_1, \mathfrak{v}_1, \mathfrak{w}_1 = \Xi(\mathfrak{x}_1, \mathfrak{y}_1, \mathfrak{z}_1, \mathrm{T}_1).$$

---

*) Die Richtungen der in m_0 und m_1 vorhandenen elektrischen Strömungen i_0 und i_1 werden sich (ebenso wie ihre Intensitäten) im Allgemeinen von Augenblick zu Augenblick ändern; und es sollen also s_0 und s_1 diejenigen Richtungen sein, welche diese Strömungen haben speciell für den einzelnen Zeitaugenblick t.

Solches festgesetzt, wird die gegenseitige Entfernung r der beiden Puncte m_0 und m_1 eine Function sein, deren Charakter angedeutet werden kann durch das Schema:

$$(3.c) \qquad r \begin{cases} (x_0, y_0, z_0) \text{———} (\mathfrak{x}_0, \mathfrak{y}_0, \mathfrak{z}_0, \tau_0) \\ (x_1, y_1, z_1) \text{———} (\mathfrak{x}_1, \mathfrak{y}_1, \mathfrak{z}_1, \tau_1) \end{cases}$$

D. h. r ist zunächst abhängig von den sechs Coordinaten x_0, y_0, z_0, x_1, y_1, z_1; und diese ihrerseits sind abhängig von den acht Argumenten $\mathfrak{x}_0, \mathfrak{y}_0, \mathfrak{z}_0, \tau_0, \mathfrak{x}_1, \mathfrak{y}_1, \mathfrak{z}_1, \tau_1$.

Absichtlich sind die Bezeichnungen (3.a,b,c) so viel wie möglich übereinstimmend mit denen gemacht, die früher [in (43.a,b,c) pag. 50, 51] bei der Betrachtung linearer Körper zur Anwendung kamen. Im Anschluss an diese Bezeichnungen mögen ausserdem noch die Charakteristiken eingeführt werden:

$$(3.d) \qquad \begin{aligned} &\delta_0 = \frac{\partial}{\partial \tau_0} dt, \quad \delta_1 = \frac{\partial}{\partial \tau_1} dt, \quad \delta = \delta_0 + \delta_1, \\ &\Delta_0 = \frac{\partial}{\partial \mathsf{T}_0} dt, \quad \Delta_1 = \frac{\partial}{\partial \mathsf{T}_1} dt, \quad \Delta = \Delta_0 + \Delta_1, \quad d = \delta + \Delta. \end{aligned}$$

Die augenblicklichen Richtungen der in m_0, m_1 vorhandenen Strömungen i_0, i_1 sind s_0, s_1 genannt worden. Demgemäss können $\frac{\partial}{\partial s_0}$, $\frac{\partial}{\partial s_1}$ als Symbole gebraucht werden zur Andeutung folgender Operationen:

$$(4.) \qquad \begin{aligned} \frac{\partial}{\partial s_0} &= \frac{\mathfrak{u}_0}{i_0}\frac{\partial}{\partial \mathfrak{x}_0} + \frac{\mathfrak{v}_0}{i_0}\frac{\partial}{\partial \mathfrak{y}_0} + \frac{\mathfrak{w}_0}{i_0}\frac{\partial}{\partial \mathfrak{z}_0}, \\ \frac{\partial}{\partial s_1} &= \frac{\mathfrak{u}_1}{i_1}\frac{\partial}{\partial \mathfrak{x}_1} + \frac{\mathfrak{v}_1}{i_1}\frac{\partial}{\partial \mathfrak{y}_1} + \frac{\mathfrak{w}_1}{i_1}\frac{\partial}{\partial \mathfrak{z}_1}; \end{aligned}$$

denn es ist zu beachten, dass $\frac{\mathfrak{u}_0}{i_0}$, $\frac{\mathfrak{v}_0}{i_0}$, $\frac{\mathfrak{w}_0}{i_0}$ die Richtungscosinus von i_0 oder s_0 repräsentiren in Bezug auf das mit dem Körper A starr verbundene Axensystem, und dass $\frac{\mathfrak{u}_1}{i_1}$, $\frac{\mathfrak{v}_1}{i_1}$, $\frac{\mathfrak{w}_1}{i_1}$ die analoge Bedeutung haben für i_1 oder s_1 in Bezug auf das mit B verbundene Axensystem.

Sind r und $r + dr$ die den Zeiten t und $t + dt$ entsprechenden Werthe der gegenseitigen Entfernung zwischen m_0 und m_1, so ist nach (3.c):

$$(5.) \qquad dr = \frac{\partial r}{\partial \tau_0} dt + \frac{\partial r}{\partial \tau_1} dt.$$

Die zu berechnende Arbeit (1.) drückt sich daher aus durch:

$$(6.)\quad (d\,T_A{}^B)_{\text{eldy. Us}} = \Sigma\Sigma\left(R\,\frac{\partial r}{\partial \tau_0}\,dt\right) = dt\,.\,\Sigma\Sigma\left(R\,\frac{\partial r}{\partial \tau_0}\right),$$

wo R diejenige ponderomotorische Kraft eldy. Us repräsentirt, welche $\mathrm{D}v_1$ auf $\mathrm{D}v_0$ ausübt, und die Summation sich ausdehnt über sämmtliche Volumelemente von B und A.

Um zunächst R zu bestimmen, mögen die unendlich kleinen Volumina $\mathrm{D}v_0$ und $\mathrm{D}v_1$ zerlegt werden in Elemente zweiter Ordnung, und zwar in lauter prismatische Elemente, parallel zu s_0 und s_1, d. i. zu i_0 und i_1. Die ponderomotorische Kraft eldy. Us, mit welcher zwei solche Prismata auf einander einwirken, hat nach dem Ampère'schen Gesetz (pag. 44) den Werth:

$$(7.)\quad J_0\,\mathrm{D}s_0\,.\,J_1\,\mathrm{D}s_1\,.\,\mathsf{P},\qquad \text{wo}\qquad \mathsf{P} = 8A^2\,\frac{d\psi}{dr}\,\frac{\partial^2\psi}{\partial s_0\,\partial s_1},$$

wo $\mathrm{D}s_0$, $\mathrm{D}s_1$ die Längen der beiden Prismata und J_0, J_1 ihre Stromstärken vorstellen. Nun ist aber, falls man die Querschnitte dieser Prismata mit q_0, q_1 bezeichnet, $J_0 = i_0\,q_0$, $J_1 = i_1\,q_1$. Somit kann der Ausdruck (7.) auch so dargestellt werden:

$$i_0\,q_0\,\mathrm{D}s_0\,.\,i_1\,q_1\,\mathrm{D}s_1\,.\,\mathsf{P}.$$

Die eigentlich gesuchte von $\mathrm{D}v_1$ auf $\mathrm{D}v_0$ ausgeübte Kraft R ergiebt sich hieraus durch Summation über sämmtliche in $\mathrm{D}v_1$ und $\mathrm{D}v_0$ enthaltenen Prismata. Die Volumina $\mathrm{D}v_0$ und $\mathrm{D}v_1$ sind aber unendlich klein; und es haben daher i_0 und i_1, und ebenso auch P für all' jene Prismata einerlei Werthe. Somit folgt:

$$R = i_0\,(\Sigma\,q_0\,\mathrm{D}s_0)\,.\,i_1\,(\Sigma\,q_1\,\mathrm{D}s_1)\,.\,\mathsf{P},$$

d. i.

$$(8.)\quad R = i_0\,\mathrm{D}v_0\,.\,i_1\,\mathrm{D}v_1\,.\,\mathsf{P} = i_0\,\mathrm{D}v_0\,.\,i_1\,\mathrm{D}v_1\,.\,8A^2\,\frac{d\psi}{dr}\,\frac{\partial^2\psi}{\partial s_0\,\partial s_1}.$$

Durch Substitution dieses Werthes in (6.) erhält man sofort:

$$(9.)\quad (d\,T_A{}^B)_{\text{eldy. Us}} = dt\,.\,\Sigma\Sigma\ \mathrm{D}v_0\,\mathrm{D}v_1\left(i_0\,i_1\,\mathsf{P}\,\frac{\partial r}{\partial \tau_0}\right) = dt\,.\,4A^2\mathsf{K},$$

wo K die Bedeutung hat:

$$(10.)\qquad \mathsf{K} = \Sigma\Sigma\ \mathrm{D}v_0\,\mathrm{D}v_1\left(i_0 i_1\,.\,2\,\frac{\partial\psi}{\partial\tau_0}\,\frac{\partial^2\psi}{\partial s_0\,\partial s_1}\right).$$

Es handelt sich nun um die Berechnung dieses Doppelintegrals K.

Für die Function ψ oder $\psi(r)$ ergeben sich, mit Rücksicht auf (4.), die Formeln:

$$(11.a)\qquad i_0\,\frac{\partial\psi}{\partial s_0} = \frac{\partial\psi}{\partial \mathfrak{x}_0}\,\mathfrak{u}_0 + \frac{\partial\psi}{\partial \mathfrak{y}_0}\,\mathfrak{v}_0 + \frac{\partial\psi}{\partial \mathfrak{z}_0}\,\mathfrak{w}_0,$$

$$(11.b)\qquad i_1\,\frac{\partial\psi}{\partial s_1} = \frac{\partial\psi}{\partial \mathfrak{x}_1}\,\mathfrak{u}_1 + \frac{\partial\psi}{\partial \mathfrak{y}_1}\,\mathfrak{v}_1 + \frac{\partial\psi}{\partial \mathfrak{z}_1}\,\mathfrak{w}_1.$$

Sodann folgt aus (11.a) durch Ableitung nach s_1 und Multiplication mit i_1:

$$(11.c)\quad \begin{aligned} i_0 i_1 \frac{\partial^2\psi}{\partial s_0\,\partial s_1} = {} & \frac{\partial^2\psi}{\partial\mathfrak{x}_0\,\partial\mathfrak{x}_1}\,\mathfrak{u}_0\mathfrak{u}_1 + \frac{\partial^2\psi}{\partial\mathfrak{x}_0\,\partial\mathfrak{y}_1}\,\mathfrak{u}_0\mathfrak{v}_1 + \frac{\partial^2\psi}{\partial\mathfrak{x}_0\,\partial\mathfrak{z}_1}\,\mathfrak{u}_0\mathfrak{w}_1 \\ & + \frac{\partial^2\psi}{\partial\mathfrak{y}_0\,\partial\mathfrak{x}_1}\,\mathfrak{v}_0\mathfrak{u}_1 + \frac{\partial^2\psi}{\partial\mathfrak{y}_0\,\partial\mathfrak{y}_1}\,\mathfrak{v}_0\mathfrak{v}_1 + \frac{\partial^2\psi}{\partial\mathfrak{y}_0\,\partial\mathfrak{z}_1}\,\mathfrak{v}_0\mathfrak{w}_1 \\ & + \frac{\partial^2\psi}{\partial\mathfrak{z}_0\,\partial\mathfrak{x}_1}\,\mathfrak{w}_0\mathfrak{u}_1 + \frac{\partial^2\psi}{\partial\mathfrak{z}_0\,\partial\mathfrak{y}_1}\,\mathfrak{w}_0\mathfrak{v}_1 + \frac{\partial^2\psi}{\partial\mathfrak{z}_0\,\partial\mathfrak{z}_1}\,\mathfrak{w}_0\mathfrak{w}_1 . \end{aligned}$$

Diese Formeln (11.a,b,c) mögen in abgekürzter Weise angedeutet sein durch:

$$(12.a)\qquad i_0\frac{\partial\psi}{\partial s_0} = \mathfrak{S}_0\left(\mathfrak{u}_0\frac{\partial\psi}{\partial\mathfrak{x}_0}\right),$$

$$(12.b)\qquad i_1\frac{\partial\psi}{\partial s_1} = \mathfrak{S}_1\left(\mathfrak{u}_1\frac{\partial\psi}{\partial\mathfrak{x}_1}\right),$$

$$(12.c)\qquad i_0 i_1\frac{\partial^2\psi}{\partial s_0\,\partial s_1} = \mathfrak{S}_0\mathfrak{S}_1\left(\mathfrak{u}_0\mathfrak{u}_1\frac{\partial^2\psi}{\partial\mathfrak{x}_0\,\partial\mathfrak{x}_1}\right),$$

wo alsdann unter $\mathfrak{S}_0$ eine Summation über $\binom{\mathfrak{x}_0,\ \mathfrak{y}_0,\ \mathfrak{z}_0}{\mathfrak{u}_0,\ \mathfrak{v}_0,\ \mathfrak{w}_0}$, andererseits unter $\mathfrak{S}_1$ eine Summation über $\binom{\mathfrak{x}_1,\ \mathfrak{y}_1,\ \mathfrak{z}_1}{\mathfrak{u}_1,\ \mathfrak{v}_1,\ \mathfrak{w}_1}$ zu verstehen ist.

Aus (12.c) folgt durch Multiplication mit $2\dfrac{\partial\psi}{\partial\tau_0}$:

$$(13.)\qquad i_0 i_1\,.\,2\frac{\partial\psi}{\partial\tau_0}\frac{\partial^2\psi}{\partial s_0\,\partial s_1} = \mathfrak{S}_0\mathfrak{S}_1\left(\mathfrak{u}_0\mathfrak{u}_1\,.\,2\frac{\partial\psi}{\partial\tau_0}\frac{\partial^2\psi}{\partial\mathfrak{x}_0\,\partial\mathfrak{x}_1}\right).$$

Zufolge (3.a,b,c) sind $\mathfrak{x}_0, \mathfrak{y}_0, \mathfrak{z}_0, \tau_0, \mathfrak{x}_1, \mathfrak{y}_1, \mathfrak{z}_1, \tau_1$ diejenigen acht **coordinirten** Argumente, von welchen die Entfernung r, mithin auch die Function $\psi = \psi(r)$ in letzter Instanz abhängt. Bei mehrfacher Differentiation nach diesen acht Argumenten wird daher das Resultat unabhängig sein von der Reihenfolge. Somit ist identisch:

$$(14.)\qquad \begin{aligned} 2\frac{\partial\psi}{\partial\tau_0}\frac{\partial^2\psi}{\partial\mathfrak{x}_0\,\partial\mathfrak{x}_1} & = \frac{\partial}{\partial\mathfrak{x}_0}\left(\frac{\partial\psi}{\partial\tau_0}\frac{\partial\psi}{\partial\mathfrak{x}_1}\right) + \frac{\partial}{\partial\mathfrak{x}_1}\left(\frac{\partial\psi}{\partial\tau_0}\frac{\partial\psi}{\partial\mathfrak{x}_0}\right) - \frac{\partial}{\partial\tau_0}\left(\frac{\partial\psi}{\partial\mathfrak{x}_0}\frac{\partial\psi}{\partial\mathfrak{x}_1}\right), \\ & = \frac{\partial\lambda}{\partial\mathfrak{x}_0} + \frac{\partial\mu}{\partial\mathfrak{x}_1} - \frac{\partial\nu}{\partial\tau_0}, \end{aligned}$$

wo λ, μ, ν die Bedeutungen haben:

$$(15.)\qquad \begin{aligned} \lambda & = \frac{\partial\psi}{\partial\tau_0}\frac{\partial\psi}{\partial\mathfrak{x}_1}; \\ \mu & = \frac{\partial\psi}{\partial\tau_0}\frac{\partial\psi}{\partial\mathfrak{x}_0}, \\ \nu & = \frac{\partial\psi}{\partial\mathfrak{x}_0}\frac{\partial\psi}{\partial\mathfrak{x}_1}. \end{aligned}$$

Durch (14.) geht die Formel (13.) über in:

$$(16.)\quad i_0 i_1 2 \frac{\partial \psi}{\partial \mathfrak{r}_0} \frac{\partial^2 \psi}{\partial s_0 \partial s_1} = \mathfrak{S}_0 \mathfrak{S}_1 \left[\mathfrak{u}_0 \mathfrak{u}_1 \left(\frac{\partial \lambda}{\partial \mathfrak{x}_0} + \frac{\partial \mu}{\partial \mathfrak{x}_1} \right) \right] - \frac{\partial}{\partial \mathfrak{r}_0} [\mathfrak{S}_0 \mathfrak{S}_1 (\mathfrak{u}_0 \mathfrak{u}_1 \nu)];$$

und durch Substitution dieses Werthes (16.) ergiebt sich für das zu berechnende Doppelintegral K (10.) folgende Darstellung:

$$(17.)\qquad \mathsf{K} = \Lambda + \mathsf{M} - \frac{\partial \mathsf{N}}{\partial \mathfrak{r}_0},$$

wo Λ, M, N die Werthe haben:

$$\Lambda = \Sigma\Sigma\ \mathrm{D}\mathrm{v}_0\, \mathrm{D}\mathrm{v}_1 \left[\mathfrak{S}_0 \mathfrak{S}_1 \left(\mathfrak{u}_0 \mathfrak{u}_1 \frac{\partial \lambda}{\partial \mathfrak{x}_0} \right) \right],$$

$$(18.)\qquad \mathsf{M} = \Sigma\Sigma\ \mathrm{D}\mathrm{v}_0\, \mathrm{D}\mathrm{v}_1 \left[\mathfrak{S}_0 \mathfrak{S}_1 \left(\mathfrak{u}_0 \mathfrak{u}_1 \frac{\partial \mu}{\partial \mathfrak{x}_1} \right) \right],$$

$$\mathsf{N} = \Sigma\Sigma\ \mathrm{D}\mathrm{v}_0\, \mathrm{D}\mathrm{v}_1 \left[\mathfrak{S}_0 \mathfrak{S}_1 (\mathfrak{u}_0 \mathfrak{u}_1 \nu) \right].$$

Um zunächst Λ näher zu bestimmen, sei bemerkt, dass

$$(19.)\qquad \mathfrak{S}_0 \left(\mathfrak{u}_0 \mathfrak{u}_1 \frac{\partial \lambda}{\partial \mathfrak{x}_0} \right) = \mathfrak{u}_1 \left(\mathfrak{u}_0 \frac{\partial \lambda}{\partial \mathfrak{x}_0} + \mathfrak{v}_0 \frac{\partial \lambda}{\partial \mathfrak{y}_0} + \mathfrak{w}_0 \frac{\partial \lambda}{\partial \mathfrak{z}_0} \right),$$
$$= \mathfrak{u}_1 \left[\left(\frac{\partial (\lambda\, \mathfrak{u}_0)}{\partial \mathfrak{x}_0} + \cdots \right) - \lambda \left(\frac{\partial \mathfrak{u}_0}{\partial \mathfrak{x}_0} + \cdots \right) \right].$$

Multiplicirt man diese Formel mit $\mathrm{D}\mathrm{v}_0$, und integrirt sodann über sämmtliche Volumelemente des Körpers A, so ergiebt sich in bekannter Weise:

$$(20.)\qquad \Sigma\ \mathrm{D}\mathrm{v}_0 \left[\mathfrak{S}_0 \left(\mathfrak{u}_0 \mathfrak{u}_1 \frac{\partial \lambda}{\partial \mathfrak{x}_0} \right) \right] = \Sigma\ \mathrm{D}o_0 (\lambda F_0 \mathfrak{u}_1) + \Sigma\ \mathrm{D}\mathrm{v}_0 (\lambda E_0 \mathfrak{u}_1),$$

wo E_0, F_0 die Bedeutungen haben:

$$(21.)\qquad E_0 = - \left[\frac{\partial \mathfrak{u}_0}{\partial \mathfrak{x}_0} + \frac{\partial \mathfrak{v}_0}{\partial \mathfrak{y}_0} + \frac{\partial \mathfrak{w}_0}{\partial \mathfrak{z}_0} \right],$$
$$F_0 = - [\mathfrak{u}_0 \cos(N_0, \mathfrak{x}_0) + \mathfrak{v}_0 \cos(N_0, \mathfrak{y}_0) + \mathfrak{w}_0 \cos(N_0, \mathfrak{z}_0)].$$

Dabei ist unter $\mathrm{D}o_0$ irgend ein Element der Oberfläche von A, und unter N_0 die auf $\mathrm{D}o_0$ errichtete innere Normale zu verstehen. Aus (20.) folgt, wenn man für λ seine eigentliche Bedeutung (15.) substituirt:

$$(22.)\qquad \Sigma\ \mathrm{D}\mathrm{v}_0 \left[\mathfrak{S}_0 \left(\mathfrak{u}_0 \mathfrak{u}_1 \frac{\partial \lambda}{\partial \mathfrak{x}_0} \right) \right] = \Sigma\ \mathrm{D}o_0 \left(F_0 \frac{\partial \psi}{\partial \mathfrak{r}_0} \frac{\partial \psi}{\partial \mathfrak{x}_1} \mathfrak{u}_1 \right)$$
$$+ \Sigma\ \mathrm{D}\mathrm{v}_0 \left(E_0 \frac{\partial \psi}{\partial \mathfrak{r}_0} \frac{\partial \psi}{\partial \mathfrak{r}_1} \mathfrak{u}_1 \right).$$

Hieraus folgt weiter durch Ausführung der Summation $\mathfrak{S}_1$ und mit Rücksicht auf (12.b):

$$(23.)\quad \Sigma\ Dv_0 \left[\Xi_0\ \Xi_1 \left(u_0\ u_1 \frac{\partial \lambda}{\partial v_0}\right)\right] = \Sigma\ Do_0 \left(F_0 \frac{\partial \psi}{\partial \tau_0} \frac{\partial \psi}{\partial s_1} i_1\right) + \Sigma\ Dv_0 \left(E_0 \frac{\partial \psi}{\partial \tau_0} \frac{\partial \psi}{\partial s_1} i_1\right).$$

Hieraus aber folgt endlich durch Multiplication mit Dv_1, und Integration über das ganze Volumen von B:

$$(24.)\quad \mathsf{A} = \Sigma\Sigma\ Do_0 Dv_1 \left(F_0 \frac{\partial \psi}{\partial \tau_0} \frac{\partial \psi}{\partial s_1} i_1\right) + \Sigma\Sigma\ Dv_0 Dv_1 \left(E_0 \frac{\partial \psi}{\partial \tau_0} \frac{\partial \psi}{\partial s_1} i_1\right).$$

In analoger Weise wird offenbar:

$$(25.)\quad \mathsf{M} = \Sigma\Sigma\ Do_1 Dv_0 \left(F_1 \frac{\partial \psi}{\partial \tau_0} \frac{\partial \psi}{\partial s_0} i_0\right) + \Sigma\Sigma\ Dv_1 Dv_0 \left(E_1 \frac{\partial \psi}{\partial \tau_0} \frac{\partial \psi}{\partial s_0} i_0\right).$$

Ausserdem ergiebt sich für N (18.), mit Rücksicht auf die eingeführte Bezeichnungsweise (12.a,b,c), ohne weitere Rechnung der Werth:

$$(26.)\quad \mathsf{N} = \Sigma\Sigma\ Dv_0 Dv_1 \left(\frac{\partial \psi}{\partial s_0} \frac{\partial \psi}{\partial s_1} i_0 i_1\right).$$

Aus (9.) und (17.) folgt durch Substitution der Werthe (24.), (25.), (26.) sofort:

$$(27.)\quad (dT_A{}^B)_{\text{eldy. Us}} = dt\ .\ \Sigma\Sigma \left(i_0 Dv_0\ .\ i_1 Dv_1\ .\ \mathsf{P} \frac{\partial r}{\partial \tau_0}\right) = dt\ .\ 4A^2\ \mathsf{K},$$

und zwar:

$$(28.)\quad 4A^2\mathsf{K} = 4A^2 . \Sigma\Sigma \left[\left(F_0 Do_0 . \frac{\partial \psi}{\partial s_1} i_1 Dv_1 + F_1 Do_1 . \frac{\partial \psi}{\partial s_0} i_0 Dv_0\right) \frac{\partial \psi}{\partial \tau_0}\right]$$
$$+ 4A^2 . \Sigma\Sigma \left[\left(E_0 Dv_0 . \frac{\partial \psi}{\partial s_1} i_1 Dv_1 + E_1 Dv_1 . \frac{\partial \psi}{\partial s_0} i_0 Dv_0\right) \frac{\partial \psi}{\partial \tau_0}\right]$$
$$- \frac{\partial}{\partial \tau_0} \left[4A^2 . \Sigma\Sigma \left(\frac{\partial \psi}{\partial s_0} i_0 Dv_0 . \frac{\partial \psi}{\partial s_1} i_1 Dv_1\right)\right],$$

wo die Summationen $\Sigma\Sigma$ theils auf die Volumelemente Dv, theils auf die Oberflächenelemente Do sich beziehen.

Unter Anwendung der in (3.d) genannten Charakteristiken

$$(29.)\quad \delta_0,\ \delta_1,\ \Delta_0,\ \Delta_1,$$

kann das in (27.), (28.) enthaltene Resultat ein wenig einfacher so ausgedrückt werden:

Wie beschaffen die Bewegungen der Körper *A*, *B*, und die im Innern derselben vorhandenen elektrischen Strömungszustände auch sein mögen, immer wird die vom Körper *B* während der Zeit *dt* auf den Körper *A* vermöge der ponderomotorischen Kräfte eldy. Us ausgeübte Arbeit

$$(30.a)\quad (dT_A{}^B)_{\text{eldy. Us}} = \Sigma\Sigma\ (i_0\ Dv_0\ .\ i_1\ Dv_1\ .\ \mathsf{P}\ \delta_0 r)$$

darstellbar sein durch die Formel:

$$(30.b) \quad (dT_A{}^B)_{\text{eldy. Va}} = 4A^2 \Sigma\Sigma \left[\left(F_0\, Do_0 \,.\, \frac{\partial \psi}{\partial s_1} i_1\, Dv_1 + F_1\, Do_1 \,.\, \frac{\partial \psi}{\partial s_0} i_0\, Dv_0\right)\delta_0 \psi\right]$$
$$+ 4A^2 \Sigma\Sigma \left[\left(E_0\, Dv_0 \,.\, \frac{\partial \psi}{\partial s_1} i_1\, Dv_1 + E_1\, Dv_1 \,.\, \frac{\partial \psi}{\partial s_0} i_0\, Dv_0\right)\delta_0 \psi\right]$$
$$- \delta_0 \left[4A^2 . \Sigma\Sigma \left(\frac{\partial \psi}{\partial s_0} i_0\, Dv_0 \,.\, \frac{\partial \psi}{\partial s_1} i_1\, Dv_1\right)\right],$$

wo die Integration $\Sigma\Sigma$ sich hinerstreckt theils über die Volumelemente Dv_0, Dv_1 der Körper A, B, theils über ihre Oberflächenelemente Do_0, Do_1. Dabei sind E_0, E_1 und F_0, F_1 zur Abkürzung gesetzt für die Ausdrücke:

$$(30.c) \quad \begin{aligned} E_0 &= - \left[\frac{\partial \mathfrak{u}_0}{\partial \mathfrak{x}_0} + \frac{\partial \mathfrak{v}_0}{\partial \mathfrak{y}_0} + \frac{\partial \mathfrak{w}_0}{\partial \mathfrak{z}_0}\right], \\ E_1 &= - \left[\frac{\partial \mathfrak{u}_1}{\partial \mathfrak{x}_1} + \frac{\partial \mathfrak{v}_1}{\partial \mathfrak{y}_1} + \frac{\partial \mathfrak{w}_1}{\partial \mathfrak{z}_1}\right], \\ F_0 &= - [\mathfrak{u}_0 \cos(N_0, \mathfrak{x}_0) + \mathfrak{v}_0 \cos(N_0, \mathfrak{y}_0) + \mathfrak{w}_0 \cos(N_0, \mathfrak{z}_0)], \\ F_1 &= - [\mathfrak{u}_1 \cos(N_1, \mathfrak{x}_1) + \mathfrak{v}_1 \cos(N_1, \mathfrak{y}_1) + \mathfrak{w}_1 \cos(N_1, \mathfrak{z}_1)], \end{aligned}$$

wo N_0 die innere Normale der Oberfläche von A, und N_1 die innere Normale der Oberfläche von B vorstellt.

Es leuchtet ein, dass dieser Satz nicht nur gültig ist für die Körper A, B selber, sondern auch für **beliebige Theile** derselben.

§. 27. Fortsetzung. Betrachtung des speciellen Falles, dass die in jedem Körper vorhandenen Strömungen im Innern gleichförmig und an der Oberfläche tangential sind.

Der elektrische Strömungszustand im Innern eines Körpers wird gleichförmig zu nennen sein, falls überall die Bedingung erfüllt ist:

$$(31.) \quad \frac{\partial \mathfrak{u}}{\partial \mathfrak{x}} + \frac{\partial \mathfrak{v}}{\partial \mathfrak{y}} + \frac{\partial \mathfrak{w}}{\partial \mathfrak{z}} = 0;$$

denn alsdann ist [vergl. (9.a,b) pag. 4] der Differentialquotient $\frac{d\varepsilon}{dt}$ überall Null, folglich die Vertheilung der im Körper vorhandenen freien Elektricität unabhängig von der Zeit. — Andererseits wird der elektrische Strömungszustand an der Oberfläche des Körpers als tangential zu bezeichnen sein, falls überall die Gleichung erfüllt ist:

$$(32.) \quad \mathfrak{u} \cos(N, \mathfrak{x}) + \mathfrak{v} \cos(N, \mathfrak{y}) + \mathfrak{w} \cos(N, \mathfrak{z}) = 0,$$

unter N die Normale jener Oberfläche verstanden.

Setzen wir nun voraus, in jedem der hier betrachteten Körper A und B wäre der Zustand im Innern überall gleichförmig, und überall tangential an der Oberfläche, so verschwinden die Ausdrücke E_0, E_1 und F_0, F_1; so dass also in diesem Fall die Formel (30. a, b, c) die einfachere Gestalt gewinnt:

$$(33.)\quad \begin{cases} (dT_A{}^B)_{\text{eldy. Us}} = \Sigma\Sigma\ (i_0\,\mathrm{D}\mathrm{v}_0\ .\ i_1\,\mathrm{D}\mathrm{v}_1\ .\ \mathrm{P}\,\delta_0\,r), \\ \qquad\qquad = -\,\delta_0\,P, \\ \text{wo } P \text{ die Bedeutung hat:} \\ P = 4A^2\ .\ \Sigma\Sigma\ \left(\frac{\partial\psi}{\partial s_0}\,i_0\,\mathrm{D}\mathrm{v}_0\ .\ \frac{\partial\psi}{\partial s_1}\,i_1\,\mathrm{D}\mathrm{v}_1\right). \end{cases}$$

Dieses P ist vollständig analog mit demjenigen Ausdruck

$$P = 4A^2\ .\ \Sigma\Sigma\ \left(\frac{\partial\psi}{\partial s_0}\,J_0\,\mathrm{D}s_0\ .\ \frac{\partial\psi}{\partial s_1}\,J_1\,\mathrm{D}s_1\right),$$

durch welchen früher, ebenfalls unter Voraussetzung eines gleichförmigen Zustandes, das elektrodynamische Potential zweier linearer Stromringe auf einander definirt wurde [vergl. (55. a, b, c) pag. 56]. Bedienen wir uns hier desselben Namens, so wird das in (33.) enthaltene Resultat so auszusprechen sein:

(34.) .... Können die elektrischen Strömungszustände in zwei Körpern A und B (die in irgend welchen Bewegungen begriffen sind) im Innern als **gleichförmig** und an allen Stellen der Oberflächen als **tangential** angesehen werden, und bezeichnet P das **elektrodynamische Potential** der beiden Körper auf einander, so wird die von B während der Zeit dt auf A ausgeübte ponderomotorische Arbeit eldy. Us, abgesehen vom Vorzeichen, immer gleich sein dem partiellen*) Zuwachs von P, genommen nach der räumlichen Lage von A.

Hiebei kann jeder der Körper A, B von beliebig complicirter Gestalt sein. So kann z. B. ein solcher Körper dargestellt sein durch

---

*) Der totale Zuwachs von P, d. i. derjenige, welchen P während der Zeit dt in Wirklichkeit erfährt, kann [vergl. (3. a, b, c, d)] dargestellt werden durch:

$$dP = \frac{\partial P}{\partial r_0}\,dt + \frac{\partial P}{\partial \mathrm{T}_0}\,dt + \frac{\partial P}{\partial r_1}\,dt + \frac{\partial P}{\partial \mathrm{T}_1}\,dt,$$

oder kürzer durch:

$$dP = \delta_0 P + \Delta_0 P + \delta_1 P + \Delta_1 P;$$

wo das erste Glied $\delta_0 P$ zu bezeichnen ist als der partielle Zuwachs von P nach der räumlichen Lage von A, das zweite $\Delta_0 P$ als der partielle Zuwachs von P nach dem elektrischen Zustande von A, während die beiden letzten Glieder $\delta_1 P$ und $\Delta_1 P$ analoge Bedeutungen haben mit Bezug auf B.

ein beliebig vielfach geschlossenes Drahtsystem, in welches eingeschaltet sind irgend welche Leiter von zwei oder drei Dimensionen.

Besteht der Körper A aus einer Metallkugel A', in welche an zwei gegebenen Stellen der Oberfläche die beiden Enden eines Metalldrahtes A'' einmünden, und setzt man voraus, dass die beiden Bedingungen der Gleichförmigkeit und Tangentialität erfüllt sind beim Körper A, d. i. bei A', A'' zusammengenommen, so wird trotzdem die letztere von diesen beiden Bedingungen im Allgemeinen nicht erfüllt sein für die Kugel A' allein genommen; so dass also der vorstehende Satz (34.), wenn auch anwendbar auf A, B, nicht mehr gültig ist für A', B. Anders verhält es sich mit dem allgemeinern Satz (30.a, b, c); denn dieser ist anwendbar nach Belieben sowohl auf A, B, als auch auf A', B.

Man bemerkt übrigens sofort, dass der Satz (34.) einen früher besprochenen Satz [(52.a, b, c, d) auf pag. 53] als speciellen Fall in sich schliesst.

Was die für das elektrodynamische Potential P gegebene Definition (33.) betrifft, so können wir uns darüber folgendermassen ausdrücken:

Das **elektrodynamische Potential** P zweier Körper aufeinander wird, falls in jedem derselben der elektrische Strömungszustand im Innern **gleichförmig** und an der Oberfläche **tangential** ist, definirt sein durch:

$$(35.a) \qquad P = \Sigma\Sigma\ [i_0 \, D v_0 \, . \, i_1 \, D v_1 \, \Pi],$$

oder auch durch:

$$(35.b) \qquad P = \Sigma\Sigma \left[i_0 \, D v_0 \, . \, i_1 \, D v_1 \left(\Pi + \frac{\partial^2 w(r)}{\partial s_0 \partial s_1}\right)\right],$$

oder auch durch:

$$(35.c) \qquad P = \Sigma\Sigma\ [i_0 \, D v_0 \, . \, i_1 \, D v_1 \, . \, \Omega],$$

wo $w(r)$ eine willkührliche Function von r vorstellt, während Π, Ω die bekannten Ausdrücke*) repräsentiren:

$$(35.d) \qquad \begin{aligned} \Pi &= 4A^2 \frac{\partial \psi}{\partial s_0} \frac{\partial \psi}{\partial s_1} = -4A^2 \left(\frac{d\psi}{dr}\right)^2 \Theta_0 \Theta_1 , \\ \Omega &= \omega \Theta_0 \Theta_1 + \ddot{\omega} \, \mathrm{E} . \end{aligned}$$

Dabei sind unter r, ψ, Θ_0, Θ_1, E dieselben**) Ausdrücke zu verstehen, wie im Ampère'schen Gesetz (pag. 44).

---

*) Vergl. pag. 56 und 146.

**) Nur ist zu beachten, dass bei jenem Ampère'schen Gesetz, wenigstens bei seiner Anwendung auf lineare Leiter, Θ_0, Θ_1, E die Cosinus von Winkeln

Die Formel (35. a) ist [unter Rücksicht auf (35. d)] identisch mit der ursprünglichen Definition (33.).

Um den Uebergang von (35. a) zu (35. b) zu rechtfertigen, bleibt nachzuweisen, dass das Integral

$$(36.)\qquad W = \Sigma\Sigma\left[i_0\, D\mathfrak{v}_0 \,.\, i_1\, D\mathfrak{v}_1 \,.\, \frac{\partial^2 w}{\partial s_0\, \partial s_1}\right]$$

verschwindet, wie beschaffen die Function $w = w(r)$ auch sein mag. Nun ist [vergl. (12. c)]:

$$i_0\, i_1 \frac{\partial^2 w}{\partial s_0\, \partial s_1} = \mathfrak{S}_0\, \mathfrak{S}_1 \left(\mathfrak{u}_0\, \mathfrak{u}_1 \frac{\partial^2 w}{\partial \mathfrak{x}_0\, \partial \mathfrak{x}_1}\right),$$

folglich:

$$(37.)\qquad W = \Sigma\Sigma\; D\mathfrak{v}_0\, D\mathfrak{v}_1 \left[\mathfrak{S}_0\, \mathfrak{S}_1 \left(\mathfrak{u}_0 \mathfrak{u}_1 \frac{\partial^2 w}{\partial \mathfrak{x}_0\, \partial \mathfrak{x}_1}\right)\right].$$

Setzt man für den Augenblick $\frac{\partial w}{\partial \mathfrak{x}_1} = \lambda$, so wird

$$\mathfrak{S}_0 \left(\mathfrak{u}_0 \mathfrak{u}_1 \frac{\partial^2 w}{\partial \mathfrak{x}_0\, \partial \mathfrak{x}_1}\right) = \mathfrak{u}_1 \left(\mathfrak{u}_0 \frac{\partial \lambda}{\partial \mathfrak{x}_0} + \mathfrak{v}_0 \frac{\partial \lambda}{\partial \mathfrak{y}_0} + \mathfrak{w}_0 \frac{\partial \lambda}{\partial \mathfrak{z}_0}\right),$$

$$= \mathfrak{u}_1 \left[\left(\frac{\partial \lambda \mathfrak{u}_0}{\partial \mathfrak{x}_0} + \cdots\right) - \lambda \left(\frac{\partial \mathfrak{u}_0}{d \mathfrak{x}_0} + \cdots\right)\right].$$

Hieraus folgt durch Ausführung der Integration nach $D\mathfrak{v}_0$ sofort:

$$\Sigma\; D\mathfrak{v}_0 \left[\mathfrak{S}_0 \left(\mathfrak{u}_0 \mathfrak{u}_1 \frac{\partial^2 w}{\partial \mathfrak{x}_0\, \partial \mathfrak{x}_1}\right)\right] = \Sigma\; Do_0\, (\lambda F_0 \mathfrak{u}_1) + \Sigma\; D\mathfrak{v}_0\, (\lambda E_0 \mathfrak{u}_1),$$

wo F_0, E_0 die Ausdrücke (30. c) repräsentiren. Substituirt man für λ seine eigentliche Bedeutung, so erhält man:

$$\Sigma\; D\mathfrak{v}_0 \left[\mathfrak{S}_0 \left(\mathfrak{u}_0 \mathfrak{u}_1 \frac{\partial^2 w}{\partial \mathfrak{x}_0\, \partial \mathfrak{x}_1}\right)\right] = \Sigma\; Do_0 \left(F_0 \frac{\partial w}{\partial \mathfrak{x}_1}\, \mathfrak{u}_1\right) + \Sigma\; D\mathfrak{v}_0 \left(E_0 \frac{\partial w}{\partial \mathfrak{x}_1}\, \mathfrak{u}_1\right).$$

Hieraus folgt durch Ausführung der Operation $\mathfrak{S}_1$:

$$\Sigma\; D\mathfrak{v}_0 \left[\mathfrak{S}_0\, \mathfrak{S}_1 \left(\mathfrak{u}_0 \mathfrak{u}_1 \frac{\partial^2 w}{\partial \mathfrak{x}_0\, \partial \mathfrak{x}_1}\right)\right] = \Sigma\; Do_0 \left(F_0 \frac{\partial w}{\partial s_1}\, i_1\right) + \Sigma\; D\mathfrak{v}_0 \left(E_0 \frac{\partial w}{\partial s_1}\, i_1\right),$$

und endlich durch Ausführung der Summation nach $D\mathfrak{v}_1$:

$$(38.)\qquad W = \Sigma\Sigma\; Do_0\, D\mathfrak{v}_1 \left(F_0 \frac{\partial w}{\partial s_1}\, i_1\right) + \Sigma\Sigma\; D\mathfrak{v}_0\, D\mathfrak{v}_1 \left(E_0 \frac{\partial w}{\partial s_1}\, i_1\right).$$

Nun war aber vorausgesetzt worden, dass die elektrischen Strömungszustände im Innern der Körper A und B gleichförmig und an

---

sind, welche lediglich durch die ponderablen Massen sich bestimmen; hier hingegen die Cosinus von Winkeln, deren Schenkel repräsentirt sind theils durch die von $D\mathfrak{v}_1$ nach $D\mathfrak{v}_0$ laufende Linie r, theils aber auch durch die in $D\mathfrak{v}_0$ und $D\mathfrak{v}_1$ augenblicklich vorhandenen elektrischen Strömungsrichtungen.

ihren Oberflächen tangential sind. Demnach sind E_0 und F_0 gleich Null, und folglich:

(39.) $$W = 0;$$ w. z. z. w.

Man erkennt beiläufig aus diesem Beweise, dass das Integral W auch dann schon Null sein wird, wenn ein gleichförmiger Strömungszustand nur in einem der beiden Körper vorhanden ist.

Endlich findet der Uebergang von (35.b) zu (35.c) augenblicklich seine Rechtfertigung, sobald man beachtet, dass zwischen den Ausdrücken Π und Ω eine Relation stattfindet von der Form:

(40.) $$\Omega = \Pi - \frac{\partial^2 f(r)}{\partial s_0 \partial s_1},$$

wie früher gefunden wurde (Note, pag. 146).

Sechster Abschnitt.

Ueber die gegenseitige elektromotorische Einwirkung zwischen zwei körperlichen Leitern, welche durchflossen sind von elektrischen Strömen.

Das Elementargesetz der elektromotorischen Kräfte, dessen Entwickelung im vierten Abschnitt von Stufe zu Stufe vorgeschritten war, wird endlich durch die Betrachtungen des gegenwärtigen Abschnittes seine definitive Gestaltung (und zugleich einen bemerkenswerthen Grad von Einfachheit) erlangen.

---

§. 28. Die elektromotorische Wirkung eldy. Ursprungs eines Körpers von beliebiger Gestalt auf einen linearen Körper.

Wir sind gezwungen in diesem Fall zu den schon früher eingeführten Hypothesen (pag. 112) eine weitere Hypothese hinzutreten zu lassen, welche jenen allerdings in hohem Grade ähnlich ist, dennoch aber, falls man strenge verfahren will, einer besondern Nennung bedarf. Denken wir uns irgend zwei Körper *A* und *B* gegeben, von beliebiger Gestalt und Grösse, die in irgend welchen Bewegungen begriffen sind, während gleichzeitig im Innern eines jeden irgend welche elektrische Vorgänge stattfinden und betrachten wir *A* als den inducirten, *B* als den inducirenden Körper, so lautet jene Hypothese folgendermassen:

(1.) .... **Fünfte Hypothese.** Ist Dv_1 irgend ein Volumelement des Körpers *B*, und wird die in Dv_1 vorhandene elektrische Strömung in Componenten zerlegt gedacht nach drei aufeinander senkrechten, mit der ponderablen Masse von *B* starr verbundenen Axen, so soll angenommen werden, dass die elektromotorische Wirkung jener in Dv_1 vorhandenen Strömung immer identisch ist mit der elektromotorischen Gesammtwirkung der genannten drei Componenten.

Wir beschränken uns vorläufig auf den speciellen Fall, dass der inducirte Körper A **linear** (also drahtförmig) ist, und führen folgende Benennungen ein:

Ds_0 irgend ein Element des Drahtes A;

ξ, η, ζ drei mit der ponderablen Masse des Körpers B starr verbundene, auf einander senkrechte Axen;

i_1 die in dem Volumelement Dv_1 des Körpers B vorhandene elektrische Strömung;

$\mathfrak{u}_1, \mathfrak{v}_1, \mathfrak{w}_1$ die rechtwinkligen Componenten von i_1 nach jenen Axen ξ, η, ζ.

Das Volumelement Dv_1, **bald** von der wirklich vorhandenen Strömung i_1, **bald** von $\mathfrak{u}_1$, **bald** von $\mathfrak{v}_1$, **bald** von $\mathfrak{w}_1$ durchflossen gedacht, mag, diesen verschiedenen Vorstellungen entsprechend, bezeichnet sein respective mit *)

(2.) $$i_1 Dv_1, \quad \mathfrak{u}_1 Dv_1, \quad \mathfrak{v}_1 Dv_1, \quad \mathfrak{w}_1 Dv_1.$$

Ferner seien:

(3.) $$\mathfrak{E}_0{}^1\, dt, \quad \mathfrak{A}_0{}^1\, dt, \quad \mathfrak{B}_0{}^1\, dt, \quad \mathfrak{C}_0{}^1\, dt$$

diejenigen elektromotorischen Kräfte eldy. Us, welche von diesen vier Stromelementen (jedes für sich **allein** genommen) während der Zeit dt im Elemente Ds_0, und zwar in der Richtung von Ds_0, hervorgebracht werden würden. Zufolge der so eben hingestellten Hypothese wird alsdann die Relation stattfinden:

(4.) $$\mathfrak{E}_0{}^1\, dt = \mathfrak{A}_0{}^1\, dt + \mathfrak{B}_0{}^1\, dt + \mathfrak{C}_0{}^1\, dt.$$

Um zunächst die Kraft $\mathfrak{A}_0{}^1\, dt$ näher zu bestimmen, zerlegen wir das Volumelement Dv_1 in Elemente zweiter Ordnung, und zwar in lauter Prismata $q_1 D\xi_1$, parallel zur Achse ξ; wo q_1 den Querschnitt und $D\xi_1$ die Länge eines solchen Prismas vorstellen sollen. Hiedurch

---

*) Die in Dv_1 **wirklich** vorhandene Strömung i_1 wird offenbar im Allgemeinen während der Zeit dt sowohl ihrer **Stärke** als ihrer **Richtung** nach sich ändern, so dass also unter $i_1 Dv_1$ ein Element zu verstehen ist, in welchem die Strömungs**stärke**, und ebenso auch die Strömungs**richtung** während der Zeit dt von Augenblick zu Augenblick wechselt. Von wesentlich anderm Charakter sind die Stromelemente $\mathfrak{u}_1 Dv_1$, $\mathfrak{v}_1 Dv_1$, $\mathfrak{w}_1 Dv_1$; denn die in $\mathfrak{u}_1 Dv_1$ vorhandene Strömung $\mathfrak{u}_1$ bleibt (ihrer Definition zufolge) fortdauernd parallel zur Axe ξ, also parallel zu einer mit der ponderablen Masse von Dv_1 starr verbundenen Linie; ähnlich verhält es sich mit $\mathfrak{v}_1 Dv_1$ und $\mathfrak{w}_1 Dv_1$.

Wollte man auf den **speciellen** Fall sich beschränken, dass die Richtung von i_1 mit Bezug auf die ponderable Masse von Dv_1 (d. i. mit Bezug auf das Axensystem ξ, η, ζ) während der Zeit dt **constant** bleibt, so würde die **frühere** Hypothese [(3.), pag. 112] ausreichend sein. Im **Allgemeinen** aber wird eine solche Constanz **nicht** stattfinden; und dann bedarf es der **hier** angegebenen umfassenderen Hypothese [(1.), pag. 169].

zerfällt alsdann das Stromelement $\mathfrak{u}_1\, \mathrm{D}\mathfrak{v}_1$ in die prismatischen Stromelemente $\mathfrak{u}_1\, q_1\, \mathrm{D}\xi_1$. Diese letztern aber unterscheiden sich (weil die Strömung $\mathfrak{u}_1$ den geometrischen Axen der Prismata fortdauernd parallel ist) in keinerlei Weise von denjenigen Stromelementen $J_1\, \mathrm{D}s_1$, welche wir früher bei linearen Leitern zu betrachten Gelegenheit gehabt haben. Nur die Bezeichnung ist eine etwas andere; $\mathfrak{u}_1 q_1$ ist an Stelle von J_1, und $\mathrm{D}\xi_1$ an Stelle von $\mathrm{D}s_1$ getreten.

Die von dem prismatischen Stromelement $\mathfrak{u}_1\, q_1\, \mathrm{D}\xi_1$ während der Zeit dt in dem gegebenen Drahtelemente $\mathrm{D}s_0$, und zwar in der Richtung dieses Elementes, hervorgebrachte elektromotorische Kraft eldy. Us kann daher augenblicklich angegeben werden mit Hülfe des früher (pag. 133) von uns entwickelten Gesetzes, und wird also folgenden Werth haben:

$$(5.)\quad \mathfrak{u}_1 q_1\, \mathrm{D}\xi_1\, \frac{(d\Omega^\xi - \mathrm{P}^\xi\, dr) + \sigma\,(\Theta_0\, d\Theta^\xi - \Theta^\xi\, d\Theta_0)}{2} + (d\mathfrak{u}_1)\, q_1\, \mathrm{D}\xi_1\, \Omega^\xi,$$

wo die Charakteristik d die der Zeit dt entsprechenden Veränderungen andeutet, und Θ_0, Θ^ξ, Ω^ξ, P^ξ zur Abkürzung stehen für die Ausdrücke:

$$(6.)\quad \begin{aligned} \Theta_0 &= \cos(r, \mathrm{D}s_0), \\ \Theta^\xi &= \cos(r, \xi), \\ \Omega^\xi &= \omega \cos(r, \mathrm{D}s_0) \cos(r, \xi) + \overset{\shortparallel}{\omega} \cos(\mathrm{D}s_0, \xi), \\ \mathrm{P}^\xi &= \varrho \cos(r, \mathrm{D}s_0) \cos(r, \xi) + \overset{\shortparallel}{\varrho} \cos(\mathrm{D}s_0, \xi). \end{aligned}$$

Dabei ist unter r die Entfernung zu verstehen, und die Richtung r fortlaufend zu denken von $q_1\, \mathrm{D}\xi_1$ nach $\mathrm{D}s_0$, d. i. von $\mathrm{D}\mathfrak{v}_1$ nach $\mathrm{D}s_0$.

Summirt man die Kraft (5.) über all' jene das Volumen $\mathrm{D}\mathfrak{v}_1$ erfüllenden Prismata $q_1\, \mathrm{D}\xi_1$, so erhält man die zu berechnende Kraft $\mathfrak{A}_0'\, dt$. Das Volumen $\mathrm{D}\mathfrak{v}_1$ ist aber unendlich klein; und es haben daher $\mathfrak{u}_1$, r, Θ_0, Θ^ξ, Ω^ξ, P^ξ, ebenso $\mathfrak{u}_1 + d\mathfrak{u}_1$, $r + dr$, ... für all' jene Prismata einerlei Werthe. Somit erhält man:

$$(7.)\quad \mathfrak{A}_0'\, dt = \mathfrak{u}_1(\Sigma\; q_1\, \mathrm{D}\xi_1)\, \frac{(d\Omega^\xi - \mathrm{P}^\xi\, dr) + \cdots}{2} + (d\mathfrak{u}_1)\,(\Sigma\; q_1\, \mathrm{D}\xi_1)\, \Omega^\xi,$$

oder, weil $\Sigma\; q_1\, \mathrm{D}\xi_1 = \mathrm{D}\mathfrak{v}_1$ ist:

$$(8.)\quad \mathfrak{A}_0'\, dt = \mathfrak{u}_1\, \mathrm{D}\mathfrak{v}_1\, \frac{(d\Omega^\xi - \mathrm{P}^\xi\, dr) + \sigma(\Theta_0\, d\Theta^\xi - \Theta^\xi\, d\Theta_0)}{2} + (d\mathfrak{u}_1)\, \mathrm{D}\mathfrak{v}_1\, \Omega^\xi.$$

Analoge Werthe ergeben sich offenbar für $\mathfrak{B}_0'\, dt$ und $\mathfrak{C}_0'\, dt$; und durch Substitution dieser Werthe in (4.) folgt:

$$(9.)\quad \mathfrak{E}_0'\, dt = \mathrm{D}\mathfrak{v}_1 \left\{ \begin{aligned} &\mathfrak{u}_1\, \frac{(d\Omega^\xi - \mathrm{P}^\xi dr) + \sigma(\Theta_0\, d\Theta^\xi - \Theta^\xi d\Theta_0)}{2} + (d\,\mathfrak{u}_1)\Omega^\xi \\ +\, &\mathfrak{v}_1\, \frac{(d\Omega^\eta - \mathrm{P}^\eta dr) + \sigma(\Theta_0\, d\Theta^\eta - \Theta^\eta d\Theta_0)}{2} + (d\mathfrak{v}_1)\Omega^\eta \\ +\, &\mathfrak{w}_1\, \frac{(d\Omega^\zeta - \mathrm{P}^\zeta dr) + \sigma(\Theta_0\, d\Theta^\zeta - \Theta^\zeta d\Theta_0)}{2} + (d\,\mathfrak{w}_1)\Omega^\zeta \end{aligned} \right\},$$

wo die Bedeutungen von Θ^ξ, Ω^ξ, P^ξ und ebenso diejenigen von Θ^η, Ω^η, P^η und Θ^ζ, Ω^ζ, P^ζ ersichtlich sind aus (6.).

Um den Ausdruck (9.) einfacher zu gestalten, greifen wir zurück zu unsern gewöhnlichen Bezeichnungen:

$$
(10.)\qquad
\begin{aligned}
E &= \cos(Ds_0, i_1),\\
\Theta_0 &= \cos(r, Ds_0),\\
\Theta_1 &= \cos(r, i_1),\\
\Omega &= \omega\,\Theta_0\,\Theta_1 + \ddot{\omega}\,E,\\
P &= \varrho\,\Theta_0\,\Theta_1 + \ddot{\varrho}\,E,
\end{aligned}
$$

wo also unter E, Θ_0, Θ_1 dieselben Cosinus zu verstehen sind, wie im Ampère'schen Gesetz (pag. 44). Diese Ausdrücke (10.) stehen in einfacher Beziehung zu denen in (6.). Denn es folgt z. B. aus (10.):

$$\Theta_1 = \cos(r,\xi)\cos(i_1,\xi) + \cos(r,\eta)\cos(i_1,\eta) + \cos(r,\zeta)\cos(i_1,\zeta),$$

und hieraus durch Multiplication mit i_1:

$$i_1\,\Theta_1 = \mathfrak{u}_1\cos(r,\xi) + \mathfrak{v}_1\cos(r,\eta) + \mathfrak{w}_1\cos(r,\zeta),$$

also mit Rücksicht auf (6.):

$$
(11.)\qquad
\begin{aligned}
i_1\,\Theta_1 &= \mathfrak{u}_1\,\Theta^\xi + \mathfrak{v}_1\,\Theta^\eta + \mathfrak{w}_1\,\Theta^\zeta; \text{ ebenso wird:}\\
i_1\,\Omega &= \mathfrak{u}_1\,\Omega^\xi + \mathfrak{v}_1\,\Omega^\eta + \mathfrak{w}_1\,\Omega^\zeta,\\
i_1\,P &= \mathfrak{u}_1\,P^\xi + \mathfrak{v}_1\,P^\eta + \mathfrak{w}_1\,P^\zeta.
\end{aligned}
$$

Bedienen wir uns nun der schon früher [(3. a, b, c, d) auf pag. 158, 159] eingeführten Charakteristiken:

$$
(12.)\qquad
\begin{aligned}
\delta_0 &= \frac{\partial}{\partial\tau_0}dt, &\quad \delta_1 &= \frac{\partial}{\partial\tau_1}dt, &\quad \delta &= \delta_0 + \delta_1 = \frac{\partial}{\partial\tau}dt,\\
\Delta_0 &= \frac{\partial}{\partial T_0}dt, & \Delta_1 &= \frac{\partial}{\partial T_1}dt, & \Delta &= \Delta_0 + \Delta_1 = \frac{\partial}{\partial T}dt,
\end{aligned}
$$

so werden die Grössen

$$\Theta^\xi, \Theta^\eta, \Theta^\zeta, \qquad \Omega^\xi, \Omega^\eta, \Omega^\zeta, \qquad P^\xi, P^\eta, P^\zeta,$$

deren Werthe (6.) lediglich bedingt sind durch Lage und Bewegung der ponderablen Massen, nur von τ abhängen; während andererseits die Grössen

$$\mathfrak{u}_1, \quad \mathfrak{v}_1, \quad \mathfrak{w}_1$$

nur von T abhängig sind. Somit folgt aus (11.):

$$
(13.)\qquad
\begin{aligned}
\delta\,(i_1\,\Theta_1) &= \mathfrak{u}_1\,d\Theta^\xi + \mathfrak{v}_1\,d\Theta^\eta + \mathfrak{w}_1\,d\Theta^\zeta,\\
\delta\,(i_1\,\Omega) &= \mathfrak{u}_1\,d\Omega^\xi + \mathfrak{v}_1\,d\Omega^\eta + \mathfrak{w}_1\,d\Omega^\zeta,\\
\Delta\,(i_1\,\Omega) &= (d\mathfrak{u}_1)\,\Omega^\xi + (d\mathfrak{v}_1)\,\Omega^\eta + (d\mathfrak{w}_1)\,\Omega^\zeta,
\end{aligned}
$$

und ferner:

$$(14.)\qquad \delta r = dr, \qquad \delta\Theta_0 = d\Theta_0.$$

Mit Rücksicht auf (11.), (13.), (14.) gewinnt nunmehr die Formel (9.) die einfachere Gestalt:

$$(15.)\quad \mathfrak{E}_0{}^1\, dt = \mathrm{D}\mathsf{v}_1 \left(\frac{[\delta(i_1\Omega) - (i_1\mathsf{P})\delta r] + \sigma[\Theta_0\delta(i_1\Theta_1) - (i_1\Theta_1)\delta\Theta_0]}{2} + \Delta(i_1\Omega) \right).$$

Die vom Stromelemente $i_1\,\mathrm{D}\mathsf{v}_1$ während der Zeit dt im Drahtelement $\mathrm{D}s_0$, und zwar in der Richtung von $\mathrm{D}s_0$ hervorgebrachte elektromotorische Kraft eldy. Us $\mathfrak{E}_0{}^1\, dt$ besitzt also den hier, in (15.), angegebenen Werth, wo Θ_0, Θ_1 und Ω, P die in (10.) genannten Bedeutungen haben.

§. 29. Fortsetzung. Ueber eine gewisse Erweiterung des von F. Neumann aufgestellten Integralgesetzes.

Der lineare Leiter A sei in sich zurücklaufend, ein homogener Drahtring; ausserdem mag die Voraussetzung zulässig sein, dass der in dem körperlichen Leiter B vorhandene elektrische Strömungszustand im Innern überall gleichförmig und an der Oberfläche überall tangential ist. Beide Körper A und B seien begriffen in irgend welchen Bewegungen; es soll die Summe

$$(16.)\qquad dt\,.\,\Sigma\Sigma\ (\mathfrak{E}_0{}^1\,\mathrm{D}s_0)$$

derjenigen elektromotorischen Kräfte eldy. Us berechnet werden, welche während eines gegebenen Zeitelementes dt vom Körper B im Drahtringe A hervorgebracht werden. Die Summation $\Sigma\Sigma$ in (16.) ist also hinerstreckt zu denken über alle Elemente $\mathrm{D}s_0$ von A, und über alle Volumelemente $\mathrm{D}\mathsf{v}_1$ von B.

Substituirt man für $\mathfrak{E}_0{}^1\, dt$ den Werth [15.), so folgt:

$$(17.)\quad dt\,.\,\Sigma\Sigma\ (\mathfrak{E}_0{}^1\,\mathrm{D}s_0) = \frac{\delta\,\Sigma\Sigma\ (\mathrm{D}s_0\,.\,i_1\,\mathrm{D}\mathsf{v}_1\,.\,\Omega) - \Sigma\Sigma\ (\mathrm{D}s_0\,.\,i_1\,\mathrm{D}\mathsf{v}_1\,.\,\mathsf{P}\,\delta r) + \Sigma\Sigma\ M}{2}$$
$$+ \Delta\ \Sigma\Sigma\ (\mathrm{D}s_0\,.\,i_1\,\mathrm{D}\mathsf{v}_1\,.\,\Omega),$$

wo M zur Abkürzung steht für:

$$(18.)\qquad M = \mathrm{D}s_0\,\mathrm{D}\mathsf{v}_1\,.\,\sigma\,[\Theta_0\,\delta\,(i_1\,\Theta_1) - (i_1\,\Theta_1)\,\delta\,\Theta_0].$$

Um den Ausdruck (17.) weiter zu behandeln, bedienen wir uns früher gefundener Sätze.

Wird fingirter Weise im Ringe A ein gleichförmiger Strom von irgend welcher Stärke J_0 angenommen, und bezeichnet man, solches vorausgesetzt, das elektrodynamische Potential zwischen A und B mit P, so gilt [vergl. (33.), pag. 165] die Relation:

$$-\,\delta_0\,P = \Sigma\Sigma\ (J_0\,\mathrm{D}s_0\,.\,i_1\,\mathrm{D}\mathsf{v}_1\,.\,\mathsf{P}\,\delta_0 r),$$

und selbstverständlich auch die analoge Relation:

$$-\,\delta_1\,P = \Sigma\Sigma\ (J_0\,\mathrm{D}s_0\,.\,i_1\,\mathrm{D}\mathsf{v}_1\,.\,\mathsf{P}\,\delta_1 r);$$

woraus durch Addition folgt:

$$(19.)\qquad -\,\delta\,P = \Sigma\Sigma\ (J_0\,\mathrm{D}s_0\,.\,i_1\,\mathrm{D}\mathsf{v}_1\,.\,\mathsf{P}\,\delta r).$$

Ferner ist alsdann [vergl. (35.c), pag. 166] P selber dargestellt durch das Integral:

(20.) $$P = \Sigma\Sigma\ (J_0\, \mathrm{D}s_0\, .\, i_1\, \mathrm{D}v_1\, .\, \Omega).$$

Versteht man unter P^* denjenigen speciellen Werth, welchen das Potential P annimmt, wenn jene in A fingirte Stromstärke J_0 identisch mit Eins gedacht wird, so ergeben sich aus (19.), (20.) die Relationen:

(21.) $$P^* = \Sigma\Sigma\ (\mathrm{D}s_0\, .\, i_1\, \mathrm{D}v_1\, .\, \Omega),$$

(22.) $$-\delta P^* = \Sigma\Sigma\ (\mathrm{D}s_0\, .\, i_1\, \mathrm{D}v_1\, .\, \mathsf{P}\, \delta r).$$

Durch Anwendung dieser Relationen (21.), (22.) gewinnt die Formel (17.) die einfachere Gestalt:

(23.) $$dt\, .\, \Sigma\Sigma\ (\mathfrak{E}_0{}^1\, \mathrm{D}s_0) = \frac{\delta P^* + \delta P^* + \Sigma\Sigma\ M}{2} + \Delta P^*;$$

und hiefür kann geschrieben werden:

(24.) $$dt\, .\, \Sigma\Sigma\ (\mathfrak{E}_0{}^1\, \mathrm{D}s_0) = dP^* + \tfrac{1}{2}\, .\, \Sigma\Sigma\ M,$$

wo $dP^* = \delta P^* + \Delta P^*$ den vollständigen Zuwachs von P^* während der Zeit dt vorstellt.

Es bleibt noch übrig die Untersuchung von $\Sigma\Sigma\ M$. — Nach (10.) ist:

(25.) $$\Theta_0 = \cos\,(r,\, \mathrm{D}s_0) = \frac{\partial r}{\partial s_0},$$

(26.) $$\Theta_1 = \cos\,(r,\, i_1) \quad = -\frac{\partial r}{\partial s_1};$$

denn die Richtung r sollte gerechnet sein von $\mathrm{D}v_1$ nach $\mathrm{D}s_0$, und andererseits soll s_1 die Richtung der augenblicklich in $\mathrm{D}v_1$ vorhandenen elektrischen Strömung i_1 bezeichnen. Sind $\mathfrak{x}_1, \mathfrak{y}_1, \mathfrak{z}_1$ die Coordinaten von $\mathrm{D}v_1$ in Bezug auf das mit der ponderablen Masse von $\mathrm{D}v_1$ starr verbundene Axensystem ξ, η, ζ, und sind ferner (ebenso wie im vorhergehenden §.) $\mathfrak{u}_1, \mathfrak{v}_1, \mathfrak{w}_1$ die Componenten der in $\mathrm{D}v_1$ vorhandenen elektrischen Strömung i_1, ebenfalls in Bezug auf jenes Axensystem ξ, η, ζ; so ist

(27.) $$\frac{\partial}{\partial s_1} = \frac{\mathfrak{u}_1}{i_1}\frac{\partial}{\partial \mathfrak{x}_1} + \frac{\mathfrak{v}_1}{i_1}\frac{\partial}{\partial \mathfrak{y}_1} + \frac{\mathfrak{w}_1}{i_1}\frac{\partial}{\partial \mathfrak{z}_1};$$

(vergl. pag. 159). Somit folgt aus (26.)

(28.) $$i_1\, \Theta_1 = -\left(\mathfrak{u}_1 \frac{\partial r}{\partial \mathfrak{x}_1} + \mathfrak{v}_1 \frac{\partial r}{\partial \mathfrak{y}_1} + \mathfrak{w}_1 \frac{\partial r}{\partial \mathfrak{z}_1}\right)$$

wofür zur Abkürzung (ebenso wie früher, pag. 161) geschrieben werden mag:

(29.) $$i_1\, \Theta_1 = -\, \mathfrak{S}_1 \left(\mathfrak{u}_1 \frac{\partial r}{\partial \mathfrak{x}_1}\right).$$

Durch (25.), (29.) gewinnt der Ausdruck M (18.) die Gestalt:

$$M = \mathrm{D}s_0\, \mathrm{D}\mathfrak{v}_1 \,.\, \mathfrak{S}_1 \left[-\sigma \frac{\partial r}{\partial s_0}\, \delta \left(\mathfrak{u}_1 \frac{\partial r}{\partial \mathfrak{x}_1}\right) + \sigma \left(\mathfrak{u}_1 \frac{\partial r}{\partial \mathfrak{x}_1}\right) \delta \left(\frac{\partial r}{\partial s_0}\right)\right].$$

Hiefür kann geschrieben werden:

$$M = \mathrm{D}s_0\, \mathrm{D}\mathfrak{v}_1\, \mathfrak{S}_1 \left[-\sigma \frac{\partial r}{\partial s_0}\, \mathfrak{u}_1 \frac{\partial\, \delta r}{\partial \mathfrak{x}_1} + \sigma\, \mathfrak{u}_1 \frac{\partial r}{\partial \mathfrak{x}_1} \frac{\partial\, \delta r}{\partial s_0}\right],$$

oder, wenn $\int \sigma\, dr = \lambda$, mithin $\sigma = \dfrac{d\lambda}{dr}$ gesetzt wird:

$$M = \mathrm{D}s_0\, \mathrm{D}\mathfrak{v}_1\, \mathfrak{S}_1 \left[\mathfrak{u}_1 \left(-\frac{\partial \lambda}{\partial s_0} \frac{\partial\, \delta r}{\partial \mathfrak{x}_1} + \frac{\partial \lambda}{\partial \mathfrak{x}_1} \frac{\partial\, \delta r}{\partial s_0}\right)\right],$$

oder was dasselbe ist:

$$M = \mathrm{D}s_0\, \mathrm{D}\mathfrak{v}_1\, \mathfrak{S}_1 \left[\mathfrak{u}_1 \left(-\frac{\partial}{\partial \mathfrak{x}_1} \left(\frac{\partial \lambda}{\partial s_0}\, \delta r\right) + \frac{\partial}{\partial s_0} \left(\frac{\partial \lambda}{\partial \mathfrak{x}_1}\, \delta r\right)\right)\right].$$

Hieraus folgt durch Integration über sämmtliche Elemente $\mathrm{D}s_0$ des gegebenen Ringes A:

$$\Sigma\, M = -\Sigma\, \mathrm{D}s_0\, \mathrm{D}\mathfrak{v}_1\, \mathfrak{S}_1 \left[\mathfrak{u}_1 \frac{\partial}{\partial \mathfrak{x}_1} \left(\frac{\partial \lambda}{\partial s_0}\, \delta r\right)\right]$$

Integrirt man nochmals, und zwar über alle Elemente $\mathrm{D}\mathfrak{v}_1$ des Körpers B, und setzt man zugleich zur Abkürzung $\dfrac{\partial \lambda}{\partial s_0}\, \delta r = \mu$, so folgt *):

$$(30.)\quad \Sigma\Sigma\, M = -\Sigma\Sigma\, \mathrm{D}s_0\, \mathrm{D}\mathfrak{v}_1\, \mathfrak{S}_1 \left(\mathfrak{u}_1 \frac{\partial \mu}{\partial \mathfrak{x}_1}\right),$$

$$= -\Sigma\Sigma\, \mathrm{D}s_0\, \mathrm{D}\mathfrak{v}_1 \left(\mathfrak{u}_1 \frac{\partial \mu}{\partial \mathfrak{x}_1} + \mathfrak{v}_1 \frac{\partial \mu}{\partial \mathfrak{y}_1} + \mathfrak{w}_1 \frac{\partial \mu}{\partial \mathfrak{z}_1}\right).$$

Nun ergiebt sich aber nach bekannter Methode:

---

*) Es ist $\delta r = \left(\dfrac{\partial r}{\partial \tau_0} + \dfrac{\partial r}{\partial \tau_1}\right) dt$; so dass also das neu eingeführte μ sich so darstellen lässt:

$$\mu = \frac{\partial \lambda}{\partial s_0} \left(\frac{\partial r}{\partial \tau_0} + \frac{\partial r}{\partial \tau_1}\right) dt.$$

Nun ist r eine Function, welche in letzter Instanz abhängt von den **sechs** einander coordinirten Argumenten $s_0, \tau_0, \mathfrak{x}_1, \mathfrak{y}_1, \mathfrak{z}_1, \tau_1$; wie solches hervorgeht aus dem dem gegenwärtigen Fall entsprechenden Schema:

$$r < \begin{matrix} (x_0,\, y_0,\, z_0) \text{———} (s_0,\, \tau_0) \\ (x_1,\, y_1,\, z_1) \text{———} (\mathfrak{x}_1,\, \mathfrak{y}_1,\, \mathfrak{z}_1,\, \tau_1) \end{matrix}$$

vergl. (3.c), pag. 159. — Folglich wird jenes neu eingeführte μ eine Function sein, welche, abgesehen von dem gegebenen Factor dt, in letzter Instanz ebenfalls abhängt von jenen **sechs** coordinirten Argumenten $s_0, \tau_0, \mathfrak{x}_1, \mathfrak{y}_1, \mathfrak{z}_1, \tau_1$. — Solches zu bemerken, dürfte für die weiter folgende Rechnung nicht überflüssig sein.

$$(31.)\quad \Sigma\, Dv_1 \left(u_1 \frac{\partial \mu}{\partial x_1} + \cdots\right) = \Sigma\, Dv_1 \left(\frac{\partial (u_1 \mu)}{\partial x_1} + \cdots\right) - \Sigma\, Dv_1\, \mu \left(\frac{\partial u_1}{\partial x_1} + \cdots\right),$$
$$= - \Sigma\, Do_1\, \mu [u_1 \cos(N_1, \xi) + \cdots] - \Sigma\, Dv_1\, \mu \left(\frac{\partial u_1}{\partial x_1} + \cdots\right),$$
$$= + \Sigma\, Do_1\, \mu\, F_1 + \Sigma\, Dv_1\, \mu\, E_1,$$
$$= 0;$$

denn die Ausdrücke E_1, F_1 (vergl. pag. 164) verschwinden, weil der Strömungszustand im Innern des Körpers B als gleichförmig, und an seiner Oberfläche als tangential vorausgesetzt war.

Nachdem aber constatirt, dass das Integral (31.) Null ist, ergiebt sich nun aus (30.) sofort:

$$(32.)\qquad \Sigma\Sigma\, M = 0.$$

Somit folgt aus (24.):

$$(33.)\qquad dt \,.\, \Sigma\Sigma\, (\mathfrak{E}_0{}^1\, Ds_0) = dP^*,$$

oder in Worten ausgedrückt:

(34.) .... Kann der in irgend einem Körper B vorhandene elektrische Strömungszustand im Innern als **gleichförmig**, und an allen Stellen der Oberfläche als **tangential** angesehen werden, und bezeichnet P^* das elektrodynamische Potential zwischen B und einem gegebenen Drahtringe A, letzterer durchflossen gedacht von einem fingirten Strome von der Stärke Eins, so wird, in welchen Bewegungen B und A auch begriffen sein mögen, die Summe der von B in A während der Zeit dt hervorgebrachten elektromotorischen Kräfte eldy. Us immer gleich sein dem **vollständigen** Zuwachs des Potentiales P^* während der Zeit dt.

Der Körper B kann dabei von beliebig complicirter Gestalt gedacht werden, z. B. dargestellt sein durch ein beliebig vielfach geschlossenes Drahtsystem, in welches eingeschaltet sind irgend welche Körper von zwei oder drei Dimensionen. Man bemerkt sofort, dass dieser Satz (34.) nichts Anderes ist als eine gewisse Erweiterung des von meinem Vater für lineare Leiter aufgestellten Integralgesetzes [(33.) pag. 107].

§. 30. Die elektromotorische Wirkung eldy. Us zweier beliebig gestalteter Körper auf einander.

Es seien gegeben zwei beliebig gestaltete Körper A und B, beide begriffen in irgend welchen Bewegungen, während gleichzeitig im Innern eines jeden irgend welche elektrische Vorgänge stattfinden.

Ferner sei m_0 irgend ein Punct innerhalb A, und Dv_1 irgend ein Volumelement des Körpers B. Ermittelt soll werden diejenige elektromotorische Kraft eldy. Us

(35.) $$E_0{}^1\, dt$$

welche von dem Element Dv_1 während der Zeit dt hervorgebracht wird im Puncte m_0.

Der Untersuchung mag ein **beliebiges** rechtwinkliges Axensystem (x, y, z) zu Grunde gelegt sein; es mag nämlich dasselbe, um den höchsten Grad der Allgemeinheit zu erreichen, weder absolut fest, noch auch starr verbunden mit einem der beiden Körper, sondern vielmehr begriffen gedacht werden in irgend welcher eigenen Bewegung. Mit Bezug auf dieses Axensystem führen wir folgende Bezeichnungen ein:

x_0, y_0, z_0 die Coordinaten von m_0;

$\mathsf{A}_0, \mathsf{B}_0, \Gamma_0$ die Richtungscosinus eines von m_0 ausgehenden, mit der ponderablen Masse von A starr verbundenen Linienelementes Ds_0, dessen Richtung im Innern dieser ponderablen Masse willkührlich gewählt sein darf;

die Aenderungen $\delta\mathsf{A}_0, \delta\mathsf{B}_0, \delta\Gamma_0$, welche $\mathsf{A}_0, \mathsf{B}_0, \Gamma_0$ während der Zeit dt erfahren, werden alsdann (vergl. pag. 48) dargestellt sein durch die Formeln:

(36.)
$$\begin{aligned}\delta\mathsf{A}_0 &= \Gamma_0\, \delta\beta_0 - \mathsf{B}_0\, \delta\gamma_0,\\ \delta\mathsf{B}_0 &= \mathsf{A}_0\, \delta\gamma_0 - \Gamma_0\, \delta\alpha_0,\\ \delta\Gamma_0 &= \mathsf{B}_0\, \delta\alpha_0 - \mathsf{A}_0\, \delta\beta_0,\end{aligned}$$

wo $\delta\alpha_0, \delta\beta_0, \delta\gamma_0$ diejenigen Drehungen sind, welche der Körper A während der Zeit dt erleidet in Bezug auf die drei Axen x, y, z.

x_1, y_1, z_1 die Coordinaten von Dv_1;

i_1 die zur Zeit t (d. i. zu Anfang des betrachteten Zeitelementes dt) in Dv_1 vorhandene elektrische Strömung;

u_1, v_1, w_1 die Componenten von i_1, genommen nach den Axen x, y, z;

r die Entfernung zwischen m_0 und Dv_1;

$\mathsf{A} = \frac{x_0 - x_1}{r}$, $\mathsf{B} = \frac{y_0 - y_1}{r}$, $\Gamma = \frac{z_0 - z_1}{r}$ die Richtungscosinus von r;

$X_0{}^1\, dt$, $Y_0{}^1\, dt$, $Z_0{}^1\, dt$ die Componenten der gesuchten Kraft $E_0{}^1\, dt$, (35.), ebenfalls genommen nach den Axen x, y, z.

$d = \delta + \Delta = \delta_0 + \delta_1 + \Delta_0 + \Delta_1$ die Charakteristik für die während der Zeit dt stattfindenden Veränderungen, genau in demselben Sinne wie früher [vergl. (3. a, b, c, d) pag. 158, 159].

Zunächst eine Bemerkung zur besseren Orientirung über jene Charakteristiken δ, Δ. Die im Elemente Dv_1 zur Zeit t vorhandene elektrische Strömung u_1, v_1, w_1 erleidet während des folgenden Zeitelementes dt zweierlei Veränderungen, die eine herrührend von den Vorgängen im Innern des Körpers B, die andere herrührend von der relativen Bewegung dieses Körpers in Bezug auf das zu Grunde gelegte Axensystem (x, y, z). Wir werden daher die zur Zeit $t + dt$ vorhandene Strömung $u_1 + du_1$, $v_1 + dv_1$, $w_1 + dw_1$ am Bequemsten dadurch erhalten können, dass wir diese Aenderungen einzeln, eine nach der andern, vor sich gehen lassen; dabei mag, der Anschaulichkeit willen, jene Strömung geometrisch — durch eine von Dv_1 ausgehende Linie von entsprechender Richtung und Länge — dargestellt gedacht werden.

Die zur Zeit t vorhandene Linie

$$u_1, \; v_1, \; w_1$$

wird, falls man die der Zeit dt entsprechenden inneren Vorgänge des Körpers B sich vollziehen lässt, seine relative Bewegung gegen das Axensystem (x, y, z) vorläufig aber sistirt, übergehen in eine gewisse andere, mit

$$u_1 + \Delta u_1, \quad v_1 + \Delta v_1, \quad w_1 + \Delta w_1$$

zu bezeichnende Linie. Diese letztere Linie aber verwandelt sich, falls man nun nachträglich jene relative Bewegung des Körpers B ebenfalls zur Ausführung bringt, in eine Linie

$$U_1, \quad V_1, \quad W_1,$$

deren Componenten bestimmt sind durch die Formeln (vergl. pag. 48):

$$U_1 = (u_1 + \Delta u_1) + [(w_1 + \Delta w_1)\,\delta\beta_1 - (v_1 + \Delta v_1)\,\delta\gamma_1],$$
$$V_1 = (v_1 + \Delta v_1) + [(u_1 + \Delta u_1)\,\delta\gamma_1 - (w_1 + \Delta w_1)\,\delta\alpha_1],$$
$$W_1 = (w_1 + \Delta w_1) + [(v_1 + \Delta v_1)\,\delta\alpha_1 - (u_1 + \Delta u_1)\,\delta\beta_1],$$

wo unter $\delta\alpha_1, \delta\beta_1, \delta\gamma_1$ die Drehungen zu verstehen sind, welche der Körper B während der Zeit dt erleidet in Bezug auf die Axen x, y, z. Diese Formeln lassen sich, mit Fortlassung der unendlich kleinen Grössen zweiter Ordnung, so darstellen:

$$U_1 - u_1 = \Delta u_1 + (w_1\,\delta\beta_1 - v_1\,\delta\gamma_1),$$
$$V_1 - v_1 = \Delta v_1 + (u_1\,\delta\gamma_1 - w_1\,\delta\alpha_1),$$
$$W_1 - w_1 = \Delta w_1 + (v_1\,\delta\alpha_1 - u_1\,\delta\beta_1).$$

Die linken Seiten der Formeln sind offenbar diejenigen Aenderungen, welche u_1, v_1, w_1 während der Zeit dt in Wirklichkeit erfahren, also zu bezeichnen mit du_1, dv_1, dw_1. Somit erhalten wir:

$$(37.)\quad \begin{aligned} du_1 &= \Delta u_1 + \delta u_1, & \delta u_1 &= w_1\,\delta\beta_1 - v_1\,\delta\gamma_1,\\ dv_1 &= \Delta v_1 + \delta v_1, & \delta v_1 &= u_1\,\delta\gamma_1 - w_1\,\delta\alpha_1,\\ dw_1 &= \Delta w_1 + \delta w_1, & \delta w_1 &= v_1\,\delta\alpha_1 - u_1\,\delta\beta_1, \end{aligned}$$

wo Δu_1, Δv_1, Δw_1 diejenigen Theile der Zuwüchse du_1, dv_1, dw_1 vorstellen, welche veranlasst sind durch die Strömungsänderungen im Innern des Körpers B, und δu_1, δv_1, δw_1 diejenigen andern Theile jener Zuwüchse bezeichnen, welche herrühren von der relativen Bewegung des Körpers B in Bezug auf das zu Grunde gelegte Axensystem (x, y, z).

Wir gehen über zur eigentlichen Aufgabe. Die Componente

$$\mathsf{A}_0 X_0{}^1 dt + \mathsf{B}_0 Y_0{}^1 dt + \Gamma_0 Z_0{}^1 dt$$

der gesuchten Kraft $E_0{}^1 dt$ (35.), genommen nach der Richtung des mit B verbundenen Linienelementes Ds_0, kann unmittelbar angegeben werden auf Grund früherer Untersuchungen [(15.), pag. 173]; man erhält:

$$(38.)\quad (\mathsf{A}_0 X_0{}^1 + \mathsf{B}_0 Y_0{}^1 + \Gamma_0 Z_0{}^1)\, dt = \mathrm{D}v_1 \left(\frac{\delta(i_1\Omega) - i_1 \mathsf{P}\,\delta r}{2} + \Delta(i_1\Omega)\right)$$
$$+ \mathrm{D}v_1 \frac{\sigma\,[\Theta_0\,\delta(i_1\Theta_1) - i_1\Theta_1\,\delta\Theta_0]}{2},$$

wo Θ_0, Θ_1 und Ω, P, mit Rücksicht auf die gegenwärtigen Bezeichnungen, sich darstellen lassen durch:

$$(39.)\quad \begin{aligned} \Theta_0 &= \mathsf{A}\mathsf{A}_0 + \mathsf{B}\mathsf{B}_0 + \Gamma\Gamma_0, \\ i_1\Theta_1 &= \mathsf{A}u_1 + \mathsf{B}v_1 + \Gamma w_1, \\ i_1\Omega &= \omega\,(\mathsf{A}\mathsf{A}_0 + \mathsf{B}\mathsf{B}_0 + \Gamma\Gamma_0)(\mathsf{A}u_1 + \mathsf{B}v_1 + \Gamma w_1) + \ddot{\omega}\,(\mathsf{A}_0 u_1 + \mathsf{B}_0 v_1 + \Gamma_0 w_1), \\ i_1\mathsf{P} &= \varrho\,(\mathsf{A}\mathsf{A}_0 + \mathsf{B}\mathsf{B}_0 + \Gamma\Gamma_0)(\mathsf{A}u_1 + \mathsf{B}v_1 + \Gamma w_1) + \ddot{\varrho}\,(\mathsf{A}_0 u_1 + \mathsf{B}_0 v_1 + \Gamma_0 w_1). \end{aligned}$$

Demgemäss sind $i_1\Omega$, $i_1\mathsf{P}$, Θ_0 homogene lineare Functionen von A_0, B_0, Γ_0. Als solche mögen sie bezeichnet werden mit:

$$(40.)\quad \begin{aligned} i_1\Omega &= \mathsf{A}_0\Omega' + \mathsf{B}_0\Omega'' + \Gamma_0\Omega''', \\ i_1\mathsf{P} &= \mathsf{A}_0\mathsf{P}' + \mathsf{B}_0\mathsf{P}'' + \Gamma_0\mathsf{P}''', \\ \Theta_0 &= \mathsf{A}_0\mathsf{A} + \mathsf{B}_0\mathsf{B} + \Gamma_0\Gamma. \end{aligned}$$

Hieraus folgt:

$$(41.)\quad \Delta(i_1\Omega) = \mathsf{A}_0\,\Delta\Omega' + \mathsf{B}_0\,\Delta\Omega'' + \Gamma_0\,\Delta\Omega''',$$

$$(42.)\quad \delta(i_1\Omega) = (\mathsf{A}_0\,\delta\Omega' + \mathsf{B}_0\,\delta\Omega'' + \Gamma_0\,\delta\Omega''') + (\Omega'\,\delta\mathsf{A}_0 + \Omega''\,\delta\mathsf{B}_0 + \Omega'''\,\delta\Gamma_0).$$

Bedienen wir uns nun der Gleichungen (36.):

$$\begin{aligned} \delta\mathsf{A}_0 &= \Gamma_0\,\delta\beta_0 - \mathsf{B}_0\,\delta\gamma_0, \\ \delta\mathsf{B}_0 &= \mathsf{A}_0\,\delta\gamma_0 - \Gamma_0\,\delta\alpha_0, \\ \delta\Gamma_0 &= \mathsf{B}_0\,\delta\alpha_0 - \mathsf{A}_0\,\delta\beta_0, \end{aligned}$$

so nimmt die Formel (42.) folgende Gestalt an:

$$(43.)\quad \delta(i_1\Omega) = \mathsf{A}_0\,(\delta\Omega' + \Omega''\delta\gamma_0 - \Omega'''\delta\beta_0) + \mathsf{B}_0\,(\delta\Omega'' + \Omega'''\delta\alpha_0 - \Omega'\delta\gamma_0)$$
$$+ \Gamma_0\,(\delta\Omega''' + \Omega'\delta\beta_0 - \Omega''\delta\alpha_0).$$

In analoger Weise wird offenbar:

$$(44.)\quad \delta\Theta_0 = \mathsf{A}_0(\delta\mathsf{A} + \mathsf{B}\,\delta\gamma_0 - \Gamma\,\delta\beta_0) + \mathsf{B}_0(\delta\mathsf{B} + \Gamma\,\delta\alpha_0 - \mathsf{A}\,\delta\gamma_0) + \Gamma_0(\delta\Gamma + \mathsf{A}\,\delta\beta_0 - \mathsf{B}\,\delta\alpha_0).$$

Substituirt man in (38.) die Werthe (40.), (41.) und (43.), (44.) so entsteht eine Formel, in welcher die rechte Seite, ebenso wie die linke, eine homogene lineare Function von $\mathsf{A}_0, \mathsf{B}_0, \Gamma_0$ ist, während die in $\mathsf{A}_0, \mathsf{B}_0, \Gamma_0$ multiplicirten Coefficienten von $\mathsf{A}_0, \mathsf{B}_0, \Gamma_0$ unabhängig sind. Denn man erkennt sofort, dass die genannten Coefficienten vollkommen dieselben auch dann sein würden, wenn man (ohne in den gegebenen Bewegungen und inneren Vorgängen das Mindeste zu ändern) an Stelle der zu Anfang im Innern der ponderablen Masse von A willkührlich gewählten Richtung $\mathsf{A}_0, \mathsf{B}_0, \Gamma_0$ irgend welche andere Richtung $\mathsf{A}_0', \mathsf{B}_0', \Gamma_0'$, gewählt hätte. Folglich müssen in jener Formel die genannten Coefficienten einzeln einander gleich sein. In solcher Weise ergeben sich drei Relationen, von denen die erste so lautet:

$$(45.)\quad X_0^1\,dt = D\mathsf{v}_1\left(\frac{\delta\Omega' + (\Omega''\delta\gamma_0 - \Omega'''\delta\beta_0) - \mathsf{P}'\delta r}{2} + \Delta\Omega'\right) + D\mathsf{v}_1\,\frac{\sigma\,[\mathsf{A}\,\delta\,(i_1\Theta_1) - i_1\Theta_1(\delta\mathsf{A} + \mathsf{B}\,\delta\gamma_0 - \Gamma\,\delta\beta_0)]}{2};$$

während die beiden andern analoge Werthe liefern für $Y_0^1\,dt$, $Z_0^1\,dt$. Die Bedeutungen, welche $i_1\Theta_1$, Ω', Ω'', Ω''', P', P'', P''' hier besitzen, sind [nach (39.), (40.)] folgende:

$$i_1\Theta_1 = \mathsf{A}u_1 + \mathsf{B}v_1 + \Gamma w_1,$$

$$(46.)\quad \begin{aligned} \Omega' &= \omega\mathsf{A}(\mathsf{A}u_1 + \cdots) + \overset{''}{\omega}\,u_1, & \mathsf{P}' &= \varrho\mathsf{A}(\mathsf{A}u_1 + \cdots) + \overset{''}{\varrho}\,u_1,\\ \Omega'' &= \omega\mathsf{B}(\mathsf{A}u_1 + \cdots) + \overset{''}{\omega}\,v_1, & \mathsf{P}'' &= \varrho\mathsf{B}(\mathsf{A}u_1 + \cdots) + \overset{''}{\varrho}\,v_1,\\ \Omega''' &= \omega\Gamma(\mathsf{A}u_1 + \cdots) + \overset{''}{\omega}\,w_1, & \mathsf{P}''' &= \varrho\mathsf{A}(\mathsf{A}u_1 + \cdots) + \overset{''}{\varrho}\,w_1. \end{aligned}$$

wo $(\mathsf{A}u_1 + \cdots)$ überall zur Abkürzung steht für $(\mathsf{A}u_1 + \mathsf{B}v_1 + \Gamma w_1)$. — Somit gelangen wir zu folgendem Resultat.

Sind A und B irgend zwei in Bewegung begriffene Körper, ferner m_0 irgend ein Punct von A, und $D\mathsf{v}_1$ irgend ein Volumelement von B, und sollen in Bezug auf ein ebenfalls in beliebiger Bewegung begriffenes rechtwinkliges Axensystem (x, y, z) die Componenten

$$X_0^1\,dt,\ Y_0^1\,dt,\ Z_0^1\,dt$$

derjenigen elektromotorischen Kraft eldy. Us angegeben werden, welche $D\mathsf{v}_1$ während der Zeit dt in m_0 hervorbringt, so bilde man zunächst die Richtungscosinus:

$$(47.\text{a})\quad \mathsf{A} = \frac{x_0 - x_1}{r},\qquad \mathsf{B} = \frac{y_0 - y_1}{r},\qquad \Gamma = \frac{z_0 - z_1}{r},$$

wo x_0, y_0, z_0 die Coordinaten von m_0, ferner x_1, y_1, z_1 diejenigen von Dv_1, und r die Entfernung zwischen m_0 und Dv_1 vorstellen; sodann bilde man mit Bezug auf die in Dv_1 vorhandenen Strömungscomponenten u_1, v_1, w_1 die Ausdrücke:

$$j_1 = \mathsf{A}u_1 + \mathsf{B}v_1 + \Gamma w_1,$$

(47.b)
$$\begin{aligned}
\Omega' &= \omega \mathsf{A} j_1 + \overset{\shortparallel}{\omega} u_1, & \mathsf{P}' &= \varrho \mathsf{A} j_1 + \overset{\shortparallel}{\varrho} u_1,\\
\Omega'' &= \omega \mathsf{B} j_1 + \overset{\shortparallel}{\omega} v_1, & \mathsf{P}'' &= \varrho \mathsf{B} j_1 + \overset{\shortparallel}{\varrho} v_1,\\
\Omega''' &= \omega \Gamma j_1 + \overset{\shortparallel}{\omega} w_1, & \mathsf{P}''' &= \varrho \Gamma j_1 + \overset{\shortparallel}{\varrho} w_1;
\end{aligned}$$

die Werthe jener gesuchten Componenten sind alsdann folgende:

(47.c)
$$\begin{aligned}
X_0^1\, dt &= Dv_1 \left(\frac{(\delta\Omega' + \Omega''\,\delta\gamma_0 - \Omega'''\,\delta\beta_0) - \mathsf{P}'\,\delta r}{2} + \Delta\Omega'\right)\\
&\quad + Dv_1 \frac{\sigma\,[\mathsf{A}\,\delta j_1 - j_1\,(\delta\mathsf{A} + \mathsf{B}\,\delta\gamma_0 - \Gamma\,\delta\beta_0)]}{2},\\
Y_0^1\, dt &= Dv_1 \left(\frac{(\delta\Omega'' + \Omega'''\,\delta\alpha_0 - \Omega'\,\delta\gamma_0) - \mathsf{P}''\,\delta r}{2} + \Delta\Omega''\right)\\
&\quad + Dv_1 \frac{\sigma\,[\mathsf{B}\,\delta j_1 - j_1\,(\delta\mathsf{B} + \Gamma\,\delta\alpha_0 - \mathsf{A}\,\delta\gamma_0)]}{2},\\
Z_0^1\, dt &= Dv_1 \left(\frac{(\delta\Omega''' + \Omega'\,\delta\beta_0 - \Omega''\,\delta\alpha_0) - \mathsf{P}'''\,\delta r}{2} + \Delta\Omega'''\right)\\
&\quad + Dv_1 \frac{\sigma\,[\Gamma\,\delta j_1 - j_1\,(\delta\Gamma + \mathsf{A}\,\delta\beta_0 - \mathsf{B}\,\delta\alpha_0)]}{2},
\end{aligned}$$

wo $\delta\alpha_0, \delta\beta_0, \delta\gamma_0$ die Drehungen des Körpers A während der Zeit dt bezeichnen respective um die Axen x, y, z.

Diese Formeln (47.c) vereinfachen sich, sobald man für das Coordinatensystem (x, y, z) ein solches nimmt, welches mit der ponderablen Masse des Körpers A starr verbunden ist (also Theil nimmt an der etwaigen Bewegung von A); denn alsdann verschwinden die Grössen $\delta\alpha_0$, $\delta\beta_0$, $\delta\gamma_0$. — Noch bedeutender wird die Vereinfachung, wenn gleichzeitig das zu betrachtende Element Dv_1 nicht einem andern Körper B, sondern vielmehr eben demselben Körper A angehört; denn alsdann verschwinden die mit δ bezeichneten Incremente sämmtlich; so dass also z. B. die erste jener Formeln (47.c) alsdann sich reducirt auf:

$$X_0^1\, dt = Dv_1 \,.\, \Delta\Omega'.$$

Nun ist nach (47.b):

$$\Omega' = \omega \mathsf{A}\,(\mathsf{A}u_1 + \mathsf{B}v_1 + \Gamma w_1) + \overset{\shortparallel}{\omega} u_1,$$

mithin

$$\Delta\Omega' = \omega \mathsf{A}\,(\mathsf{A}\,\Delta u_1 + \mathsf{B}\,\Delta v_1 + \Gamma\,\Delta w_1) + \overset{\shortparallel}{\omega}\,\Delta u_1;$$

im vorliegenden speciellen Falle ist aber $\delta u_1 = 0$, mithin $du_1 = \Delta u_1$, ebenso $dv_1 = \Delta v_1$, $dw_1 = \Delta w_1$; so dass man also auch schreiben kann:

$$\Delta\Omega' = \omega \mathsf{A} (\mathsf{A}\, du_1 + \mathsf{B}\, dv_1 + \Gamma\, dw_1) + \overset{\shortparallel}{\omega}\, du_1,$$

oder mit Rücksicht auf (47.a):

$$\Delta\Omega' = \omega \frac{x_0 - x_1}{r} \frac{(x_0 - x_1)\, du_1 + (y_0 - y_1)\, dv_1 + (z_0 - z_1)\, dw_1}{r} + \overset{\shortparallel}{\omega}\, du_1.$$

Somit gelangt man zu folgendem specielleren Satz:

Ist m_0, mit den Coordinaten x_0, y_0, z_0, ein Punct innerhalb eines gegebenen ponderablen Körpers A, ferner Dv_1, mit den Coordinaten x_1, y_1, z_1, irgend ein Volumelement von A, ferner r die gegenseitige Entfernung zwischen m_0 und Dv_1, und sind endlich u_1, v_1, w_1 die Componenten der in Dv_1 zur Zeit t vorhandenen elektrischen Strömung, so werden die Componenten $X_0{}^1 dt$, $Y_0{}^1 dt$, $Z_0{}^1 dt$ derjenigen elektromotorischen Kraft eldy. Us, welche Dv_1 während der Zeit dt im Puncte m_0 hervorbringt, die Werthe haben:

$$X_0{}^1 dt = \mathrm{Dv}_1 \left(\omega \frac{x_0 - x_1}{r} \frac{(x_0 - x_1) du_1 + (y_0 - y_1) dv_1 + (z_0 - z_1) dw_1}{r} + \overset{\shortparallel}{\omega}\, du\right.$$

$$(48.) \quad Y_0{}^1 dt = \mathrm{Dv}_1 \left(\omega \frac{y_0 - y_1}{r} \frac{(x_0 - x_1) du_1 + (y_0 - y_1) dv_1 + (z_0 - z_1) dw_1}{r} + \overset{\shortparallel}{\omega}\, dv\right.$$

$$Z_0{}^1 dt = \mathrm{Dv}_1 \left(\omega \frac{z_0 - z_1}{r} \frac{(x_0 - x_1) du_1 + (y_0 - y_1) dv_1 + (z_0 - z_1) dw_1}{r} + \overset{\shortparallel}{\omega}\, dw\right.$$

Dabei ist vorausgesetzt, dass das zu Grunde gelegte Coordinatensystem (x, y, z) in starrer Verbindung steht mit der ponderablen Masse des gegebenen Körpers *).

---

*) Die hier auftretenden Functionen $\omega = \omega(r)$ und $\overset{\shortparallel}{\omega} = \overset{\shortparallel}{\omega}(r)$ sind, wie früher (pag. 148) gefunden war, mit einander verknüpft durch die Relation

$$(49.) \qquad \omega + 4A^2 \left(\frac{d\psi}{dr}\right)^2 = r \frac{d\overset{\shortparallel}{\omega}}{dr}.$$

Für den Fall eines beträchtlichen r ist $\psi = \sqrt{r}$, die Gestalt dieser Relation also folgende:

$$(\alpha.) \qquad \omega + \frac{A^2}{r} = r \frac{d\overset{\shortparallel}{\omega}}{dr}.$$

Macht man nun die nicht unwahrscheinliche Annahme, dass für den Fall eines beträchtlichen r die Functionen ω, $\overset{\shortparallel}{\omega}$ von der Form sind

$$(\beta.) \qquad \omega = G \frac{1}{r}, \quad \overset{\shortparallel}{\omega} = H \frac{1}{r},$$

wo G, H Constante sein sollen, so geht jene Relation über in:

$$(\gamma.) \qquad G + A^2 = -H,$$

§. 31. Uebereinstimmung der für beliebig gestaltete Körper entwickelten Gesetze mit dem allgemeinen Axiom der lebendigen Kraft.

Es sei gegeben ein System von beliebig vielen Körpern A, B, C, D, ..., die in irgend welchen Bewegungen begriffen sind, während gleichzeitig im Innern eines jeden irgend welche elektrische Vorgänge stattfinden. Ob das System lediglich seinen innern Kräften überlassen ist, oder ob gleichzeitig noch irgend welche äussere Kräfte auf dasselbe einwirken, mag dahingestellt bleiben. — Wir stellen uns die Aufgabe, diejenige Quantität von lebendiger Kraft und Wärme

$$(50.)\quad dT + dQ = (dT)_{\text{ord. U.}} + (dT + dQ)_{\text{elst. U.}} + (dT + dQ)_{\text{eldy. U.}}$$

zu berechnen, welche während eines gegebenen Zeitelementes dt in dem ganzen Systeme entsteht durch die Wirkung der inneren Kräfte.

Zunächst mögen die Bezeichnungen (36.) des vorhergehenden §. in folgender Weise vervollständigt werden:

$\mathrm{D}v_0$ ein Volumelement von A;
x_0, y_0, z_0 die Coordinaten von $\mathrm{D}v_0$ zur Zeit t (d. i. zu Anfang des gegebenen Zeitelementes dt);
u_0, v_0, w_0 die Componenten der zur Zeit t in $\mathrm{D}v_0$ vorhandenen elektrischen Strömung i_0;
$\mathrm{D}v_1$ ein Volumelement von B;
x_1, y_1, z_1 die Coordinaten von $\mathrm{D}v_1$ zur Zeit t;
u_1, v_1, w_1 die Componenten der zur Zeit t in $\mathrm{D}v_1$ vorhandenen elektrischen Strömung;

---

oder

$$(\delta.)\qquad G + H = A^2.$$

Hieraus folgt:

$$(\varepsilon.)\qquad G = A^2\,\frac{1-k}{2}, \qquad H = A^2\,\frac{1+k}{2},$$

wo k eine noch unbekannte Constante vorstellt. Endlich folgt aus (β.) und (ε.):

$$(\zeta.)\qquad \omega = \frac{A^2}{r}\,\frac{1-k}{2}, \qquad \overset{\text{II}}{\omega} = \frac{A^2}{r}\,\frac{1+k}{2}.$$

Durch Substitution dieser Werthe (ζ.) würden die Gleichungen (48.) in diejenigen sich verwandeln, von denen Helmholtz bei seinen letzten Untersuchungen ausgegangen ist (vergl. Borchardt's Journal, Bd. 72, pag. 76). Wenn indessen Helmholtz der Ansicht ist, die hier hineingetretene Constante k müsse Null oder positiv sein; so wird sich im weiteren Verlaufe unserer Untersuchungen das Gegentheil herausstellen, nämlich nachgewiesen werden, dass die Function $\overset{\text{II}}{\omega}$ identisch mit Null, und dass also [nach (ζ.)] die Constante k identisch mit (— 1) sein muss.

r die Entfernung zwischen Dv_0 und Dv_1 zur Zeit t;
A, B, Γ die Richtungscosinus der Linie r, dieselbe gerechnet von Dv_1 nach Dv_0 hin;
Θ_0, Θ_1 und E dieselben Cosinus wie im Ampère'schen Gesetz (pag. 44).

Ausserdem mag angenommen werden, dass das zu Grunde gelegte Coordinatensystem (x, y, z) kein völlig beliebiges ist, sondern in starrer Verbindung steht mit der ponderablen Masse des Körpers A. Solches vorausgesetzt, nehmen die Componenten $X_0^1 dt$, $Y_0^1 dt$, $Z_0^1 dt$ (47.c) derjenigen elektromotorischen Kraft eldy. Us, welche das Element Dv_1 während der Zeit dt hervorbringt in irgend einem Puncte von Dv_0, die einfachere Gestalt an:

$$\begin{aligned} X_0^1 dt &= Dv_1 \left(\frac{[\delta\Omega' - P' \delta r] + \sigma [A\,\delta j_1 - j_1\,\delta A]}{2} + \Delta\Omega' \right), \\ (52.)\quad Y_0^1 dt &= Dv_1 \left(\frac{[\delta\Omega'' - P'' \delta r] + \sigma [B\,\delta j_1 - j_1\,\delta B]}{2} + \Delta\Omega'' \right), \\ Z_0^1 dt &= Dv_1 \left(\frac{[\delta\Omega''' - P''' \delta r] + \sigma [\Gamma\,\delta j_1 - j_1\,\delta\Gamma]}{2} + \Delta\Omega''' \right). \end{aligned}$$

Um diese Formeln weiter behandeln zu können, bilden wir zunächst die beiden Ausdrücke Ω, P, bezogen auf die Linie r und die beiden Richtungen i_0, i_1:

$$\Omega = \omega\, \Theta_0 \Theta_1 + \ddot{\omega}\, E,$$
$$P = \varrho\, \Theta_0 \Theta_1 + \ddot{\varrho}\, E,$$

Hieraus folgt sofort:

$$i_0 i_1 \Omega = \omega (A u_0 + B v_0 + \Gamma w_0)(A u_1 + B v_1 + \Gamma w_1) + \ddot{\omega} (u_0 u_1 + v_0 v_1 + w_0 w_1),$$
$$i_0 i_1 P = \varrho (A u_0 + B v_0 + \Gamma w_0)(A u_1 + B v_1 + \Gamma w_1) + \ddot{\varrho} (u_0 u_1 + v_0 v_1 + w_0 w_1),$$

oder mit Rücksicht auf (47.b):

$$(53.a) \qquad i_0 i_1 \Omega = u_0 \Omega' + v_0 \Omega'' + w_0 \Omega''',$$
$$(53.b) \qquad i_0 i_1 P = u_0 P' + v_0 P'' + w_0 P'''.$$

Ferner ergiebt sich, ebenfalls mit Rücksicht auf (47.b):

$$(53.c) \qquad i_0 \Theta_0 = u_0 A + v_0 B + w_0 \Gamma,$$
$$(53.d) \qquad i_1 \Theta_1 = u_1 A + v_1 B + w_1 \Gamma = j_1.$$

Die Incremente δu_0, δv_0, δw_0 lassen sich im Allgemeinen ausdrücken durch die Formeln [vergl. (37.)]:

$$\delta u_0 = w_0\, \delta\beta_0 - v_0\, \delta\gamma_0,$$
etc. etc.,

wo $\delta\alpha_0$, $\delta\beta_0$, $\delta\gamma_0$ die während der Zeit dt erfolgenden Drehungen des Körpers A repräsentiren in Bezug auf die zu Grunde gelegten Coordinatenaxen x, y, z. Bei der gegenwärtigen Betrachtung sind aber diese Axen mit jenem Körper A starr verbunden, folglich $\delta\alpha_0 = \delta\beta_0 = \delta\gamma_0 = 0$, und folglich auch $\delta u_0 = \delta v_0 = \delta w_0 = 0$. Demgemäss ergiebt sich aus (53.a) und (53.c) durch Ausführung der Operation δ:

$$(53.e) \qquad \delta\,(i_0 i_1 \Omega) = u_0\,\delta\Omega' + v_0\,\delta\Omega'' + w_0\,\delta\Omega''',$$

$$(53.f) \qquad \delta\,(i_0 \Theta_0) = u_0\,\delta\mathsf{A} + v_0\,\delta\mathsf{B} + w_0\,\delta\Gamma.$$

Unterwirft man ferner die Formel (53.a) der Operation Δ_1, so folgt:

$$\Delta_1\,(i_0 i_1 \Omega) = u_0\,\Delta_1\Omega' + v_0\,\Delta_1\Omega'' + w_0\,\Delta_1\Omega''',$$

wofür auch geschrieben werden kann:

$$(53.g) \qquad \Delta_1\,(i_0 i_1 \Omega) = u_0\,\Delta\Omega' + v_0\,\Delta\Omega'' + w_0\,\Delta\Omega''';$$

denn die Ausdrücke $\Omega', \Omega'', \Omega'''$ (47.b) sind unabhängig von u_0, v_0, w_0, so dass also z. B. $\Delta_0\,\Omega' = 0$, mithin $\Delta\Omega' = \Delta_1\Omega'$ ist.

Multiplicirt man nun die Formeln (52.) mit $u_0\,\mathrm{Dv}_0$, $v_0\,\mathrm{Dv}_0$, $w_0\,\mathrm{Dv}_0$, und addirt, so erhält man mit Rücksicht auf (53. a, b, c, d, e, f, g) sofort:

$$(54.) \qquad \mathrm{Dv}_0\,(X_0^1 u_0 + Y_0^1 v_0 + Z_0^1 w_0)\,dt$$
$$= \mathrm{Dv}_0\,\mathrm{Dv}_1\left(\frac{[\delta(i_0 i_1 \Omega) - (i_0 i_1 \mathsf{P})\,\delta r] + \sigma[i_0\Theta_0\,\delta(i_1\Theta_1) - i_1\Theta_1\,\delta(i_0\Theta_0)]}{2} + \Delta_1(i_0 i_1 \Omega)\right).$$

Die linke Seite dieser Formel repräsentirt aber offenbar [vergl. pag. 14] diejenige Quantität Wärme

$$(dQ_0^1)_{\text{eldy. Us}}$$

welche das Element Dv_1 vermöge seiner elektromotorischen Kräfte eldy. Us während der Zeit dt hervorruft im Elemente Dv_0. Ein mit (54.) analoger Werth ergiebt sich für diejenige Wärmemenge

$$(dQ_1^0)_{\text{eldy. Us}},$$

welche umgekehrt Dv_0 in Dv_1 hervorruft. Werden die Formeln für diese beiden Wärmemengen, nämlich (54.) selber und jene analoge Formel, addirt, so erhält man sofort:

$$(55.) \qquad (dQ_0^1 + dQ_1^0)_{\text{eldy. Us}} = \mathrm{Dv}_0\,\mathrm{Dv}_1\,[\delta(i_0 i_1 \Omega) - i_0 i_1 \mathsf{P}\,\delta r + \Delta(i_0 i_1 \Omega)];$$

denn es ist zu beachten, dass $\Delta_0 + \Delta_1 = \Delta$ ist. Beachtet man, dass $\delta + \Delta = d$ ist, so gewinnt die Formel (55.) die einfachere Gestalt:

$$(56.) \qquad (dQ_0^1 + dQ_1^0)_{\text{eldy. Us}} = \mathrm{Dv}_0\,\mathrm{Dv}_1\,[d(i_0 i_1 \Omega) - i_0 i_1 \mathsf{P}\,\delta r].$$

Bezeichnet ferner

$$(dT_0^1)_{\text{eldy. Us}}$$

diejenige Quantität lebendiger Kraft, welche Dv_1 vermöge seiner ponderomotorischen Kräfte eldy. Us während der Zeit dt in Dv_0 hervorbringt, so ist:

$$(dT_0^1)_{\text{eldy. Us}} = R\,\delta_0 r,$$

wo R, die aus dem Ampère'schen Gesetze resultirende Kraft, den Werth hat $R = \mathrm{D}v_0 \mathrm{D}v_1 i_0 i_1 \mathsf{P}$ [vergl. (8.), pag. 160]. Somit folgt:

$$(dT_0{}')_{\text{eldy. Us}} = \mathrm{D}v_0 \mathrm{D}v_1 i_0 i_1 \mathsf{P} \delta_0 r,$$

und in ähnlicher Weise:

$$(dT_1{}'')_{\text{eldy. Us}} = \mathrm{D}v_0 \mathrm{D}v_1 i_0 i_1 \mathsf{P} \delta_1 r,$$

und hieraus durch Addition:

$$(57.) \qquad (dT_0{}' + dT_1{}'')_{\text{eldy. Us}} = \mathrm{D}v_0 \mathrm{D}v_1 i_0 i_1 \mathsf{P} \delta r.$$

Endlich folgt durch Addition von (56.), (57.):

$$(58.) \qquad \begin{aligned}(dT_0{}' + dT_1{}'' + dQ_0{}' + dQ_1{}'')_{\text{eldy. Us}} &= \mathrm{D}v_0 \mathrm{D}v_1 \,.\, d(i_0 i_1 \Omega),\\ &= d(\mathrm{D}v_0 \mathrm{D}v_1 i_0 i_1 \Omega).\end{aligned}$$

Denkt man sich diese Formel (58.) der Reihe nach hingestellt für jedwedes Elementenpaar $\mathrm{D}v_0$, $\mathrm{D}v_1$ des gegebenen Systemes $A, B, C, D, \ldots$ (sowohl für solche $\mathrm{D}v_0$, $\mathrm{D}v_1$, welche verschiedenen Körpern, als auch für solche, die demselben Körper angehören), so gelangt man durch Addition all' dieser Formeln zu folgendem Resultat*):

$$(59.) \qquad (dT + dQ)_{\text{eldy. Us}} = d\left[\tfrac{1}{2} \Sigma\Sigma \left(\mathrm{D}v_0 \mathrm{D}v_1 i_0 i_1 \Omega\right)\right],$$

wo die linke Seite den letzten Theil der in (50.) genannten Quantität vorstellt.

Was die beiden ersten Theile jener Quantität (50.) betrifft, so ist nach früheren Untersuchungen [vergl. pag. 24 und pag. 32]:

$$(60.) \qquad (dT)_{\text{ord. Us}} = -\,dO,$$

$$(61.) \qquad (dT + dQ)_{\text{elst. Us}} = -\,dU,$$

wo O das ordinäre, U das elektrostatische Potential des Systemes $A, B, C, D, \ldots$ auf sich selber bezeichnet.

Durch Substitution der Werthe (59.), (60.), (61.) in (50.) folgt schliesslich:

$$(62.) \qquad dT + dQ = -\,d\left[O + U - \tfrac{1}{2} \Sigma\Sigma \left(\mathrm{D}v_0 \mathrm{D}v_1 i_0 i_1 \Omega\right)\right]$$

Das Postulat des gegebenen Systemes $A, B, C, D, \ldots$ oder (genauer ausgedrückt) die durch das allgemeine Axiom der lebendigen Kraft mit Bezug auf dieses System postulirte Function $\mathfrak{F}$ besitzt also den Werth:

$$(63.) \qquad \mathfrak{F} = O + U - \tfrac{1}{2} \Sigma\Sigma \left(\mathrm{D}v_0 \mathrm{D}v_1 i_0 i_1 \Omega\right),$$

ein Ergebniss, welches völlig in Einklang sich befindet mit unseren früheren Untersuchungen (vergl. pag. 131 und 147).

*) Vergl. die Note pag. 23.

§. 32. Definitive Gestaltung des den elektromotorischen Kräften eldy. Us zuzuschreibenden Elementargesetzes.

Die im Innern eines ponderablen Körpers an irgend einer Stelle vorhandene elektrische Strömung kann ihre Richtung in zwiefacher Weise ändern, entweder für sich allein, oder mitsammt des Körpers. Ist z. B. der Körper durch zwei Drähte verbunden mit den Polen einer Galvanischen Batterie, so wird ersteres eintreten, wenn wir den Körper in eine feste Aufstellung versetzen, und die Einmündungsstellen jener Drähte längs seiner Oberfläche verschieben, hingegen letzteres eintreten, wenn wir jene Drähte an ihren Einmündungsstellen mit dem Körper starr verbinden (zusammenlöthen), sodann aber den Körper selbst in irgend welche Drehung versetzen.

Es erscheint im höchsten Grade wahrscheinlich, dass die von einer elektrischen Strömung vermöge ihrer Richtungsänderung hervorgerufene elektromotorische Kraft lediglich abhängt von der relativen Beschaffenheit dieser Richtungsänderung in Bezug auf den inducirten Körper, einerlei ob der ponderable Träger der Strömung an dieser Richtungsänderung Theil nimmt oder nicht, dass also z. B. jene elektromotorische Kraft immer Null ist, sobald die relative Beschaffenheit der elektrischen Strömung in Bezug auf den inducirten Körper während der betrachteten Zeit keine Aenderung erleidet. — Um diese Hypothese möglichst präcise auszusprechen, geben wir ihr folgende Fassung.

(1.) . . . . **Sechste Hypothese.** Bezeichnet Dv_1 ein unendlich kleines genau kugelförmiges Volumelement eines Körpers *B*, in welchem beliebige elektrische Vorgänge stattfinden, und steht der Mittelpunct von Dv_1 in starrer Verbindung mit einem gegebenen Körper *A*, während *B* selber um diesen Mittelpunct in irgend welcher Drehung begriffen ist, so soll angenommen werden, dass die von Dv_1 in irgend einem Puncte von *A* hervorgebrachte elektromotorische Kraft eldy. Us immer **Null** ist, sobald die in Dv_1 vorhandene elektrische Strömung, **beurtheilt mit Bezug auf** *A*, ihrer Richtung und Stärke nach **constant** bleibt.

Der Körper *A* und das rechtwinklige Axensystem (x, y, z) mögen in absolut unbeweglicher Aufstellung gedacht werden; ebenso die Galvanische Batterie *G*, und die von ihren Polen nach dem Körper *B* hinlaufenden beiden Drähte (Fig. 10); ebenso endlich die zur z-Axe parallele Axe $\mu\nu$, um welche der Körper *B* in Rotation begriffen ist.

Dieser Körper *B* sei ein homogener Metallcylinder, dessen geometrische Axe mit seiner Rotationsaxe $\mu\nu$ zusammenfällt. Während der Rotation werden die Einmündungsstellen jener beiden (absolut unbeweglich gedachten) Drähte dahinschleifen auf der Oberfläche von B. — Endlich sei Dv_1 ein unendlich kleines, genau kugelförmiges Volumelement von B, dessen Mittelpunct m_1 in der Axe $\mu\nu$ liegt.

Fig. 10.

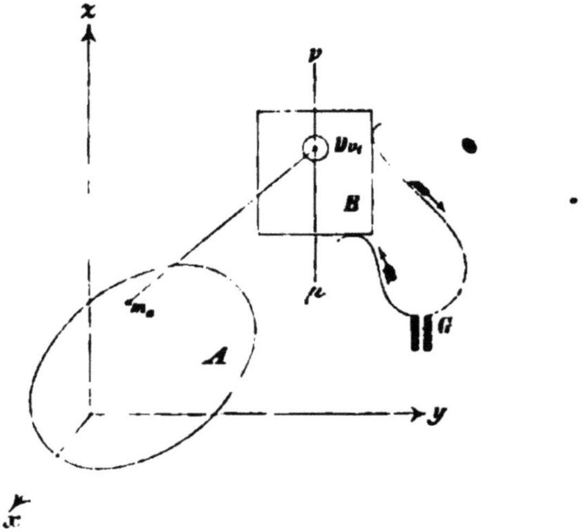

Die Stärke der Batterie constant vorausgesetzt, und die Rotationsgeschwindigkeit des Cylinders B ebenfalls als constant vorausgesetzt, muss nach einiger Zeit im Innern des Cylinders B ein elektrischer Strömungszustand sich etabliren, dessen Beschaffenheit (mit Bezug auf B fortwährend sich ändernd) constant bleibt mit Bezug auf den absoluten Raum, oder (was dasselbe ist) mit Bezug auf A. Sind also u_1, v_1, w_1 die Componenten der in m_1 oder Dv_1 vorhandenen elektrischen Strömung, bezogen auf die absolut unbeweglichen Axen x, y, z, so werden nach Eintritt des genannten Zustandes, die Zuwüchse du_1, dv_1, dw_1 fortdauernd Null sein*).

Zufolge unserer Hypothese (I.) muss daher während dieses Zustandes die von Dv_1 in irgend einem Puncte m_0 des Körpers A hervorgebrachte elektromotorische Kraft eldy. Us ebenfalls fortdauernd Null sein.

---

*) Ist z. B. in irgend einem Augenblick des in Rede stehenden Zustandes die in Dv_1 vorhandene elektrische Strömung u_1, v_1, w_1 parallel mit einer der drei Axen x, y, z, so wird sie während jenes Zustandes mit dieser Axe fortdauernd parallel bleiben.

Im Allgemeinen lassen sich jene Zuwüchse du_1, dv_1, dw_1 (vergl. pag. 178) darstellen durch die Formeln:

$$\begin{aligned} du_1 &= \Delta u_1 + \delta u_1, & \delta u_1 &= w_1\,\delta\beta_1 - v_1\,\delta\gamma_1, \\ dv_1 &= \Delta v_1 + \delta v_1, & \delta v_1 &= u_1\,\delta\gamma_1 - w_1\,\delta\alpha_1, \\ dw_1 &= \Delta w_1 + \delta w_1, & \delta w_1 &= v_1\,\delta\alpha_1 - u_1\,\delta\beta_1. \end{aligned}$$

In dem hier betrachteten speciellen Falle ergeben sich daher, weil $du_1 = dv_1 = dw_1 = 0$, und die Rotationsaxe $\mu\nu$ parallel der z-Axe ist, folgende Gleichungen:

$$(2.)\quad \begin{aligned} 0 &= \Delta u_1 + \delta u_1, & \delta u_1 &= -\,v_1\,g_1\,dt, \\ 0 &= \Delta v_1 + \delta v_1, & \delta v_1 &= +\,u_1\,g_1\,dt, \\ 0 &= \Delta w_1 + \delta w_1, & \delta w_1 &= 0, \end{aligned}$$

wo g_1 die Rotationsgeschwindigkeit des Cylinders B bezeichnet.

Bezeichnet man nun die vom Elemente $\mathrm{D}\mathsf{v}_1$ während der Zeit dt in irgend einem Puncte m_0 des Körpers A hervorgebrachte elektromotorische Kraft eldy. Us mit

$$(3.)\qquad X_0{}^1\,dt, \quad Y_0{}^1\,dt, \quad Z_0{}^1\,dt,$$

so ist, zufolge früherer Ergebnisse (pag. 181):

$$(4.)\qquad X_0{}^1\,dt = \mathrm{D}\mathsf{v}_1 \left(\frac{\delta\Omega'}{2} + \Delta\Omega' + \frac{\sigma\mathsf{A}\delta j_1}{2}\right);$$

denn es ist zu beachten, dass im vorliegenden Falle nicht nur $\delta\alpha_0$, $\delta\beta_0$, $\delta\gamma_0$, sondern auch δr, $\delta\mathsf{A}$, $\delta\mathsf{B}$, $\delta\Gamma$ sämmtlich verschwinden, weil die Linie r, die Verbindungslinie von m_0 und dem Mittelpunct m_1 des Volumens $\mathrm{D}\mathsf{v}_1$, ihrer Länge und Richtung nach unveränderlich ist. In der Formel (4.) haben j_1 und Ω' die Bedeutungen (vergl. pag. 181):

$$(5.)\quad \begin{aligned} j_1 &= \mathsf{A}u_1 + \mathsf{B}v_1 + \Gamma w_1 \\ \Omega' &= \omega\mathsf{A}\,(\mathsf{A}u_1 + \mathsf{B}v_1 + \Gamma w_1) + \ddot{\omega}\,u_1. \end{aligned}$$

Hieraus folgt, wiederum mit Rücksicht darauf, dass r, A, B, Γ unveränderlich gegeben sind:

$$(6.)\quad \begin{aligned} \delta j_1 &= \mathsf{A}\delta u_1 + \mathsf{B}\delta v_1 + \Gamma\delta w_1, \\ \delta\Omega' &= \omega\mathsf{A}\,(\mathsf{A}\delta u_1 + \mathsf{B}\delta v_1 + \Gamma\delta w_1) + \ddot{\omega}\,\delta u_1, \\ \Delta\Omega' &= \omega\mathsf{A}\,(\mathsf{A}\Delta u_1 + \mathsf{B}\Delta v_1 + \Gamma\Delta w_1) + \ddot{\omega}\,\Delta u_1. \end{aligned}$$

Durch Substitution dieser Werthe (6.) in die Formel (4.) folgt:

$$(7.)\quad X_0{}^1\,dt = \mathrm{D}\mathsf{v}_1 \left\{ \begin{aligned} &\frac{\sigma+\omega}{2}\,\mathsf{A}\,(\mathsf{A}\,\delta u_1 + \mathsf{B}\,\delta v_1 + \Gamma\,\delta w_1) + \frac{\ddot{\omega}}{2}\,\delta u_1 \\ &+ \omega\mathsf{A}\,(\mathsf{A}\,\Delta u_1 + \mathsf{B}\Delta v_1 + \Gamma\,\Delta w_1) + \ddot{\omega}\,\Delta u_1 \end{aligned} \right\}.$$

Beachtet man nun, dass im hier betrachteten Fall [nach (2.)] $\Delta u_1 = -\,\delta u_1$, $\Delta v_1 = -\,\delta v_1$, $\Delta w_1 = -\,\delta w_1$ ist, so ergiebt sich:

$$(8.)\qquad X_0'\,dt = \mathsf{D}\,\mathsf{v}_1\left(\frac{\sigma-\omega}{2}\,\mathsf{A}\,(\mathsf{A}\,\delta u_1 + \mathsf{B}\,\delta v_1 + \Gamma\,\delta w_1) - \frac{\overset{\shortparallel}{\omega}}{2}\,\delta u_1\right),$$

oder weil [ebenfalls nach (2.)] $\delta u_1 = - v_1\, g_1\, dt$, $\delta v_1 = u_1\, g_1\, dt$, $\delta w_1 = 0$ ist:

$$(9.)\qquad X_0'\,dt = \mathsf{D}\,\mathsf{v}_1\left(\frac{\sigma-\omega}{2}\,\mathsf{A}\,(\mathsf{B}\,u_1 - \mathsf{A}\,v_1) + \frac{\overset{\shortparallel}{\omega}}{2}\,v_1\right)g_1\,dt.$$

Zufolge der vorhin angestellten Ueberlegungen muss aber die Kraft $X_0'\,dt$, $Y_0'\,dt$, $Z_0'\,dt$ verschwinden für jeden beliebigen Punct m_0 des Körpers A, d. h. für beliebige Werthe von $r, \mathsf{A}, \mathsf{B}, \Gamma$. Somit folgt aus (9.), dass

$$(10.)\qquad \sigma = \omega \quad \text{und} \quad \overset{\shortparallel}{\omega} = 0$$

sein muss.

Die von uns eingeführte Hypothese (1.) bringt also mit sich, dass die Functionen $\sigma = \sigma(r)$, $\omega = \omega(r)$, $\overset{\shortparallel}{\omega} = \overset{\shortparallel}{\omega}(r)$ die durch (10.) ausgedrückte Beschaffenheit besitzen. In jedenfalls nicht minder zuverlässiger Weise ist früher bereits (pag. 145) gefunden, dass zwischen $\omega = \omega(r)$ und $\overset{\shortparallel}{\omega} = \overset{\shortparallel}{\omega}(r)$ die Relation stattfindet:

$$(11.)\qquad \omega + 4A^2\left(\frac{d\psi}{dr}\right)^2 = r\,\frac{d\overset{\shortparallel}{\omega}}{dr},$$

Aus (10.) und (11.) aber ergiebt sich sofort:

$$(12.)\qquad \sigma = \omega = -4A^2\left(\frac{d\psi}{dr}\right)^2, \qquad \overset{\shortparallel}{\omega} = 0.$$

Höchst überraschender Weise sind wir hiermit*) zu genau demselben Werthe der Function σ gelangt, zu welchem eine frühere, von völlig andern Gesichtspuncten ausgehende Betrachtung bereits hindrängte. Denn der in (12.) für σ gefundene Werth stimmt vollständig überein mit demjenigen, der dieser Function σ zuertheilt werden musste, um das für die elektromotorischen Kräfte eldy. Us entwickelte Elementargesetz auch für solche Ströme, die mit Gleitstellen behaftet sind, in Einklang zu bringen mit dem von meinem Vater aufgestellten Integralgesetz (vergl. pag. 155).

Diese Uebereinstimmung aber dürfte, weil jenes Integralgesetz auch für den Fall von Gleitstellen experimentell geprüft und bestätigt

---

*) Durch (12.) ist zugleich der früher (Note, pag. 183) in Aussicht gestellte Nachweis dafür geliefert, dass $\overset{\shortparallel}{\omega}$ identisch mit Null, folglich die Helmholtz'sche Constante k identisch mit -1 sein muss.

worden ist, als ein gewichtiges Indicium anzusehen sein für die Zuverlässigkeit der von uns angestellten Betrachtungen.

Um sämmtliche Functionen von r, mit denen wir es zu thun haben, zusammenzustellen, sind zu (12.) noch hinzuzufügen die Formeln (pag. 44):

$$(13.)\qquad \begin{aligned} \varrho &= 4A^2 \cdot \frac{2}{r}\left(\frac{d\psi}{dr}\right)^2 - 4A^2 \cdot \frac{d}{dr}\left(\frac{d\psi}{dr}\right)^2, \\ \overset{\shortparallel}{\varrho} &= -4A^2 \cdot \frac{2}{r}\left(\frac{d\psi}{dr}\right)^2. \end{aligned}$$

Vermittelst (12.) und (13.) können sämmtliche Functionen σ, ω, $\overset{\shortparallel}{\omega}$, ϱ, $\overset{\shortparallel}{\varrho}$ ausgedrückt werden durch ψ. Bequemer aber wird es offenbar sein, die Function

$$(14.)\qquad \omega = -4A^2\left(\frac{d\psi}{dr}\right)^2$$

in den Vordergrund zu bringen, und durch diese die übrigen auszudrücken. Man erhält alsdann:

$$(15.)\qquad \begin{aligned} \overset{\shortparallel}{\omega} &= 0, \\ \sigma &= \omega, \\ \varrho &= -\frac{2\omega}{r} + \frac{d\omega}{dr}, \\ \overset{\shortparallel}{\varrho} &= +\frac{2\omega}{r}. \end{aligned}$$

Durch Substitution dieser Werthe in das für die elektromotorischen Kräfte entwickelte Elementargesetz, gewinnt jenes Gesetz (pag. 180) folgende einfachere Gestalt:

„Sind A und B irgend zwei in Bewegung begriffene Körper, ferner „m_0 irgend ein Punct von A, und Dv_1 irgend ein Volumelement von „B, und sollen in Bezug auf ein ebenfalls in beliebiger Bewegung begriffenes Axensystem (x, y, z) die Componenten

$$X_0'\,dt, \qquad Y_0'\,dt, \qquad Z_0'\,dt$$

„derjenigen elektromotorischen Kraft eldy. Us angegeben werden, „welche Dv_1 während der Zeit dt in m_0 hervorbringt, so bilde man „zunächst die Richtungscosinus

$$(16.\text{a})\qquad \mathsf{A} = \frac{x_0 - x_1}{r}, \qquad \mathsf{B} = \frac{y_0 - y_1}{r}, \qquad \Gamma = \frac{z_0 - z_1}{r},$$

„wo x_0, y_0, z_0 die Coordinaten von m_0, ferner x_1, y_1, z_1 diejenigen „von m_1, und r die Entfernung zwischen m_0 und Dv_1 vorstellen;“

„sodann bilde man mit Bezug auf die in Dv_1 vorhandenen Strö-„mungscomponenten u_1, v_1, w_1 die Ausdrücke:

$$j_1 = \mathsf{A} u_1 + \mathsf{B} v_1 + \Gamma w_1,$$

$$\Omega' = \omega \mathsf{A} j_1, \qquad \mathsf{P}' = \frac{2\omega}{r}(u_1 - \mathsf{A} j_1) + \frac{d\omega}{dr}\mathsf{A} j_1,$$

(16. b) $$\Omega'' = \omega \mathsf{B} j_1, \qquad \mathsf{P}'' = \frac{2\omega}{r}(v_1 - \mathsf{B} j_1) + \frac{d\omega}{dr}\mathsf{B} j_1,$$

$$\Omega''' = \omega \Gamma j_1, \qquad \mathsf{P}''' = \frac{2\omega}{r}(w_1 - \Gamma j_1) + \frac{d\omega}{dr}\Gamma j_1;$$

„von jenen gesuchten Componenten wird alsdann die erste fol- „genden Werth besitzen:

(16. c) $$X_0^1\, dt = \mathrm{D v}_1\left(\frac{(\delta\Omega' + \Omega''\delta\gamma_0 - \Omega'''\delta\beta_0) - \mathsf{P}'\delta r}{2} + \Delta\Omega'\right)$$
$$+ \mathrm{D v}_1 \frac{\omega\,[\mathsf{A}\,\delta j_1 - j_1(\delta\mathsf{A} + \mathsf{B}\,\delta\gamma_0 - \Gamma\delta\beta_0)]}{2},$$

„wo $\delta\alpha_0$, $\delta\beta_0$, $\delta\gamma_0$ die Drehungen des Körpers A während der Zeit „dt bezeichnen respective um die Axen x, y, z."

Beachtet man nun aber die aus (16. b) entspringenden Relationen:

$$\Omega''\delta\gamma_0 - \Omega'''\delta\beta_0 = \omega j_1(\mathsf{B}\,\delta\gamma_0 - \Gamma\,\delta\beta_0),$$
$$\delta\Omega' - \mathsf{P}'\delta r = \omega\,\delta(\mathsf{A} j_1) - \frac{2\omega}{r}(u_1 - \mathsf{A} j_1)\,\delta r,$$
$$\Delta\Omega' = \omega \mathsf{A}\Delta j_1,$$

so reducirt sich die Formel (16. c) auf:

$$X_0^1\, dt = \mathrm{D v}_1\left(\frac{\omega}{2}\,\delta(\mathsf{A} j_1) - \frac{\omega}{r}(u_1 - \mathsf{A} j_1)\,\delta r + \omega \mathsf{A}\Delta j_1\right)$$
$$+ \mathrm{D v}_1 \frac{\omega}{2}(\mathsf{A}\,\delta j_1 - j_1\,\delta\mathsf{A}),$$

oder (was dasselbe) auf:

$$X_0^1\, dt = \mathrm{D v}_1\left[\omega \mathsf{A}(\delta j_1 + \Delta j_1) + \frac{\omega(\mathsf{A} j_1 - u_1)\,\delta r}{r}\right].$$

Hiefür aber kann, weil $\delta j_1 + \Delta j_1 = dj_1$ und $\delta r = dr$ ist, auch geschrieben werden:

$$X_0^1\, dt = \mathrm{D v}_1\left[\omega \mathsf{A}\, dj_1 + \frac{\omega(\mathsf{A} j_1 - u_1)\, dr}{r}\right],$$

oder auch:

$$X_0^1\, dt = \mathrm{D v}_1\left[\mathsf{A}\frac{\omega\, d(r j_1)}{r} - u_1\frac{\omega\, dr}{r}\right],$$

oder mit Rücksicht auf (16. a):

$$X_0^1\, dt = \mathrm{D v}_1\left[\frac{x_0 - x_1}{r}\frac{\omega\, d(j_1 r)}{r} - u_1\frac{\omega\, dr}{r}\right].$$ Ebenso wird:

(17. a) $$Y_0^1\, dt = \mathrm{D v}_1\left[\frac{y_0 - y_1}{r}\frac{\omega\, d(j_1 r)}{r} - v_1\frac{\omega\, dr}{r}\right],$$

$$Z_0^1\, dt = \mathrm{D v}_1\left[\frac{z_0 - z_1}{r}\frac{\omega\, d(j_1 r)}{r} - w_1\frac{\omega\, dr}{r}\right].$$

Hier kann j_1 bezeichnet werden als die Componente der in Dv_1 vorhandenen elektrischen Strömung u_1, v_1, w_1, genommen nach r; denn es ist nach (16.a, b):

$$(17.\mathrm{b}) \qquad j_1 = \frac{(x_0 - x_1)\, u_1 + (y_0 - y_1)\, v_1 + (z_0 - z_1)\, w_1}{r} \, .$$

Diese Formeln (17.a, b) repräsentiren das Elementargesetz der elektromotorischen Kräfte elektrodynamischen Ursprungs **in seiner definitiven Gestaltung**, und zwar für den allgemeinsten Fall, dass beide Körper, der inducirende wie der inducirte, von beliebiger Gestalt und Grösse sind. Dabei ist von Neuem zu bemerken, dass das den Formeln zu Grunde gelegte rechtwinklige Axensystem (x, y, z), ebenso wie in (16.a, b, c), weder absolut fest, noch auch starr verbunden zu sein braucht mit einem der beiden Körper, sondern vielmehr begriffen gedacht werden kann in irgend welcher eigenen Bewegung. Diese definitiven Formeln (17.a, b) zeichnen sich gegenüber den frühern Formeln (16.a, b, c) in vortheilhafter Weise dadurch aus, dass sie nur mit den wirklichen oder totalen Aenderungen d, nicht aber mit den partiellen Aenderungen δ, Δ behaftet sind. Versuchen wir das in diesen Formeln (17.a, b) enthaltene Resultat möglichst einfach und übersichtlich darzulegen, so werden wir uns etwa in folgender Weise auszudrücken haben:

Das Elementargesetz für die elektromotorischen Kräfte elektrodynamischen Ursprungs*). Sind zwei Körper A und B in beliebigen Bewegungen begriffen, während gleichzeitig im Innern eines jeden irgend welche elektrische Vorgänge stattfinden, und bezeichnet m_0 einen Punct des Körpers A, ferner Dv_1 ein Volumelement von B, so wird die von Dv_1 im Puncte m_0 während der Zeit dt hervorgebrachte elektromotorische

---

*) In ungefähr derselben Form habe ich das Gesetz bereits am 3. August 1872 der Kgl. Sächs. Gesellschaft der Wissenschaften mitgetheilt. Vergl. die betreffenden Berichte, pag. 21, 22; ferner auch eine Notiz in den Mathematischen Annalen, Bd. V, pag. 619. — Für den Fall beträchtlicher Entfernung wird $\omega = -\frac{A^2}{r}$; so dass also in diesem Fall die Kräfte (18. a, b) die Werthe annehmen:

$$- A^2\, Dv_1 \frac{d(j_1 r)}{r^2} \, ,$$

$$+ A^2\, Dv_1 \frac{i_1\, dr}{r^2} \, .$$

Diese Formeln aber sind es, welche ich der Kgl. Ges. d. Wissensch. damals mittheilte. Absichtlich hatte ich mich nämlich damals, um einen vorläufigen Ueberblick meiner Untersuchungen möglichst zu erleichtern, beschränkt auf den Fall einer beträchtlichen Entfernung.

Kraft eldy. Us im Allgemeinen immer zusammengesetzt sein aus zwei Kräften. Die eine derselben fällt in die Richtung der gegenseitigen Entfernung r, und besitzt die Stärke:

$$+\mathrm{Dv}_1 \frac{\omega\, d(j_1 r)}{r}, \tag{18.a}$$

wo j_1 die Componente der in Dv_1 vorhandenen elektrischen Strömung i_1 bezeichnet, genommen nach r, und zwar nach derjenigen Richtung von r, in welcher die Kraft gerechnet ist. Die andere ist parallel mit der Strömung i_1, und besitzt, in der Richtung von i_1 gerechnet, die Stärke:

$$-\mathrm{Dv}_1 \frac{\omega\, i_1\, dr}{r}. \tag{18.b}$$

Dabei ist unter ω die Function zu verstehen

$$\omega = -4 A^2 \left(\frac{d\psi}{dr}\right)^2; \tag{18.c}$$

so dass also dieses ω für beträchtliche Entfernungen identisch ist mit $-\frac{A^2}{r}$.

Gehören m_0 und Dv_1 ein und demselben Körper an, und bedient man sich eines Axensystemes (x, y, z), welches mit diesem Körper starr verbunden ist, so sind $x_0, y_0, z_0, x_1, y_1, z_1, r$ unveränderlich; so dass man also in diesem Falle aus (17.a,b) erhält:

$$X_0^1\, dt = \mathrm{Dv}_1 \frac{x_0 - x_1}{r} \frac{\omega\, d(j_1 r)}{r},$$

$$j_1 r = (x_0 - x_1)\, u_1 + (y_0 - y_1)\, v_1 + (z_0 - z_1)\, w_1,$$

folglich:

$$X_0^1\, dt = \mathrm{Dv}_1 . \omega \frac{x_0 - x_1}{r} \frac{(x_0 - x_1)\, du_1 + (y_0 - y_1)\, dv_1 + (z_0 - z_1)\, dw_1}{r}, \text{ und ebenso:}$$

$$Y_0^1\, dt = \mathrm{Dv}_1 . \omega \frac{y_0 - y_1}{r} \frac{(x_0 - x_1)\, du_1 + (y_0 - y_1)\, dv_1 + (z_0 - z_1)\, dw_1}{r}, \tag{19.}$$

$$Z_0^1\, dt = \mathrm{Dv}_1 . \omega \frac{z_0 - z_1}{r} \frac{(x_0 - x_1)\, du_1 + (y_0 - y_1)\, dv_1 + (z_0 - z_1)\, dw_1}{r}.$$

Diese Formeln stimmen für beträchtliche Entfernungen, weil für solche $\omega = -\frac{A^2}{r}$ ist, vollkommen überein mit den von Kirchhoff für eben denselben Fall aufgestellten *).

---

*) Für $\omega = -\frac{A^2}{r}$ erhält man nämlich:

$$X_0^1\, dt = -A^2\, \mathrm{Dv}_1 \frac{(x_0 - x_1)\,[(x_0 - x_1)\, du_1 + (y_0 - y_1)\, dv_1 + (z_0 - z_1)\, dw_1]}{r^3}, \text{ und}$$

§. 33. Das gefundene Elementargesetz in seiner Beziehung zum F. Neumann'schen Integralgesetz.

Das Elementargesetz für die elektromotorischen Kräfte eldy. Us hat sich unter unsern Händen von Stufe zu Stufe entwickelt, und schliesslich die in (18.a, b, c) angegebene definitive Gestaltung erlangt.

Bei einer gewissen Stufe der Entwicklung, wo das Gesetz noch behaftet war mit drei unbekannten Functionen σ, ω, $\ddot{\omega}$, zeigte sich, dass dasselbe mit dem von meinem Vater aufgestellten Integralgesetze auch für den Fall von Gleitstellen in Einklang sein würde, falls man nur der Function σ den Werth zuertheilen wollte:

$$\sigma = -4A^2\left(\frac{d\psi}{dr}\right)^2; \tag{20.}$$

(vergl. pag. 155). Doch haben wir damals diesen Werth von σ wirklich eintreten zu lassen, beanstandet, weil die Zuverlässigkeit des genannten Integralgesetzes für den Fall von Gleitstellen in Zweifel gezogen werden kann.

Inzwischen sind wir nun aber von einer ganz andern Seite, durch Betrachtungen, gegen deren Sicherheit wohl kaum ein Bedenken vorliegen möchte, zu eben demselben Werthe von σ hingedrängt worden, in (12.); wir haben demgemäss jenen Werth wirklich adoptirt, und somit diejenige Bedingung, welche zur Uebereinstimmung des Elementargesetzes mit dem genannten Integralgesetze für den Fall von Gleitstellen erforderlich war, wirklich erfüllt. — Demnach können wir sagen:

(21.) .... Bringt man das gefundene, durch die Formeln (17.a, b) oder (18.a, b, c) in seiner definitiven Gestaltung ausgesprochene Elementargesetz in Anwendung auf zwei in beliebigen Bewegungen begriffene gleichförmige Stromringe, so wird man, einerlei ob jene Ringe von Gleitstellen frei oder mit solchen behaftet sind, immer hingelangen zu dem F. Neumann'schen Integralgesetz.

§. 34. Die durch das Axiom der lebendigen Kraft postulirte Function.

Sind j_0, j_1 die Componenten der in Dv_0, Dv_1 vorhandenen elektrischen Strömungen i_0, i_1, genommen nach r ($Dv_1 \rightarrow Dv_0$), und

ähnliche Werthe für $Y_0{}' \, dt$, $Z_0{}' \, dt$. Diese aber sind, falls man die Constante A^2 mit $\frac{8}{c^2}$ bezeichnet, identisch mit den von Kirchhoff angegebenen (Poggendorff's Annalen, Bd. 102, pag. 530).

sind ferner Θ_0, Θ_1, E die im Ampère'schen Gesetz (pag. 44) auftretenden Cosinus, so wird:

$$j_0 = i_0\Theta_0 = \frac{(x_0 - x_1)\,u_0 + (y_0 - y_1)\,v_0 + (z_0 - z_1)\,w_0}{r},$$

$$(22.)\quad j_1 = i_1\Theta_1 = \frac{(x_0 - x_1)\,u_1 + (y_0 - y_1)\,v_1 + (z_0 - z_1)\,w_1}{r},$$

$$i_0 i_1 \mathsf{E} = u_0 u_1 + v_0 v_1 + w_0 w_1.$$

Bei Anwendung dieser Bezeichnungen haben die Componenten $X_0{}^1\,dt$, $Y_0{}^1\,dt$, $Z_0{}^1\,dt$ derjenigen elektromotorischen Kraft eldy. Us, welche Dv_1 während der Zeit dt in Dv_0 hervorruft, die Werthe:

$$X_0{}^1\,dt = \mathrm{Dv}_1\left[\frac{x_0 - x_1}{r}\,\frac{\omega\,d(rj_1)}{r} - u_1\,\frac{\omega\,dr}{r}\right],$$

$$(23.)\qquad Y_0{}^1\,dt = \mathrm{Dv}_1\left[\frac{y_0 - y_1}{r}\,\frac{\omega\,d(rj_1)}{r} - v_1\,\frac{\omega\,dr}{r}\right]$$

$$Z_0{}^1\,dt = \mathrm{Dv}_1\left[\frac{z_0 - z_1}{r}\,\frac{\omega\,d(rj_1)}{r} - w_1\,\frac{\omega\,dr}{r}\right],$$

vergl. (17. a, b). Nun kann [nach früheren Untersuchungen (pag. 14)] das von Dv_1 in Dv_0 während der Zeit dt durch diese Kräfte eldy. Us hervorgerufene Wärmequantum $(dQ_0{}^1)_{\text{eldy. Us}}$ ausgedrückt werden durch die Formel:

$$(24.)\quad (dQ_0{}^1)_{\text{eldy. Us}} = \mathrm{Dv}_0\,(X_0{}^1\,u_0 + Y_0{}^1\,v_0 + Z_0{}^1\,w_0)\,dt;$$

woraus durch Substitution der Werthe (23.) folgt:

$$(25.)\quad (dQ_0{}^1)_{\text{eldy. Us}} = \mathrm{Dv}_0\,\mathrm{Dv}_1\left[\frac{\omega(rj_0)\,.\,d(rj_1)}{r^2} - i_0 i_1 \mathsf{E}\,\frac{\omega\,dr}{r}\right].$$

Ebenso wird offenbar:

$$(26.)\quad (dQ_1{}^0)_{\text{eldy. Us}} = \mathrm{Dv}_0\,\mathrm{Dv}_1\left[\frac{\omega(rj_1)\,.\,d(rj_0)}{r^2} - i_0 i_1 \mathsf{E}\,\frac{\omega\,dr}{r}\right].$$

Hieraus folgt durch Addition:

$$(27.)\quad (dQ_0{}^1 + dQ_1{}^0)_{\text{eldy. Us}} = \mathrm{Dv}_0\,\mathrm{Dv}_1\left[\frac{\omega\,.\,d(r^2 j_0 j_1)}{r^2} - 2\,i_0 i_1 \mathsf{E}\,\frac{\omega\,dr}{r}\right],$$

oder (was dasselbe ist):

$$(28.)\ (dQ_0{}^1 + dQ_1{}^0)_{\text{eldy. Us}} = \mathrm{Dv}_0\,\mathrm{Dv}_1\left[\frac{2\,\omega\,dr}{r}(j_0 j_1 - i_0 i_1 \mathsf{E}) + \omega\,.\,d(j_0 j_1)\right].$$

Andererseits kann dasjenige Quantum lebendiger Kraft, welches die beiden Elemente Dv_0 und Dv_1 vermöge ihrer Kräfte eldy. Us während der Zeit dt in einander hervorbringen, dargestellt werden durch die Formel:

$$(29.)\qquad (dT_0{}^1 + dT_1{}^0)_{\text{eldy. Us}} = R\,dr,$$

wo R die zwischen den beiden Elementen vorhandene ponderomotorische Kraft eldy. Us vorstellt. Diese Kraft hat nach dem Ampère'schen Gesetz den Werth*):

$$(30.)\qquad R = \mathrm{D}v_0\, \mathrm{D}v_1 \,.\, i_0 i_1 \,(\rho\, \Theta_0 \Theta_1 + \overset{''}{\rho}\, \mathsf{E}),$$

wo ρ, $\overset{''}{\rho}$, unter Anwendung der von uns eingeführten Function

$$(31.)\qquad \omega = -4A^2 \left(\frac{d\psi}{dr}\right)^2,$$

in folgender Weise dargestellt werden können:

$$(32.)\qquad \begin{aligned} \rho &= +4A^2\left[\frac{2}{r}\left(\frac{d\psi}{dr}\right)^2 - \frac{d}{dr}\left(\frac{d\psi}{dr}\right)^2\right] = -\left[\frac{2\omega}{r} - \frac{d\omega}{dr}\right], \\ \overset{''}{\rho} &= -4A^2 \,.\, \frac{2}{r}\left(\frac{d\psi}{dr}\right)^2 \qquad\qquad = +\frac{2\omega}{r}\,. \end{aligned}$$

Durch Substitution dieser Werthe (32.) in (30.) folgt:

$$(33.)\qquad R = \mathrm{D}v_0\, \mathrm{D}v_1 \,.\, i_0 i_1 \left[\frac{2\omega}{r}(\mathsf{E} - \Theta_0\Theta_1) + \Theta_0\Theta_1 \frac{d\omega}{dr}\right],$$

oder mit Rücksicht auf (22.):

$$(34.)\qquad R = \mathrm{D}v_0\, \mathrm{D}v_1 \left[\frac{2\omega}{r}(i_0 i_1 \mathsf{E} - j_0 j_1) + j_0 j_1 \frac{d\omega}{dr}\right].$$

Somit folgt aus (29.):

$$(35.)\qquad (dT_0{}' + dT_1{}'')_{\text{eldy. Us}} = \mathrm{D}v_0\, \mathrm{D}v_1 \left[\frac{2\omega\, dr}{r}(i_0 i_1 \mathsf{E} - j_0 j_1) + j_0 j_1\, d\omega\right].$$

Durch Addition von (28.) und (35.) ergiebt sich sofort:

$$(36.)\qquad (dQ_0{}' + dQ_1{}'' + dT_0{}' + dT_1{}'')_{\text{eldy. Us}} = \mathrm{D}v_0\, \mathrm{D}v_1 \,.\, d\,(\omega\, j_0 j_1).$$

Das elektrodynamische Postulat der beiden Elemente $\mathrm{D}v_0$ und $\mathrm{D}v_1$ aufeinander besitzt daher den Werth:

$$(37.a)\qquad (-1)\, \mathrm{D}v_0\, \mathrm{D}v_1 \,.\, \omega\, j_0 j_1,$$

ein Werth, welcher mit Rücksicht auf (22.) auch so dargestellt werden kann:

$$(37.b)\qquad (-1) \,.\, i_0\, \mathrm{D}v_0 \,.\, i_1\, \mathrm{D}v_1 \,.\, \omega\, \Theta_0 \Theta_1\,.$$

Dieses Resultat stimmt vollständig überein mit den Ergebnissen früherer**) Untersuchungen.

---

*) Dieser Werth ist den Formeln pag. 44 entnommen; wobei aber

$$i_0\, \mathrm{D}v_0 \,.\, i_1\, \mathrm{D}v_1 \qquad \text{statt} \qquad J_0\, \mathrm{D}s_0 \,.\, J_1\, \mathrm{D}s_1$$

zu setzen war (vergl. pag. 160).

**) Es war nämlich auf pag. 186 für das in Rede stehende elektrodynamische Postulat der Werth gefunden worden:

$$(-1) \,.\, i_0\, \mathrm{D}v_0 \,.\, i_1\, \mathrm{D}v_1 \,.\, \Omega,$$

wo $\Omega = \omega\Theta_0\Theta_1 + \overset{''}{\omega}\, \mathsf{E}$ war. Inzwischen aber hat sich (pag. 190) herausgestellt, dass die Function $\overset{''}{\omega}$ den Werth Null hat; so dass also Ω identisch ist mit $\omega\Theta_0\Theta_1$.

§. 35. Zusammenstellung der für die ponderomotorischen und elektromotorischen Kräfte eldy. Us gefundenen Formeln, unter Anwendung der Function ω.

Diese Function ω war definirt worden durch

$$\omega = -4A^2\left(\frac{d\psi}{dr}\right)^2, \tag{38.}$$

und wird also für beträchtliche Entfernungen identisch sein mit $-\frac{A^2}{r}$; denn es bedeutet ψ jene früher (pag. 46) besprochene Function, welche für beträchtliche Entfernungen identisch mit $\sqrt{r}$ ist.

Die ponderomotorische Wirkung eines Stromelementes $i_1\,Dv_1$ auf ein anderes solches Element $i_0\,Dv_0$ ist, nach (33.), dargestellt durch die Kraft:

$$R = Dv_0\,Dv_1\,.\,i_0 i_1\left[\frac{2\omega}{r}(\mathsf{E}-\Theta_0\Theta_1)+\frac{d\omega}{dr}\,.\,\Theta_0\Theta_1\right], \tag{39.a}$$

gerechnet in der Richtung r ($Dv_1 \rightarrow Dv_0$). — Andererseits wird die elektromotorische Einwirkung von $i_1\,Dv_1$ auf $i_0\,Dv_0$, nach (23.) ausgedrückt sein durch die beiden Kräfte:

$$\begin{aligned} E_r &= Dv_1\,\frac{\omega}{r}\,\frac{d(r\,i_1\,\Theta_1)}{dt}, \\ E_{i_1} &= -Dv_1\,\frac{\omega i_1}{r}\,\frac{dr}{dt}, \end{aligned} \tag{39.b}$$

die erstere gerechnet in der Richtung r ($Dv_1 \rightarrow Dv_0$), die letztere in der Richtung i_1. — In diesen Formeln (39.a, b) bezeichnen Θ_0, Θ_1 die Cosinus derjenigen Winkel, unter welchen i_0, i_1 gegen die Linie r ($Dv_1 \rightarrow Dv_0$) geneigt sind, und E den Cosinus desjenigen Winkels, welchen i_0 und i_1 mit einander einschliessen.

Das elektrodynamische Postulat der beiden Elemente $i_0\,Dv_0$ und $i_1\,Dv_1$ aufeinander hat, nach (37.b), den Werth:

$$(-1)\,Dv_0\,Dv_1\,.\,i_0 i_1\,.\,\omega\,\Theta_0\Theta_1. \tag{40.a}$$

Endlich wird (vergl. pag. 166) das elektrodynamische Potential P irgend zweier Körper aufeinander dargestellt sein durch

$$P = (+1)\,.\,\Sigma\Sigma\,(Dv_0\,Dv_1\,.\,i_0 i_1\,.\,\omega\,\Theta_0\Theta_1). \tag{40.b}$$

Bei den Kräften elektrodynamischen Ursprungs unterscheiden sich also Potential und Postulat durch entgegengesetzte Vorzeichen; während sie übereinstimmendes Vorzeichen hatten bei den Kräften elektrostatischen, und auch bei den Kräften ordinären Ursprunges (vergl. pag. 33 und pag. 24).

§. 36. Zusammenstellung und weitere Entwicklung der für die Kräfte elektrodynamischen Ursprungs erhaltenen Formeln, unter Anwendung der Function ψ.

Jede Grösse f, welche bei der gegenseitigen ponderomotorischen und elektromotorischen Einwirkung zweier Stromelemente $i_0\, Dv_0$ und $i_1\, Dv_1$ in Betracht kommen kann, wird, wenn wir an den zu Anfang des vorhergehenden Abschnitts (pag. 157—159) eingeführten Bezeichnungen festhalten, in letzter Instanz abhängig sein *) von den zehn einander coordinirten Argumenten:

$$(1.)\qquad \begin{matrix} \mathfrak{x}_0, & \mathfrak{y}_0, & \mathfrak{z}_0, & \tau_0, & T_0, \\ \mathfrak{x}_1, & \mathfrak{y}_1, & \mathfrak{z}_1, & \tau_1, & T_1; \end{matrix}$$

so dass also die Differentiationen nach diesen Argumenten, ohne Aenderung des Endresultates, mit einander vertauscht werden können.

Zur Abkürzung war damals, mit Bezug auf jede solche Grösse f, gesetzt worden:

$$(2.a)\qquad \begin{aligned} \delta_0 f &= \frac{\partial f}{\partial \tau_0}\, dt, & \Delta_0 f &= \frac{\partial f}{\partial T_0}\, dt, \\ \delta_1 f &= \frac{\partial f}{\partial \tau_1}\, dt, & \Delta_1 f &= \frac{\partial f}{\partial T_1}\, dt; \end{aligned}$$

ferner:

$$(2.b)\qquad \delta f = \delta_0 f + \delta_1 f, \qquad \Delta f = \Delta_0 f + \Delta_1 f;$$

so dass also das dem Zeitelement dt entsprechende vollständige Differential dt sich darstellt durch:

$$(2.c)\qquad df = \delta f + \Delta f.$$

Zu diesen Charakteristiken δ_0, δ_1, δ und Δ_0, Δ_1, Δ mögen nun noch folgende hinzugefügt werden:

$$(2.d)\qquad \begin{aligned} \partial_0 f &= \frac{\partial f}{\partial \mathfrak{x}_0}\, \mathfrak{u}_0 + \frac{\partial f}{\partial \mathfrak{y}_0}\, \mathfrak{v}_0 + \frac{\partial f}{\partial \mathfrak{z}_0}\, \mathfrak{w}_0, \\ \partial_1 f &= \frac{\partial f}{\partial \mathfrak{x}_1}\, \mathfrak{u}_1 + \frac{\partial f}{\partial \mathfrak{y}_1}\, \mathfrak{v}_1 + \frac{\partial f}{\partial \mathfrak{z}_1}\, \mathfrak{w}_1. \end{aligned}$$

Differenzirt man die erste dieser beiden Formeln nach τ_0, und beachtet man, dass $\mathfrak{u}_0$, $\mathfrak{v}_0$, $\mathfrak{w}_0$ von τ_0 unabhängig sind **), so erhält man:

---

*) Insbesondere mag noch erinnert sein an die damals angegebenen Formeln:

$$\begin{aligned} x_0, y_0, z_0 &= \lambda(\mathfrak{x}_0, \mathfrak{y}_0, \mathfrak{z}_0, \tau_0), & x_1, y_1, z_1 &= \Lambda(\mathfrak{x}_1, \mathfrak{y}_1, \mathfrak{z}_1, \tau_1), \\ \mathfrak{u}_0, \mathfrak{v}_0, \mathfrak{w}_0 &= \xi(\mathfrak{x}_0, \mathfrak{y}_0, \mathfrak{z}_0, T_0), & \mathfrak{u}_1, \mathfrak{v}_1, \mathfrak{w}_1 &= \Xi(\mathfrak{x}_1, \mathfrak{y}_1, \mathfrak{z}_1, T_1), \end{aligned}$$

wo x_0, y_0, z_0 und x_1, y_1, z_1 die absoluten Coordinaten der Elemente $i_0\, Dv_0$ und $i_1\, Dv_1$ vorstellen, während andererseits $\mathfrak{u}_0$, $\mathfrak{v}_0$, $\mathfrak{w}_0$ und $\mathfrak{u}_1$, $\mathfrak{v}_1$, $\mathfrak{w}_1$ die Componenten von i_0 und i_1 in Bezug auf die mit den beiden Körpern starr verbundenen Axensysteme $(\mathfrak{x}_0, \mathfrak{y}_0, \mathfrak{z}_0)$ und $(\mathfrak{x}_1, \mathfrak{y}_1, \mathfrak{z}_1)$ bezeichnen.

**) Vergl. die vorhergehende Note.

$$\frac{\partial(\partial_0 f)}{\partial \tau_0}\,dt = \left(\frac{\partial^2 f}{\partial \mathfrak{x}_0 \partial \tau_0}\,\mathfrak{u}_0 + \frac{\partial^2 f}{\partial \mathfrak{y}_0 \partial \tau_0}\,\mathfrak{v}_0 + \frac{\partial^2 f}{\partial \mathfrak{z}_0 \partial \tau_0}\right) d\,t,$$

$$= \frac{\partial\left(\frac{\partial f}{\partial \tau_0}\,dt\right)}{\partial \mathfrak{x}_0}\,\mathfrak{u}_0 + \frac{\partial\left(\frac{\partial f}{\partial \tau_0}\,dt\right)}{\partial \mathfrak{y}_0}\,\mathfrak{v}_0 + \frac{\partial\left(\frac{\partial f}{\partial \tau_0}\,dt\right)}{\partial \mathfrak{z}_0}\,\mathfrak{w}_0\,;$$

wofür mit Rücksicht auf (2.a,d) einfacher geschrieben werden kann:

$$\delta_0 (\partial_0 f) = \partial_0 (\delta_0 f),$$

oder kürzer:

$$\delta_0\,\partial_0 f = \partial_0\,\delta_0 f.$$

In dieser und ähnlicher Weise erkennt man leicht, dass die Operationen

$$\text{(2.e)}\qquad \partial_0,\ \partial_1,\ \delta_0,\ \delta_1$$

in ihrer Reihenfolge, ohne Aenderung des Endresultates, beliebig mit einander vertauscht werden können; während solches z. B. bei ∂_0, Δ_0 nicht gestattet sein würde*).

Sind s_0 und s_1 die augenblicklichen Richtungen der in den beiden Elementen vorhandenen elektrischen Strömungen i_0 und i_1, so erhält man:

$$\frac{\partial f}{\partial s_0} = \frac{\partial f}{\partial \mathfrak{x}_0}\frac{\partial \mathfrak{x}_0}{\partial s_0} + \frac{\partial f}{\partial \mathfrak{y}_0}\frac{\partial \mathfrak{y}_0}{\partial s_0} + \frac{\partial f}{\partial \mathfrak{z}_0}\frac{\partial \mathfrak{z}_0}{\partial s_0},$$

$$= \frac{\partial f}{\partial \mathfrak{x}_0}\frac{\mathfrak{u}_0}{i_0} + \frac{\partial f}{\partial \mathfrak{y}_0}\frac{\mathfrak{v}_0}{i_0} + \frac{\partial f}{\partial \mathfrak{z}_0}\frac{\mathfrak{w}_0}{i_0},$$

folglich durch Multiplication mit i_0 und mit Rücksicht auf (2.d):

$$i_0\,\frac{\partial f}{\partial s_0} = \partial_0 f.$$

In solcher Weise erhält man die Formeln:

$$\text{(2.f)}\quad i_0\,\frac{\partial f}{\partial s_0} = \partial_0 f,\qquad i_1\,\frac{\partial f}{\partial s_1} = \partial_1 f,\qquad i_0 i_1\,\frac{\partial^2 f}{\partial s_0\,\partial s_1} = \partial_0 \partial_1 f.$$

Es sollen nun hier die von $i_1\,\mathrm{D}\mathfrak{v}_1$ auf $i_0\,\mathrm{D}\mathfrak{v}_0$ ausgeübten ponderomotorischen und elektromotorischen Kräfte betrachtet werden; dabei mögen die Componenten dieser Kräfte bezogen werden theils auf das absolut feste Axensystem (x, y, z), theils auf das mit der ponderablen Masse von $i_0\,\mathrm{D}\mathfrak{v}_0$ starr verbundene Axensystem $(\mathfrak{x}_0, \mathfrak{y}_0, \mathfrak{z}_0)$.

---

*) Die Operationen ∂_0, Δ_0 sind nicht miteinander vertauschbar, weil die bei der Operation ∂_0 auftretenden Factoren $\mathfrak{u}_0$, $\mathfrak{v}_0$, $\mathfrak{w}_0$ abhängig sind von T_0.

Aehnliches ist zu bemerken von den Operationen ∂_0, $\frac{\partial}{\partial \mathfrak{x}_0}$. Dieselben sind nicht miteinander vertauschbar, und zwar deswegen, weil die bei der Operation ∂_0 auftretenden Factoren $\mathfrak{u}_0$, $\mathfrak{v}_0$, $\mathfrak{w}_0$ abhängig sind von $\mathfrak{x}_0$, $\mathfrak{y}_0$, $\mathfrak{z}_0$.

I. Die ponderomotorischen Kräfte eldy. Ursprungs.

Die von i_1 Dv_1 auf i_0 Dv_0 ausgeübte ponderomotorische Kraft R hat nach dem Ampère'schen Gesetz [vergl. die Formel (8.), pag. 160] den Werth:

$$R = i_0\,\mathrm{D}v_0\,.\,i_1\,\mathrm{D}v_1\,.\,8A^2\frac{d\psi}{dr}\frac{\partial^2\psi}{\partial s_0\,\partial s_1},$$

wofür mit Rücksicht auf (2.f) auch geschrieben werden kann:

$$(3.)\qquad R = 4A^2\,\mathrm{D}v_0\,\mathrm{D}v_1\,.\,2\frac{d\psi}{dr}\,.\,\partial_0\partial_1\,\psi\,.$$

Die Componenten $\mathfrak{X}$ und X dieser Kraft respective nach den Axen $\mathfrak{x}_0$ und x lauten daher *):

$$(4.)\qquad \mathfrak{X} = 4A^2\,\mathrm{D}v_0\,\mathrm{D}v_1\,.\,2\frac{\partial\psi}{\partial\mathfrak{x}_0}\,.\,\partial_0\partial_1\,\psi\,,$$

und:

$$(5.)\qquad X = 4A^2\,\mathrm{D}v_0\,\mathrm{D}v_1\,.\,2\frac{\partial\psi}{\partial x_0}\,.\,\partial_0\partial_1\,\psi\,.$$

Die vom Element i_1 Dv_1, vermöge seiner ponderomotorischen Wirkung eldy. Us, während der Zeit dt in i_0 Dv_0 hervorgerufene lebendige Kraft $(dT_0{}^1)_{\text{eldy. Us}}$ steht zur Kraft R(3.) in der bekannten Beziehung:

$$(6.)\qquad (dT_0{}^1)_{\text{eldy. Us}} = R\frac{\partial r}{\partial\mathfrak{r}_0}\,dt = R\,\delta_0 r\,,$$

und erlangt daher durch Substitution des Werthes (3.) den Ausdruck:

$$(7.)\qquad (dT_0{}^1)_{\text{eldy. Us}} = 4A^2\,\mathrm{D}v_0\,\mathrm{D}v_1\,.\,2\delta_0\psi\,.\,\partial_0\partial_1\psi\,;$$

wofür, weil die Operationen δ_0, ∂_0, ∂_1 in ihrer Reihenfolge vertauschbar sind, auch geschrieben werden darf:

$$(8.)\qquad (dT_0{}^1)_{\text{eldy. Us}} =$$
$$= 4A^2\,\mathrm{D}v_0\,\mathrm{D}v_1\,[-\delta_0\,(\partial_0\psi\,.\,\partial_1\psi) + \partial_0\,(\partial_1\psi\,.\,\delta_0\psi) + \partial_1\,(\partial_0\psi\,.\,\delta_0\psi)].$$

Eine mit (8.) analoge Formel resultirt für $(dT_1{}^0)_{\text{eldy. Us}}$. Addirt man diese zu jener, so folgt:

$$(9.)\qquad (dT_0{}^1 + dT_1{}^0)_{\text{eldy. Us}} =$$
$$= 4A^2\,\mathrm{D}v_0\,\mathrm{D}v_1\,[-\delta\,(\partial_0\psi\,.\,\partial_1\psi) + \partial_0\,(\partial_1\psi\,.\,\delta\psi) + \partial_1\,(\partial_0\psi\,.\,\delta\psi)].$$

---

*) Die Formel (4.) in die Gestalt

$$\mathfrak{X} = 4A^2\,\mathrm{D}v_0\,\mathrm{D}v_1\left[-\frac{\partial}{\partial\mathfrak{x}_0}(\partial_0\psi\,.\,\partial_1\psi) + \partial_0\left(\partial_1\psi\,.\,\frac{\partial\psi}{\partial\mathfrak{x}_0}\right) + \partial_1\left(\partial_0\psi\,.\,\frac{\partial\psi}{\partial\mathfrak{x}_0}\right)\right]$$

versetzen zu wollen, würde nicht gestattet sein, weil die beiden Operationen ∂_0, $\frac{\partial}{\partial\mathfrak{x}_0}$ nicht mit einander vertauschbar sind (vergl. die vorhergehende Note).

II. Die elektromotorischen Kräfte eldy. Us.

Bezeichnet man die von i_1 Dv_1 während der Zeit dt in irgend einem Puncte des Elementes i_0 Dv_0 hervorgebrachte elektromotorische Kraft mit

$$(10.)\qquad E\,dt,$$

und mit $\mathfrak{X}\,dt$, $\mathfrak{Y}\,dt$, $\mathfrak{Z}\,dt$ die Componenten dieser Kraft nach den mit der ponderablen Masse von i_0 Dv_0 starr verbundenen Axen ($\mathfrak{x}_0$, $\mathfrak{y}_0$, $\mathfrak{z}_0$), ferner mit $X\,dt$, $Y\,dt$, $Z\,dt$ die Componenten derselben nach den absolut festen Axen (x, y, z), so gelangt man auf Grund des gefundenen Elementargesetzes (pag. 193) und durch Ausführung gewisser Rechnungen, welche erst später mitgetheilt werden sollen, zu der Formel:

$$(11.)\qquad \mathfrak{X}\,dt = 4A^2\,\mathrm{Dv}_1\left[d\left(\frac{\partial\psi}{\partial\mathfrak{x}_0}:\partial_1\psi\right) - \frac{\partial}{\partial\mathfrak{x}_0}(\partial_1\psi\,.\,\delta\psi)\right],$$

und von dieser zu der etwas complicirteren Formel:

$$(12.)\qquad X\,dt = 4A^2\,\mathrm{Dv}_1\left[d\left(\frac{\partial\psi}{\partial x_0}\,.\,\partial_1\psi\right) - \frac{\partial}{\partial x_0}(\partial_1\psi\,.\,\delta\psi)\right]$$
$$- 4A^2\,\mathrm{Dv}_1\left(\frac{\partial\psi}{\partial z_0}\,\delta\beta_0 - \frac{\partial\psi}{\partial y_0}\,\delta\gamma_0\right).\,\partial_1\psi,$$

wo $\delta\alpha_0$, $\delta\beta_0$, $\delta\gamma_0$ diejenigen Drehungen vorstellen, welche die ponderable Masse des Elementes i_0 Dv_0 während der Zeit dt ausführt mit Bezug auf die drei absolut festen Axen x, y, z. Den Formeln (11.) zufolge, scheint also die Kraft $E\,dt$ (10.) abhängig zu sein von den eben genannten Drehungen. Dass indessen diese Abhängigkeit in der That nur eine scheinbare ist, geht deutlich hervor aus den Formeln (11).

Die vom Elemente i_1 Dv_1, vermöge seiner elektromotorischen Wirkung eldy. Us, während der Zeit dt im Elemente i_0 Dv_0 hervorgerufene Wärmemenge $(dQ_0{}^1)_{\text{eldy. Us}}$ bestimmt sich durch die bekannte Formel:

$$(13.)\qquad (dQ_0{}^1)_{\text{eldy. Us}} = \mathrm{Dv}_0\,(\mathfrak{X}\mathfrak{u}_0 + \mathfrak{Y}\mathfrak{v}_0 + \mathfrak{Z}\mathfrak{w}_0)\,dt,$$

wo $\mathfrak{X}dt$, $\mathfrak{Y}dt$, $\mathfrak{Z}dt$ die in (11.) angedeuteten Componenten vorstellen. Substituirt man für diese Componenten ihre Werthe, so folgt mit Hülfe einer später mitzutheilenden Rechnung:

$$(14.)\qquad (dQ_0{}^1)_{\text{eldy. Us}} =$$
$$= 4A^2\,\mathrm{Dv}_0\,\mathrm{Dv}_1\,[d\,(\partial_0\psi\,.\,\partial_1\psi) - \Delta_0\,(\partial_0\psi\,.\,\partial_1\psi) - \partial_0\,(\partial_1\psi\,.\,\delta\psi)].$$

Eine analoge Formel gilt offenbar für $(dQ_1{}^0)_{\text{eldy. Us}}$. Durch Addition beider folgt:

$$(15.)\qquad (dQ_0{}^1 + dQ_1{}^0)_{\text{eldy. Us}} =$$
$$= 4A^2\,\mathrm{Dv}_0\,\mathrm{Dv}_1\,[2d(\partial_0\psi\,.\,\partial_1\psi) - \Delta(\partial_0\psi\,.\,\partial_1\psi) - \partial_0(\partial_1\psi\,.\,\delta\psi) - \partial_1(\partial_0\psi\,.\,\delta\psi)].$$

Endlich folgt durch Addition von (9.) und (15.):

$$(16.)\quad (dT_0{}^1 + dT_1{}^0 + dQ_0{}^1 + dQ_1{}^0)_{eldy.\,U_s} = \\ = 4A^2\,\mathrm{D}\mathfrak{v}_0\,\mathrm{D}\mathfrak{v}_1\,.\,d\,(\partial_0\psi\,.\,\partial_1\psi)\,;$$

sodass also das elektrodynamische Postulat der betrachteten Elemente $i_0\,\mathrm{D}\mathfrak{v}_0$ und $i_1\,\mathrm{D}\mathfrak{v}_1$ dargestellt sein wird durch *):

$$(17.)\qquad (-1)\,.\,4A^2\,\mathrm{D}\mathfrak{v}_0\,\mathrm{D}\mathfrak{v}_1\,.\,\partial_0\psi\,.\,\partial_1\psi\,.$$

Es bleibt noch übrig, die Ableitung der hier angegebenen Formeln (11.) bis (17.) näher zu besprechen.

Das von uns für die elektromotorischen Kräfte gefundene Elementargesetz war durch Formeln [(17. a, b), pag. 192] ausgedrückt, denen jedes beliebige rechtwinklige Axensystem zu Grunde gelegt sein darf. Nimmt man für dieses System das mit der ponderablen Masse von $i_0\,\mathrm{D}\mathfrak{v}_0$ starr verbundene System $(\mathfrak{x}_0, \mathfrak{y}_0, \mathfrak{z}_0)$, so erhält man für die entsprechenden Componenten $\mathfrak{X}dt$, $\mathfrak{Y}dt$, $\mathfrak{Z}dt$ der Kraft Edt (10.) folgende Werthe:

$$(\alpha.)\qquad \mathfrak{X}dt = \mathrm{D}\mathfrak{v}_1\left[\frac{\mathfrak{x}_0-\overline{\mathfrak{x}_1}}{r}\,\frac{\omega}{r}\,d(rj_1) - \overline{\mathfrak{u}_1}\,\frac{\omega\,\delta r}{r}\right];$$

ähnlich $\mathfrak{Y}dt$ und $\mathfrak{Z}dt$. Es sollen nämlich, nach wie vor, $\mathfrak{x}_0$, $\mathfrak{y}_0$, $\mathfrak{z}_0$ und $\mathfrak{u}_0$, $\mathfrak{v}_0$, $\mathfrak{w}_0$ die Coordinaten und Strömungscomponenten von $i_0\,\mathrm{D}\mathfrak{v}_0$ in Bezug auf das Axensystem $(\mathfrak{x}_0, \mathfrak{y}_0, \mathfrak{z}_0)$ vorstellen; und in Bezug auf ebendasselbe Axensystem sollen $\overline{\mathfrak{x}_1}$, $\overline{\mathfrak{y}_1}$, $\overline{\mathfrak{z}_1}$ und $\overline{\mathfrak{u}_1}$, $\overline{\mathfrak{v}_1}$, $\overline{\mathfrak{w}_1}$ die

---

*) Nach (2.d) ist:

$$\partial_0\psi = \frac{\partial\psi}{\partial\mathfrak{x}_0}\,\mathfrak{u}_0 + \frac{\partial\psi}{\partial\mathfrak{y}_0}\,\mathfrak{v}_0 + \frac{\partial\psi}{\partial\mathfrak{z}_0}\,\mathfrak{w}_0,$$
$$= \frac{d\psi}{dr}\left(\frac{\partial r}{\partial\mathfrak{x}_0}\,\mathfrak{u}_0 + \frac{\partial r}{\partial\mathfrak{y}_0}\,\mathfrak{v}_0 + \frac{\partial r}{\partial\mathfrak{z}_0}\,\mathfrak{w}_0\right).$$

Hieraus folgt:

$$\partial_0\psi = \frac{d\psi}{dr}\,j_0\,;$$

und ebenso erhält man:

$$\partial_1\psi = -\frac{d\psi}{dr}\,j_1\,;$$

wo j_0 und j_1 die Componenten von i_0 und i_1 nach der Linie r ($\mathrm{D}\mathfrak{v}_1 \rightarrow \mathrm{D}\mathfrak{v}_0$) vorstellen. Der Ausdruck (17.) kann daher auch so geschrieben werden:

$$\mathrm{D}\mathfrak{v}_0\,\mathrm{D}\mathfrak{v}_1\,.\,4A^2\left(\frac{d\psi}{dr}\right)^2 j_0 j_1\,,$$

Vergleichen wir diesen Ausdruck mit dem früher [(37. a, b), pag. 197] für das elektrodynamische Postulat erhaltenen Werthe:

$$(-1)\,\mathrm{D}\mathfrak{v}_0\,\mathrm{D}\mathfrak{v}_1\,.\,\omega\,j_0 j_1\,,$$

so bemerken wir vollständige Uebereinstimmung. Denn es ist

$$\omega = -4A^2\left(\frac{d\psi}{dr}\right)^2.$$

Coordinaten und Strömungscomponenten von i_1 Dv_1 sein. Daneben ist zu bemerken, dass ω und rj_1 die Bedeutungen haben:

$$(\beta.)\qquad \omega = -4A^2\left(\frac{d\psi}{dr}\right)^2,$$

$$(\gamma.)\qquad rj_1 = (\mathfrak{x}_0 - \overline{\mathfrak{x}_1})\,\overline{\mathfrak{u}_1} + (\mathfrak{y}_0 - \overline{\mathfrak{y}_1})\,\overline{\mathfrak{v}_1} + (\mathfrak{z}_0 - \overline{\mathfrak{z}_1})\,\overline{\mathfrak{w}_1}.$$

Endlich ist mit Bezug auf jene Formel (α.) zu bemerken, dass man im letzten Gliede derselben ganz nach Belieben δr, oder statt dessen auch dr schreiben darf *).

Da alle Grössen in letzter Instanz durch die zehn Argumente (1.) ausgedrückt zu denken sind, so werden $\overline{\mathfrak{x}_1}$, $\overline{\mathfrak{y}_1}$, $\overline{\mathfrak{z}_1}$ als Functionen von

$$\tau_0 \quad \text{und} \quad \mathfrak{x}_1,\ \mathfrak{y}_1,\ \mathfrak{z}_1,\ \tau_1,$$

andererseits $\overline{\mathfrak{u}_1}$, $\overline{\mathfrak{v}_1}$, $\overline{\mathfrak{w}_1}$ als Functionen von

$$\tau_0 \quad \text{und} \quad \mathfrak{x}_1,\ \mathfrak{y}_1,\ \mathfrak{z}_1,\ \tau_1,\ \mathsf{T}_1$$

aufzufassen sein. Durch partielle Differentiation der Gleichung (γ.) nach $\mathfrak{x}_0$ folgt daher:

$$\frac{\partial(rj_1)}{\partial\mathfrak{x}_0} = \overline{\mathfrak{u}_1},$$

oder (was dasselbe ist):

$$\overline{\mathfrak{u}_1} = r\frac{\partial j_1}{\partial\mathfrak{x}_0} + j_1\frac{\partial r}{\partial\mathfrak{x}_0}.$$

Somit kann die Componente $\mathfrak{X}dt$ (α.) auch so dargestellt werden:

$$(\delta.)\qquad \mathfrak{X}di = \mathrm{D}v_1\left[\frac{\partial r}{\partial\mathfrak{x}_0}\frac{\omega}{r}\,d(rj_1) - \left(r\frac{\partial j_1}{\partial\mathfrak{x}_0} + j_1\frac{\partial r}{\partial\mathfrak{x}_0}\right)\frac{\omega\,\delta r}{r}\right].$$

Beachtet man nun, dass das erste Glied dieses Ausdruckes der Umgestaltung fähig ist:

---

*) Im Allgemeinen ist nach (2. a, b, c);

$$df = \delta f + \Delta f.$$

Ist indessen die Grösse f von den elektrischen Verhältnissen unabhängig, mithin unabhängig von den Argumenten T_0, T_1, so wird

$$\Delta f = 0, \quad \text{und folglich:}\ df = \delta f.$$

So ist also z. B.:

$$dr = \delta r,$$

und aus demselben Grunde z. B. auch:

$$d\frac{\partial r}{\partial\mathfrak{x}_0} = \delta\frac{\partial r}{\partial\mathfrak{x}_0} \quad \text{und} \quad d\left(\frac{\omega}{r}\frac{\partial r}{\partial\mathfrak{x}_0}\right) = \delta\left(\frac{\omega}{r}\frac{\partial r}{\partial\mathfrak{x}_0}\right).$$

Von diesen letzteren Formeln wird weiterhin Gebrauch gemacht werden.

$$\frac{\partial r}{\partial \mathfrak{x}_0} \frac{\omega}{r} d(rj_1) = d\left(\frac{\partial r}{\partial \mathfrak{x}_0} \omega j_1\right) - rj_1 \,.\, \delta\left(\frac{\partial r}{\partial \mathfrak{x}_0} \frac{\omega}{r}\right),$$

$$= d\left(\frac{\partial r}{\partial \mathfrak{x}_0} \omega j_1\right) - \omega j_1 \,.\, \delta \frac{\partial r}{\partial \mathfrak{x}_0}$$

$$- j_1 \frac{\partial r}{\partial \mathfrak{x}_0} \delta \omega + j_1 \frac{\partial r}{\partial \mathfrak{x}_0} \frac{\omega \delta r}{r},$$

so erhält man sofort:

$$(\varepsilon)\quad \mathfrak{X} dt = \mathrm{Dv}_1 \left[d\left(\frac{\partial r}{\partial \mathfrak{x}_0} \omega j_1\right) - \omega j_1 \,.\, \delta \frac{\partial r}{\partial \mathfrak{x}_0} - j_1 \frac{\partial r}{\partial \mathfrak{x}_0} \delta \omega - \frac{\partial j_1}{\partial \mathfrak{x}_0} \omega \delta r\right].$$

Hiefür aber kann, weil einerseits

$$\delta \frac{\partial r}{\partial \mathfrak{x}_0} = \frac{\partial \delta r}{\partial \mathfrak{x}_0},$$

und andererseits

$$\frac{\partial r}{\partial \mathfrak{x}_0} \delta \omega = \frac{\partial r}{\partial \mathfrak{x}_0} \frac{d\omega}{dr} \delta r = \frac{\partial \omega}{\partial \mathfrak{x}_0} \delta r$$

ist, auch geschrieben werden:

$$(\zeta.)\quad \mathfrak{X} dt = \mathrm{Dv}_1 \left[d\left(\frac{\partial r}{\partial \mathfrak{x}_0} \omega j_1\right) - \omega j_1 \frac{\partial \delta r}{\partial \mathfrak{x}_0} - j_1 \frac{\partial \omega}{\partial \mathfrak{x}_0} \delta r - \frac{\partial j_1}{\partial \mathfrak{x}_0} \omega \delta r\right],$$

oder (was dasselbe ist):

$$(\eta.)\qquad \mathfrak{X} dt = \mathrm{Dv}_1 \left[d\left(\frac{\partial r}{\partial \mathfrak{x}_0} \omega j_1\right) - \frac{\partial}{\partial \mathfrak{x}_0} (\omega j_1 \delta r)\right],$$

oder, falls man für ω seinen Werth (β.) substituirt:

$$(\vartheta.)\qquad \mathfrak{X} dt = 4A^2 \mathrm{Dv}_1 \left[-d\left(\frac{\partial \psi}{\partial \mathfrak{x}_0} \frac{d\psi}{dr} j_1\right) + \frac{\partial}{\partial \mathfrak{x}_0} \left(\frac{d\psi}{dr} j_1 \,.\, \delta\psi\right)\right].$$

Nun ist aber: $\frac{d\psi}{dr} j_1 = - \partial_1 \psi$. Somit folgt:

$$(\iota.)\quad \mathfrak{X} dt = 4A^2 \mathrm{Dv}_1 \left[d\left(\frac{\partial \psi}{\partial \mathfrak{x}_0} \,.\, \partial_1 \psi\right) - \frac{\partial}{\partial \mathfrak{x}_0} (\partial_1 \psi \,.\, \delta\psi)\right].$$ Ebenso wird:

$$(\varkappa.)\quad \mathfrak{Y} dt = 4A^2 \mathrm{Dv}_1 \left[d\left(\frac{\partial \psi}{\partial \mathfrak{y}_0} \,.\, \partial_1 \psi\right) - \frac{\partial}{\partial \mathfrak{y}_0} (\partial_1 \psi \,.\, \delta\psi)\right],$$

$$(\lambda.)\quad \mathfrak{Z} dt = 4A^2 \mathrm{Dv}_1 \left[d\left(\frac{\partial \psi}{\partial \mathfrak{z}_0} \,.\, \partial_1 \psi\right) - \frac{\partial}{\partial \mathfrak{z}_0} (\partial_1 \psi \,.\, \delta\psi)\right].$$

Durch (ι.) ist der Beweis geliefert für die Formel (11.):

Um den Beweis der folgenden Formel (12.) zu erhalten, bedarf es ebenfalls ziemlich mühsamer Betrachtungen. Es waren [vergl. den Anfang des vorhergehenden Abschnitts (pag. 158)] mit

$$(\mu_1.)\qquad \begin{aligned} x_0 &= C^1 + C^{11} \mathfrak{x}_0 + C^{12} \mathfrak{y}_0 + C^{13} \mathfrak{z}_0, \\ y_0 &= C^2 + C^{21} \mathfrak{x}_0 + C^{22} \mathfrak{y}_0 + C^{23} \mathfrak{z}_0, \\ z_0 &= C^3 + C^{31} \mathfrak{x}_0 + C^{32} \mathfrak{y}_0 + C^{33} \mathfrak{z}_0 \end{aligned}$$

die Relationen bezeichnet worden, welche stattfinden zwischen den beiderlei Coordinaten x_0, y_0, z_0 und $\mathfrak{x}_0$, $\mathfrak{y}_0$, $\mathfrak{z}_0$ des Elementes $i_0\,\mathrm{D}\mathfrak{v}_0$. Demgemäss ist:

$$(\mu_2.)\qquad \begin{aligned} \frac{\partial\psi}{\partial\mathfrak{x}_0} &= \frac{\partial\psi}{\partial x_0}\,C^{11} + \frac{\partial\psi}{\partial y_0}\,C^{21} + \frac{\partial\psi}{\partial z_0}\,C^{31}, \\ \frac{\partial\psi}{\partial\mathfrak{y}_0} &= \text{etc. etc.}; \end{aligned}$$

woraus durch Umkehrung folgt:

$$(\mu_3.)\qquad \begin{aligned} \frac{\partial\psi}{\partial x_0} &= \frac{\partial\psi}{\partial\mathfrak{x}_0}\,C^{11} + \frac{\partial\psi}{\partial\mathfrak{y}_0}\,C^{12} + \frac{\partial\psi}{\partial\mathfrak{z}_0}\,C^{13}, \\ \frac{\partial\psi}{\partial y_0} &= \text{etc. etc.} \end{aligned}$$

Multiplicirt man die Gleichungen $(\mu_2.)$ der Reihe nach mit δC^{11}, δC^{12}, δC^{13} (d. i. mit denjenigen Zuwüchsen, welche C^{11}, C^{12}, C^{13} erfahren während der Zeit dt), so erhält man:

$$\frac{\partial\psi}{\partial\mathfrak{x}_0}\,\delta C^{11} + \frac{\partial\psi}{\partial\mathfrak{y}_0}\,\delta C^{12} + \frac{\partial\psi}{\partial\mathfrak{z}_0}\,\delta C^{13} = \frac{\partial\psi}{\partial y_0}\,.\,\Sigma\,(C^{2k}\delta C^{1k}) + \frac{\partial\psi}{\partial z_0}\,.\,\Sigma\,(C^{3k}\delta C^{1k}),$$

also mit Rücksicht auf bekannte Relationen [(40.e), pag. 47]:

$$(\mu_4.)\qquad \frac{\partial\psi}{\partial\mathfrak{x}_0}\,\delta C^{11} + \frac{\partial\psi}{\partial\mathfrak{y}_0}\,\delta C^{12} + \frac{\partial\psi}{\partial\mathfrak{z}_0}\,\delta C^{13} = -\frac{\partial\psi}{\partial y_0}\,\delta\gamma_0 + \frac{\partial\psi}{\partial z_0}\,\delta\beta_0,$$

wo $\delta\alpha_0$, $\delta\beta_0$, $\delta\gamma_0$ diejenigen Drehungen vorstellen, welche die ponderable Masse des Elementes $i_0\,\mathrm{D}\mathfrak{v}_0$ während der Zeit dt erleidet in Bezug auf die absolut festen Axen x, y, z. — Ferner ist zu bemerken, dass die beiderlei Componenten X, Y, Z und $\mathfrak{X}$, $\mathfrak{Y}$, $\mathfrak{Z}$ der elektromotorischen Kraft E (10.) zu einander in den Beziehungen stehen:

$$(\mu_5.)\qquad \begin{aligned} X &= C^{11}\,\mathfrak{X} + C^{12}\,\mathfrak{Y} + C^{13}\,\mathfrak{Z}, \\ Y &= \text{etc. etc.} \end{aligned}$$

Ist f eine beliebige Grösse, d. h. eine von den zehn Argumenten (1.) abhängende Grösse, so bedarf es, um mit den Ableitungen $\frac{\partial f}{\partial x_0}$, $\frac{\partial f}{\partial y_0}$, $\frac{\partial f}{\partial z_0}$ einen bestimmten Sinn zu verbinden, einer näheren Determination. Diese sei dargestellt durch die mit $(\mu_3.)$ analogen Formeln:

$$(\nu.)\qquad \begin{aligned} \frac{\partial f}{\partial x_0} &= \frac{\partial f}{\partial\mathfrak{x}_0}\,C^{11} + \frac{\partial f}{\partial\mathfrak{y}_0}\,C^{12} + \frac{\partial f}{\partial\mathfrak{z}_0}\,C^{13}, \\ \frac{\partial f}{\partial y_0} &= \text{etc. etc.}, \end{aligned}$$

wo also $C^{11} = \cos(\mathfrak{x}_0, x)$, $C^{12} = \cos(\mathfrak{y}_0, x)$, $C^{13} = \cos(\mathfrak{z}_0, x)$ ist, u. s. w.

Multiplicirt man nun die Gleichungen ($\iota.$), ($\varkappa.$), ($\lambda.$) mit den Cosinus C^{11}, C^{12}, C^{13}, und addirt, so ergiebt sich mit Rücksicht auf ($\mu_5.$) und ($\nu.$) sofort:

$$(\xi.)\qquad X dt = 4A^2\,\mathrm{D}\mathfrak{v}_1\left[U - \frac{\partial}{\partial x_0}(\partial_1\psi\,.\,\delta\psi)\right],$$

wo U den Werth hat:

$$(o_1.)\quad U = C^{11} d\left(\frac{\partial\psi}{\partial\mathfrak{x}_0}\,.\,\partial_1\psi\right) + C^{12} d\left(\frac{\partial\psi}{\partial\mathfrak{y}_0}\,.\,\partial_1\psi\right) + C^{13} d\left(\frac{\partial\psi}{\partial\mathfrak{z}_0}\,.\,\partial_1\psi\right),$$

mithin auch so dargestellt werden kann:

$$(o_2.)\qquad U = d\left[\left(C^{11}\frac{\partial\psi}{\partial\mathfrak{x}_0} + C^{12}\frac{\partial\psi}{\partial\mathfrak{y}_0} + C^{13}\frac{\partial\psi}{\partial\mathfrak{z}_0}\right).\,\partial_1\psi\right]$$
$$- \partial_1\psi\,.\left(\frac{\partial\psi}{\partial\mathfrak{x}_0}dC^{11} + \frac{\partial\psi}{\partial\mathfrak{y}_0}dC^{12} + \frac{\partial\psi}{\partial\mathfrak{z}_0}dC^{13}\right).$$

Nun sind die dC offenbar identisch mit den δC. Mit Rücksicht auf ($\mu_3.$) und ($\mu_4.$) kann daher die Formel ($o_2.$) auch so dargestellt werden:

$$(o_3.)\qquad U = d\left(\frac{\partial\psi}{\partial x_0}\,.\,\partial_1\psi\right) - \partial_1\psi\,.\left(\frac{\partial\psi}{\partial z_0}\delta\beta_0 - \frac{\partial\psi}{\partial y_0}\delta\gamma_0\right).$$

Substituirt man aber diesen Werth von U in ($\xi.$), so folgt:

$$(\pi.)\qquad X dt = 4A^2\,\mathrm{D}\mathfrak{v}_1\left[d\left(\frac{\partial\psi}{\partial x_0}\,.\,\partial_1\psi\right) - \frac{\partial}{\partial x_0}(\partial_1\psi\,.\,\delta\psi)\right]$$
$$- 4A^2\,\mathrm{D}\mathfrak{v}_1\left(\frac{\partial\psi}{\partial z_0}\delta\beta_0 - \frac{\partial\psi}{\partial y_0}\delta\gamma_0\right).\,\partial_1\psi;$$

und dies ist die zu beweisende Formel (12.). Aus den eben angestellten Erörterungen geht hervor, dass diese Formel nur dann gültig ist, wenn man in Betreff der Ableitungen

$$\frac{\partial}{\partial x_0},\ \frac{\partial}{\partial y_0},\ \frac{\partial}{\partial z_0}$$

festhält an der in ($\nu.$) gegebenen Definition.

Die Wärmemenge $(dQ_0{}^1)_{\text{eldy. U.}}$ besitzt, wie schon in (13.) angegeben wurde, den Werth:

$$(\varrho.)\qquad (dQ_0{}^1)_{\text{eldy. U.}} = \mathrm{D}\mathfrak{v}_0\,(\mathfrak{X}\mathfrak{u}_0 + \mathfrak{Y}\mathfrak{v}_0 + \mathfrak{Z}\mathfrak{w}_0)\,dt.$$

Substituirt man hier für $\mathfrak{X}dt$, $\mathfrak{Y}dt$, $\mathfrak{Z}dt$ die in ($\iota.$), ($\varkappa.$), ($\lambda.$) gefundenen Ausdrücke, so erhält man:

$$(\sigma.)\qquad (dQ_0{}^1)_{\text{eldy. U.}} = 4A^2\,\mathrm{D}\mathfrak{v}_0\,\mathrm{D}\mathfrak{v}_1\,[V - \partial_0(\partial_1\psi\,.\,\delta\psi)];$$

hier hat V die Bedeutung:

$$(\tau_1.)\quad V = \mathfrak{u}_0\,d\left(\frac{\partial\psi}{\partial\mathfrak{x}_0}\,.\,\partial_1\psi\right) + \mathfrak{v}_0\,d\left(\frac{\partial\psi}{\partial\mathfrak{y}_0}\,.\,\partial_1\psi\right) + \mathfrak{w}_0\,d\left(\frac{\partial\psi}{\partial\mathfrak{z}_0}\,.\,\partial_1\psi\right),$$

und kann also auch so dargestellt werden:

$$(\tau_2.)\qquad V = d\left[\left(\mathfrak{u}_0\frac{\partial\psi}{\partial\mathfrak{x}_0}+\mathfrak{v}_0\frac{\partial\psi}{\partial\mathfrak{y}_0}+\mathfrak{w}_0\frac{\partial\psi}{\partial\mathfrak{z}_0}\right).\,\partial_1\psi\right]$$
$$-\,\partial_1\psi\,.\left(\frac{\partial\psi}{\partial\mathfrak{x}_0}\,d\mathfrak{u}_0+\frac{\partial\psi}{\partial\mathfrak{y}_0}\,d\mathfrak{v}_0+\frac{\partial\psi}{\partial\mathfrak{z}_0}\,d\mathfrak{w}_0\right),$$

oder auch so *):

$$(\tau_3.)\qquad V = d\,(\partial_0\psi\,.\,\partial_1\psi) - \partial_1\psi\,.\,\Delta_0\partial_0\psi\,,$$

oder endlich, weil $\partial_1\psi$ von T_0 unabhängig ist, auch so:

$$(\tau_4.)\qquad V = d\,(\partial_0\psi\,.\,\partial_1\psi) - \Delta_0\,(\partial_0\psi\,.\,\partial_1\psi).$$

Substituirt man diesen Werth in (σ.), so erhält man:

$$(v.)\qquad (d\,Q_0{}^1)_{\text{eldy. Ur}} =$$
$$= 4A^2\,\mathrm{D}\mathfrak{v}_0\,\mathrm{D}\mathfrak{v}_1\,[d\,(\partial_0\psi\,.\,\partial_1\psi) - \Delta_0\,(\partial_0\psi\,.\,\partial_1\psi) - \partial_0\,(\partial_1\psi\,.\,\delta\psi)];$$

dies aber ist die zu beweisende Formel (14.).

Der Uebergang von (14.) zu (15.), zu (16.), endlich zu (17.) bedarf keiner weiteren Erläuterung.

III. Zugehörige Integralformeln.

Finden in zwei Körpern A und B irgend welche elektrische Vorgänge statt, so ist das elektrodynamische Potential P der beiden Körper aufeinander definirt durch die Formel (pag. 166):

$$(18.)\qquad P = -4A^2\,.\,\Sigma\Sigma\left[\mathrm{D}\mathfrak{v}_0\,\mathrm{D}\mathfrak{v}_1\left(\frac{d\psi}{dr}\right)^2 i_0\Theta_0\,i_1\Theta_1\right],$$

wo $\mathrm{D}\mathfrak{v}_0$, $\mathrm{D}\mathfrak{v}_1$ irgend zwei Volumelemente der beiden Körper, ferner i_0, i_1 die in diesen Elementen vorhandenen elektrischen Strömungen, endlich Θ_0, Θ_1 die Cosinus derjenigen Winkel vorstellen, unter denen

*) Es ist nämlich:

$$\partial_0\psi = \frac{\partial\psi}{\partial\mathfrak{x}_0}\,\mathfrak{u}_0 + \frac{\partial\psi}{\partial\mathfrak{y}_0}\,\mathfrak{v}_0 + \frac{\partial\psi}{\partial\mathfrak{z}_0}\,\mathfrak{w}_0,$$

Hieraus folgt durch Ausführung der Operation Δ_0:

$$\Delta_0\partial_0\psi = \frac{\partial\psi}{\partial\mathfrak{x}_0}\,\Delta_0\mathfrak{u}_0 + \frac{\partial\psi}{\partial\mathfrak{y}_0}\,\Delta_0\mathfrak{v}_0 + \frac{\partial\psi}{\partial\mathfrak{z}_0}\,\Delta_0\mathfrak{w}_0,$$

Nun ist im Allgemeinen $df = \delta_0 f + \delta_1 f + \Delta_0 f + \Delta_1 f$. Die Componenten $\mathfrak{u}_0$, $\mathfrak{v}_0$, $\mathfrak{w}_0$ sind aber unabhängig von τ_0, τ_1, T_1; so dass also z. B. $\delta_0\mathfrak{u}_0$, $\delta_1\mathfrak{u}_0$, $\Delta_1\mathfrak{u}_0$ Null sind, mithin $d\mathfrak{u}_0$ sich reducirt auf $\Delta_0\mathfrak{u}_0$. Mit Rücksicht auf die Relationen: $d\mathfrak{u}_0 = \Delta_0\mathfrak{u}_0$, $d\mathfrak{v}_0 = \Delta_0\mathfrak{v}_0$, $d\mathfrak{w}_0 = \Delta_0\mathfrak{w}_0$ kann die vorstehende Formel auch so geschrieben werden:

$$\Delta_0\partial_0\psi = \frac{\partial\psi}{\partial\mathfrak{x}_0}\,d\mathfrak{u}_0 + \frac{\partial\psi}{\partial\mathfrak{y}_0}\,d\mathfrak{v}_0 + \frac{\partial\psi}{\partial\mathfrak{z}_0}\,d\mathfrak{w}_0.$$

Durch diese Erörterungen findet der Uebergang von (τ_2.) zu (τ_3.) seine Rechtfertigung.

i_0, i_1 gegen die Linie r (D$\mathfrak{v}_1$ ⟶ D$\mathfrak{v}_0$) geneigt sind. Nun ergiebt sich leicht*):

$$\frac{d\psi}{dr}\, i_0 \Theta_0 = \frac{d\psi}{dr}\, j_0 = \partial_0 \psi\,,$$
$$\frac{d\psi}{dr}\, i_1 \Theta_1 = \frac{d\psi}{dr}\, j_1 = -\,\partial_1 \psi.$$

Somit folgt aus (18.):

$$(19.)\qquad P = 4A^2\,.\,\Sigma\Sigma\;[\mathrm{D}\mathfrak{v}_0\,\mathrm{D}\mathfrak{v}_1\,.\,\partial_0\psi\,.\,\partial_1\psi].$$

In (8.) und (14.) war mit Bezug auf irgend zwei elektrische Stromelemente i_0 D$\mathfrak{v}_0$ und i_1 D$\mathfrak{v}_1$ gefunden worden:

$$(20.)\qquad (dT_0{}^1)_{\text{eldy. Us}} =$$
$$= 4A^2\,\mathrm{D}\mathfrak{v}_0\,\mathrm{D}\mathfrak{v}_1\,[-\,\delta_0\,(\partial_0\psi\,.\,\partial_1\psi) + \partial_0\,(\partial_1\psi\,.\,\delta_0\psi) + \partial_1\,(\partial_0\psi\,.\,\delta_0\psi)].$$

und ferner:

$$(21.)\qquad (dQ_0{}^1)_{\text{eldy. Us}} =$$
$$= 4A^2\,\mathrm{D}\mathfrak{v}_0\,\mathrm{D}\mathfrak{v}_1\,[d\,(\partial_0\psi\,.\,\partial_1\psi) - \Delta_0\,(\partial_0\psi\,.\,\partial_1\psi) - \partial_0\,(\partial_1\psi\,.\,\delta\psi)].$$

Es sollen nun hier die Resultate untersucht werden, zu denen man gelangt, wenn man diese Formeln (20.), (21.) integrirt über sämmtliche Elemente D$\mathfrak{v}_0$ und D$\mathfrak{v}_1$ der beiden gegebenen Körper A und B. Dabei soll vorläufig keinerlei Voraussetzung gemacht werden, weder über die Bewegungen der beiden Körper, noch auch über die in ihnen stattfindenden elektrischen Vorgänge.

Sind ε_0 und $\bar{\varepsilon}_0$ die in den Volumelementen D$\mathfrak{v}_0$ und in den Oberflächenelementen Do_0 des Körpers A vorhandenen elektrischen Dichtigkeiten, und ist N_0 die auf Do_0 errichtete innere Normale, so stehen die zeitlichen Aenderungen dieser Dichtigkeiten zu den im Körper vorhandenen Strömungen $\mathfrak{u}_0$, $\mathfrak{v}_0$, $\mathfrak{w}_0$ in folgender Beziehung (pag. 4 und 5):

$$(22.)\qquad \begin{cases} \dfrac{d\varepsilon_0}{dt} = -\left(\dfrac{\partial \mathfrak{u}_0}{\partial \mathfrak{x}_0} + \dfrac{\partial \mathfrak{v}_0}{\partial \mathfrak{y}_0} + \dfrac{\partial \mathfrak{w}_0}{\partial \mathfrak{z}_0}\right), \\[2ex] \dfrac{d\bar{\varepsilon}_0}{dt} = -\,(\mathfrak{u}_0 \cos(N_0, \mathfrak{x}_0) + \mathfrak{v}_0 \cos(N_0, \mathfrak{y}_0) + \mathfrak{w}_0 \cos(N_0, \mathfrak{z}_0)). \end{cases}$$

Ist nun F eine beliebige Function der zehn Argumente (1.), und bedient man sich der früher (pag. 27) eingeführten Collectivbezeichnungen:

$$(23.)\qquad \mathsf{O}_0 \text{ für } \begin{cases}\mathrm{D}\mathfrak{v}_0\,, \\ \mathrm{D}o_0\,,\end{cases} \qquad \mathsf{H}_0 \text{ für } \begin{cases}\varepsilon_0\,, \\ \bar{\varepsilon}_0\,,\end{cases}$$

so erhält man für das über den Körper A ausgedehnte Integral Σ[D$\mathfrak{v}_0$. $\partial_0 F$] der Reihe nach folgende Umgestaltungen:

---

*) Vergl. die Note auf pag. 203.

$$(24.)\quad \Sigma\,[\mathrm{D}\mathfrak{v}_0\,.\,\partial_0 F] = \Sigma\left[\mathrm{D}\mathfrak{v}_0\left(\frac{\partial F}{\partial \mathfrak{x}_0}\mathfrak{u}_0 + \frac{\partial F}{\partial \mathfrak{y}_0}\mathfrak{v}_0 + \frac{\partial F}{\partial \mathfrak{z}_0}\mathfrak{w}_0\right)\right],$$
$$= \Sigma\left[\mathrm{D}\mathfrak{v}_0\left(\frac{\partial(F\mathfrak{u}_0)}{\partial \mathfrak{x}_0} + \cdots\right)\right] - \Sigma\left[\mathrm{D}\mathfrak{v}_0\,F\left(\frac{\partial \mathfrak{u}_0}{\partial \mathfrak{x}_0} + \cdots\right)\right],$$
$$= -\,\Sigma\,[\mathrm{D}o_0\,F\,(\mathfrak{u}_0\cos(N_0,\mathfrak{x}_0) + \cdots)]$$
$$-\,\Sigma\left[\mathrm{D}\mathfrak{v}_0\,F\left(\frac{\partial \mathfrak{u}_0}{\partial \mathfrak{x}_0} + \cdots\right)\right],$$

also mit Rücksicht auf (22.):

$$(25.)\quad \Sigma\,[\mathrm{D}\mathfrak{v}_0\,.\,\partial_0 F] = \Sigma\left[\mathrm{D}o_0\,F\frac{d\bar{\varepsilon}_0}{dt}\right] + \Sigma\left[\mathrm{D}\mathfrak{v}_0\,F\frac{d\varepsilon_0}{dt}\right],$$

oder mit Anwendung der Collectivbezeichnungen (23.):

$$(26.)\quad \Sigma\,[\mathrm{D}\mathfrak{v}_0\,.\,\partial_0 F] = \Sigma\left[\mathsf{O}_0\,F\frac{d\mathsf{H}_0}{dt}\right].$$

In dieser Formel mag nun statt F das Product

$$\partial_1\psi\,.\,f$$

substituirt werden, wo f (ebenso wie F selber) eine beliebige Function der zehn Argumente (1.) sein soll. Alsdann ergiebt sich:

$$(27.)\quad \Sigma\,[\mathrm{D}\mathfrak{v}_0\,.\,\partial_0(\partial_1\psi\,.\,f)] = \Sigma\left[\mathsf{O}_0\,\frac{d\mathsf{H}_0}{dt}\,.\,\partial_1\psi\,.\,f\right].$$

Multiplicirt man diese Formel mit $\mathrm{D}\mathfrak{v}_1$, und integrirt dann über sämmtliche Volumelemente $\mathrm{D}\mathfrak{v}_1$ des Körpers B, so folgt:

$$(28.\mathrm{a})\quad \Sigma\Sigma\,[\mathrm{D}\mathfrak{v}_0\,\mathrm{D}\mathfrak{v}_1\,.\,\partial_0(\partial_1\psi\,.\,f)] = \Sigma\Sigma\left[\mathsf{O}_0\,\frac{d\mathsf{H}_0}{dt}\,.\,\mathrm{D}\mathfrak{v}_1\,.\,\partial_1\psi\,.\,f\right].$$

In analoger Weise gelangt man offenbar zu der parallel stehenden Formel:

$$(28.\mathrm{b})\quad \Sigma\Sigma\,[\mathrm{D}\mathfrak{v}_0\,\mathrm{D}\mathfrak{v}_1\,.\,\partial_1(\partial_0\psi\,.\,f)] = \Sigma\Sigma\left[\mathsf{O}_1\,\frac{d\mathsf{H}_1}{dt}\,.\,\mathrm{D}\mathfrak{v}_0\,.\,\partial_0\psi\,.\,f\right].$$

Der Bequemlichkeit willen mögen nun unter O_{00} und O_{11} folgende Abkürzungen verstanden werden:

$$(29.)\quad \begin{aligned}\mathsf{O}_{00} &= \left(\mathsf{O}_0\,\frac{d\mathsf{H}_0}{dt}\right)(\mathrm{D}\mathfrak{v}_1\,.\,\partial_1\psi),\\ \mathsf{O}_{11} &= \left(\mathsf{O}_1\,\frac{d\mathsf{H}_1}{dt}\right)(\mathrm{D}\mathfrak{v}_0\,.\,\partial_0\psi);\end{aligned}$$

alsdann können die Formeln (28. a, b) so dargestellt werden:

$$(30.)\quad \begin{aligned}\Sigma\Sigma\,[\mathrm{D}\mathfrak{v}_0\,\mathrm{D}\mathfrak{v}_1\,.\,\partial_0(\partial_1\psi\,.\,f)] &= \Sigma\Sigma\,[\mathsf{O}_{00}\,.\,f],\\ \Sigma\Sigma\,[\mathrm{D}\mathfrak{v}_0\,\mathrm{D}\mathfrak{v}_1\,.\,\partial_1(\partial_0\psi\,.\,f)] &= \Sigma\Sigma\,[\mathsf{O}_{11}\,.\,f].\end{aligned}$$

Unterwirft man die Formel (20.) einer Integration über alle $\mathrm{D}\mathfrak{v}_0$ von A, und über alle $\mathrm{D}\mathfrak{v}_1$ von B, so erhält man mit Rücksicht auf (19.) sofort:

(31.) $(dT_A{}^B)_{\text{eldy. U}_s} =$

$$= -\delta_0 P + 4A^2 \,.\, \Sigma\Sigma\, [\mathrm{D}v_0\, \mathrm{D}v_1\, (\partial_0\, (\partial_1 \psi \,.\, \delta_0 \psi) + \partial_1\, (\partial_0 \psi \,.\, \delta_0 \psi))];$$

ebenso erhält man aus (21.):

(32.) $(dQ_A{}^B)_{\text{eldy. U}_s} =$

$$= + dP - \Delta_0 P - 4A^2 \,.\, \Sigma\Sigma\, [\mathrm{D}v_0\, \mathrm{D}v_1 \,.\, \partial_0\, (\partial_1 \psi \,.\, \delta \psi)].$$

Die in (31.) enthaltenen Integrale $\Sigma\Sigma$ können der Transformation (30.) unterworfen werden, indem man $\delta_0 \psi$ als das f betrachtet. Man erhält alsdann:

(33.α) $(dT_A{}^B)_{\text{eldy. U}_s} = -\delta_0 P + 4A^2 \,.\, \Sigma\Sigma\, [(\mathrm{O}_{00} + \mathrm{O}_{11})\, \delta_0 \psi]$;

und in analoger Weise wird offenbar auch die parallel stehende Formel sich ergeben:

(33.β) $(dT_B{}^A)_{\text{eldy. U}_s} = -\delta_1 P + 4A^2 \,.\, \Sigma\Sigma\, [(\mathrm{O}_{00} + \mathrm{O}_{11})\, \delta_1 \psi]$;

aus diesen beiden Formeln (33.α,β) folgt durch Addition sofort:

(33.γ) $(dT_A{}^B + dT_B{}^A)_{\text{eldy. U}_s} = -\delta P + 4A^2 \,.\, \Sigma\Sigma\, [(\mathrm{O}_{00} + \mathrm{O}_{11})\, \delta \psi]$.

Andererseits gewinnt die Formel (32.) durch Ausführung der Transformationen (30.) folgende Gestalt:

(34.α) $(dQ_A{}^B)_{\text{eldy. U}_s} = dP - \Delta_0 P - 4A^2 \,.\, \Sigma\Sigma\, [\mathrm{O}_{00} \,.\, \delta \psi]$;

die parallel stehende Formel lautet mithin:

(34.β) $(dQ_B{}^A)_{\text{eldy. U}_s} = dP - \Delta_1 P - 4A^2 \,.\, \Sigma\Sigma\, [\mathrm{O}_{11} \,.\, \delta \psi]$;

und durch Addition beider folgt:

(34.γ) $(dQ_A{}^B + dQ_B{}^A)_{\text{eldy. U}_s} = 2dP - \Delta P - 4A^2 .\, \Sigma\Sigma\, [(\mathrm{O}_{00} + \mathrm{O}_{11})\, \delta \psi]$.

Schliesslich erhält man durch Addition der Formeln (33.γ) und (34.γ):

(35.) $(dT_A{}^B + dT_B{}^A + dQ_A{}^B + dQ_B{}^A)_{\text{eldy. U}_s} = dP.$

Diese Formeln (33.α,β,γ), (34.α,β,γ) und (35.) sind allgemein gültig, ohne dass es über die Bewegungen der beiden Körper A, B, oder über die in ihnen vorhandenen elektrischen Vorgänge irgend welcher Voraussetzungen bedarf. Bei ihrer Benutzung werden im Auge zu behalten sein die Bedeutungen von O_{00}, O_{11} (29.):

$$(36.)\qquad \begin{aligned} \mathrm{O}_{00} &= \left(\mathrm{O}_0 \frac{d\mathrm{H}_0}{dt}\right) (\mathrm{D}v_1 \,.\, \partial_1 \psi), \\ \mathrm{O}_{11} &= \left(\mathrm{O}_1 \frac{d\mathrm{H}_1}{dt}\right) (\mathrm{D}v_0 \,.\, \partial_0 \psi); \end{aligned}$$

und ferner wird dabei im Auge zu behalten sein, dass $\mathrm{O}_0 \frac{d\mathrm{H}_0}{dt}$ und $\mathrm{O}_1 \frac{d\mathrm{H}_1}{dt}$ Collectivbezeichnungen sind für folgende Ausdrücke:

$$(37.\text{a})\quad \mathrm{O}_0 \frac{d\mathrm{H}_0}{dt} \text{ für } \left\{ \begin{aligned} \mathrm{D}v_0 \frac{d\varepsilon_0}{dt} &= -\mathrm{D}v_0 \left(\frac{\partial \mathfrak{u}_0}{\partial \mathfrak{x}_0} + \frac{\partial \mathfrak{v}_0}{\partial \mathfrak{y}_0} + \frac{\partial \mathfrak{w}_0}{\partial \mathfrak{z}_0}\right), \\ \mathrm{D}o_0 \frac{d\bar{\varepsilon}_0}{dt} &= -\mathrm{D}o_0\, (\mathfrak{u}_0 \cos (N_0, \mathfrak{x}_0) + \cdots), \end{aligned} \right.$$

$$(37.b)\quad O_1 \frac{dH_1}{dt} \text{ für } \begin{cases} Dv_1 \frac{d\varepsilon_1}{dt} = - Dv_1 \left(\frac{\partial u_1}{\partial x_1} + \frac{\partial v_1}{\partial y_1} + \frac{\partial w_1}{\partial z_1}\right), \\ Do_1 \frac{d\bar{\varepsilon}_1}{dt} = - Do_1 (u_1 \cos(N_1, x_1) + \cdots), \end{cases}$$

wo N_0 die innere Normale von Do_0, und N_1 diejenige von Do_1 vorstellt.

Die Grössen $O_0 \frac{dH_0}{dt}$, $O_1 \frac{dH_1}{dt}$ können also [nach (37.a,b)] in doppelter Weise ausgedrückt werden, entweder durch die elektrischen Dichtigkeiten $\varepsilon_0, \bar{\varepsilon}_0, \varepsilon_1, \bar{\varepsilon}_1$, oder durch die elektrischen Strömungen $u_0, v_0, w_0, u_1, v_1, w_1$. Wählt man die letztere Ausdrucksweise, so werden die gefundenen Formeln (33. α,β,γ), (34. α,β,γ), wie leicht zu erkennen, nicht nur gültig sein für die betrachteten Körper selber, sondern auch für beliebig gegebene Theile dieser Körper.

Ohne indessen hierauf weiter einzugehen, wollen wir festhalten an der Betrachtung der ganzen Körper A und B; dabei aber annehmen, die vorhandenen elektrischen Strömungen wären im Innern der Körper überall gleichförmig, und an ihren Oberflächen überall tangential. Nach (37. a, b) verschwinden alsdann die $O_0 \frac{dH_0}{dt}$, $O_1 \frac{dH_1}{dt}$, folglich nach (36.) auch die O_{00}, O_{11}; so dass also in diesem Fall die Formeln (33. α,β,γ) die einfacheren Gestalten gewinnen:

$$(38.\alpha)\qquad (dT_A{}^B)_{\text{eldy. Us}} = - \delta_0 P,$$

$$(38.\beta)\qquad (dT_B{}^A)_{\text{eldy. Us}} = - \delta_1 P,$$

$$(38.\gamma)\qquad (dT_A{}^B + dT_B{}^A)_{\text{eldy. Us}} = - \delta P;$$

während gleichzeitig die Formeln (34. α,β,γ) sich verwandeln in:

$$(39.\alpha)\qquad (dQ_A{}^B)_{\text{eldy. Us}} = dP - \Delta_0 P,$$

$$(39.\beta)\qquad (dQ_B{}^A)_{\text{eldy. Us}} = dP - \Delta_1 P,$$

$$(39.\gamma)\qquad (dQ_A{}^B + dQ_B{}^A)_{\text{eldy. Us}} = 2dP - \Delta P;$$

ungeändert bleibt die in (35.) angegebene Formel, sie lautet nach wie vor:

$$(40.)\qquad (dT_A{}^B + dT_B{}^A + dQ_A{}^B + dQ_B{}^A)_{\text{eldy. Us}} = dP.$$

Befinden sich also zwei Körper A und B in irgend welchen Bewegungen, und können die in ihnen vorhandenen elektrischen Strömungen im Innern der Körper als gleichförmig, und an ihren Oberflächen als tangential angesehen werden, so werden, falls man das elektrodynamische Potential der beiden Körper aufeinander mit P bezeichnet, zufolge der Formeln (38. α) und (39. α) folgende Sätze gelten:

Erster Satz. Das vom Körper *B*, vermöge seiner Kräfte eldy. Us, während eines Zeitelementes im Körper *A* hervorgebrachte Quantum lebendiger Kraft wird erhalten, wenn man den partiellen Zuwachs von *P* nach der räumlichen Lage von *A* bildet, und denselben noch multiplicirt mit (— 1).

Zweiter Satz. Das vom Körper *B*, vermöge seiner Kräfte eldy. Us, während eines Zeitelementes im Körper *A* hervorgebrachte Quantum Wärme wird erhalten, wenn man den vollständigen Zuwachs von *P* bildet, und von diesem noch in Abzug bringt den partiellen Zuwachs von *P*, genommen nach dem elektrischen Zustande von *A*.

Von diesen beiden Sätzen ist übrigens der erstere nicht neu, sondern schon früher (pag. 165) von mir abgeleitet worden.

Siebenter Abschnitt.

Vergleichung des für die elektromotorischen Kräfte gefundenen Elementargesetzes mit demjenigen, welches von F. Neumann proponirt worden ist.

Es wird gezeigt werden, dass diese beiden Gesetze, wenn auch in vielen Fällen mit einander in Einklang, doch im Allgemeinen verschiedene sind. Ferner wird auf ein bestimmtes experimentelles Factum hingewiesen werden, welches für das erstere, und gegen das letztere Gesetz zu sprechen scheint.

---

§. 37. Das für die elektrischen Kräfte gefundene Elementargesetz in seiner Anwendung auf lineare Leiter.

Jede Grösse f, welche bei der gegenseitigen ponderomotorischen und elektromotorischen Einwirkung zweier linearer Stromelemente $J_0\, Ds_0$ und $J_1\, Ds_1$ überhaupt in Betracht kommen kann, wird, falls wir festhalten an den in einem früheren Abschnitt (pag. 50 und 51) eingeführten Bezeichnungen, in letzter Instanz abhängig sein *) von den sechs einander coordinirten Argumenten

$$(1.)\qquad \begin{matrix} s_0, & \tau_0, & T_0, \\ s_1, & \tau_1, & T_1, \end{matrix}$$

---

*) Insbesondere sei erinnert an die damals gegebenen Formeln:

$$(\alpha.)\qquad x_0,\, y_0,\, z_0 = \lambda\,(s_0,\, \tau_0), \qquad\qquad x_1,\, y_1,\, z_1 = \Lambda\,(s_1,\, \tau_1),$$

$$(\beta.)\qquad J_0 = \xi\,(s_0,\, T_0), \qquad\qquad J_1 = \Xi\,(s_1,\, T_1),$$

wo x_0, y_0, z_0 und x_1, y_1, z_1 die Coordinaten der beiden Elemente $J_0\, Ds_0$ und $J_1\, Ds_1$ in Bezug auf irgend ein der Betrachtung zu Grunde gelegtes rechtwinkliges Axensystem vorstellen.

Haben r, Θ_0, Θ_1, E dieselben Bedeutungen wie im Ampère'schen Gesetz (pag. 44), so folgt aus (α.) sofort, dass

$$(\gamma.)\qquad r,\, \Theta_0,\, \Theta_1,\, E = \Phi\,(s_0,\, \tau_0,\, s_1,\, \tau_1),$$

d. h. dass jede dieser Grössen r, Θ_0, Θ_1, E in letzter Instanz abhängig ist von den vier Argumenten s_0, τ_0, s_1, τ_1.

so dass also die Differentiationen nach diesen sechs Argumenten, ohne Aenderung des Endresultates, mit einander vertauscht werden können.

Demgemäss kann der einem gegebenen Zeitelement dt entsprechende Zuwachs df zerlegt werden in die vier partiellen Zuwüchse:

$$(2.a) \qquad df = \frac{\partial f}{\partial \tau_0} dt + \frac{\partial f}{\partial \tau_1} dt + \frac{\partial f}{\partial T_0} dt + \frac{\partial f}{\partial T_1} dt;$$

wobei zu bemerken ist, dass die beiden letzten partiellen Zuwüchse verschwinden werden, sobald die betrachtete Grösse f lediglich von den räumlichen Verhältnissen abhängt. So wird z. B. die Formel (2.a), wenn man für f die gegenseitige Entfernung r der beiden Elemente $J_0\,Ds_0$, $J_1\,Ds_1$ nimmt, die einfachere Gestalt gewinnen:

$$(2.b) \qquad dr = \frac{\partial r}{\partial \tau_0} dt + \frac{\partial r}{\partial \tau_1} dt.$$

Die ponderomotorische Wirkung der beiden Elemente $J_0\,Ds_0$ und $J_1\,Ds_1$ aufeinander entspricht dem Ampère'schen Gesetz, und kann also dargestellt werden durch die Formel [(39.a), pag. 198]:

$$(3.a) \qquad R = Ds_0\,Ds_1\,.\,J_0 J_1\,.\,\mathsf{P},$$

wo*) alsdann P die Bedeutung hat:

$$(3.b) \qquad \mathsf{P} = \frac{2\omega}{r}(\mathsf{E} - \Theta_0\Theta_1) + \frac{d\omega}{dr}\Theta_0\Theta_1.$$

Andererseits wird die von $J_1\,Ds_1$ in irgend einem Puncte des Elementes $J_0\,Ds_0$ hervorgebrachte elektromotorische Wirkung, zufolge des von uns gefundenen Elementargesetzes, dargestellt sein durch die beiden Kräfte [(39.b), pag. 198]:

$$(4.) \qquad \begin{aligned} E_r &= Ds_1 \frac{\omega}{r} \frac{d(rJ_1\Theta_1)}{dt}, \\ E_{J_1} &= -\,Ds_1 \frac{\omega}{r} \frac{dr}{dt} J_1; \end{aligned}$$

dabei sind die Kräfte R und E_r gerechnet in der Richtung $r(Ds_1 \rightarrow Ds_0)$, und E_{J_1} in der Richtung J_1. — Ausserdem ist zu bemerken, dass r, Θ_0, Θ_1, E die bekannten Bedeutungen (vergl. z. B. pag. 44) besitzen; während ω die von r abhängende Function vorstellt:

*) Dass man hier, wo es sich um lineare Stromelemente handelt, $J_0\,Ds_0$ und $J_1\,Ds_1$ an Stelle von $i_0\,Dv_0$ und $i_1\,Dv_1$ zu setzen hat, ergiebt sich leicht. Denn bezeichnet z. B. q_0 den Querschnitt des Elementes Ds_0, so ist offenbar:

$$q_0\,Ds_0 = Dv_0 \quad \text{und} \quad J_0 = q_0\,i_0,$$

woraus durch Multiplication folgt:

$$J_0\,Ds_0 = i_0\,Dv_0; \quad \text{w. z. z. w.}$$

$$(5.)\qquad \omega = -4A^2\left(\frac{d\psi}{dr}\right)^2.$$

Bezeichnet man, wie gewöhnlich, mit $\mathfrak{E}$ diejenige elektromotorische Kraft, welche $J_1\,Ds_1$ in einem Puncte von $J_0\,Ds_0$, und zwar in der Richtung von Ds_0 hervorbringt, so wird offenbar:

$$\mathfrak{E} = E_r\cos(r, Ds_0) + E_{J_1}\cos(J_1, Ds_0),$$

oder (was dasselbe ist):

$$\mathfrak{E} = E_r\,\Theta_0 + E_{J_1}\,\mathsf{E},$$

also durch Substitution der Werthe (4.):

$$\mathfrak{E} = Ds_1\left[\frac{\omega}{r}\,\frac{d(r\,J_1\,\Theta_1)}{dt}\,\Theta_0 - \frac{\omega}{r}\,\frac{dr}{dt}\,J_1\,\mathsf{E}\right];$$

eine Formel, welche auch so geschrieben werden kann:

$$(6.)\qquad \mathfrak{E} = Ds_1\left[\omega\Theta_0\,\frac{d(J_1\Theta_1)}{dt} + \frac{\omega}{r}\,\frac{dr}{dt}\,J_1\,(\Theta_0\Theta_1 - \mathsf{E})\right].$$

Es soll nun weiterhin diese Formel in Vergleich gestellt werden mit der von meinem Vater für die Kraft $\mathfrak{E}$ proponirten Formel. Zu diesem Zwecke ist die hier gefundene Formel (4.) einer gewissen Transformation zu unterwerfen.

Aus (3.b) ergiebt sich durch Multiplication mit $J_1\,Ds_1\,\frac{dr}{dt}$ sofort:

$$J_1\,Ds_1\,.\,\mathsf{P}\,\frac{dr}{dt} = J_1\,Ds_1\left[\frac{2\omega}{r}\,\frac{dr}{dt}\,(\mathsf{E} - \Theta_0\Theta_1) + \frac{d\omega}{dt}\,\Theta_0\Theta_1\right].$$

Addirt man diese Formel zur Formel (6.), so erhält man successive:

$$(7.)\qquad \mathfrak{E} + J_1\,Ds_1\,.\,\mathsf{P}\,\frac{dr}{dt} =$$

$$= Ds_1\left[\omega\Theta_0\,\frac{d(J_1\Theta_1)}{dt} + \frac{\omega}{r}\,\frac{dr}{dt}\,(\mathsf{E} - \Theta_0\Theta_1)\,J_1 + \frac{d\omega}{dt}\,\Theta_0\Theta_1\,J_1\right],$$

$$= Ds_1\,\frac{dJ_1}{dt}\,\omega\,\Theta_0\Theta_1 + Ds_1\,J_1\left[\omega\Theta_0\,\frac{d\Theta_1}{dt} + \frac{\omega}{r}\,\frac{dr}{dt}\,(\mathsf{E} - \Theta_0\Theta_1) + \frac{d\omega}{dt}\,\Theta_0\Theta_1\right].$$

Multiplicirt man diese Formel mit dt, so erhält man:

$$(8.)\qquad \mathfrak{E}\,dt + J_1\,Ds_1\,.\,\mathsf{P}\,dr$$

$$= Ds_1\,(dJ_1)\,\omega\,\Theta_0\Theta_1 + Ds_1\,J_1\left[\omega\,\Theta_0\,d\Theta_1 + \frac{\omega\,dr}{r}\,(\mathsf{E} - \Theta_0\Theta_1) + \Theta_0\Theta_1\,d\omega\right].$$

Benutzt man nun die bekannten Relationen (pag. 39):

$$(\alpha.)\qquad \begin{aligned} \Theta_0 &= \frac{\partial r}{\partial s_0}, \\ \Theta_1 &= -\frac{\partial r}{\partial s_1}, \\ \mathsf{E} - \Theta_0\Theta_1 &= -r\,\frac{\partial^2 r}{\partial s_0\,\partial s_1}, \end{aligned}$$

sowie die hieraus entspringende weitere Relation:

$$(\beta.) \qquad \mathsf{E} - \Theta_0\Theta_1 = - r\,\frac{\partial \Theta_0}{\partial s_1}\,,$$

und substituirt man für Θ_1 und $\mathsf{E} - \Theta_0\Theta_1$ die durch $(\alpha.)$, $(\beta.)$ gebotenen Werthe, so ergeben sich die Umformungen *):

$$(\gamma.) \qquad \omega\Theta_0\, d\Theta_1 = -\omega\Theta_0\, d\,\frac{\partial r}{\partial s_1} = -\omega\Theta_0\,\frac{\partial\, dr}{\partial s_1}\,,$$

$$(\delta.) \qquad \frac{\omega\, dr}{r}\,(\mathsf{E} - \Theta_0\Theta_1) = -\frac{\omega\, dr}{r}\, r\,\frac{\partial \Theta_0}{\partial s_1} = -\omega\,\frac{\partial \Theta_0}{\partial s_1}\, dr,$$

$$(\varepsilon.) \qquad \Theta_0\Theta_1\, d\omega = -\Theta_0\,\frac{\partial r}{\partial s_1}\cdot\frac{d\omega}{dr}\, dr = -\frac{\partial \omega}{\partial s_1}\,\Theta_0\, dr\,;$$

woraus durch Addition folgt:

$$(\zeta.) \qquad \omega\Theta_0\, d\Theta_1 + \frac{\omega\, dr}{r}\,(\mathsf{E} - \Theta_0\Theta_1) + \Theta_0\Theta_1\, d\omega = -\frac{\partial(\omega\Theta_0 dr)}{\partial s_1}\,.$$

Mit Rücksicht hierauf kann die Formel (8.) auch so geschrieben werden:

$$(9.) \qquad \mathfrak{E}\, dt + J_1\, \mathrm{D}s_1\,.\,\mathsf{P}\, dr = \mathrm{D}s_1\,(dJ_1)\,\omega\,\Theta_0\Theta_1 - \mathrm{D}s_1\, \dot{J}_1\,\frac{\partial(\omega\Theta_0\,.\,dr)}{\partial s_1}\,.$$

Durch die Formeln (6.) und (9.) sind wir zu folgendem Resultat gelangt.

B e f i n d e n s i c h z w e i l i n e a r e S t r o m e l e m e n t e $J_0\,\mathrm{D}s_0$, $J_1\,\mathrm{D}s_1$ i n i r g e n d w e l c h e n B e w e g u n g e n, u n d d i e i n i h n e n e n t h a l t e n e n S t r o m s t ä r k e n i n i r g e n d w e l c h e n Z u s t ä n d e n d e r V e r ä n d e r u n g, u n d b e z e i c h n e t m a n m i t

$$(10.) \qquad R = J_0\,\mathrm{D}s_0\,.\,J_1\,\mathrm{D}s_1\,.\,\mathsf{P}$$

d i e (d e m A m p è r e ' s c h e n G e s e t z e n t s p r e c h e n d e) z w i s c h e n d e n b e i d e n E l e m e n t e n v o r h a n d e n e p o n d e r o m o t o r i s c h e K r a f t, f e r n e r m i t

$$(11.) \qquad \mathfrak{E}\, dt$$

---

*) Hinsichtlich der Formel $(\gamma.)$ ist zu beachten, dass [vergl. (2.a,b)]

$$d\,\frac{\partial r}{\partial s_1} = \frac{\partial}{\partial \tau_0}\left(\frac{\partial r}{\partial s_1}\right) dt + \frac{\partial}{\partial \tau_1}\left(\frac{\partial r}{\partial s_1}\right) dt$$

ist, und dass die Differentiationen nach den s e c h s Argumenten (1.) in ihrer Reihenfolge beliebig vertauscht werden dürfen. Somit folgt:

$$d\,\frac{\partial r}{\partial s_1} = \frac{\partial}{\partial s_1}\left(\frac{\partial r}{\partial \tau_0}\, dt + \frac{\partial r}{\partial \tau_1}\, dt\right),$$

oder was dasselbe ist:

$$d\,\frac{\partial r}{\partial s_1} = \frac{\partial\, dr}{\partial s_1}\,.$$

Von dieser Gleichung ist in $(\gamma.)$ Gebrauch gemacht.

diejenige elektromotorische Kraft, welche $J_1\,Ds_1$ während der Zeit dt in irgend einem Puncte des Elementes $J_0\,Ds_0$, und zwar in der Richtung dieses Elementes, hervorbringt, —

alsdann wird die letztgenannte Kraft in doppelter Weise sich ausdrücken lassen, entweder durch:

$$(12.a)\qquad \mathfrak{E}dt = Ds_1\left[\omega\Theta_0\,d\,(J_1\Theta_1) + \frac{\omega\,.\,dr}{r}J_1\,(\Theta_0\Theta_1 - \mathsf{E})\right],$$

oder durch:

$$(12.b)\qquad \mathfrak{E}dt = -J_1\,Ds_1\,.\,\mathsf{P}\,dr + (dJ_1)\,Ds_1\,\omega\Theta_0\Theta_1 - J_1\,Ds_1\,\frac{\partial\,(\omega\Theta_0\,.\,dr)}{\partial s_1}.$$

Hier haben r, Θ_0, Θ_1, E dieselben Bedeutungen wie im Ampère'schen Gesetz; während ω die Function repräsentirt:

$$(13.)\qquad \omega = -4A^2\left(\frac{d\psi}{dr}\right)^2.$$

Der Vollständigkeit willen, ist hinzuzufügen, dass die Charakteristik d in (12. a, b) dem Zeitelement dt entspricht.

Für den Fall beträchtlicher Entfernungen ist unzweifelhaft $\psi = \sqrt{r}$, also nach (13.):

$$\omega = -\frac{A^2}{r};$$

so dass in diesem Falle die Formeln (12.a, b) folgendermassen lauten:

$$(14.a)\qquad \mathfrak{E}dt = -A^2\,Ds_1\left[\frac{\Theta_0\,.\,d\,(J_1\Theta_1)}{r} + \frac{J_1\,(\Theta_0\Theta_1 - \mathsf{E})\,.\,dr}{r^2}\right],$$

$$(14.b)\qquad \mathfrak{E}dt = -J_1\,Ds_1\,.\,\mathsf{P}\,dr - (dJ_1)\,Ds_1\,\frac{A^2\,\Theta_0\Theta_1}{r} + J_1\,Ds_1\,\frac{\partial}{\partial s_1}\left(\frac{A^2\,\Theta_0\,.\,dr}{r}\right).$$

Beiläufig mag hier zur Ableitung der Formel (12.b) noch ein anderer Weg angedeutet werden. Im vorhergehenden Abschnitt (pag. 201 bis 203) waren für irgend zwei Stromelemente $i_0\,Dv_0$ und $i_1\,Dv_1$ folgende allgemeine Formeln gefunden:

$$(\alpha.)\quad (dT_0^{\,1} + dT_1^{\,0})_{\text{eldy. Us}} = R\,(\delta_0 r + \delta_1 r) = R\,dr,$$

$$(\beta.)\quad (dQ_0^{\,1})_{\text{eldy. Us}} = 4A^2\,Dv_0\,Dv_1\,[d\pi - \Delta_0\pi - \partial_0\,(\partial_1\psi\,.\,\delta\psi)],$$

$$(\gamma.)\quad (dQ_1^{\,0})_{\text{eldy. Us}} = 4A^2\,Dv_0\,Dv_1\,[d\pi - \Delta_1\pi - \partial_1\,(\partial_0\psi\,.\,\delta\psi)],$$

$$(\delta.)\quad (dT_0^{\,1} + dT_1^{\,0} + dQ_0^{\,1} + dQ_1^{\,0})_{\text{eldy. Us}} = 4A^2\,Dv_0\,Dv_1\,.\,d\pi,$$

wo π zur Abkürzung steht für das Product:

$$(\varepsilon.)\qquad \pi = \partial_0\psi\,.\,\partial_1\psi.$$

Bringt man von der Formel (δ.) in Abzug die beiden Formeln (α.) und (γ.), so ergiebt sich:

$$(\zeta.)\qquad (dQ_0{}^1)_{\text{eldy. Us}} = -\,R\,dr + 4A^2\,\mathrm{D}v_0\,\mathrm{D}v_1\,[\Delta_1\pi + \partial_1(\partial_0\psi\,.\,\delta\psi)].$$

Substituirt man hier für π seine eigentliche Bedeutung (ε.), und bringt man sodann die Formel in Anwendung auf zwei lineare Stromelemente $J_0\,\mathrm{D}s_0$ und $J_1\,\mathrm{D}s_1$, so erhält man:

$$(\eta.)\quad (dQ_0{}^1)_{\text{eldy. Us}} = -\,R\,dr + 4A^2\,\mathrm{D}s_0\,\mathrm{D}s_1\,.\,\Delta_1\left[J_0J_1\left(\frac{d\psi}{dr}\right)^2\frac{\partial r}{\partial s_0}\frac{\partial r}{\partial s_1}\right]$$
$$+\,4A^2\,\mathrm{D}s_0\,\mathrm{D}s_1\,.\,J_1\frac{\partial}{\partial s_1}\left[J_0\left(\frac{d\psi}{dr}\right)^2\frac{\partial r}{\partial s_0}\,dr\right],$$

oder mit Einführung der Function ω (5.):

$$(\vartheta.)\qquad (dQ_0{}^1)_{\text{eldy. Us}} = -\,R\,dr + \mathrm{D}s_0\,\mathrm{D}s_1\,.\,\Delta_1\,(J_0J_1\,.\,\omega\Theta_0\Theta_1)$$
$$-\,\mathrm{D}s_0\,\mathrm{D}s_1\,.\,J_1\frac{\partial\,(J_0\,\omega\Theta_0\,dr)}{\partial s_1},$$

oder (was dasselbe ist):

$$(\iota.)\qquad (dQ_0{}^1)_{\text{eldy. Us}} = -\,R\,dr + \mathrm{D}s_0\,\mathrm{D}s_1\,.\,J_0\,(dJ_1)\,.\,\omega\Theta_0\Theta_1$$
$$-\,\mathrm{D}s_0\,\mathrm{D}s_1\,.\,J_0J_1\,.\,\frac{\partial\,(\omega\Theta_0\,dr)}{\partial s_1}.$$

Substituirt man hier für die Wärmemenge $(dQ_0{}^1)_{\text{eldy. Us}}$ ihren analytischen Ausdruck $J_0\,\mathrm{D}s_0\,.\,\mathfrak{E}\,dt$, ferner für R den Werth (3.a), und dividirt man endlich die Formel durch $J_0\,\mathrm{D}s_0$, so folgt:

$$(\varkappa.)\qquad \mathfrak{E}\,dt = -\,J_1\,\mathrm{D}s_1\,.\,\mathsf{P}\,dr + (dJ_1)\,\mathrm{D}s_1\,.\,\omega\,\Theta_0\Theta_1$$
$$-\,J_1\,\mathrm{D}s_1\frac{\partial\,(\omega\Theta_0\,dr)}{\partial s_1};$$

dies aber ist die abzuleitende Formel (12.b).

§. 38. Das für die elektromotorischen Kräfte von F. Neumann proponirte Elementargesetz.

Dieses Gesetz kann für den Fall, dass der inducirende Strom von constanter*) Stärke ist, in folgender Weise ausgesprochen werden:

„Befinden sich die beiden Stromelemente $J_0\,\mathrm{D}s_0$ und $J_1\,\mathrm{D}s_1$ „(J_1 = Const.) in beliebigen Bewegungen, und soll diejenige elektro- „motorische Kraft

$$(15.)\qquad \mathfrak{E}\,dt$$

„angegeben werden, welche $J_1\,\mathrm{D}s_1$ während der Zeit dt in $J_0\,\mathrm{D}s_0$,

*) Vergl. die Note pag. 97.

„und zwar in der Richtung von Ds_0, hervorbringt, so construire man „die augenblickliche relative Geschwindigkeit

$$(16.) \qquad v$$

„von $J_0 Ds_0$ in Bezug auf $J_1 Ds_1$, construire ferner diejenige ponderomotorische Kraft

$$(17.) \qquad P' = Ds_0 \,.\, J_1 Ds_1 \,.\, P,$$

„welche $J_1 Ds_1$ (nach dem Ampère'schen Gesetz) auf das Element „Ds_0 ausüben würde, falls letzteres durchflossen wäre von einem Strom „von der Stärke Eins; — alsdann hat jene gesuchte Kraft (15.) den Werth *):

$$(18.a) \qquad \mathfrak{E}\,dt = -J_1 Ds_1 \,.\, vP\cos(v, P)\,dt,$$

„wo (v, P) den Neigungswinkel von v gegen die Richtung P oder P' „vorstellt."

„Uebrigens kann die Formel (18.a) auch so geschrieben werden:

$$(18.b) \qquad \mathfrak{E}\,dt = -J_1 Ds_1 \,.\, P\,dr,$$

„wo dr diejenige Veränderung bezeichnet, welche die Entfernung r „der beiden Elemente $J_0 Ds_0$, $J_1 Ds_1$ erfährt während der Zeit dt."

Der Uebergang von (18.a) zu (18.b) ergiebt sich leicht. Sind

*) Multiplicirt man die Formel (18.a) mit Ds_0, und führt man gleichzeitig an Stelle von P die in (17.) angegebene Kraft P' ein, so erhält man:

$$(\alpha.) \qquad \mathfrak{E}\,Ds_0\,dt = -vP'\cos(v, P')\,dt.$$

Diese Formel aber ist, falls man den Factor dt unterdrückt, in voller Uebereinstimmung mit derjenigen Formel

$$(\beta.) \qquad E\,Ds_0 = -\varepsilon v\,(C\,Ds_0),$$

durch welche das in Rede stehende Gesetz von meinem Vater ausgesprochen ist, in seiner Abhandlung vom Jahre 1845 (zu Ende des §. 1.). Daselbst ist nämlich unter E die Kraft $\mathfrak{E}$, ferner unter $(C\,Ds_0)$ die Componente $P'\cos(P', v)$ zu verstehen. Der einzige Unterschied zwischen den Formeln (α.) und (β.) besteht also im Factor ε; und dieser Unterschied findet seine Erklärung darin, dass bei den von mir zu Grunde gelegten Maasseinheiten jenes ε den Werth Eins hat (vergl. pag. 6 und 107).

Dass im Sinne meines Vaters die Formel (β.) wirklich diejenige Kraft angiebt, welche im Elemente $J_0 Ds_0$ hervorgebracht wird durch ein einzelnes Element des Inducenten, lässt sich allerdings aus der genannten Stelle (Ende des §. 1.) der Abhandlung noch nicht erkennen, geht aber deutlich hervor aus einer späteren Stelle derselben Abhandlung (Anfang des §. 4.).

Die Formel (β.) findet sich übrigens auch vor in der zweiten Abhandlung meines Vaters, vom Jahre 1847 (daselbst zu Anfang des §. 1.). Nur ist dort die Bezeichnungsweise ein wenig anders, denn die dortige Formel lautet:

$$(\gamma.) \qquad E\,Ds_0 = -\varepsilon v\,(C\,Ds_0)\,dt.$$

Während also in (β.) das E identisch ist mit meinem $\mathfrak{E}$, ist andererseits in (γ.) das E identisch mit meinem $\mathfrak{E}\,dt$.

nämlich P_x, P_y, P_z die rechtwinkligen Componenten der Kraft P, und v_x, v_y, v_z diejenigen von v, so wird:

$$v P \cos(v, P) = v_x P_x + v_y P_y + v_z P_z .$$

Diese Formel aber kann, wenn man die Coordinaten der beiden Elemente $J_0\, Ds_0$ und $J_1\, Ds_1$ mit x_0, y_0, z_0 und x_1, y_1, z_1, ferner ihre gegenseitige Entfernung mit r bezeichnet, offenbar auch so dargestellt werden:

$$\begin{aligned} vP \cos(v, P) &= P_x \frac{d(x_0 - x_1)}{dt} + P_y \frac{d(y_0 - y_1)}{dt} + P_z \frac{d(z_0 - z_1)}{dt}, \\ &= P\left[\frac{x_0 - x_1}{r}\frac{d(x_0 - x_1)}{dt} + \ldots\right], \\ &= P\frac{dr}{dt}; \end{aligned}$$

und hiedurch findet jener Uebergang von (18.a) zu (18.b) seine Rechtfertigung.

Das Gesetz (18.a,b) bezieht sich, wie bereits betont wurde, nur auf den Fall, dass die Stromstärke J_1 des inducirenden Elementes constant ist. Für den allgemeineren Fall, dass dieses J_1 im Laufe der Zeit beliebig sich ändert, gelangte mein Vater durch Ueberlegungen, auf welche ich hier nicht näher eingehen werde, zu einem Gesetze, welches etwa in folgender Weise ausgesprochen werden kann.

„Befinden sich zwei lineare Stromelemente $J_0\, Ds_0$, $J_1\, Ds_1$ in „irgend welchen Bewegungen, und die in ihnen enthaltenen Stromstärken in irgend welchen Zuständen der Veränderung, so wird diejenige elektromotorische Kraft

$$\mathfrak{E}\, dt \tag{19.}$$

„welche $J_1\, Ds_1$ während der Zeit dt in irgend einem Puncte von „$J_0\, Ds_0$, und zwar in der Richtung von Ds_0, hervorruft, einen Werth „haben, welcher nach Belieben sich darstellen lässt durch:

$$\mathfrak{E}\, dt = -J_1\, Ds_1 \,.\, vP\cos(v, P)\, dt + (dJ_1)\, Ds_1 \,.\, \Phi, \tag{20.a}$$

„oder auch durch:

$$\mathfrak{E}\, dt = -J_1\, Ds_1 \,.\, P\, dr + (dJ_1)\, Ds_1 \,.\, \Phi, \tag{20.b}$$

„In diesen Formeln (20.a,b) hat das erste Glied rechter Hand genau „dieselbe Bedeutung, wie in (18.a,b)."

„Das in (20.a,b) enthaltene Φ bezeichnet einen Ausdruck, welcher „die charakteristische Eigenschaft besitzt, dass das über irgend zwei „geschlossene Curven (s_0) und (s_1) ausgedehnte Integral

$$\Sigma\Sigma\, [Ds_0\, Ds_1\, \Phi] \tag{21.}$$

„jederzeit identisch ist mit demjenigen elektrodynamischen Potential „Q, welches zwischen diesen Curven stattfindet, falls jede derselben „angesehen wird als ein elektrischer Strom von der Stärke Eins."

Das eben genannte Potential Q kann, für den Fall beträchtlicher Entfernungen (vergl. pag. 57), nach Belieben dargestellt werden durch:

$$(22.\xi) \qquad Q = -A^2 \,.\, \Sigma\Sigma \frac{\mathrm{D}s_0\, \mathrm{D}s_1\, \Theta_0 \Theta_1}{r},$$

oder auch durch:

$$(22.\eta) \qquad Q = -A^2 \,.\, \Sigma\Sigma \frac{\mathrm{D}s_0\, \mathrm{D}s_1\, \mathrm{E}}{r},$$

wo Θ_0, Θ_1, E die bekannten Cosinus des Ampère'schen Gesetzes (pag. 44) vorstellen.

Entsprechend diesen beiderlei Formeln (22.ξ) und (22.η), sind von meinem Vater für den Ausdruck Φ folgende zwei von einander verschiedene Werthe proponirt worden:

$$(23.\xi) \qquad \Phi = -A^2 \frac{\Theta_0 \Theta_1}{r} = +A^2 \frac{1}{r} \frac{\partial r}{\partial s_0} \frac{\partial r}{\partial s_1},$$

$$(23.\eta) \qquad \Phi = -A^2 \frac{\mathrm{E}}{r} = +A^2 \frac{1}{2r} \frac{\partial^2 (r^2)}{\partial s_0 \partial s_1},$$

ohne bestimmte Entscheidung zu Gunsten des einen oder andern *).

§. 39. Vergleichung des von F. Neumann proponirten Elementargesetzes und desjenigen andern Elementargesetzes, zu welchem die in den vorhergehenden Abschnitten angestellten Untersuchungen hingedrängt haben.

Der Kürze halber mag das erstere Gesetz mit (I.), das letztere mit (II.) bezeichnet werden. Für den Fall beträchtlicher Entfernungen (und auf diesen wollen wir uns hier beschränken) sind die beiden Gesetze (I.) und (II.) ausgedrückt durch folgende Formeln:

$$(24.\mathrm{I}) \qquad \mathfrak{E}\, dt = -J_1\, \mathrm{D}s_1 \,.\, \mathrm{P}\, dr + (dJ_1)\, \mathrm{D}s_1\, \Phi, \quad [\text{vergl. } (20.\mathrm{b})];$$

$$(24.\mathrm{II}) \qquad \mathfrak{E}\, dt = -J_1\, \mathrm{D}s_1 \,.\, \mathrm{P}\, dr + (dJ_1)\, \mathrm{D}s_1 \left(\frac{-A^2\, \Theta_0 \Theta_1}{r}\right) + J_1\, \mathrm{D}s_1 \frac{\partial}{\partial s_1}\left(\frac{A^2\, \Theta_0\, dr}{r}\right), \quad [\text{vergl. } (14.\mathrm{b})].$$

---

*) Dass das von meinem Vater proponirte Elementargesetz in der That in der hier angegebenen Weise, nämlich durch die Formeln (20.a,b) sich darstellen lässt, wird man leicht erkennen, sobald man die drei ersten Seiten des §. 4. der betreffenden Abhandlung (Ueber ein allgemeines Princip etc., vom 9. August, 1847) einer sorgfältigen Durchsicht unterwirft.

Auch die Angaben (23.ξ,η) wird man mit der citirten Stelle jener Abhandlung in Einklang finden, sobald man nur beachtet, dass bei meinem Vater die Constante A^2 stets $= \frac{1}{2}$ gesetzt ist.

Ueberall ist hier unter dr der zeitliche Zuwachs von r zu verstehen; so dass also dieses dr [vergl. (1.) und (2.a, b)] dargestellt werden kann durch

$$(25.)\qquad dr = \frac{dr}{dt}\,dt = \left(\frac{\partial r}{\partial \tau_0} + \frac{\partial r}{\partial \tau_1}\right) dt\,.$$

Ferner ist P definirt durch die Formel

$$(26.)\qquad R = J_0\,\mathrm{D}s_0\,.\,J_1\,\mathrm{D}s_1\,.\,\mathsf{P},$$

falls man nämlich unter R die zwischen den beiden Elementen $J_0\,\mathrm{D}s_0$ und $J_1\,\mathrm{D}s_1$ (nach dem Ampère'schen Gesetz) vorhandene ponderomotorische Kraft versteht.

Um die beiderlei Gesetze (24.I) und (24.II), oder vielmehr die Consequenzen dieser Gesetze miteinander zu vergleichen, stellen wir uns folgende Aufgabe:

(27.) .... „Es sind gegeben zwei gleichförmige Stromringe (J_0, s_0) „und (J_1, s_1) oder A und B, jeder behaftet mit beliebig vielen Gleit-„stellen, und jeder begriffen in beliebiger Bewegung. Es soll berech-„net werden die Summe

$$(\Sigma\Sigma\ \mathfrak{E}\,\mathrm{D}s_0)\,dt$$

„derjenigen elektromotorischen*) Kräfte, welche B während der Zeit „dt in A hervorbringt."

Bezeichnet Q das elektrodynamische Potential der beiden Ringe A und B aufeinander, bezogen auf die Stromeinheiten, so wird, einerlei ob Gleitstellen vorhanden sind oder nicht, die Formel stattfinden:

$$J_0 J_1\,dQ = -\,\Sigma\Sigma\,[R\,dr], \quad \text{[vergl. (85.), pag. 67].}$$

Hieraus folgt durch Substitution des Werthes (26.) sofort:

$$(28.)\qquad dQ = -\,\Sigma\Sigma\,[\mathrm{D}s_0\,\mathrm{D}s_1\,.\,\mathsf{P}\,dr].$$

Nebenbei sei daran erinnert, dass die in den Gesetzen (24.I) und (24.II) enthaltenen Ausdrücke Φ und $\dfrac{-A^2\,\Theta_0\Theta_1}{r}$ zum Potential Q [zufolge (21.) und (22.ξ,η)] in der Beziehung stehen:

$$(29.\mathrm{I})\qquad Q = \Sigma\Sigma\,[\mathrm{D}s_0\,\mathrm{D}s_1\,\Phi],$$

$$(29.\mathrm{II})\qquad Q = \Sigma\Sigma\left[\mathrm{D}s_0\,\mathrm{D}s_1\left(\frac{-A^2\,\Theta_0\Theta_1}{r}\right)\right].$$

---

*) Wir werden hier nur die elektromotorischen Kräfte elektrodynamischen Ursprungs ins Auge fassen. Eine derartige Einschränkung ist indessen in Wirklichkeit nur eine scheinbare. Denn aus früheren Betrachtungen (pag. 97 bis 99) geht deutlich hervor, dass die Summe der von B in A hervorgebrachten elektromotorischen Kräfte elektrostatischen Ursprungs gleich Null ist.

Die im Augenblick t d. i. zu Anfang des Zeitelementes dt im Ringe A enthaltenen Elemente mögen mit Ds_0 benannt sein; andererseits mögen diejenigen Elemente, welche während des Zeitelementes dt in den Ring A eintreten, oder aus ihm ausscheiden, in dem früher (pag. 65) angegebenen collectiven Sinne mit Δs_0 bezeichnet sein. Analoge Bedeutungen mögen Ds_1 und Δs_1 für den Ring B besitzen.

Ausserdem mag vorläufig, der Bequemlichkeit willen, angenommen werden, dass die Δs_0 und Δs_1 sämmtlich positiv sind, dass also während der Zeit dt in beiden Ringen nur eintretende, nicht aber ausscheidende Elemente vorhanden sind.

Nach diesen Vorbereitungen gehen wir an die Lösung der gestellten Aufgabe (27.), indem wir dabei zunächst das Gesetz (24. I) zu Grunde legen. Die von Ds_1 in Ds_0 während der Zeit dt hervorgebrachte elektromotorische Kraft $\mathfrak{E}dt$ besitzt alsdann den Werth*):

$$(\alpha.) \qquad \mathfrak{E}dt = -J_1 \, Ds_1 \, . \, \mathsf{P} \, dr + (dJ_1) \, Ds_1 \, . \, \Phi. \qquad \binom{Ds_1}{Ds_0}$$

Die analoge Formel für die elektromotorische Einwirkung eines Elementes Δs_1 auf Ds_0 lautet:

$$(\beta.) \qquad \mathfrak{E}dt = -Y_1 \, \Delta s_1 \, . \, \mathsf{P} \, dr + J_1 \, \Delta s_1 \, . \, \Phi; \qquad \binom{\Delta s_1}{Ds_0}$$

wo im ersten Gliede Y_1 den Werth 0 oder den Werth J_1, oder vielleicht auch einen Mittelwerth zwischen 0 und J_1 vorstellt; während andererseits das im zweiten Gliede enthaltene J_1 denjenigen Zuwachs repräsentirt, welchen die in Δs_1 vorhandene Stromstärke im Laufe der Zeit dt erfahren hat. — Man bemerkt nun sofort, dass in dieser Formel (β.) das eine Glied (in Folge der Factoren Δs_1, dr) unendlich klein zweiter Ordnung, das andere hingegen (in Folge des Factor Δs_1) unendlich klein erster Ordnung ist. Das Glied zweiter Ordnung wird aber gegenüber dem Gliede erster Ordnung zu vernachlässigen sein; so dass man erhält:

$$(\gamma.) \qquad \mathfrak{E}dt = + J_1 \, \Delta s_1 \, . \, \Phi. \qquad \binom{\Delta s_1}{Ds_0}$$

Denkt man sich nun die Formel (α.) für sämmtliche Ds_1, und die Formel (γ.) für sämmtliche Δs_1 der Reihe nach hingestellt, so gelangt man durch Addition all' dieser Formeln zu dem Ergebniss:

$$(\delta.) \qquad (\Sigma \, \mathfrak{E}) \, dt = -J_1 \, . \, \Sigma \, [Ds_1 \, . \, \mathsf{P} \, dr] + (dJ_1) \, \Sigma \, [Ds_1 \, . \, \Phi] + J_1 \, . \, \Sigma \, [\Delta s_1 \, . \, \Phi]; \qquad \binom{B}{Ds_0}$$

diess ist also die Summe**) derjenigen elektromotorischen Kräfte,

*) Die der Formel (46.) beigefügte Signatur $\binom{Ds_1}{Ds_0}$ hat denselben Zweck, wie bei früherer Gelegenheit (pag. 149).

**) Bei Bildung dieser Summe, d. i. bei Bildung derjenigen Summe von elektromotorischen Kräften, welche der Inducent (J_1, s_1) während der Zeit dt im Elemente Ds_0 hervorbringt, sind mithin, wenn wir auf die eben ausgeführte Rech-

welche der **ganze** Ring B während der Zeit dt im Elemente $\mathrm{D}s_0$ hervorbringt.

Aus (δ.) folgt durch Multiplication mit $\mathrm{D}s_0$ und Summation über sämmtliche $\mathrm{D}s_0$ sofort:

$$\begin{aligned}(30.\mathrm{I})\qquad (\Sigma\Sigma\ \mathfrak{E}\,\mathrm{D}s_0)\,dt = &- J_1\,.\,\Sigma\Sigma\ [\mathrm{D}s_0\,\mathrm{D}s_1\,.\,\mathsf{P}\,dr]\\ &+ J_1\,.\,\Sigma\Sigma\ [\mathrm{D}s_0\,\Delta s_1\,.\,\Phi]\qquad (\tfrac{5}{A})\\ &+ (dJ_1)\,.\,\Sigma\Sigma\ [\mathrm{D}s_0\,\mathrm{D}s_1\,.\,\Phi].\end{aligned}$$

Dies ist also die gesuchte Summe (27.), berechnet unter Zugrundelegung des Gesetzes (24.I). — Allerdings scheinen bei dieser Rechnung die Elemente Δs_0 vergessen zu sein. Wollte man indessen die Δs_0 mit in Rechnung ziehen, so würde, weil die Anzahl der Δs_0 eine endliche, diejenige der $\mathrm{D}s_0$ hingegen unendlich gross ist, zu dem in (30.I) angegebenen Ausdruck nur noch ein Glied hinzutreten, welches diesem Ausdruck gegenüber verschwindend klein ist.

Nur der Bequemlichkeit willen war bisher vorausgesetzt, die Δs_0 und Δs_1 seien sämmtlich positiv. Nachträglich übersieht man leicht, dass die erhaltene Formel (30.I) auch dann noch gültig sein wird, wenn die Δs_0 und Δs_1 theils positiv theils negativ sind, also gültig sein wird, einerlei ob während der Zeit dt in jedem der beiden Ringe nur eintretende, oder gleichzeitig auch ausscheidende Elemente vorhanden sind.

---

nung zurückblicken, sowohl diejenigen Elemente $\mathrm{D}s_1$ zu berücksichtigen, welche während der ganzen Zeit dt im Inducenten enthalten sind, als auch zweitens diejenigen Elemente Δs_1, welche erst während dieser Zeit in den Inducenten eintreten.

Die Elemente $\mathrm{D}s_1$ sind zu berücksichtigen insofern, als ihre relative Lage gegen $\mathrm{D}s_0$ während der Zeit dt sich ändert, und auch insofern, als in ihnen während dieser Zeit die Stromstärke anwächst von J_1 auf $J_1 + dJ_1$. Sie liefern zu der in Rede stehenden Summe die in (α.) angegebenen Beiträge.

Andererseits sind die Elemente Δs_1 insofern zu berücksichtigen, als in ihnen die Stromstärke einen plötzlichen endlichen Zuwachs von 0 auf J_1 erfährt. Sie liefern zu jener Summe die in (γ.) genannten Beiträge.

Mein Vater hat in seiner Abhandlung [Ueber ein allgemeines Princip etc. vom 9. August, 1847; vergl. daselbst namentlich die Formeln (9.), (10.), (11.) des §. 4.] den elektromotorischen Einfluss, welchen die Elemente Δs_1, in Folge der eben genannten plötzlichen Stromänderung, ausüben, unberücksichtigt gelassen, mithin die Beiträge (γ.) als verschwindend klein betrachtet. Eine Vernachlässigung derselben scheint mir aber nicht erlaubt zu sein, nämlich in Widerspruch zu stehen mit den für diese Beiträge (γ.) gefundenen Werthen.

Uebrigens lassen sich die Resultate, zu denen eine solche Vernachlässigung hinleitet, leicht verfolgen. Man hat zu diesem Zweck in den erhaltenen Formeln z. B. in (δ.), ebenso später in (30.I)(31.I), (32.I), u. s. w. nur diejenigen Glieder zu streichen, welche mit den Δs_1 behaftet sind.

Von dem Gesetze (24.I) unterscheidet sich das Gesetz (24.II) dadurch, dass an Stelle von

$$\mathsf{P}\,dr \qquad \text{und} \qquad \Phi$$

die Ausdrücke

$$\mathsf{P}\,dr - \frac{\partial}{\partial s_1}\left(\frac{A^2\Theta_0\,dr}{r}\right) \qquad \text{und} \qquad \frac{-A^2\Theta_0\Theta_1}{r}$$

sich vorfinden. Bei Zugrundelegung des Gesetzes (24.II) wird man daher an Stelle der Formel (30.I) folgende erhalten:

$$(30.\text{II}) \qquad (\Sigma\Sigma\ \mathfrak{E}\,\mathrm{D}s_0)\,dt = -J_1\,.\,\Sigma\Sigma\left[\mathrm{D}s_0\,\mathrm{D}s_1\left\{\mathsf{P}\,dr - \frac{\partial}{\partial s_1}\left(\frac{A^2\Theta_0\,dr}{r}\right)\right\}\right]$$
$$+ J_1\,.\,\Sigma\Sigma\left[\mathrm{D}s_0\Delta s_1\left(\frac{-A^2\Theta_0\Theta_1}{r}\right)\right]$$
$$+ (dJ_1)\,.\,\Sigma\Sigma\left[\mathrm{D}s_0\,\mathrm{D}s_1\left(\frac{-A^2\Theta_0\Theta_1}{r}\right)\right].$$

Beachtet man, dass in beiden Formeln (30.I, II) das Glied dritter Zeile [zufolge (29.I, II)] gleich Q ist, und dass ferner [zufolge (28.)] die Summe $\Sigma\Sigma[\mathrm{D}s_0\,\mathrm{D}s_1\,.\,\mathsf{P}\,dr]$ gleich $-dQ$ ist, so kann von jenen Formeln (30.I, II) die erstere so dargestellt werden:

$$(31.\text{I}) \qquad (\Sigma\Sigma\ \mathfrak{E}\,\mathrm{D}s_0)\,dt = d\,(J_1\,Q)$$
$$+ J_1\,.\,\Sigma\Sigma\ [\mathrm{D}s_0\,\Delta s_1\,\Phi],$$

und die letztere so:

$$(31.\text{II}) \quad (\Sigma\Sigma\ \mathfrak{E}\,\mathrm{D}s_0)\,dt = d(J_1 Q) + J_1\,.\,\Sigma\Sigma\left[\mathrm{D}s_0\mathrm{D}s_1\frac{\partial}{\partial s_1}\left(\frac{A^2\Theta_0\,dr}{r}\right)\right]$$
$$+ J_1\,.\,\Sigma\Sigma\left[\mathrm{D}s_0\,\Delta s_1\left(\frac{-A^2\Theta_0\Theta_1}{r}\right)\right].$$

Von den in (31.II) auf der rechten Seite vorhandenen Summen kann die eine

$$(\alpha.) \qquad \mathsf{K} = \Sigma\Sigma\left[\mathrm{D}s_0\,\mathrm{D}s_1\,\frac{\partial}{\partial s_1}\left(\frac{A^2\,\Theta_0\,dr}{r}\right)\right]$$

einer weitern Behandlung unterworfen werden. Es ist nämlich

$$\frac{A^2\Theta_0}{r} = \frac{A^2}{r}\frac{\partial r}{\partial s_0} = \frac{\partial\,(A^2\log r)}{\partial s_0},$$

und ferner [vergl. (25.)]:

$$dr = \left(\frac{\partial r}{\partial \tau_0} + \frac{\partial r}{\partial \tau_1}\right)dt;$$

so dass sich also ergiebt:

$$(\beta.) \qquad \mathsf{K} = dt\,.\,\Sigma\Sigma\left[\mathrm{D}s_0\,\mathrm{D}s_1\,\frac{\partial}{\partial s_1}\left(\frac{\partial\,(A^2\log r)}{\partial s_0}\,\frac{\partial r}{\partial \tau_0}\right)\right]$$
$$+ dt\,.\,\Sigma\Sigma\left[\mathrm{D}s_0\,\mathrm{D}s_1\,\frac{\partial}{\partial s_1}\left(\frac{\partial\,(A^2\log r)}{\partial s_0}\,\frac{\partial r}{\partial \tau_1}\right)\right].$$

Hieraus aber folgt durch Benutzung früherer Formeln [(75.p,q), pag. 64] sofort:

$$(\gamma.) \qquad \mathsf{K} = -\Sigma\Sigma\left[\mathrm{D}s_0\,\Delta s_1\left(\frac{\partial\,(A^2\log r)}{\partial s_0}\frac{\partial r}{\partial s_1}\right)\right],$$

oder weil $\frac{\partial r}{\partial s_0} = \Theta_0$, und $\frac{\partial r}{\partial s_1} = -\Theta_1$ ist:

$$(\delta.) \qquad \mathsf{K} = \Sigma\Sigma\left[\mathrm{D}s_0\,\Delta s_1\left(\frac{A^2\Theta_0\Theta_1}{r}\right)\right].$$

Substituirt man aber den Werth (δ.) für die Summe (α.) in die Formel (31.II), so hebt sich diese Summe fort gegen diejenige in der zweiten Zeile. — Somit können die Formeln (31.I, II) einfacher so geschrieben werden:

$$(32.\mathrm{I}) \quad (\Sigma\Sigma\ (\mathfrak{E}\,\mathrm{D}s_0)\,dt = d\,(J_1 Q) + J_1\,.\,\Sigma\Sigma\ [\mathrm{D}s_0\,\Delta s_1\,\Phi],$$

$$(32.\mathrm{II}) \quad (\Sigma\Sigma\ (\mathfrak{E}\,\mathrm{D}s_0)\,dt = d\,(J_1 Q).$$

Diese Formeln beziehen sich auf ein unendlich kleines Zeitelement dt. Leicht aber lassen sich hieraus die entsprechenden Formeln für ein beliebig gegebenes Zeitintervall $t' \ldots t''$ ableiten. Bezeichnet man nämlich mit $\mathfrak{E}_{t',t''}$ die Summe derjenigen elektromotorischen Kräfte, welche vom Ringe B im Ringe A während dieser Zeit $t' \ldots t''$ hervorgebracht werden, so ergeben sich aus (32.I, II) folgende Resultate *):

$$(33.\mathrm{I}) \quad \mathfrak{E}_{t',t''} = (J_1'' Q'' - J_1' Q') + \int_{t'}^{t''}(J_1\,.\,\Sigma\Sigma\ [\mathrm{D}s_0\,\Delta s_1\,\Phi]),$$

$$(33.\mathrm{II}) \quad \mathfrak{E}_{t',t''} = (J_1'' Q'' - J_1' Q'.)$$

Die Formeln (32.I, II) sind mit einander und mit dem von meinem Vater aufgestellten Integralgesetz (pag. 107) nur dann in Einklang, wenn die Δs_1 sämmtlich Null sind, und führen also zu folgendem Ergebniss:

(34.) .... Soll die Summe derjenigen elektromotorischen Kräfte berechnet werden, welche ein **gleichförmiger und gleichförmig anschwellender** Stromring (J_1, s_1) während der Zeit dt in irgend einem andern Stromringe (J_0, s_0) hervorbringt, so wird man auf Grund des Elementargesetzes (24.I) zu dem von meinem Vater aufgestellten Integralgesetz (pag. 107) nur dann gelangen, wenn der inducirende

*) Wollte man die in der Note pag. 225 genannte Vernachlässigung eintreten lassen, so würden die Consequenzen des Gesetzes (24.I) nicht mehr durch die Formeln (32.I) und (33.I), sondern vielmehr durch diejenigen Formeln dargestellt sein, in welche (32.I) und (33.I) sich verwandeln bei Streichung der mit Δs_1 behafteten Glieder.

Ring keine Gleitstellen besitzt; während andererseits das Elementargesetz (24.II) immer zu jenem Integralgesetze hinleitet, einerlei ob der inducirende Ring mit Gleitstellen behaftet ist oder nicht*).

Sind die beiden Ringe A und B oder (J_0, s_0) und (J_1, s_1) ihrer räumlichen Lage nach unveränderlich, und erfolgt die Induction lediglich durch ein Anschwellen des Stromes J_1, so werden die Elementargesetze (24.I) und (24.II), wie aus (34.) folgt, beide zu dem genannten Integralgesetz hinleiten. Doch dürfte es zweckmässig sein, diesen Fall noch besonders zu behandeln. Selbstverständlich soll dabei wiederum vorausgesetzt sein, dass die Stärke J_1 des inducirenden Stromes gleichförmig ist, und auch während ihres Anschwellens beständig gleichförmig bleibt.

In Folge der gemachten Voraussetzungen ist für jedes Elementenpaar Ds_0, Ds_1 die Entfernung r constant, mithin $dr = 0$; so dass also die Gesetze (24.I, II) sich reduciren auf:

$$(35.\text{I}) \qquad \mathfrak{E}\,dt = (dJ_1)\,Ds_1\,\Phi,$$

$$(35.\text{II}) \qquad \mathfrak{E}\,dt = (dJ_1)\,Ds_1\left(-\frac{A^2\Theta_0\Theta_1}{r}\right).$$

Multiplicirt man diese Formeln mit Ds_0, und integrirt sodann über sämmtliche Ds_0 und Ds_1 der beiden Ringe, so folgt sofort:

$$(36.\text{I}) \qquad (\Sigma\Sigma\ \mathfrak{E}\,Ds_0)\,dt = (dJ_1)\,.\,\Sigma\Sigma\ [Ds_0\,Ds_1\,\Phi],$$

$$(36.\text{II}) \qquad (\Sigma\Sigma\ \mathfrak{E}\,Ds_0)\,dt = (dJ_1)\,.\,\Sigma\Sigma\left[Ds_0\,Ds_1\left(-\frac{A^2\Theta_0\Theta_1}{r}\right)\right];$$

diese Formeln aber können mit Rücksicht auf (29.I, II) auch so geschrieben werden:

$$(37.\text{I}) \qquad (\Sigma\Sigma\ \mathfrak{E}\,Ds_0)\,dt = (dJ_1)\,Q,$$

$$(37.\text{II}) \qquad (\Sigma\Sigma\ \mathfrak{E}\,Ds_0)\,dt = (dJ_1)\,Q,$$

wo, in Folge der unveränderlichen Lage der beiden Ringe, Q eine Constante ist.

Bezeichnet man also mit $\mathfrak{S}_{t',t''}$ die Summe derjenigen elektromotorischen Kräfte, welche während eines beliebig gegebenen Zeitraumes $t' \ldots t''$ von B in A hervorgebracht werden, so erhält man:

$$(38.\text{I}) \qquad \mathfrak{S}_{t',t''} = (J_1'' - J_1')\,Q,$$

$$(38.\text{II}) \qquad \mathfrak{S}_{t',t''} = (J_1'' - J_1')\,Q.$$

Da in dem betrachteten Fall Q eine Constante ist, so kann

---

*) Dieses Ergebniss ist übrigens, soweit dasselbe auf das Elementargesetz (24. II) sich bezieht, kein wesentlich neues, vielmehr anzusehen als die blosse Wiederholung eines schon früher notirten Satzes (pag. 195).

statt $(dJ_1)\,Q$ auch $d\,(J_1\,Q)$ geschrieben werden; so dass also aus den Formeln (37.I, II) folgendes Resultat sich ergiebt:

(39.) .... Soll die Summe derjenigen elektromotorischen Kräfte berechnet werden, welche ein **gleichförmiger** und **gleichförmig anschwellender** Stromring (J_1, s_1) während der Zeit dt in irgend einem andern Stromringe (J_0, s_0) hervorruft, und setzt man voraus, dass beide Ringe **ihrer räumlichen Lage nach unveränderlich** sind, so wird man zu dem von meinem Vater aufgestellten Integralgesetz (pag. 107) hingelangen, einerlei ob man ausgeht vom Elementargesetz (24.I) oder vom Elementargesetz (24.II).

§. 40. Fortsetzung. — Weitere Vergleichung der beiden Elementargesetze mit Bezug auf ein bestimmtes von F. Neumann angestelltes Experiment.

Der Strom J_1 einer bei α aufgestellten Galvanischen Batterie geht (wie die beigefügten Pfeile andeuten) von α über β und γ nach ε, und von ε durch einen in der Figur nicht gezeichneten Draht zur Batterie α zurück. Mit Ausnahme des Bahnstückes $\varepsilon\gamma$ sind alle Theile der eben genannten Drahtleitung unbeweglich aufgestellt. Das Bahnstück $\varepsilon\gamma$ hingegen befindet sich (etwa getrieben durch irgend ein Uhrwerk) in gleichförmiger Rotation um den Punct ε, und zwar der Art, dass sein Ende γ auf dem kreisförmigen Drahte $\beta\gamma\delta$ dahinschleift.

Fig. 11.

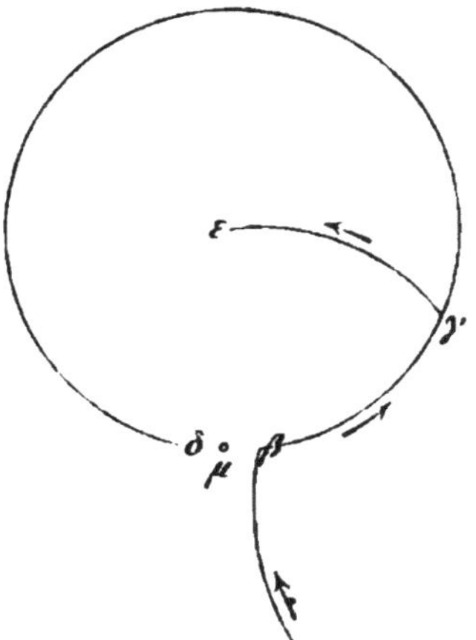

Bei jenem kreisförmigen Draht $\beta\gamma\delta$ reicht das Ende δ sehr nahe an seinen Anfang β, ohne mit ihm in leitender Verbindung zu stehen. Der Mittelpunct dieser zwischen δ und β vorhandenen Lücke ist mit μ bezeichnet.

Der elektrische Widerstand des kreisförmigen Drahtes sei im Vergleich mit den Widerständen der übrigen Theile der Kette so ausserordentlich gering, dass die Stärke J_1 des elektrischen Stromes, während γ von β nach δ fortgleitet, als constant angesehen werden darf. In dem Augenblick, wo γ über den Punct δ fortgleitet, sinkt die Stärke des Stromes von diesem Werthe J_1 plötzlich hinab zu 0; um einen Augenblick später, nämlich sobald γ

die Lücke passirt hat und nach β gelangt, von Neuem zu jenem Werthe J_1 zurückzukehren.

Wir stellen uns die Aufgabe, die Summe $\mathfrak{S}$ derjenigen elektromotorischen Kräfte zu berechnen, welche der eben beschriebene Inducent $\alpha\beta\gamma\varepsilon\alpha$ während einer einmaligen Umlaufsbewegung des Bahnstückes $\varepsilon\gamma$ hervorbringt in einem gegebenen unbeweglich aufgestelltem Drahtringe A.

Die genannte Summe $\mathfrak{S}$ kann zerlegt werden in drei Theile:

$$\mathfrak{S} = \mathfrak{S}^{\beta} + \mathfrak{S}^{\beta\gamma\delta} + \mathfrak{S}^{\delta}. \tag{40.}$$

Denken wir uns nämlich jene Umlaufsbewegung vom Puncte μ ausgehend und über $\beta\gamma\delta$ nach μ zurückkehrend; so wird zunächst in dem Augenblick, wo das Bahnstück nach β kommt, eine gewisse Summe $\mathfrak{S}^{\beta}$ von elektromotorischen Kräften hervorgebracht durch das plötzliche Anschwellen des inducirenden Stromes vom Werthe 0 zum Werthe J_1; sodann wird, während das Bahnstück von β über γ nach δ fortgleitet, eine gewisse Summe $\mathfrak{S}^{\beta\gamma\delta}$ elektromotorischer Kräfte hervorgebracht in Folge der Gestaltsveränderung, welche der Inducent bei dieser Bewegung erleidet; endlich wird in dem Augenblick, wo das Bahnstück den Punct δ überschreitet und nach μ zurückkehrt, von Neuem eine gewisse Summe $\mathfrak{S}^{\delta}$ elektromotorischer Kräfte hervorgebracht in Folge des plötzlichen Herabsinkens des inducirenden Stroms vom Werthe J_1 auf den Werth 0*).

Das elektrodynamische Potential des gegebenen Inducenten $\alpha\beta\gamma\varepsilon\alpha$ auf den Ring A mag für den Fall, dass beide Ringe von einem Strom von der Stärke Eins durchflossen gedacht werden, mit Q bezeichnet sein. Dieses Q ändert offenbar während der Drehung des Bahnstückes $\varepsilon\gamma$ von Augenblick zu Augenblick seinen Werth. Die speciellen Werthe, welche Q annimmt für diejenigen beiden Augenblicke, wo das Ende jenes Bahnstückes in β und in δ sich befindet, mögen bezeichnet sein mit Q^{β} und Q^{δ}.

Bei Berechnung der Summe (40.) mag nun zunächst das Elementargesetz (24.I) zu Grunde gelegt werden. Alsdann erhält man **) durch Benutzung der Formeln (33.I) und (38.I):

---

*) Es geht aus dieser Auseinandersetzung deutlich hervor, dass $\mathfrak{S}$ diejenige Summe elektromotorischer Kräfte repräsentiren soll, welche der ganze Inducent $\alpha\beta\gamma\varepsilon\alpha$ (nicht etwa blos der Theil $\beta\gamma\varepsilon$) während der in Rede stehenden einmaligen Umdrehung im Ringe A hervorbringt. Dabei ist die schon erwähnte Voraussetzung zu beachten, dass der Ring A und, abgesehen vom Stücke $\varepsilon\gamma$, auch alle Theile des Inducenten unbeweglich aufgestellt sind.

**) Wollte man die in den Noten pag. 225 und 227 erwähnte Vernachlässigung eintreten lassen, so würde man an Stelle der Formeln (α.) und (41. I) folgende

$$\mathfrak{S}^{\beta\gamma\delta} = J_1 \, (Q^\delta - Q^\beta) + J_1 \, . \int_\beta^\delta (\Sigma\Sigma \; [\mathrm{D}s_0 \, \Delta s_1 \, \Phi]),$$
$$(\alpha.) \qquad \mathfrak{S}^\beta = (J_1 - 0) \, Q^\beta,$$
$$\mathfrak{S}^\delta = (0 - J_1) \, Q^\delta,$$

und hieraus durch Addition:

$$(\beta.) \qquad \mathfrak{S} = J_1 \, \mathsf{K},$$

wo K das Integral vorstellt:

$$\mathsf{K} = \int_\beta^\delta (\Sigma\Sigma \; [\mathrm{D}s_0 \, \Delta s_1 \, \Phi]).$$

Die Summe $\Sigma\Sigma \; [\mathrm{D}s_0 \, \Delta s_1 \, \Phi]$ bezieht sich auf ein einzelnes Zeitelement dt, und kann daher, weil im vorliegenden Fall in jedem Zeitelement dt immer nur ein Δs_1 in den Inducenten eintritt, einfacher dargestellt werden durch

$$\Delta s_1 \, . \, \Sigma \; [\mathrm{D}s_0 \, \Phi].$$

Demgemäss kann das Integral K so geschrieben werden:

$$\mathsf{K} = \int_\beta^\delta (\Delta s_1 \, . \, \Sigma \; [\mathrm{D}s_0 \, \Phi]),$$

oder einfacher so:

$$\mathsf{K} = \Sigma\Sigma \; [\mathrm{D}s_0 \, \Delta s_1 \, \Phi],$$

wo alsdann die eine Summation auszudehnen ist über alle Elemente $\mathrm{D}s_0$ des Ringes A, die andere über alle Elemente Δs_1 des kreisförmigen Stückes $\beta\gamma\delta$ (Fig. 11.). Zufolge (29.I) repräsentirt daher K dasjenige elektrodynamische Potential, welches zwischen dem Ringe A und dem kreisförmigen Ringe $\beta\gamma\delta$ stattfinden würde, falls jeder derselben durchflossen wäre von einem Strom von der Stärke Eins. Dieses Potential hat aber, zufolge der schon eingeführten Bezeichnungen, den Werth $Q^\delta - Q^\beta$. Somit folgt:

$$\mathsf{K} = Q^\delta - Q^\beta;$$

so dass also die für $\mathfrak{S}$ erhaltene Formel (β.) schliesslich folgende Gestalt gewinnt:

$$(41.\mathrm{I}) \qquad \mathfrak{S} = J_1 \, (Q^\delta - Q^\beta).$$

---

ganz andere Formeln erhalten:

$$\mathfrak{S}^{\beta\gamma\delta} = J_1 \, (Q^\delta - Q^\beta),$$
$$(\alpha.) \qquad \mathfrak{S}^\beta = (J_1 - 0) \, Q^\beta,$$
$$\mathfrak{S}^\delta = (0 - J_1) \, Q^\delta,$$

und ferner:

$$(41.1) \qquad \mathfrak{S} = 0.$$

Es mag nun andererseits die Summe (40.) berechnet werden unter Zugrundelegung des Elementargesetzes (24.II). Alsdann ergiebt sich durch Anwendung der Formeln (33.II) und (38.II) sofort:

$$\mathfrak{S}^{\beta\gamma\delta} = J_1 \,(Q^\delta - Q^\beta)\,,$$
$$\mathfrak{S}^\beta = (J_1 - 0)\, Q^\beta\,,$$
$$\mathfrak{S}^\delta = (0 - J_1)\, Q^\delta\,,$$

und hieraus durch Addition:

(41.II) $$\mathfrak{S} = 0.$$

Dieses in (41.I, II) berechnete $\mathfrak{S}$ repräsentirt diejenige Summe elektromotorischer Kräfte, welche der ganze Inducent $\alpha\beta\gamma\varepsilon\alpha$, während der in Rede stehenden einmaligen Umdrehungsbewegung, im Ringe A hervorruft *).

Der inducirte Ring A bestehe aus einer in der Nähe des Inducenten aufgestellten Drahtwindung W, deren Enden durch irgend welche Zwischendrähte d, d' in Verbindung sind mit den beiden Enden eines in grosser Entfernung aufgestellten Multiplicators M; so dass $WdMd'W$ zusammengenommen denjenigen geschlossenen Umgang bilden, welchen wir kurzweg als den Ring A bezeichnen. In Folge der grossen Entfernung, welche der Multiplicator M vom Inducenten haben soll, wird der im Inducenten vorhandene Strom J_1 ohne Einfluss auf die Multiplicatornadel sein; so dass dieselbe lediglich afficirt werden kann von dem im Ringe A oder $WdMd'W$ inducirten Strome.

Die Ablenkung, welche die Multiplicatornadel aus dem Meridian erleidet, wird also lediglich eine Folge des in A inducirten Stromes, oder (was dasselbe ist) lediglich eine Folge der in A inducirten elektromotorischen Kräfte sein. Denkt man sich nun die Umdrehungsgeschwindigkeit des Bahnstückes $\varepsilon\gamma$ (Fig. 11) als eine constante und ungemein rapide, so wird die Summe $\mathfrak{S}$ der eben genannten elektromotorischen Kräfte für jede Umdrehung dieselbe, und folglich die Ablenkung der Nadel eine nahezu constante sein. Auch bemerkt man, dass diese constante Ablenkung Null oder von Null verschieden sein muss, jenachdem jene Summe $\mathfrak{S}$ Null oder von Null verschieden ist.

Das betreffende Experiment ist von meinem Vater angestellt worden. Die Beobachtung zeigte, dass die Ablenkung der Multiplicatornadel Null war**). Somit spricht jenes Experiment für die Formel (41.II), und gegen die Formel (41.I); folglich auch für das Elementargesetz (24.II), und gegen das Elementargesetz (24.I).

*) Vergl. die Note pag. 230.

**) F. Neumann: Ueber ein allgemeines Princip etc. (9. August, 1847). In

§. 41. Ueber eine Relation, welche in gewissen Fällen zwischen der elektromotorischen Kraft und der ponderomotorischen Arbeit stattfindet.

Es sei s ein seiner Gestalt und räumlichen Lage nach in beliebiger Bewegung begriffener linearer Leiter, und $\alpha\gamma$ irgend ein Segment von s. Der grösseren Allgemeinheit willen mag angenommen werden, dass die Begrenzungspuncte α und γ dieses Segmentes mit irgend welchen (beliebig variirenden) Geschwindigkeiten längs s fortrücken, so dass also das Segment von Augenblick zu Augenblick ein anderes wird.

Es soll die Summe $\mathfrak{S}$ derjenigen elektromotorischen Kräfte eldy. Us berechnet werden, welche in dem ungeschlossenen Leiter $\alpha\gamma$ während irgend eines Zeitraumes $t' \ldots t''$ hervorgebracht werden *) durch einen gegebenen Inducenten (J_1, s_1). Dieser Inducent sei ein geschlossener Strom, ohne Gleitstellen, von constanter **) Stromstärke, begriffen in beliebiger Bewegung.

Die ponderomotorische Kraft R, welche ein Element $J_1\,Ds_1$ des gegebenen Inducenten auf irgend ein Element Ds des Leiters $\alpha\gamma$ ausüben würde, falls letzterer von der Stromeinheit durchflossen wäre, kann dargestellt werden durch:

$$(1.)\qquad R = Ds\,.\,J_1\,Ds_1\,.\,\mathsf{P}\,;$$

und gleichzeitig wird alsdann die von $J_1\,Ds_1$ während der Zeit dt in

---

dieser Abhandlung findet sich jenes Experiment besprochen. Es heisst daselbst auf der 14ten Seite des §. 5.:

„Zum Multiplicator gelangen bei fortgesetzter rascher Drehung drei Ströme „innerhalb sehr kurzer Zeit, nämlich der durch die Bewegung des Bahnstückes „$\varepsilon\gamma$ inducirte, dann der durch das Verschwinden des inducirenden Stromes in- „ducirte in dem Moment, wo das bewegliche Bahnstück den Ring $\beta\gamma\delta$ bei δ ver- „lässt, und endlich der durch sein Wiederauftreten inducirte, sobald jenes „Bahnstück den Ring in β wieder erreicht. Die Kraft, welche von diesen drei „Strömen während der kurzen Dauer eines Umlaufs des Bahnstückes $\varepsilon\gamma$ auf die „Magnetnadel des Multiplicators ausgeübt wird, ist mit der Summe ihrer elektro- „motorischen Kräfte proportional. Jenachdem das Vorzeichen dieser Summe po- „sitiv oder negativ ist, wird die Nadel auf der einen oder andern Seite des Me- „ridians ihre beinahe feste Aufstellung nehmen, oder sie wird, wenn jene Summe „$=0$ ist, in ihrer Stellung im Meridian verharren."

Sodann heisst es weiter auf der nächstfolgenden Seite:

„Die Beobachtung zeigt, dass, wenn die Drehung rasch geschieht, die Na- „del im Meridian bleibt."

*) Sind $t', t^{\rm I}, t^{\rm II}, t^{\rm III} \ldots$ die (in unendlich kleinen Intervallen) auf einander folgenden Zeitaugenblicke des gegebenen Zeitraumes $t' \ldots t''$, und sind ferner $\alpha'\gamma', \alpha^{\rm I}\gamma^{\rm I}, \alpha^{\rm II}\gamma^{\rm II}, \ldots$ diejenigen Gestalten, welche der ungeschlossene Leiter $\alpha\gamma$ in jenen einzelnen Zeitaugenblicken der Reihe nach besitzt, so wird die zu berechnende Summe $\mathfrak{S}$ sämmtliche elektromotorische Kräfte umfassen, welche in $\alpha'\gamma'$ während der Zeit $t'\,t^{\rm I}$, in $\alpha^{\rm I}\gamma^{\rm I}$ während der Zeit $t^{\rm I}\,t^{\rm II}$, in $\alpha^{\rm II}\gamma^{\rm II}$ während der Zeit $t^{\rm II}\,t^{\rm III}$, u. s. w. hervorgerufen werden.

**) Vergl. die Note pag. 97.

Ds_0 hervorgebrachte elektromotorische Kraft $\mathfrak{E}dt$ (zufolge des von uns gefundenen Gesetzes, pag. 218) den Werth haben:

$$(2.)\qquad \mathfrak{E}dt = -J_1\, Ds_1\,.\, \mathsf{P}\, dr + (dJ_1)\, Ds_1\,.\, \omega\, \Theta\Theta_1 - J_1\, Ds_1\, \frac{\partial(\omega\,\Theta\,.\,dr)}{\partial s_1};$$

wofür im gegenwärtigen Fall, weil J_1 constant, mithin dJ_1 null ist, einfacher geschrieben werden kann:

$$(3.)\qquad \mathfrak{E}dt = -J_1\, Ds_1\,.\, \mathsf{P}\, dr - J_1\, Ds_1\, \frac{\partial(\omega\,\Theta\,.\,dr)}{\partial s_1},$$

Multiplicirt man diese Formel mit Ds, und integrirt sodann einerseits über alle augenblicklich in $\alpha\gamma$ enthaltenen Ds, andererseits über sämmtliche $J_1\, Ds_1$ des gegebenen Inducenten, so erhält man:

$$(4.)\ (\Sigma\Sigma\, (\mathfrak{E}Ds)\, dt = -J_1\,.\,\Sigma\Sigma[Ds\, Ds_1\,.\,\mathsf{P}\, dr] - J_1\,.\,\Sigma\Sigma\left[Ds\, Ds_1\, \frac{\partial(\omega\Theta\,.\,dr)}{\partial s_1}\right].$$

Dieser Ausdruck, welcher also die Summe der von (J_1, s_1) während der Zeit dt in $\alpha\gamma$ hervorgebrachten elektromotorischen Kräfte repräsentirt, ist einer weiteren Vereinfachung fähig. Denn das Product

$$\omega\,\Theta\,.\,dr \qquad \text{oder} \qquad \omega\,\Theta\,\frac{dr}{dt}\,dt$$

ist, weil (J_1, s_1) keine Gleitstellen hat, längs s_1 überall stetig*); folglich das über die geschlossene Curve s_1 ausgedehnte Integral

$$\Sigma\left[Ds_1\, \frac{\partial(\omega\Theta\,.\,dr)}{\partial s_1}\right]$$

gleich Null. Hiedurch aber reducirt sich die Formel (4.) auf:

$$(5.)\qquad (\Sigma\Sigma\, (\mathfrak{E}\, Ds)\, dt = -J_1\,.\,\Sigma\Sigma\,[Ds\, Ds_1\,.\,\mathsf{P}\, dr];$$

wofür mit Rücksicht auf (1.) auch geschrieben werden darf:

$$(6.)\qquad (\Sigma\Sigma\, (\mathfrak{E}\, Ds)\, dt = -\Sigma\Sigma\, [R\, dr].$$

Diese Formel sagt aus, dass die Summe der von (J_1, s_1) während der Zeit dt in $\alpha\gamma$ erzeugten elektromotorischen Kräfte, abgesehen vom Vorzeichen, identisch ist mit derjenigen ponderomotorischen Arbeit, welche (J_1, s_1) und der Leiter $\alpha\gamma$ während dieser Zeit aufeinander ausüben würden, falls letzterer durchflossen wäre von der Stromeinheit. Denkt man sich diese Formel (6.) der Reihe nach hingestellt für sämmtliche Elemente dt des gegebenen Zeitraums $t' \ldots t''$ (wobei alsdann die Grenzen α, γ der nach Ds auszuführenden Inte-

*) Wären Gleitstellen im Ringe s_1 vorhanden, so würde der in jenem Ausdruck enthaltene Factor $\frac{dr}{dt}$ längs des Ringes s_1 Werthe haben, welche an jeder Gleitstelle einen Sprung, eine Unstetigkeit darbieten.

gration in jeder Formel andere sein werden), so kann das Resultat der Addition all' dieser Formeln etwa angedeutet werden durch:

$$(7.)\qquad \int_{t'}^{t''} (\Sigma\Sigma\ (\mathfrak{E}\,\mathrm{D}s)\,dt = -\int_{t'}^{t''} \Sigma\Sigma\ [R\,dr];$$

so dass man also zu folgendem Satz gelangt:

Befinden sich der elektrische Strom (J_1, s_1) und der ungeschlossene Leiter $\alpha\gamma$ in beliebigen Bewegungen, und bezeichnet man mit $\mathfrak{S}$ die Summe der von (J_1, s_1) während eines gegebenen endlichen Zeitraumes in $\alpha\gamma$ hervorgerufenen elektromotorischen Kräfte, andererseits mit S diejenige ponderomotorische Arbeit*), welche während desselben Zeitraumes (J_1, s_1) und $\alpha\gamma$ aufeinander ausgeübt haben würden, falls $\alpha\gamma$ durchflossen wäre von der Stromeinheit, so findet die Relation statt:

$$(8.)\qquad \mathfrak{S} = -S.$$

Dabei kann die Bewegung des Leiters $\alpha\gamma$, hinsichtlich seiner Gestalt und räumlichen Lage, wie hinsichtlich seiner Begrenzungspuncte, eine **beliebige** sein. In Betreff des inducirenden Stromes (J_1, s_1) hingegen ist die Voraussetzung erforderlich, dass derselbe **geschlossen**, ferner **frei von Gleitstellen**, endlich seiner Stärke nach **constant** sei.

Der Satz wird, wie aus ihm selber hervorgeht, offenbar auch dann anwendbar sein, wenn man an Stelle des ungeschlossenen Leiters $\alpha\gamma$ irgend welchen geschlossenen Leiter nimmt, einerlei ob dieser mit Gleitstellen behaftet ist oder nicht.

Durch den vorstehenden Satz ist $\mathfrak{S}$ auf S reducirt, wenigstens für gewisse Fälle; es handelt sich also nun weiter um die Berechnung von S, und zwar für zwei Ströme, von denen der eine die Stärke 1, der andere eine ebenfalls constante Stärke J_1 besitzt. Diese Aufgabe soll im folgenden §. behandelt werden.

---

*) Es versteht sich von selber, dass, ebenso wie unter $\mathfrak{S}$ nur die elektromotorischen Kräfte elektrodynamischen Ursprungs, ebenso auch unter S nur die ponderomotorische Arbeit elektrodynamischen Ursprungs zu verstehen ist. In unserer früheren genaueren Bezeichnungsweise würde also die Arbeit S darzustellen sein durch

$$S = \int_{t'}^{t''} (dT_A{}^B + dT_B{}^A)_{\mathrm{eldy.\,Us}},$$

falls nämlich A den von der Stromeinheit durchflossenen Leiter $\alpha\gamma$, andererseits B den Stromring (J_1, s_1) vorstellt.

§. 42. Ueber eine Relation, welche in gewissen Fällen zwischen der ponderomotorischen Arbeit und dem Potential stattfindet.

Befinden sich zwei elektrische Stromringe (J, s) und (J_1, s_1) in irgend welchen Bewegungen, und bezeichnet

$$(9.)\qquad P = JJ_1\,Q$$

das elektrodynamische Potential der beiden Ringe, so hat die während der Zeit dt von diesen Ringen aufeinander ausgeübte ponderomotorische Arbeit dS den Werth *):

$$(10.)\qquad dS = -\,JJ_1\,dQ.$$

Ob die Ringe von Gleitstellen frei, oder mit solchen behaftet sind, bleibt dabei gleichgültig (vergl. pag. 67); jedoch ist die Voraussetzung erforderlich, dass J und J_1 gleichförmig sind.

Sind J und J_1 nicht allein gleichförmig, sondern auch constant, so kann die Formel (10.) mit Rücksicht auf (9.) auch so geschrieben werden:

$$(11.)\qquad dS = -\,d\,(JJ_1\,Q) = -\,dP;$$

hieraus aber folgt durch Integration über einen beliebig gegebenen Zeitraum $t' \ldots t''$ sofort:

$$(12.)\qquad S = P' - P'';$$

in Worten ausgedrückt:

Die ponderomotorische Arbeit S, welche zwei in Bewegung begriffene Stromringe, von constanter Stärke, mit oder ohne Gleitstellen, während des Zeitraumes $t' \ldots t''$ auf einander ausüben, ist gleich der Differenz derjenigen Werthe P' und P'', welche das Potential der beiden Ringe besitzt zu Anfang und zu Ende jenes Zeitraumes.

In Betreff der Ströme (J, s) und (J_1, s_1) mögen jetzt folgende nähere Bestimmungen hinzutreten.

Es sei $(J, \alpha\gamma)$ irgend ein Theil von (J, s), dessen Begrenzungspuncte α und γ längs der Curve s sich fortwährend verschieben. Andererseits sei der Strom (J_1, s_1) von unveränderlicher Gestalt.

Es soll ermittelt werden die während eines gegebenen Zeitraumes $t' \ldots t''$ zwischen

---

*) Benennt man die beiden Ringe (J, s) und (J_1, s_1) kurzweg mit A und B, so wird jene ponderomotorische Arbeit dS nichts Anderes sein als die Summe derjenigen Quantitäten von lebendiger Kraft, welche B in A und A in B vermöge ihrer Kräfte eldy. Us hervorrufen, also zu bezeichnen sein mit

$$dS = (dT_A{}^B + dT_B{}^A)_{\text{eldy. Us}}\,.$$

Die Formel (10.) ist daher identisch mit einer früher (pag. 67) gefundenen.

(13.) $(J, \alpha\gamma)$ und (J_1, s_1)

stattfindende ponderomotorische Arbeit S, d. i. diejenige Arbeit, welche der sogenannte ungeschlossene Strom $(J, \alpha\gamma)$ und der geschlossene Strom (J_1, s_1) während jenes Zeitraumes auf einander ausüben.

Diese Arbeit S wird, falls man unter σ eine beliebige ihrer Gestalt nach unveränderliche und mit s_1 starr verbundene Curve, ferner unter j einen in σ vorhandenen Strom von beliebig variirender Stärke versteht, identisch sein mit derjenigen, welche stattfindet zwischen

(14.) $(J, \alpha\gamma) + (j, \sigma)$ und (J_1, s_1);

denn die zwischen (j, σ) und (J_1, s_1) stattfindende Arbeit ist, in Folge der zwischen σ und s_1 vorausgesetzten starren Verbindung, offenbar gleich Null.

Denkt man sich der bessern Anschaulichkeit willen den Ring s_1 eingebettet in eine starre Substanz, welche nach allen Seiten beliebig weit ausgedehnt ist und an allen Bewegungen des Ringes theilnimmt, so wird die Curve σ ebenfalls in diese Substanz eingebettet zu denken sein. Die Curve σ mag ungeschlossen, etwa Λ-förmig sein (Fig. 12), nämlich aus zwei von irgend einem Punct Ω ausgehenden Aesten bestehen; diese Aeste seien in ihrem anfänglichen Lauf beliebig, in ihrem späteren Lauf aber identisch mit denjenigen Wegen, welche die Puncte α und γ während der Zeit $t' \ldots t'' \ldots \infty$ in jener fingirten Substanz durchwandern. In jedem Augenblick wird alsdann die Curve σ durch den Strom $(J, \alpha\gamma)$ in zwei äussere und ein mittleres Segment zerlegt; der Art, dass letzteres mit $(J, \alpha\gamma)$ zusammengenommen ein Dreieck bildet. Die in σ vorhandene Stromstärke j mag nun der Art variiren, dass sie in den beiden äusseren Segmenten stets $= 0$, hingegen in dem mittleren Segment $\gamma\Omega\alpha$ stets $= J$ ist.

Fig. 12.

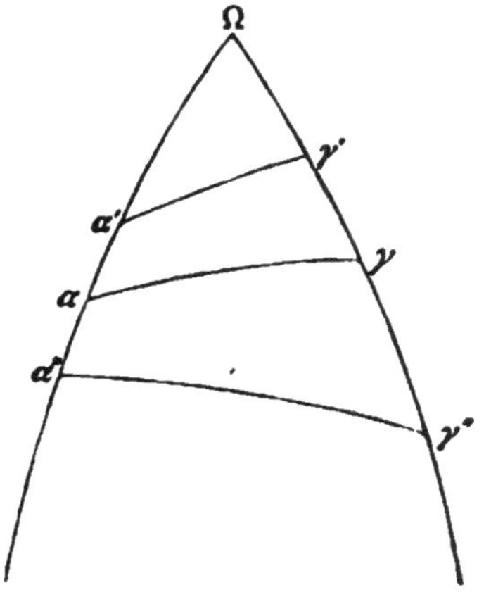

Das in (14.) genannte System $(J, \alpha\gamma) + (j, \sigma)$ kann alsdann kürzer mit

$$(J, \alpha\gamma\Omega\alpha)$$

bezeichnet, nämlich aufgefasst werden als ein geschlossener Strom von der Stärke J, dessen Strombahn durch das Dreieck $\alpha\gamma\Omega\alpha$ dargestellt, und in α und γ mit Gleitstellen behaftet ist. Somit kann die gesuchte Arbeit S als diejenige definirt werden, welche während der Zeit $t' \ldots t''$ stattfinde zwischen den beiden geschlossenen Strömen

(15.) $\qquad (J, \alpha\gamma\Omega\alpha)$ und $\qquad (J_1, s_1)$.

Zufolge des vorhergehenden Satzes (12.) ist daher:

(16.) $\qquad S = P' - P''$,

oder etwas ausführlicher geschrieben:

(17.) $\qquad S = P(J,\ \alpha'\gamma'\Omega\alpha') - P(J,\ \alpha''\gamma''\Omega\alpha'')$,

nämlich gleich der Differenz derjenigen Potentiale, welche (J_1, s_1) besitzt respective auf $(J, \alpha'\gamma'\Omega\alpha')$ und auf $(J, \alpha''\gamma''\Omega\alpha'')$.

Denkt man sich das Dreieck $\alpha''\gamma''\Omega\alpha''$ zerlegt in das kleinere Dreieck $\alpha'\gamma'\Omega\alpha'$ und in das übrig bleibende Viereck, so ergiebt sich augenblicklich die Relation:

$$P(J,\ \alpha''\gamma''\Omega\alpha'') = P(J,\ \alpha'\gamma'\Omega\alpha') + P(J,\ \alpha''\gamma''\gamma'\alpha'\alpha'').$$

Mit Hülfe dieser Relation gewinnt die Formel (17.) folgende Gestalt:

(18.) $\qquad S = - P(J,\ \alpha''\gamma''\gamma'\alpha'\alpha'')$,

oder (was dasselbe ist) folgende:

(19.) $\qquad S = + P(J,\ \alpha'\gamma'\gamma''\alpha''\alpha')$;

in Worten ausgedrückt: Die Arbeit s ist gleich dem Potential von (J_1, s_1) auf das von J durchflossene Viereck $\alpha'\ \gamma'\ \gamma''\ \alpha'\ \alpha'$ oder $\left(\begin{smallmatrix}\alpha'\cdot\gamma'\\ \alpha''\cdot\gamma''\end{smallmatrix}\right)$. Dieses Viereck ist vom Segmente $\alpha\gamma$ beschrieben worden in der mit s_1 verbundenen starren Substanz, und kann daher kürzer als dasjenige Viereck bezeichnet werden, welches vom Segmente $\alpha\gamma$ durch seine relative Bewegung gegen s_1 beschrieben worden ist. Somit ergiebt sich aus (19.) folgender Satz.

Befinden sich ein **ungeschlossener Strom** $(J, \alpha\gamma)$ und ein **geschlossener Strom** (J_1, s_1) in irgend welchen Bewegungen, und bezeichnet man mit $\left(\begin{smallmatrix}\alpha'\cdot\gamma'\\ \alpha''\cdot\gamma''\end{smallmatrix}\right)$ dasjenige Viereck, welches durch die relative Bewegung des erstern in Bezug auf den letztern beschrieben wird während der Zeit $t'\ldots t''$; so ist die während dieser Zeit von den beiden Strömen aufeinander ausgeübte ponderomotorische Arbeit identisch mit dem Potentiale von (J_1, s_1) auf das Viereck $\left(\begin{smallmatrix}\alpha'\cdot\gamma'\\ \alpha''\cdot\gamma''\end{smallmatrix}\right)$, letzteres durchflossen gedacht vom Strome J in der Richtung $\alpha'\gamma'\gamma''\ldots$

Bei diesem Satze darf die Strombahn $\alpha\gamma$ hinsichtlich ihrer Gestalt und räumlichen Lage, wie hinsichtlich ihrer beiden Begrenzungspuncte in beliebiger Weise veränderlich sein; hingegen ist vorausgesetzt, dass die Strombahn s_1 ihrer Gestalt nach unveränderlich sei. Ausserdem ist vorausgesetzt, dass J und J_1 constant sind.

Die Formel (19.) kann auch so geschrieben werden:

(20.) $S = P(J, \alpha'\gamma') + P(J, \gamma'\gamma'') + P(J, \gamma''\alpha'') + P(J, \alpha''\alpha')$,

oder auch so:

(21.) $S = P(J, \alpha'\gamma') + P(J, \gamma'\gamma'') - P(J, \alpha''\gamma'') - P(J, \alpha'\alpha'')$.

Das erste und dritte Glied dieses Ausdrucks werden sich gegenseitig zerstören, sobald $\alpha'\gamma'$ und $\alpha''\gamma''$ zusammenfallen; so dass also in diesem Falle die Formel sich reducirt auf:

(22.) $$S = P(J, \gamma'\gamma'') - P(J, \alpha'\alpha'');$$

in Worten ausgedrückt:

Ist die relative Bewegung von $(J, \alpha\gamma)$ in Bezug auf (J_1, s_1) eine in sich zurücklaufende, so berechne man die Potentiale von (J_1, s_1) in Bezug auf die bei dieser Bewegung von α und γ beschriebenen in sich zurücklaufenden Curven, dieselben durchflossen gedacht vom Stome J. Alsdann wird die Differenz dieser Potentiale diejenige ponderomotorische Arbeit vorstellen, welche $(J, \alpha\gamma)$ und (J_1, s_1) während der genannten Bewegung auf einander ausüben.

Bringt man die Sätze (12.), (19.), (22.) in Verbindung mit dem Satze (8.) des vorhergehenden §., so ergeben sich analage Sätze für die inducirten elektromotorischen Kräfte. Von diesen letztern sind einige bereits von meinem Vater aufgestellt worden *).

---

*) F. Neumann: Die math. Gesetze der inducirten elektrischen Strömè (27. Octob. 1845); vergl. daselbst die drei letzten Seiten des §. 11.

Achter Abschnitt.

Die Theorie der unendlich kleinen Ströme und der sogenannten Solenoide.

Bei diesen Expositionen wird durchweg vorausgesetzt werden, dass die Entfernungen beträchtliche sind, so dass also die im Ampère'schen Gesetz (pag. 44) enthaltene Function ψ gleich $\sqrt{r}$ gesetzt werden kann.

§. 43. Präliminarien. — Die Kegelöffnung und die reducirte Kegelöffnung.

In einer Ebene E befinde sich ein geschlossener elektrischer Strom J. Durch diesen zerfällt E in zwei Theile:

$$\mathsf{E} = \Lambda + \Omega,$$

nämlich in einen innern Theil Λ, die sogenannte Stromfläche, und in einen unendlich grossen äusseren Theil Ω. — In irgend einem Puncte der Stromfläche Λ mag diejenige Normale n errichtet sein, welche positiv ist zur Richtung J (pag. 82); und gleichzeitig mag diejenige Seite der Fläche Λ, auf welcher n liegt, die positive Seite von Λ genannt werden.

Bezeichnet p irgend einen Punct des Raumes, und K die Oeffnung des von p nach J gelegten Kegelmantels (d. i. denjenigen Theil einer mit dem Radius Eins um p beschriebenen Kugelfläche, welcher innerhalb des Kegelmantels liegt), so wird offenbar diese Oeffnung K ihren grössten Werth 2π annehmen, wenn p in die Fläche Λ fällt, und ihren kleinsten Werth 0, sobald p in die Fläche Ω zu liegen kommt.

Mit Bezug auf die später anzustellenden Erörterungen erscheint es zweckmässig, der Kegelöffnung K einen gewissen Factor ε beizugesellen, welcher $= +1$ oder $= -1$ ist, jenachdem die Kegelspitze p auf der positiven oder negativen Seite von Λ liegt. Dieser Factor

ε mag der Situationsfactor, und das so entstehende Product εK die reducirte Kegelöffnung genannt werden.

Lässt man p auf beliebigem Wege fortschreiten, so ändert sich die reducirte Kegelöffnung εK im Allgemeinen in stetiger Weise; jedoch tritt eine Unstetigkeit ein (nämlich ein Ueberspringen vom Werthe -2π zum Werthe $+2\pi$, oder umgekehrt), sobald p durch die Fläche Λ hindurchgeht.

Fig. 13.

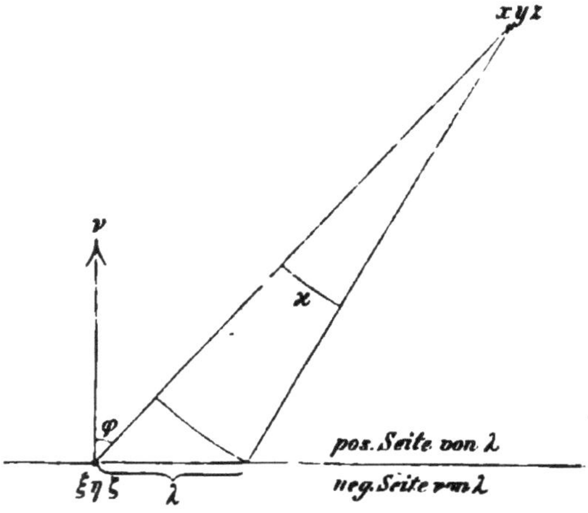

Um insbesondere den Fall eines unendlich kleinen geschlossenen Stromes näher ins Auge zu fassen, bedienen wir uns folgender Bezeichnungen:

λ die unendlich kleine Stromfläche;

ξ, η, ζ irgend ein Punct innerhalb λ;

α, β, γ die Richtungscosinus derjenigen auf λ im Puncte ξ, η, ζ errichteten Normale ν, welche zur Stromrichtung positiv liegt*);

x, y, z die Coordinaten der Kegelspitze;

$\varkappa$ die Oeffnung des Kegels;

$\varepsilon\varkappa$ die reducirte Kegelöffnung;

$r = \sqrt{(x-\xi)^2 + (y-\eta)^2 + (z-\zeta)^2}$;

*) In der beistehenden Figur, denke man sich den Punct ξ, η, ζ hart am Rande der Fläche λ, jedoch innerhalb derselben gelegen. Die Normale ν wird alsdann diejenige sein, welche ein im Strome Liegender und nach diesem innern Punct ξ, η, ζ Hinsehender markirt mit ausgestreckter Linken (vergl. pag. 82).

φ der Winkel zwischen der Normale ν (α, β, γ) und der Richtung $(x - \xi,\ y - \eta,\ z - \zeta)$.

Alsdann ergiebt sich sofort:

$$(1.) \qquad \varkappa = (\pm 1) \frac{\lambda \cos \varphi}{r^2}.$$

Die Grösse $\varkappa$ ist (ebenso wie auch λ) ihrer Bedeutung nach stets positiv; und der Factor (± 1) ist daher so zu wählen, dass die rechte Seite der Formel positiv wird, also der Bedingung zu unterwerfen:

$$(\pm 1) \cos \varphi = \text{pos.}$$

Mit andern Worten: Jener Factor ist $= + 1$ oder $= - 1$, jenachdem der Winkel φ spitz oder stumpf, d. i. jenachdem die Kegelspitze x, y, z auf der positiven oder negativen Seite von λ liegt. Hieraus aber folgt, dass jener Factor identisch ist mit dem vorhin definirten Situationsfactor ε. — Somit geht die Formel (1.) über in

$$(2.) \qquad \varkappa = \varepsilon \frac{\lambda \cos \varphi}{r^2};$$

woraus durch Multiplication mit ε sich ergiebt:

$$(3.) \qquad \varepsilon \varkappa = \frac{\lambda \cos \varphi}{r^2}.$$

Hiefür kann geschrieben werden:

$$(4.) \qquad \varepsilon \varkappa = \frac{\lambda}{r^2} \left(\frac{x - \xi}{r} \alpha + \frac{y - \eta}{r} \beta + \frac{z - \zeta}{r} \gamma \right),$$

$$= \lambda \left(\frac{\partial \frac{1}{r}}{\partial \xi} \alpha + \frac{\partial \frac{1}{r}}{\partial \eta} \beta + \frac{\partial \frac{1}{r}}{\partial \zeta} \gamma \right).$$

Beachtet man endlich, dass die Richtung α, β, γ mit ν benannt worden ist, dass also $\alpha = \frac{\partial \xi}{\partial \nu}$, $\beta = \frac{\partial \eta}{\partial \nu}$, $\gamma = \frac{\partial \zeta}{\partial \nu}$, so nimmt die Formel folgende Gestalt an:

$$(5.) \qquad \varepsilon \varkappa = \lambda \frac{\partial \frac{1}{r}}{\partial \nu};$$

in Worten ausgedrückt: Die reducirte Kegelöffnung ist gleich der Stromfläche, multiplicirt mit der Ableitung von $\frac{1}{r}$ nach der positiven Normale der Stromfläche.

§. 44. Die ponderomotorische Einwirkung eines gleichförmigen geschlossenen Stromes auf ein einzelnes Stromelement. Die Determinante des Stromes.

Beschränken wir uns (wie solches im gegenwärtigen Abschnitt durchweg geschehen soll) auf den Fall beträchtlicher Entfernungen, so ist $\psi = \sqrt{r}$, das Ampère'sche Gesetz also dargestellt durch die Formel:

$$(6.)\qquad R = A^2\, JJ_1\, \mathrm{D}s\, \mathrm{D}s_1\, \frac{3\Theta\Theta_1 - 2\mathsf{E}}{r^2},$$

(vergl. pag. 45, 46). Sind mithin X, Y, Z die Componenten derjenigen Kraft, welche ein gleichförmiger geschlossener elektrischer Strom (J_1, s_1) ausübt auf ein einzelnes Stromelement $J\,\mathrm{D}s$, so wird die erste dieser Componenten den Werth haben:

$$(7.)\qquad X = A^2\, JJ_1\, .\, \Sigma_1 \left[\mathrm{D}s\, \mathrm{D}s_1\, \frac{3\Theta\Theta_1 - 2\mathsf{E}}{r^2}\, \frac{x - x_1}{r}\right],$$

die Summation Σ_1 ausgedehnt über sämmtliche Elemente $\mathrm{D}s_1$ des geschlossenen Stromes; dabei bezeichnen x, y, z und x_1, y_1, z_1 die Coordinaten von $\mathrm{D}s$ und $\mathrm{D}s_1$.

Um der Formel (7.) eine bequemere Gestalt zu geben, mag zunächst erinnert sein an die bekannten Relationen (pag. 39):

$$(8.)\qquad \frac{\partial r}{\partial s} = \Theta, \qquad \frac{\partial r}{\partial s_1} = -\Theta_1, \qquad \frac{\partial^2 r}{\partial s\, \partial s_1} = \frac{\Theta\Theta_1 - \mathsf{E}}{r};$$

sodann mag der Quotient $\frac{x - x_1}{r}$ successive nach s und s_1 differenzirt werden:

$$\frac{\partial}{\partial s}\left(\frac{x - x_1}{r}\right) = \frac{1}{r}\frac{\partial x}{\partial s} - \frac{x - x_1}{r^2}\frac{\partial r}{\partial s},$$

$$\frac{\partial^2}{\partial s\, \partial s_1}\left(\frac{x - x_1}{r}\right) = -\frac{1}{r^2}\frac{\partial r}{\partial s_1}\frac{\partial x}{\partial s} + \frac{1}{r^2}\frac{\partial r}{\partial s}\frac{\partial x_1}{\partial s_1} + 2\,\frac{x - x_1}{r^3}\frac{\partial r}{\partial s}\frac{\partial r}{\partial s_1} - \frac{x - x_1}{r^2}\frac{\partial^2 r}{\partial s\, \partial s_1};$$

die letzte dieser Formeln kann mit Rücksicht auf die Relationen (8.) auch so geschrieben werden:

$$\frac{\partial^2}{\partial s\, \partial s_1}\left(\frac{x - x_1}{r}\right) = \frac{\partial x}{\partial s}\frac{\partial \frac{1}{r}}{\partial s_1} - \frac{\partial x_1}{\partial s_1}\frac{\partial \frac{1}{r}}{\partial s} - \frac{3\Theta\Theta_1(x - x_1)}{r^3} + \frac{\mathsf{E}(x - x_1)}{r^3}.$$

Hier ist offenbar das erste Glied rechter Hand identisch mit $\frac{\partial}{\partial s_1}\left(\frac{\partial x}{\partial s}\frac{1}{r}\right)$.

Multiplicirt man daher auf beiden Seiten mit $Ds\,Ds_1$, und integrirt über alle Ds_1 des geschlossenen Stromes, so ergiebt sich:

$$0 = \Sigma_1 \left[Ds\,Ds_1 \left(-\frac{\partial x_1}{\partial s_1} \frac{\partial \frac{1}{r}}{\partial s} - \frac{3\Theta\Theta_1 (x-x_1)}{r^3} + \frac{\mathsf{E}(x-x_1)}{r^3} \right) \right].$$

Addirt man aber diese Formel, nachdem sie zuvor mit $A^2 JJ_1$ multiplicirt worden ist, zur Formel (7.), so folgt:

$$(8.)\quad X = A^2 JJ_1 \,.\, \Sigma_1 \left[Ds\,Ds_1 \left(-\frac{\partial x_1}{\partial s_1} \frac{\partial \frac{1}{r}}{\partial s} - \frac{\mathsf{E}(x-x_1)}{r^3} \right) \right].$$

Nun ist offenbar:

$$\frac{\partial x_1}{\partial s_1} \frac{\partial \frac{1}{r}}{\partial s} = \left(\frac{\partial \frac{1}{r}}{\partial x} \frac{\partial x}{\partial s} + \frac{\partial \frac{1}{r}}{\partial y} \frac{\partial y}{\partial s} + \frac{\partial \frac{1}{r}}{\partial z} \frac{\partial z}{\partial s} \right) \frac{\partial x_1}{\partial s_1},$$

und folglich:

$$Ds\,Ds_1 \frac{\partial x_1}{\partial s_1} \frac{\partial \frac{1}{r}}{\partial s} = \left(\frac{\partial \frac{1}{r}}{\partial x} Dx + \frac{\partial \frac{1}{r}}{\partial y} Dy + \frac{\partial \frac{1}{r}}{\partial z} Dz \right) Dx_1,$$

wo Dx, Dy, Dz und Dx_1, Dy_1, Dz_1 die rechtwinkligen Projectionen von Ds und Ds_1 vorstellen. — Andererseits ist:

$$Ds\,Ds_1 \frac{\mathsf{E}(x-x_1)}{r^3} = -\frac{\partial \frac{1}{r}}{\partial x} (Dx\,Dx_1 + Dy\,Dy_1 + Dz\,Dz_1).$$

Durch Addition der beiden letzten Formeln folgt sofort:

$$(9.)\quad Ds\,Ds_1 \left(\frac{\partial x_1}{\partial s_1} \frac{\partial \frac{1}{r}}{\partial s} + \frac{\mathsf{E}(x-x_1)}{r^3} \right) = -\gamma\,Dy + \beta\,Dz,$$

wo α, β, γ die Bedeutungen haben:

$$(10.)\quad \begin{aligned} \alpha &= \frac{\partial \frac{1}{r}}{\partial y} Dz_1 - \frac{\partial \frac{1}{r}}{\partial z} Dy_1, \\ \beta &= \frac{\partial \frac{1}{r}}{\partial z} Dx_1 - \frac{\partial \frac{1}{r}}{\partial x} Dz_1, \\ \gamma &= \frac{\partial \frac{1}{r}}{\partial x} Dy_1 - \frac{\partial \frac{1}{r}}{\partial y} Dx_1. \end{aligned}$$

Durch Benutzung von (9.) gewinnt die zu berechnende Componente X (8.) folgendes Aussehen:

$$(11.)\qquad X = A^2 JJ_1 \, [(\Sigma_1 \gamma)\, \mathrm{D}y - (\Sigma_1 \beta)\, \mathrm{D}z],$$

oder falls man die Integrale $\Sigma_1 \alpha$, $\Sigma_1 \beta$, $\Sigma_1 \gamma$ kurzweg mit A, B, Γ bezeichnet, folgendes:

$$(12.)\qquad \begin{aligned} X &= A^2 JJ_1 \, (\Gamma\, \mathrm{D}y - \mathsf{B}\, \mathrm{D}z); \quad \text{ebenso wird:} \\ Y &= A^2 JJ_1 \, (\mathsf{A}\, \mathrm{D}z - \Gamma\, \mathrm{D}x), \\ Z &= A^2 JJ_1 \, (\mathsf{B}\, \mathrm{D}x - \mathsf{A}\, \mathrm{D}y). \end{aligned}$$

Diese X, Y, Z, in denen die Coefficienten A, B, Γ definirt sind durch die Formeln:

$$(13.)\qquad \begin{aligned} \mathsf{A} &= \Sigma_1 \left(\frac{\partial \frac{1}{r}}{\partial y} \mathrm{D}z_1 - \frac{\partial \frac{1}{r}}{\partial z} \mathrm{D}y_1 \right), \\ \mathsf{B} &= \Sigma_1 \left(\frac{\partial \frac{1}{r}}{\partial z} \mathrm{D}x_1 - \frac{\partial \frac{1}{r}}{\partial x} \mathrm{D}z_1 \right), \\ \Gamma &= \Sigma_1 \left(\frac{\partial \frac{1}{r}}{\partial x} \mathrm{D}y_1 - \frac{\partial \frac{1}{r}}{\partial y} \mathrm{D}x_1 \right), \end{aligned}$$

repräsentiren also die Componenten derjenigen ponderomotorischen Kraft, welche ein **gleichförmiger geschlossener** Strom (J_1, s_1) ausübt auf ein einzelnes Stromelement $J\,\mathrm{D}s$.

Aus (12.) folgt augenblicklich:

$$(14.)\qquad \begin{aligned} X\,\mathrm{D}x + Y\,\mathrm{D}y + Z\,\mathrm{D}z &= 0, \\ X\mathsf{A} + Y\mathsf{B} + Z\Gamma &= 0. \end{aligned}$$

Denkt man sich also eine von $J\,\mathrm{D}s$ ausgehende Linie Δ construirt, deren senkrechte Projectionen gleich A, B, Γ sind, so wird mit Bezug auf diese Linie, die sogenannte Determinante, der Satz gelten:

Die von einem gleichförmigen geschlossenen Strom auf ein einzelnes Stromelement ausgeübte Kraft steht senkrecht gegen das Element selber, und andererseits auch senkrecht gegen diejenige Determinante Δ, welche jener Strom besitzt in Bezug auf den Ort*) des Elementes.

§. 45. Fortsetzung. — Es wird gezeigt, dass die Determinante senkrecht steht gegen die Fläche constanter Kegelöffnung.

Die erste der Formeln (13.) kann offenbar $\left(\text{weil } \frac{\partial}{\partial x} = - \frac{\partial}{\partial x_1} \text{ ist, u. s. w.}\right)$ auch so geschrieben werden:

---

*) Wie die Formeln (13.) zeigen, sind nämlich A, B, Γ, Δ nur abhängig von den Coordinaten x, y, z des Elementes $\mathrm{D}s$, nämlich unabhängig von seiner Richtung $\mathrm{D}x$, $\mathrm{D}y$, $\mathrm{D}z$.

$$(15.)\qquad \mathsf{A} = \Sigma_1 \left(\frac{\partial \frac{1}{r}}{\partial z_1} \mathrm{D} y_1 - \frac{\partial \frac{1}{r}}{\partial y_1} \mathrm{D} z_1 \right).$$

Bei der weiteren Behandlung dieser Formel wollen wir uns nun auf den Fall beschränken, dass alle Puncte des Stromes (J_1, s_1) in derselben Ebene liegen. Die von dem Strome begrenzte ebene Stromfläche Λ_1 mag zerlegt sein in lauter unendlich kleine Elemente λ_1. Alsdann kann jenes A (15.) dadurch erhalten werden, dass man das Integral der Reihe nach berechnet für die Peripherie eines jeden Elementes λ_1, und sodann all' diese Elementar-Integrale zusammenaddirt; solches mag angedeutet sein durch die Formeln:

$$(16.)\qquad \mathsf{A} = \mathfrak{S}(\Sigma_{\lambda_1}),$$

$$(17.)\qquad \Sigma_{\lambda_1} = \Sigma_{\lambda_1} \left(\frac{\partial \frac{1}{r}}{\partial z_1} \mathrm{D} y_1 - \frac{\partial \frac{1}{r}}{\partial y_1} \mathrm{D} z_1 \right).$$

Das Elementar-Integral Σ_{λ_1} kann nun sofort berechnet werden mit Hülfe eines früher (pag. 88, 89) aufgestellten Satzes; man findet:

$$(18.)\qquad \Sigma_{\lambda_1} = \lambda_1 \left[-\alpha_1 \left(\frac{\partial^2 \frac{1}{r}}{\partial y_1^2} + \frac{\partial^2 \frac{1}{r}}{\partial z_1^2} \right) + \beta_1 \frac{\partial^2 \frac{1}{r}}{\partial x_1 \partial y_1} + \gamma_1 \frac{\partial^2 \frac{1}{r}}{\partial x_1 \partial z_1} \right].$$

Diese Formel, in welcher $\alpha_1, \beta_1, \gamma_1$ die Richtungscosinus der auf λ_1 oder (was dasselbe ist) auf Λ_1 errichteten positiven Normale n_1 vorstellen, kann mit Rücksicht auf die bekannte Relation

$$\frac{\partial^2 \frac{1}{r}}{\partial x_1^2} + \frac{\partial^2 \frac{1}{r}}{\partial y_1^2} + \frac{\partial^2 \frac{1}{r}}{\partial z_1^2} = 0$$

auch so dargestellt werden:

$$(19.)\qquad \Sigma_{\lambda_1} = + \frac{\partial}{\partial x_1} \left(\lambda_1 \alpha_1 \frac{\partial \frac{1}{r}}{\partial x_1} + \lambda_1 \beta_1 \frac{\partial \frac{1}{r}}{\partial y_1} + \lambda_1 \gamma_1 \frac{\partial \frac{1}{r}}{\partial z_1} \right),$$

oder, mit Rücksicht auf die bekannten Relationen $\alpha_1 = \frac{\partial x_1}{\partial n_1}$, $\beta_1 = \frac{\partial y_1}{\partial n_1}$, $\gamma_1 = \frac{\partial z_1}{\partial n_1}$, auch so:

$$(20.)\qquad \Sigma_{\lambda_1} = + \frac{\partial}{\partial x_1} \left(\lambda_1 \frac{\partial \frac{1}{r}}{\partial n_1} \right),$$

oder endlich auch so:

$$(21.)\qquad \Sigma_{\lambda_1} = -\frac{\partial}{\partial x}\left(\lambda_1\frac{\partial\frac{1}{r}}{\partial n_1}\right).$$

Hiefür aber kann mit Rückblick auf einen kürzlich gefundenen Satz (pag. 242) geschrieben werden:

$$(22.)\qquad \Sigma_{\lambda_1} = -\frac{\partial(\varepsilon\varkappa)}{\partial x},$$

wo alsdann $\varepsilon\varkappa$ die reducirte Oeffnung des vom Puncte x, y, z nach der Peripherie von λ_1 gelegten Kegels vorstellt.

Durch Substitution von (22.) in (16.) folgt:

$$(23.)\qquad \mathsf{A} = -\mathfrak{S}\frac{\partial(\varepsilon\varkappa)}{\partial x} = -\frac{\partial\mathfrak{S}(\varepsilon\varkappa)}{\partial x}.$$

Sämmtliche Elemente λ_1 haben aber ein und denselben*) Situationsfactor ε in Bezug auf den gegebenen Punct x, y, z. Somit ist

$$\mathfrak{S}(\varepsilon\varkappa) = \varepsilon\,\mathfrak{S}(\varkappa) = \varepsilon\,\mathsf{K},$$

wo K die Oeffnung des von x, y, z nach der Peripherie von Λ_1 gelegten Kegels vorstellt. Aus (23.) folgt demnach:

$$\mathsf{A} = -\frac{\partial(\varepsilon\mathsf{K})}{\partial x};\ \text{und ebenso wird:}$$

$$(24.)\qquad \mathsf{B} = -\frac{\partial(\varepsilon\mathsf{K})}{\partial y},$$

$$\Gamma = -\frac{\partial(\varepsilon\mathsf{K})}{\partial z}.$$

Denkt man sich also von irgend einem Punct x, y, z aus einen Kegelmantel gelegt nach einem geschlossenen **ebenen** Strom, und bezeichnet man die reducirte Oeffnung dieses Kegelmantels mit $\varepsilon\mathsf{K}$, so werden die negativen partiellen Ableitungen von $\varepsilon\mathsf{K}$ nach x, y, z die Componenten $\mathsf{A}, \mathsf{B}, \Gamma$ derjenigen Determinante Δ darstellen, welche der Strom in Bezug auf jenen Punct besitzt.

Die Determinante Δ steht, wie aus (24.) folgt, senkrecht gegen die durch den Punct x, y, z gehende Fläche

$$\varepsilon\mathsf{K} = \text{Const.},$$

d. i. senkrecht gegen die durch x, y, z gehende Fläche constanter

---

*) Denn nach der gemachten Voraussetzung ist Λ_1 eine ebene Fläche. Liegt also z. B. der Punct x, y, z auf der positiven Seite von Λ_1, so wird er gleichzeitig auch auf der positiven Seite eines jeden λ_1 sich befinden. Der Punct x, y, z besitzt demnach in Bezug auf jedes Element λ_1 denselben Situationsfactor wie in Bezug auf die Fläche Λ_1.

Kegelöffnung. Auch wird, wie ebenfalls aus (24.) folgt, die Determinante Δ immer diejenige Richtung besitzen, in welcher $\varepsilon \mathsf{K}$ abnimmt.

§. 46. Fortsetzung. — Construction der Richtung der Determinante für einen unendlich kleinen Strom.

Es sei λ_1 die Fläche des unendlich kleinen Stromes, n_1 die positive Normale derselben; ferner seien $\alpha_1, \beta_1, \gamma_1$ die Richtungscosinus dieser Normale; ferner mögen die relativen Coordinaten des betrachteten Punctes (x, y, z) in Bezug auf den Strom $\lambda_1 (x_1, y_1, z_1)$ bezeichnet sein mit ξ, η, ζ; so dass also

(25.) $$\xi = x - x_1, \qquad \eta = y - y_1, \qquad \zeta = z - z_1;$$

endlich sei $\Delta\ (\mathsf{A}, \mathsf{B}, \Gamma)$ die Determinante von λ_1 in Bezug auf jenen Punct.

In diesem Fall reducirt sich die Formel (16.) auf:

(26.) $$\mathsf{A} = \Sigma_{\lambda_1},$$

wo Σ_{λ_1}, nach (19.), den Werth hat:

$$\Sigma_{\lambda_1} = \lambda_1 \frac{\partial}{\partial x_1} \left(\alpha_1 \frac{\partial \frac{1}{r}}{\partial x_1} + \beta_1 \frac{\partial \frac{1}{r}}{\partial y_1} + \gamma_1 \frac{\partial \frac{1}{r}}{\partial z_1} \right),$$

also mit Rücksicht auf (25.) auch so dargestellt werden kann:

$$\begin{aligned} \Sigma_{\lambda_1} &= \lambda_1 \frac{\partial}{\partial \xi} \left(\alpha_1 \frac{\partial \frac{1}{r}}{\partial \xi} + \beta_1 \frac{\partial \frac{1}{r}}{\partial \eta} + \gamma_1 \frac{\partial \frac{1}{r}}{\partial \zeta} \right), \\ &= -\lambda_1 \frac{\partial}{\partial \xi} \left(\frac{\alpha_1 \xi + \beta_1 \eta + \gamma_1 \zeta}{r^3} \right), \\ &= -\lambda_1 \left(\frac{\alpha_1}{r^3} - \frac{3(\alpha_1 \xi + \beta_1 \eta + \gamma_1 \zeta)}{r^4} \frac{\xi}{r} \right). \end{aligned}$$

Somit folgt aus (26.) sofort:

$$\mathsf{A} = -\lambda_1 \frac{\alpha_1 r^2 - 3\xi(\alpha_1 \xi + \beta_1 \eta + \gamma_1 \zeta)}{r^5}; \text{ und ebenso wird:}$$

(27.) $$\begin{aligned} \mathsf{B} &= -\lambda_1 \frac{\beta_1 r^2 - 3\eta(\alpha_1 \xi + \beta_1 \eta + \gamma_1 \zeta)}{r^5}, \\ \Gamma &= -\lambda_1 \frac{\gamma_1 r^2 - 3\zeta(\alpha_1 \xi + \beta_1 \eta + \gamma_1 \zeta)}{r^5}. \end{aligned}$$

Diese Formeln führen in Betreff der Determinante Δ oder $\mathsf{A}, \mathsf{B}, \Gamma$ zu folgender Construction:

Man theile die von dem unendlich kleinen Strom λ_1

nach dem gegebenen Punct P gehende Linie r in drei gleiche Theile, und lege durch den λ_1 zunächst liegenden Theilpunct Q eine gegen r perpendiculäre Ebene. Bezeichnet R denjenigen Punct, in welchem diese Ebene von der positiven Normale n_1 des Stromes getroffen wird, so wird jene Determinante Δ die Richtung PR (oder vielleicht auch die entgegengesetzte Richtung RP) besitzen*).

Fig. 14.

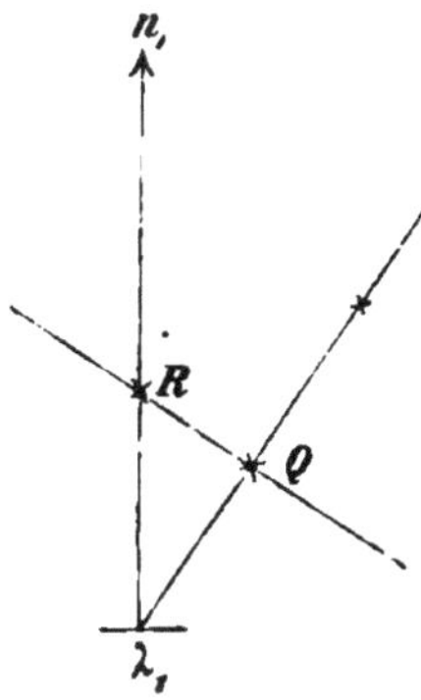

Beweis. — Die Coordinaten des gegebenen Punctes P sind [vergl. (25.)]:

$$\xi,\ \eta,\ \zeta,$$

folglich die Coordinaten des genannten Theilpunctes Q:

$$\tfrac{1}{3}\xi,\ \ \tfrac{1}{3}\eta,\ \ \tfrac{1}{3}\zeta.$$

Zur Bestimmung der Coordinaten ξ', η', ζ' des Punctes R ergeben sich daher die Gleichungen:

$$\text{(a.)}\qquad (\xi' - \tfrac{1}{3}\xi)\,\xi + (\eta' - \tfrac{1}{3}\eta)\,\eta + (\zeta' - \tfrac{1}{3}\zeta)\,\zeta = 0,$$

$$\text{(b.)}\qquad \xi' = \vartheta\alpha_1,\quad \eta' = \vartheta\beta_1,\quad \zeta' = \vartheta\gamma_1,$$

wo ϑ einen unbekannten Factor vorstellt.

Die Gleichung (a.) kann auch so geschrieben werden:

$$\text{(c.)}\qquad \xi'\xi + \eta'\eta + \zeta'\zeta = \tfrac{1}{3}r^2,$$

*) Die Linie PR ist in der Figur nicht gezeichnet.

oder mit Rücksicht auf (b.) auch so:

$$\text{(d.)} \qquad \vartheta\,(\alpha_1\xi + \beta_1\eta + \gamma_1\zeta) = \tfrac{1}{3}\,r^2.$$

Substituirt man den hieraus für ϑ sich ergebenden Werth in die erste der Formeln (b.), so folgt:

$$\text{(e.)} \qquad \xi' = \frac{\alpha_1 r^2}{3(\alpha_1\xi + \beta_1\eta + \gamma_1\zeta)},$$

oder falls man ξ auf beiden Seiten subtrahirt:

$$\text{(f.)} \qquad \xi' - \xi = \frac{\alpha_1 r^2 - 3\xi(\alpha_1\xi + \beta_1\eta + \gamma_1\zeta)}{3(\alpha_1\xi + \beta_1\eta + \gamma_1\zeta)}.$$

Hieraus aber folgt mit Rückblick auf (27.) sofort:

$$\text{(g.)} \qquad \mathsf{A} : \mathsf{B} : \Gamma = \xi' - \xi : \eta' - \eta : \zeta' - \zeta;$$

w. z. z. w.

§. 47. Die ponderomotorische Einwirkung zwischen zwei unendlich kleinen Strömen, von denen jeder geschlossen oder gleichförmig ist.

Die in Rede stehende gegenseitige Einwirkung ist vollständig charakterisirt durch das Potential der beiden Ströme aufeinander. Bezeichnet man die beiden letztern nach ihren Stromflächen mit λ, λ_1, und ihr Potential mit $P(\lambda, \lambda_1)$, so kann dieses $P(\lambda, \lambda_1)$ in mannigfaltiger Weise dargestellt werden. Zunächst ist nach der ursprünglichen Definition (pag. 57):

$$\text{(28. A)} \qquad P(\lambda, \lambda_1) = -A^2 JJ_1 \,.\, \Sigma\Sigma \frac{\mathrm{D}s\,\mathrm{D}s_1\,\Theta\Theta_1}{r},$$

$$= -A^2 JJ_1 \,.\, \Sigma\Sigma \frac{\mathrm{D}s\,\mathrm{D}s_1\,\mathsf{E}}{r},$$

$$= -A^2 JJ_1 \,.\, \Sigma\Sigma \frac{\mathrm{D}x\,\mathrm{D}x_1 + \mathrm{D}y\,\mathrm{D}y_1 + \mathrm{D}z\,\mathrm{D}z_1}{r},$$

Die letzte Formel gewinnt, falls man die Integrationen wirklich ausführt, folgende Gestaltung [vergl. (34.) pag. 92 und (35.) pag. 93]:

$$\text{(28. B)} \qquad P(\lambda, \lambda_1) = A^2 JJ_1\,\lambda\lambda_1 \left(\frac{[\alpha\alpha_1 + \cdot\cdot]}{r^3} - \frac{3[\alpha(x-x_1) + \cdot\cdot][\alpha_1(x-x_1) + \cdot\cdot]}{r^5}\right)$$

$$= A^2 JJ_1\,\lambda\lambda_1 \frac{\cos(n, n_1) - 3\cos(n, r)\cos(n_1, r)}{r^3},$$

$$= A^2 JJ_1\,\lambda\lambda_1 \frac{\partial^2 \frac{1}{r}}{\partial n\,\partial n_1}.$$

Hier bezeichnen λ, λ_1 die beiden unendlich kleinen Stromflächen, n, n_1 ihre positiven Normalen; ferner sind unter x, y, z und x_1, y_1, z_1 die Coordinaten von λ und λ_1, unter α, β, γ und $\alpha_1, \beta_1, \gamma_1$ die Richtungscosinus von n und n_1 zu verstehen; endlich repräsentiren (n, r) und (n_1, r) diejenigen Winkel, welche die Normalen n und n_1 bilden mit der Richtung r ($\lambda_1 \rightarrowtail \lambda$).

An diese beiden Darstellungen (28. A) und (28. B) reiht sich schliesslich noch eine dritte Darstellung. Die letzte der Formeln (28. B) kann nämlich so geschrieben werden:

$$P(\lambda, \lambda_1) = A^2 JJ_1 \lambda \frac{\partial}{\partial n}\left(\lambda_1 \frac{\partial \frac{1}{r}}{\partial n_1}\right),$$

oder mit Rücksicht auf einen kürzlich gefundenen Satz (pag. 242) auch so:

$$(28.\,C) \qquad P(\lambda, \lambda_1) = A^2 JJ_1 \lambda \frac{\partial(\varepsilon \varkappa)}{\partial n}.$$

Hier repräsentirt $\varepsilon\varkappa$ die reducirte Oeffnung desjenigen Kegelmantels, welcher von irgend einem Punct der unendlich kleinen Fläche λ hinläuft nach der Peripherie von λ_1.

Sind an Stelle eines Stromes λ_1 mehrere solche Ströme λ_1', λ_1'', ... gegeben, alle von derselben Stromstärke J_1, so wird nach (28. C) das Potential aller dieser Ströme zusammengenommen in Bezug auf λ den Werth haben:

$$(29.) \qquad P(\lambda, \; \lambda_1' + \lambda_1'' + \cdots) = A^2 JJ_1 \lambda \frac{\partial(\varepsilon'\varkappa' + \varepsilon''\varkappa'' + \cdots)}{\partial n},$$

wo $\varepsilon'\varkappa'$, $\varepsilon''\varkappa''$, ... die reducirten Oeffnungen derjenigen Kegel vorstellen, welche von einem Punct der Fläche λ hinlaufen respective nach den Peripherien von λ_1', λ_1'', ... Bilden nun diese Ströme λ_1', λ_1'', ... in ihrer Gesammtheit einen einzigen geschlossenen ebenen Strom Λ_1, so wird $\varepsilon' = \varepsilon'' = \cdots$, mithin

$$\varepsilon'\varkappa' + \varepsilon''\varkappa'' + \cdots = \varepsilon\mathrm{K},$$

wo $\varepsilon\mathrm{K}$ die reducirte Oeffnung desjenigen Kegels bezeichnet, welcher hinläuft nach der Peripherie von Λ_1. Somit ergiebt sich:

$$(30.) \qquad P(\lambda, \Lambda_1) = A^2 JJ_1 \lambda \frac{\partial(\varepsilon\mathrm{K})}{\partial n};$$

eine Formel*), welche zeigt, dass die Darstellungsweise (28. C) auch

---

*) Beiläufig bemerkt, ergeben sich hieraus für das Potential zweier ebenen Ströme Λ, Λ_1, deren jeder beliebige Dimensionen besitzt, folgende beiden Darstellungen:

$$P(\Lambda, \Lambda_1) = A^2 J J_1 \Sigma \lambda \frac{\partial(\varepsilon\mathrm{K})}{\partial n},$$
$$= A^2 JJ_1 \Sigma \lambda_1 \frac{\partial(\varepsilon_1\mathrm{K}_1)}{\partial n_1}.$$

Hier bezeichnen λ, λ_1 die unendlich kleinen Elemente von Λ, Λ_1, und n, n_1 die positiven Normalen derselben. Ferner repräsentirt $\varepsilon\mathrm{K}$ die reducirte Kegelöffnung von λ nach Λ_1, und $\varepsilon_1\mathrm{K}_1$ diejenige von λ_1 nach Λ.

dann noch anwendbar ist, wenn man den unendlich kleinen Strom λ_1 ersetzt durch irgend welchen ebenen Strom Λ_1 von beliebigen Dimensionen und beliebiger Gestalt.

§. 48. Das Solenoid und die zugehörigen Definitionen.

Unter einem Solenoid versteht man bekanntlich ein System unendlich kleiner Stromringe, welche zusammengenommen eine röhrenförmige Fläche bilden. Alle diese Ringe haben einerlei Stromstärke, und die aufeinanderfolgenden eine übereinstimmende Stromrichtung. Die Stromflächen der einzelnen Ringe stehen sämmtlich senkrecht gegen die Axe der röhrenförmigen Fläche; und die Mittelpuncte jener Stromflächen folgen auf einander längs dieser Axe in gleichem, und zwar unendlich kleinem Abstande. — Ob die Ringe kreisförmig oder von complicirterer Gestalt sind, ob ferner die Axe jener röhrenförmigen Fläche eine gerade oder krumme Linie ist, bleibt gleichgültig.

Axe und Querschnitt des Solenoids. — Darunter sind die Axe und der Querschnitt der röhrenförmigen Fläche zu verstehen; so dass also z. B. der Querschnitt identisch ist mit der Stromfläche des einzelnen Ringes.

Dichtigkeit des Solenoids. — So pflegt man diejenige Anzahl von Ringen zu nennen, welche sich vorfindet auf der Längeneinheit der Axe. Bezeichnet man also diese Dichtigkeit mit δ, so wird $\delta \,.\, \nu$ diejenige Zahl von Ringen vorstellen, welche sich vorfindet auf einem Segmente ν der Solenoidaxe; ebenso wird $\delta \,.\, D\nu$ diejenige Anzahl von Ringen sein, welche vorhanden ist auf einem äusserst kurzen Element $D\nu$ jener Axe.

Positive Richtung der Solenoidaxe. — So pflegt man diejenige Richtung dieser Axe zu nennen, welche markirt wird durch die positiven Normalen der einzelnen Stromringe. Der in einem einzelnen Ringe Liegende und nach dem Mittelpunct dieses Ringes Hinsehende wird die positive Normale des Ringes, und gleichzeitig also auch die positive Richtung der Solenoidaxe andeuten mit ausgestreckter Linken.

Negativer und positiver Pol. — Darunter sind die beiden Endpuncte der Solenoidaxe zu verstehen, und zwar in der Weise, dass die positive Richtung dieser Axe hinläuft vom negativen zum positiven Pol.

Die Intensitäten der beiden Pole. — Von den beiden Zahlen*)

$$(- A \mathfrak{l} \lambda \delta) \quad \text{und} \quad (+ A \mathfrak{l} \lambda \delta)$$

*) Ich werde die dem Solenoid zugehörigen Grössen durchweg mit Griechischen Buchstaben, z. B. seine Stromstärke mit ι (Jota) bezeichnen.

mag die erstere die Intensität des negativen, letztere die Intensität des positiven Poles genannt werden. Dabei sollen I, λ und δ respective Stromstärke, Querschnitt und Dichtigkeit des Solenoids vorstellen, und A die positive Quadratwurzel aus der im Ampère'schen Gesetz (pg. 243) enthaltenen Constanten A^2.

Ist schlechtweg nur von einem Solenoidpol die Rede, so wird darunter ein Solenoid zu verstehen sein, dessen anderer Pol in unendlicher Ferne sich befindet.

§. 49. Die ponderomotorische Einwirkung zweier Solenoide auf einander.

Zur Bestimmung dieser Einwirkung bedarf es offenbar nur der Berechnung des gegenseitigen Potentiales.

Die (im Allgemeinen krummlinigen) Axen der gegebenen Solenoide mögen angedeutet sein durch

$$\alpha \;\ldots\ldots\; \beta\;(D\nu)\;\ldots\ldots\;\gamma,$$

und durch

$$\alpha_1 \;\ldots\ldots\; \beta_1\;(D\nu_1)\;\ldots\ldots\;\gamma_1;$$

der Art, dass α, α_1 die negativen Pole, γ, γ_1 die positiven Pole, β, β_1 zwei beliebige Puncte der beiden Axen, endlich $D\nu$, $D\nu_1$ zwei respective von β und β_1 ausgehende Elemente der beiden Axen vorstellen. — Ferner seien I, I_1 die Stromstärken, λ, λ_1 die Querschnitte, und δ, δ_1 die Dichtigkeiten der beiden Solenoide; so dass also $\delta\, D\nu$ und $\delta_1\, D\nu_1$ die Anzahl der respective auf $D\nu$ und $D\nu_1$ vorhandenen Ringe bezeichnen.

Das Potential P zwischen zwei einzelnen respective bei β und β_1 befindlichen Ringen λ und λ_1 ist darstellbar durch die Formel (pg. 250.)

$$P(\lambda, \lambda_1) = A^2\, I\, I_1\, \lambda\, \lambda_1 \frac{\partial^2 \frac{1}{r}}{\partial \nu\, \partial \nu_1} \tag{31.}$$

wo ν, ν_1 die positiven Normalen von λ, λ_1 d. i. die Richtungen von $D\nu$, $D\nu_1$ vorstellen, während r die Entfernung zwischen den Mittelpunkten β, β_1 der beiden Ringe bezeichnet.

Um das Potential $P\,(D\nu, D\nu_1)$ der beiden Solenoidelemente $D\nu$ und $D\nu_1$ zu erhalten, hat man den Ausdruck (31.) noch zu multipliciren mit den Zahlen der in diesen Elementen enthaltenen Ringe, also zu multipliciren mit $\delta\, D\nu$ und $\delta_1\, D\nu_1$. Somit erhält man:

$$P(D\nu, D\nu_1) = A^2\, I\, I_1\, \lambda\, \lambda_1\, \delta\, \delta_1\, \frac{\partial^2 \frac{1}{r}}{\partial \nu\, \partial \nu_1}\, D\nu\, D\nu_1. \tag{32.}$$

Hieraus endlich ergiebt sich das Potential $P(\alpha\,\gamma,\ \alpha_1\,\gamma_1)$ der Solenoide selber durch Integration; es wird also:

$$(33.)\quad P(\alpha\,\gamma,\ \alpha_1\,\gamma_1) = (A \mid \lambda\,\delta)\,(A \mid_1 \lambda_1\,\delta_1)\ \sum_{\alpha}^{\gamma}\sum_{\alpha_1}^{\gamma_1}\left(\frac{\partial^2 \frac{1}{r}}{\partial\nu\,\partial\nu_1}\,D\nu\,D\nu_1\right)$$

oder, falls man die Integrationen wirklich ausführt:

$$(34.)\quad P(\alpha\,\gamma,\ \alpha_1\,\gamma_1) = (A \mid \lambda\,\delta)\,(A \mid_1 \lambda_1\,\delta_1)\left(\frac{1}{[\gamma\gamma_1]} + \frac{1}{[\alpha\alpha_1]} - \frac{1}{[\alpha\gamma_1]} - \frac{1}{[\gamma\alpha_1]}\right),$$

wo unter $[\gamma\,\gamma_1]$ u. s. w. die gegenseitigen Entfernungen der betreffenden Pole zu verstehen sind.

Durch Einführung der vier Pol-Intensitäten (pg. 252):

$$(35.)\quad \begin{aligned} \mathsf{A} &= -A \mid \lambda\,\delta, & \Gamma &= +A \mid \lambda\,\delta, \\ \mathsf{A}_1 &= -A \mid_1 \lambda_1\,\delta_1, & \Gamma_1 &= +A \mid_1 \lambda_1\,\delta_1 \end{aligned}$$

gewinnt die Formel (34.) die einfachere Gestalt:

$$(36.)\quad P(\alpha\,\gamma,\ \alpha_1\gamma_1) = \frac{\Gamma\,\Gamma_1}{[\gamma\gamma_1]} + \frac{\mathsf{A}\,\mathsf{A}_1}{[\alpha\,\alpha_1]} + \frac{\mathsf{A}\,\Gamma_1}{[\alpha\gamma_1]} + \frac{\Gamma\mathsf{A}_1}{[\gamma\alpha_1]};$$

hiefür aber kann kürzer geschrieben werden:

$$(37.)\quad P(\alpha\,\gamma,\ \alpha_1\,\gamma_1) = \mathfrak{S}\,\mathfrak{S}\,\frac{\mathsf{M}\,\mathsf{M}_1}{r},$$

indem man M als Collectivbezeichnung für A, Γ, ebenso M_1 als Collectivbezeichnung für A_1, Γ_1, endlich r als Collectivbezeichnung für die betreffenden Entfernungen in Anwendung bringt.

Sind also z. B. zwei starre Körper gegeben, von denen jeder in seinem Innern beliebig viele Solenoide enthält, so wird die gegenseitige ponderomotorische Einwirkung zwischen diesen beiden Körpern von solcher Beschaffenheit sein, als wäre zwischen je zwei Solenoidpolen M, M_1 ein Potential Π vorhanden von dem Werthe:

$$(38.)\quad \Pi = \frac{\mathsf{M}\,\mathsf{M}_1}{r};$$

oder (mit andern Worten) sie wird von solcher Beschaffenheit sein, als fände zwischen je zwei Polen M, M_1 eine repulsive Kraft statt von der Stärke:

$$(39.)\quad -\frac{d\Pi}{dr} = \frac{\mathsf{M}\,\mathsf{M}_1}{r^2}.$$

Dabei sind unter M, M_1 die Intensitäten der beiden Pole zu verstehen, unter r ihre gegenseitige Entfernung.

§. 50. Die gegenseitige ponderomotorische Einwirkung zwischen einem Solenoid und einem gleichförmigen geschlossenen Strom.

Das gegebene Solenoid sei, ebenso wie vorhin (pg. 253), angedeutet durch

$$\alpha \ldots . \beta\,(D\nu) \ldots . \gamma,$$

und durch I, λ, δ. — Der Einfachheit willen mag angenommen werden, dass alle Puncte des gegebenen geschlossenen Stromes in einer Ebene liegen; seine Stärke sei I_1, und seine ebene Stromfläche Λ_1.

Das Potential zwischen einem einzelnen bei β gelegenen Solenoid-Ringe λ und zwischen jenem Strom Λ_1 hat nach (30.) den Werth:

$$(40.)\qquad P(\lambda, \Lambda_1) = A^2\,\mathsf{I}\,\mathsf{I}_1 \cdot \lambda\,\frac{\partial(\varepsilon\,\mathsf{K})}{\partial\nu},$$

wo ν die positive Normale von λ, also die Richtung von $D\nu$ bezeichnet, während $\varepsilon\,\mathsf{K}$ die reducirte Kegelöffnung von λ nach Λ_1 vorstellt.

Um das Potential $P\,(D\nu, \Lambda_1)$ des Solenoidelementes $D\nu$ auf Λ_1 zu erhalten, ist der Ausdruck (40.) noch zu multipliciren mit der Anzahl $\delta\,D\nu$ aller auf $D\nu$ befindlichen Ringe. Somit wird:

$$(41.)\qquad P\,(D\nu, \Lambda_1) = A(A\,\mathsf{I}\,\lambda\,\delta)\,\mathsf{I}_1 \cdot \frac{\partial(\varepsilon\,\mathsf{K})}{\partial\nu}D\nu.$$

Hieraus ergiebt sich durch Integration für das Potential $P\,(\alpha\,\gamma, \Lambda_1)$ des ganzen Solenoides auf Λ_1 der Werth:

$$(42.)\qquad P\,(\alpha\,\gamma, \Lambda_1) = A\,(A\,\mathsf{I}\,\lambda\,\delta)\,\mathsf{I}_1 \cdot \sum_\alpha^\gamma \left(\frac{\partial(\varepsilon\,\mathsf{K})}{\partial\nu}D\nu\right),$$

oder (was dasselbe ist):

$$(43.)\qquad P(\alpha\,\gamma, \Lambda_1) = A\,(A\,\mathsf{I}\,\lambda\,\delta)\,\mathsf{I}_1 \left[(\varepsilon\,\mathsf{K})_\gamma - (\varepsilon\,\mathsf{K})_\alpha\right],$$

eine Formel, welche bei Einführung der beiden Pol-Intensitäten:

$$(44.)\qquad \mathsf{A} = -A\,\mathsf{I}\,\lambda\delta, \qquad \Gamma = +A\,\mathsf{I}\,\lambda\,\delta$$

auch so geschrieben werden kann:

$$(45.)\qquad P\,(\alpha\,\gamma, \Lambda_1) = A\,\mathsf{I}_1\left[\,\Gamma\,(\varepsilon\,\mathsf{K})_\gamma + \mathsf{A}\,(\varepsilon\,\mathsf{K})_\alpha\,\right],$$

oder kürzer auch so:

$$(46.)\qquad P\,(\alpha\gamma, \Lambda_1) = A\,\mathsf{I}_1 . \mathfrak{S}\,(\mathsf{M}.\,\varepsilon\,\mathsf{K}),$$

wo alsdann M und $\varepsilon\mathsf{K}$ als Collectivbezeichnungen anzusehen sind für A, Γ, und $(\varepsilon\mathsf{K})_\alpha$, $(\varepsilon\mathsf{K})_\gamma$.

Die gegenseitige ponderomotorische Einwirkung zwischen einem Solenoid und einem ebenen geschlossenen

Strom l_1 ist also von solcher Beschaffenheit, als hätte jeder Solenoidpol auf diesen Strom ein Potential vom Werthe:

$$(47.) \qquad A\, l_1\, M.\, \varepsilon K,$$

wo M die Intensität des Poles, und ε K die reducirte Oeffnung des von ihm nach dem Strome gelegten Kegelmantels bezeichnet.

Uebrigens sind die Formeln (43.) bis (47.) nur dann richtig, wenn das Solenoid vollständig ausserhalb der Stromfläche Λ_1 liegt. Geht nämlich das Solenoid an irgend einer Stelle durch die Fläche Λ_1 hindurch, so erleidet die reducirte Kegelöffnung ε K, falls man die Spitze des Kegels längs des Solenoids fortschreiten lässt, an jener Stelle eine sprungweise Veränderung von -2π auf $+2\pi$, oder umgekehrt (vergl. pg. 241); so dass in diesem Fall der Uebergang von Formel (42.) zu (43.) fehlerhaft sein würde.

Geht, um den allgemeinsten Fall ins Auge zu fassen, das gegebene Solenoid $\alpha\gamma$ im Ganzen $(p+p')$ Male durch die Fläche Λ_1 hindurch, und zwar p Male in der Richtung der positiven Normale von Λ_1, p' Male in der entgegengesetzten Richtung, so gelangt man durch Berechnung des in (42.) vorhandenen Integrals zu folgender Formel:

$$(48.) \qquad P\,(\alpha\gamma, \Lambda_1) = A\,(A\,|\,\lambda\,\delta)\, l_1 \left[(\varepsilon\, K)_\gamma - (\varepsilon\, K)_\alpha - (p-p')\, 4\pi\right];$$

eine Formel, welche für $p=p'=0$ in die frühere (43.) zurückfällt.

§. 51. Die ponderomotorische Einwirkung eines Solenoids auf ein einzelnes Stromelement.

Das gegebene Solenoid sei wiederum (pg. 253) bezeichnet durch

$$\alpha \ldots\ldots \beta\,(D\nu) \ldots\ldots \gamma,$$

und durch l, λ, δ; die Coordinaten von β seien ξ, η, ζ. — Andererseits besitze das gegebene Stromelement JDs die Coordinaten x, y, z.

Die Kraft X, Y, Z welche der bei β (oder ξ, η, ζ) gelegene Solenoid-Ring λ auf das Element JDs ausübt, stellt sich dar durch die Formeln [vergl. (12.), pag. 245]:

$$(49.) \qquad \begin{aligned} X &= A^2\, J\, l\, (\Gamma\, Dy - B\, Dz), \\ Y &= A^2\, J\, l\, (A\, Dz - \Gamma\, Dx), \\ Z &= A^2\, J\, l\, (B\, Dx - A\, Dy); \end{aligned}$$

die Grössen A, B, Γ repräsentiren hier die Determinante des Ringes λ in Bezug auf den Punct x, y, z, und besitzen also die Werthe [vergl. (24.) pag. 247]:

$$(50.)\quad \begin{aligned} \mathsf{A} &= -\frac{\partial(\varepsilon\varkappa)}{\partial x}, \\ \mathsf{B} &= -\frac{\partial(\varepsilon\varkappa)}{\partial y}, \\ \Gamma &= -\frac{\partial(\varepsilon\varkappa)}{\partial z}, \end{aligned}$$

wo $\varepsilon\varkappa$ die reducirte Oeffnung des von x, y, z nach λ gelegten Kegelmantels vorstellt; demnach ist (pg. 242):

$$(51.)\quad \varepsilon\varkappa = \lambda\frac{\partial\frac{1}{r}}{\partial\nu},$$

wo r die Entfernung zwischen x, y, z und λ, andererseits ν die positive Normale von λ, d. i. die Richtung von $D\nu$ vorstellt.

Durch Substitution der Werthe (50.) in die erste der Formeln (49.) folgt:

$$(52.)\quad X = -A^2 J \mid \left(\frac{\partial(\varepsilon\varkappa)}{\partial z}Dy - \frac{\partial(\varepsilon\varkappa)}{\partial y}Dz\right),$$

also mit Rücksicht auf (51.):

$$(53.)\quad X = -A^2 J \mid \lambda\cdot\frac{\partial}{\partial\nu}\left(\frac{\partial\frac{1}{r}}{\partial z}Dy - \frac{\partial\frac{1}{r}}{\partial y}Dz\right),$$

oder (was dasselbe ist):

$$(54.)\quad X = -A^2 J \mid \lambda\cdot\frac{\partial}{\partial\nu}\frac{(\zeta-z)\,Dy - (\eta-y)\,Dz}{r^3}.$$

Multiplicirt man diesen Ausdruck mit der Anzahl $\delta\, D\nu$ der zum Solenoidelement $D\nu$ gehörigen Ringe, so erhält man die Componente X ($D\nu$, Ds) derjenigen Wirkung, welche dieses Solenoidelement auf JDs ausübt; es wird also:

$$(55.)\quad X(D\nu, Ds) = -A\,J\,(A \mid \lambda\,\delta)\frac{\partial}{\partial\nu}\frac{(\zeta-z)\,Dy-(\eta-y)\,Dz}{r^3}D\nu.$$

Endlich ergiebt sich durch Integration die Componente X ($\alpha\gamma$, Ds) der von dem ganzen Solenoid auf JDs ausgeübten Wirkung:

$$(56.)\quad X(\alpha\gamma, Ds) = -A\,J\,(A \mid \lambda\,\delta)\left[\frac{(\zeta-z)\,Dy-(\eta-y)\,Dz}{r^3}\right]_\alpha^\gamma;$$

hiefür mag geschrieben werden:

$$(57.)\quad X(\alpha\gamma, Ds) = Q_x^{(\alpha)} + Q_x^{(\gamma)}$$

$$(58.)\quad \begin{aligned} Q_x^{(\alpha)} &= -A\,J\,(-A \mid \lambda\,\delta)\left(\frac{(\zeta-z)\,Dy-(\eta-y)\,Dz}{r^3}\right)_\alpha, \\ Q_x^{(\gamma)} &= -A\,J\,(+A \mid \lambda\,\delta)\left(\frac{(\zeta-z)\,Dy-(\eta-y)\,Dz}{r^3}\right)_\gamma, \end{aligned}$$

wo die beigefügten Indices α, γ andeuten sollen, dass für ξ, η, ζ, r ein Mal die dem Pole α, das andere Mal die dem Pole γ entsprechenden Werthe zu nehmen sind.

Beachtet man, dass die Factoren $(-A \mid \lambda\, \delta)$ und $+ (A \mid \lambda\, \delta)$ nichts Andres sind als die Intensitäten der beiden Pole, so führen die Formeln (57.), (58.) zu folgendem Ergebniss.

Die von einem Solenoid $\alpha\,\gamma$ auf ein einzelnes Stromelement J Ds ausgeübte ponderomotorische Wirkung kann als zusammengesetzt betrachtet werden aus zwei den beiden Polen entsprechenden Kräften $Q^{(\alpha)}$ und $Q^{(\gamma)}$.

Ist Q irgend eine von diesen beiden Kräften, und sind Q_x, Q_y, Q_z die rechtwinkligen Componenten von Q, so gelten die Formeln:

$$(59.)\qquad \begin{aligned} Q_x &= -A\, J\, \mathsf{M}\, \frac{(\zeta - z)\, \mathrm{D}y - (\eta - y)\, \mathrm{D}z}{r^3}, \\ Q_y &= -A\, J\, \mathsf{M}\, \frac{(\xi - x)\, \mathrm{D}z - (\zeta - z)\, \mathrm{D}x}{r^3}, \\ Q_z &= -A\, J\, \mathsf{M}\, \frac{(\eta - y)\, \mathrm{D}x - (\xi - x)\, \mathrm{D}y}{r^3}. \end{aligned}$$

Hier bezeichnen ξ, η, ζ die Coordinaten des betreffenden Poles, r seine Entfernung vom Elemente JDs, und M seine Intensität; andrerseits bezeichnen x, y, z und Dx, Dy, Dz die Coordinaten und rechtwinkligen Projectionen von Ds.

Die aus (59.) sich ergebenden Formeln

$$(\alpha.)\qquad \begin{aligned} &Q_x(\xi - x) + Q_y(\eta - y) + Q_z(\zeta - z) = 0, \\ &Q_x\, \mathrm{D}x + Q_y\, \mathrm{D}y + Q_z\, \mathrm{D}z = 0 \end{aligned}$$

zeigen, dass die Kraft Q senkrecht steht gegen die Fläche (M, Ds) d. i. gegen die durch den Pol M und das Element Ds sich bestimmende Dreieckfläche.

Um die Richtung der Kraft ihrem Sinne nach zu bestimmen, mag zunächst diejenige Normale N der Dreieckfläche (M, Ds) construirt werden, welche der im Stromelement JDs Liegende und nach M Hinsehende mit ausgestreckter Linken markirt. Die drei von x, y, z ausgehenden Richtungen:

$$\mathrm{D}s\,(\mathrm{D}x, \mathrm{D}y, \mathrm{D}z), \quad r\,(\xi - x, \eta - y, \zeta - z), \text{ und } N$$

bilden alsdann ein Strahlenbündel von positivem Charakter (vrgl. den Satz, pag. 83); es ist also:

$$(\beta.)\qquad Char\,(\mathrm{D}s,\ r,\ N) = pos;$$

und folglich:

$$(\gamma.)\qquad \begin{vmatrix} Dx & \xi - x & \cos U \\ Dy & \eta - y & \cos V \\ Dz & \zeta - z & \cos W \end{vmatrix} = pos,$$

wo unter *cos U*, *cos V*, *cos W* die Richtungscosinus von N zu verstehen sind. Ausserdem gelten für diese Richtungscosinus die Relationen:

$$(\delta.)\qquad (\xi - x)\cos U + (\eta - y)\cos V + (\zeta - z)\cos W = 0,$$

$$(\varepsilon.)\qquad Dx.\cos U + Dy.\cos V + Dz.\cos W = 0,$$

$$(\zeta.)\qquad \cos^2 U + \cos^2 V + \cos^2 W = 1.$$

Aus (δ.) und (ε.) folgt sofort:

$$(\eta.)\qquad \begin{aligned} \lambda\cos U &= (\zeta - z)\,Dy - (\eta - y)\,Dz, \\ \lambda\cos V &= (\xi - x)\,Dz - (\zeta - z)\,Dx, \\ \lambda\cos W &= (\eta - y)\,Dx - (\xi - x)\,Dy, \end{aligned}$$

wo λ noch unbekannt ist. Erhebt man die Formeln (η.) zum Quadrat und addirt, so ergiebt sich mit Rücksicht auf (ζ.)

$$\begin{aligned} \lambda^2 &= [(\xi - x)^2 + \cdots][(Dx)^2 + \ldots] - [(\xi - x)\,Dx + \cdots]^2, \\ &= [r\,Ds]^2 - [r\,Ds \cdot \cos(r, Ds)]^2, \\ &= [r\,Ds.\,\sin(r, Ds)]^2, \end{aligned}$$

folglich:

$$(\vartheta.)\qquad \lambda = (\pm 1)\, r\, Ds.\sin(r, Ds).$$

Der Winkel (r, Ds) mag jederzeit so gerechnet werden, dass er zwischen 0^0 und 180^0 liegt, dass also sein Sinus p o s i t i v ist. Solches festgesetzt, kann der in (ϑ.) enthaltene Factor (± 1) näher bestimmt werden. Substituirt man nämlich die Werthe von *cos U*, *cos V*, *cos W*, (η.) in die Formel (γ.), so erhält man:

$$\frac{[(\zeta - z)\,Dy - (\eta - y)\,Dz]^2 + \cdots}{\lambda} = pos,$$

und daher:

$$(\iota.)\qquad \lambda = pos.$$

Sodann aber folgt aus (ϑ.) und (ι.) sofort, dass jener Factor (± 1) den Werth $(+ 1)$ hat.

Somit ergeben sich aus (η.) und (ϑ.) für *cos U*, *cos V*, *cos W* schliesslich die Werthe:

$$(\varkappa.)\qquad \begin{aligned} \cos U &= \frac{(\zeta - z)\,Dy - (\eta - y)\,Dz}{r\,Ds.\,\sin(r, Ds)}, \\ \cos V &= \frac{(\xi - x)\,Dz - (\zeta - z)\,Dx}{r\,Ds.\,\sin(r, Ds)}, \\ \cos W &= \frac{(\eta - y)\,Dx - (\xi - x)\,Dy}{r\,Ds.\,\sin(r, Ds)}. \end{aligned}$$

Hieraus ersieht man, dass die Formeln (59.) in folgender Weise dargestellt werden können:

$$(\lambda.) \qquad Q_x = -A\,J\,M\,\frac{r\,Ds.\,sin\,(r,\,Ds).\,cos\,U}{r^3},$$

$$Q_y = etc.$$

oder bei etwas anderer Anordnung auch so:

$$Q_x = -A\,\frac{J\,Ds.\,M.\,sin\,(r,\,Ds)}{r^2}\,cos\,U,$$

$$(\mu.) \qquad Q_y = -A\,\frac{J\,Ds.\,M.\,sin\,(r,\,Ds)}{r^2}\,cos\,V,$$

$$Q_z = -A\,\frac{J\,Ds.\,M.\,sin\,(r,\,Ds)}{r^2}\,cos\,W.$$

Diese Formeln aber führen sofort zu folgendem Resultat:

Die von einem Solenoidpol M auf ein einzelnes Stromelement *JDs* ausgeübte Kraft *Q* steht senkrecht gegen die durch den Pol und das Element sich bestimmende Dreiecksfläche. Rechnet man sie in derjenigen Richtung, welche ein im Stromelement Liegender und nach dem Pol Hinsehender markirt mit ausgestrekter Linken, so wird ihre Stärke dargestellt sein durch:

$$(60.) \qquad Q = -A\,\frac{J\,Ds.\,M.\,sin\,(r,\,Ds)}{r^2},$$

wo *r* die Entfernung des Poles vom Stromelemente bezeichnet. — Ihr Angriffspunkt liegt im Stromelement.

Diese Bemerkung über den Angriffspunct dürfte, so selbstverständlich sie auch erscheinen mag, doch für die folgende Untersuchung von einigem Gewicht sein.

§. 52. Fortsetzung. — Die wechselseitige ponderomotorische Einwirkung zwischen Solenoid und Stromelement.

Es sei gegeben ein starrer Körper *K*, in dessen Innerm beliebig viele, etwa *N* Solenoide enthalten sind, und irgendwo ausserhalb des Körpers ein Stromelement *JDs*. Es sollen diejenigen ponderomotorischen Wirkungen cldy. Us betrachtet werden, welche Körper und Stromelement wechselseitig auf einander ausüben.

Diese Wirkungen sind in letzter Instanz auf Elementarwirkungen nach dem Ampère'schen Gesetz zurückzuführen, und müssen folglich, ebenso wie jene Elementarwirkungen, in Einklang sein mit dem Princip der Action und Reaction.

Um die Verhältnisse genauer darlegen zu können, seien *s* und *s'* zwei einander unendlich nahe ponderable Massenpuncte, ersterer angehörig dem Elemente JDs, letzterer *) dem starren Körper K. Ferner sei $\mathrm{I}D\sigma$ irgend ein Stromelement**) der in dem Körper enthaltenen Solenoide, und σ ein ponderabler Massenpunct dieses Elementes; so dass also σ, ebenso wie s', dem starren Körper K angehört.

Die gegenseitige Einwirkung zwischen JDs und $\mathrm{I}D\sigma$ ist nach dem Ampére'schen Gesetz dargestellt durch zwei diametral entgegengesetzte Kräfte, welche also, gerechnet in einerlei Richtung, zu bezeichnen sind mit P und $-P$, oder genauer mit

(A.) $$P(s) \quad \text{und} \quad -P(\sigma),$$

wo die in Parenthese beigefügten Buchstaben die Angriffspuncte andeuten sollen. Diese Kräfte (A.) sind ersetzbar durch

(B.) $$P(s) \quad \text{und} \quad -P(s');$$

denn die auf den starren Körper K einwirkende Kraft $-P(\sigma)$ kann längs ihrer eigenen Linie (d. i. längs σs oder $\sigma s'$) beliebig weit, z. B. so weit verschoben werden, dass ihr Angriffspunct von σ nach s' gelangt; nach Ausführung dieser Verschiebung wird sie aber zu bezeichnen sein mit $-P(s')$.

Nimmt man für $\mathrm{I}D\sigma$ der Reihe nach sämmtliche Stromelemente der gegebenen Solenoide, so erhält man unendlich viele Paare (B.), jedes bestehend aus zwei diametral entgegengesetzten, respective in s und s' angreifenden Kräften. Vereinigt man in diesen Paaren (B.) sämmtliche $P(s)$ zu einer Resultante, andererseits sämmtliche $-P(s')$ ebenfalls zu ihrer Resultanten, so werden diese resultirenden Kräfte offenbar wiederum diametral entgegengesetzt, also mit R und $-R$, oder genauer mit

(Γ.) $$R(s) \quad \text{und} \quad -R(s')$$

zu bezeichnen sein. Diese Kräfte (Γ.) repräsentiren die gesuchten Gesammtwirkungen, nämlich $R(s)$ diejenige des Körpers K auf das

*) Wir können uns nämlich bei der hier anzustellenden Betrachtung die ponderable Masse des starren Körpers nach allen Seiten hin beliebig weit ausgedehnt denken, oder wir können uns diesen Körper etwa mit einem Arm versehen denken, welcher bis zum Elemente JDs hinreicht; der Endpunct dieses Armes würde alsdann der von uns eingeführte Punct s' sein.

Denkt man sich aber in solcher Weise den Punct s' als den Endpunct eines vom Körper ausgehenden Armes, so wird, falls die relative Lage des Stromelementes JDs zum Körper sich ändert, der anzuwendende Arm in jedem Augenblick ein anderer sein. Denn es soll ja der Endpunct s' des Armes dem Element JDs [oder, was dasselbe, dem auf JDs festgesetzten Punct s] beständig unendlich nahe sein.

**) Jedes Solenoid ist zerlegt zu denken in seine einzelnen Ringe und jeder Ring in seine einzelnen Elemente. Irgend eines dieser letztern ist alsdann mit $\mathrm{I}D\sigma$ bezeichnet.

Stromelement JDs, und $-R(s')$ diejenige des Stromelementes auf den Körper.

Die Kraft $R(s)$ repräsentirt also die Gesammtwirkung des Körpers auf das Element JDs, d. i. die Gesammtwirkung der in dem Körper enthaltenen N Solenoide auf dieses Element, und kann daher, entsprechend den $2N$ Polen der Solenoide, als zusammengesetzt betrachtet werden aus $2N$ Kräften Q oder $Q(s)$, jede senkrecht gegen die durch das Element JDs und den betreffenden Pol sich bestimmende Dreieckfläche [Vergl. (59.), (60.).]

Folglich kann die zu $R(s)$ diametral entgegengesetzte Kraft $-R(s')$, die Gesammtwirkung des Elementes JDs auf den Körper, als zusammengesetzt betrachtet werden aus den $2N$ entgegengesetzten Kräften $-Q$ oder $-Q(s')$. Somit ergiebt sich der Satz:

Sind im Innern eines starren Körpers K irgend welche Solenoide enthalten, so ist die gegenseitige Einwirkung zwischen diesem Körper K und einem gegebenen Stromelement JDs von solcher Beschaffenheit, als wären zwischen jedem Solenoidpol und dem Elemente JDs zwei einander diametral entgegengesetzte Kräfte

(61.) $$Q(s) \quad \text{und} \quad -Q(s')$$

vorhanden, erstere einwirkend auf einen Punct s des Stromelements, letztere auf einen unendlich nahe an s gelegenen Punct s' des Körpers*).

Von diesen beiden Kräften, welche senkrecht stehen gegen die durch den Pol und das Element sich bestimmende Dreieckfläche, ist die erstere $Q(s)$ in (59.) und (60.) näher besprochen worden hinsichtlich ihrer Componenten, so wie hinsichtlich ihrer Stärke und ihres Sinnes.

§. 53. Fortsetzung. — Die ponderomotorische Arbeit zwischen Solenoid und Stromelement. Bemerkung über die elektromotorische Einwirkung.

Die unendlich vielen Bewegungsarten, welche ein gegebenes materielles System anzunehmen im Stande ist, können in zwei Classen getheilt werden:

---

*) Sämmtliche Kräfte, welche das Stromelement JDs auf den Körper ausübt, haben also ihren Angriffspunct in s', d. i. unendlich nahe an jenem Elemente. Denkt man sich daher den Körper drehbar um eine gegebene Axe, so wird er unter der Einwirkung jenes (etwa fest aufgestellten) Elementes in Ruhe bleiben, sobald die Axe durch s', d. i. durch jenes Element geht, hingegen in Bewegung gerathen, wenn die Axe eine andere Lage hat.

Erstens. Bewegungen, bei denen die relativen Verhältnisse des Systems sich ändern.

Zweitens. Bewegungen, bei denen die genannten Verhältnisse constant bleiben*).

Bestehen die inneren Kräfte des Systems in letzter Instanz aus lauter Centralkräften**), so ist keine Tendenz vorhanden zur Erzeugung einer Bewegung zweiter Classe. In der That kann alsdann, falls das System zu Anfang in Ruhe ist und äussere Einwirkungen fehlen, eine Bewegung zweiter Classe niemals eintreten; wird aber durch geeignete äussere Einwirkungen eine solche Bewegung zweiter Classe wirklich hervorgerufen, so ist die während derselben von jenen inneren Kräften verrichtete Arbeit gleich Null.

Anders verhält es sich, wenn die innern Kräfte von der Natur der Ampère'schen Kräfte***) sind; wovon wir uns leicht durch ein Beispiel überzeugen können.

Der im vorhergehenden § betrachtete Körper K sei ein um seine eigene Axe drehbarer Cylinder. Im Innern dieses Körpers sei nur ein einziges Solenoid enthalten, dessen Axe mit der Drehungs- oder Cylinder-Axe zusammenfällt, und dessen einzelne Ringe genau kreisförmig sind; so dass also Körper und Solenoid zusammengenommen völlig symmetrisch sind in Bezug auf die Drehungsaxe.

Mit dieser Axe sei ausserdem durch irgend welche Arme ein Stromelement JDs verbunden, in solcher Weise, dass dasselbe (unabhängig vom Körper K) um diese Axe beliebig gedreht werden kann.

Aus dem Satze (61.) ergiebt sich, dass alsdann der Körper K auf das Element JDs ein gewisses Drehungsmoment Δ, und umgekehrt JDs auf K das entgegengesetzte Drehungsmoment $-\Delta$ ausübt.

Die zwischen Element und Körper vorhandenen Kräfte besitzen also die Tendenz, diesen beiden Objecten entgegengesetzte Drehungen

*) Besteht, um einige Beispiele anzugeben, das System aus nur zwei Massenpuncten, so wird eine Bewegung zweiter Classe vorhanden sein, falls der eine im Kreise um den andern herumläuft. Besteht ferner das System aus zwei starren Körpern A und B, von denen der letztere ein homogener Rotationskörper ist, so wird eine Bewegung zweiter Classe vorhanden sein, sobald A ruht und B um seine geometrische Axe sich dreht.

**) Unter einer Centralkraft verstehe ich eine Kraft, deren Stärke nur von der Entfernung der betrachteten Elemente abhängt, und deren Richtung mit dieser Entfernung zusammenfällt.

***) Die Kraft, welche nach dem Ampère'schen Gesetz, zwischen zwei elektrischen Stromelementen stattfindet, hängt, ausser von der Entfernung, auch noch von gewissen Winkeln ab, und besetzt also nicht mehr den Charakter einer Centralkraft.

einzuprägen. Mit andern Worten: Sie besitzen eine Tendenz zur Hervorrufung einer Bewegung zweiter Classe.

Drehen sich Element und Körper während der Zeit dt um irgend welche Winkel, die, in einerlei Sinn gerechnet, $= d\varphi$ und $= d\varphi'$ sind, so ist $\Delta d\varphi$ diejenige Arbeit*), welche die zwischen den beiden Objecten vorhandenen Kräfte während jener Zeit auf das Element ausüben, andererseits $-\Delta d\varphi'$ diejenige, welche sie auf den Körper ausüben. Trotzdem also, dass die betrachtete Bewegung zur zweiten Classe gehört, werden dennoch während derselben von jenen Kräften gewisse Arbeiten verrichtet.

Die vom Körper K auf das Element JDs ausgeübte Wirkung zerfällt, entsprechend den beiden Polen M und M_1 des Solenoids, in zwei Kräfte

(62.) $$Q \quad \text{und} \quad Q_1,$$

welche senkrecht stehen respective gegen die Ebenen (Ds, M) und (Ds, M_1). Desgleichen zerfällt das (schon erwähnte) vom Körper K auf JDs ausgeübte Drehungsmoment Δ ebenfalls in zwei Theile:

(63.) $$\Delta = \delta + \delta_1.$$

Um das dem Pole M entsprechende Q und δ näher zu bestimmen, bedienen wir uns eines Axensystemes, dessen Anfangspunct in M liegt, und dessen z Axe mit der Solenoidaxe zusammenfällt. Alsdann ergeben sich aus (59.) für die Componenten Q_x, Q_y, Q_z der Kraft Q die Werthe:

(64.) $$\begin{aligned} Q_x &= A\,J\,\mathsf{M}\,\frac{z\,Dy - y\,Dz}{r^3}, \\ Q_y &= A\,J\,\mathsf{M}\,\frac{x\,Dz - z\,Dx}{r^3}, \\ Q_z &= A\,J\,\mathsf{M}\,\frac{y\,Dx - x\,Dy}{r^3}, \end{aligned}$$

wo x, y, z und Dx, Dy, Dz die Coordinaten und Projectionen von Ds vorstellen, während $r = \sqrt{x^2 + y^2 + z^2}$ ist.

Ferner ergiebt sich:

(65.) $$\delta = x\,Q_y - y\,Q_x,$$

oder falls man die Werthe (64.) substituirt:

(66.) $$\begin{aligned} \delta &= A\,J\,\mathsf{M}\,\frac{x\,(x\,Dz - z\,Dx) + y\,(y\,Dz - z\,Dy)}{r^3}, \\ &= A\,J\,\mathsf{M}\,\frac{r^2\,Dz - z\,(x\,Dx + y\,Dy + z\,Dz)}{r^3}, \\ &= A\,J\,\mathsf{M}\left(\frac{Dz}{r} - \frac{z\,Dr}{r^2}\right), \end{aligned}$$

*) Man vergl. pag. 49.

$$= A\,J\,\mathsf{M}\cdot \mathrm{D}\left(\frac{z}{r}\right),$$
$$= A\,J\,\mathsf{M}.\ \mathrm{D}\,(\cos\vartheta);$$

hier bezeichnet ϑ den Winkel, unter welchem die Linie r ($\mathsf{M} \to \mathrm{D}s$) gegen die z Axe, d. i. gegen die Solenoidaxe geneigt ist, und $\mathrm{D}\,(\cos\vartheta)$ diejenige Aenderung, welche $\cos\vartheta$ erfährt, sobald man den Endpunct der Linie das Element $\mathrm{D}s$ durchwandern lässt.

In analoger Weise kann offenbar δ_1 berechnet werden, so dass man also die Formeln erhält:

(67.) $$\delta = A\,J\,\mathsf{M}\,.\,\mathrm{D}\,(\cos\vartheta),$$
$$\delta_1 = A\,J\,\mathsf{M}_1.\ \mathrm{D}\,(\cos\vartheta_1);$$

woraus mit Rücksicht auf (63.) folgt:

(68.) $$\Delta = A\,J\,[\,\mathsf{M}\,\mathrm{D}(\cos\vartheta) + \mathsf{M}_1\,\mathrm{D}(\cos\vartheta_1)\,]$$

dabei ist zu bemerken, dass $\mathsf{M}_1 = -\,\mathsf{M}$ ist.

Dieses Δ (68.) repräsentirt das vom Körper K auf das Element $\mathrm{D}s$ ausgeübte Drehungsmoment. Demgemäss wird das umgekehrt von $\mathrm{D}s$ auf K ausgeübte Drehungsmoment gleich $-\,\Delta$ sein.

Drehen sich nun $\mathrm{D}s$ und K während der Zeit dt um irgend welche Winkel und bezeichnet man diese Winkel, in demselben Sinne wie Δ gerechnet, respective mit $d\varphi$ und $d\varphi'$, so repräsentirt $\Delta\,d\varphi$ die während der Zeit dt von K auf $\mathrm{D}s$ ausgeübte Arbeit, und $-\,\Delta\,d\varphi'$ diejenige, welche während dieser Zeit von $\mathrm{D}s$ auf K ausgeübt wird; so dass man also schreiben kann:

(69. α.) $$d\,T^{K}_{\mathrm{D}s} = +\,\Delta\,d\varphi = A\,J\,[\,\mathsf{M}\,\mathrm{D}(\cos\vartheta) + \mathsf{M}_1\,\mathrm{D}(\cos\vartheta_1)\,]\,d\varphi,$$

(69. β.) $$d\,T^{\mathrm{D}s}_{K} = -\,\Delta\,d\varphi' = -A\,J\,[\,\mathsf{M}\,\mathrm{D}\,(\cos\vartheta) + \mathsf{M}_1\,\mathrm{D}(\cos\vartheta_1)\,]\,d\varphi'.$$

Nehmen wir an der Körper K und das in ihm enthaltene Solenoid seien unendlich lang, so dass der Pol M_1 in unendlicher Ferne liegt, so reduciren sich die Formeln (69. α,β) auf:

(70. α) $$d\,T^{K}_{\mathrm{D}s} = +\,A\,J\,\mathsf{M}.\ \mathrm{D}\,(\cos\vartheta).\ d\varphi,$$

(70. β) $$d\,T^{\mathrm{D}s}_{K} = -\,A\,J\,\mathsf{M}.\ \mathrm{D}(\cos\vartheta).\ d\varphi',$$

Formeln, welche sich beiläufig bemerkt noch einfacher gestalten lassen durch Einführung einer gewissen Kegelöffnung*).

---

*) Die Formel (70. α) kann nämlich so dargestellt werden:

$$d\,T^{K}_{\mathrm{D}s} = -\,A\,J\,\mathsf{M}.\ \sin\vartheta.\ \mathrm{D}\vartheta.\ d\varphi,$$
$$= \pm\,A\,J\,\mathsf{M}.\ d\,\omega,$$

wo $d\omega$ die Oeffnung desjenigen Kegel repräsentirt, welcher vom Pole M nach der vom Element $J\mathrm{D}s$ während der Zeit dt beschriebenen Fläche hinläuft; denn

Nimmt man statt des Elementes JDs ein Stromsegment (J, ac) von endlicher Länge, welches ebenfalls um die gegebene Axe in Rotation begriffen ist, so erhält man aus (70. α, β) durch Integration die analogen Formeln:

$$(71.\alpha)\qquad dT_{ac}^{K} = + A\, J\, \mathsf{M} \left(\cos\vartheta^{(c)} - \cos\vartheta^{(a)}\right) d\varphi,$$

$$(71.\beta)\qquad dT_{K}^{ac} = - A\, J\, \mathsf{M} \left(\cos\vartheta^{(c)} - \cos\vartheta^{(a)}\right) d\varphi',$$

wo $\vartheta^{(a)}$ und $\vartheta^{(c)}$ die Winkel der Strahlen $\mathsf{M}a$ und $\mathsf{M}c$ gegen die Drehungsaxe vorstellen.

Um die hier entwickelte Theorie, welche bekanntlich schon Ampère gegeben hat, experimentell zu verfolgen, bedient man sich gewisser Apparate*), bei denen entweder K oder ac in fester Aufstellung sich befindet. Im erstern Fall entsteht alsdann, in Folge der elektrodynamischen Kräfte, eine rotirende Bewegung von ac, im letztern eine im entgegengesetzten Sinn rotirende Bewegung des Körpers K.

Bemerkung. — Aus (71.α, β) folgt durch Addition:

$$(72.)\qquad dT_{ac}^{K} + dT_{K}^{ac} = A\, J\, \mathsf{M} \left(\cos\vartheta^{(c)} - \cos\vartheta^{(a)}\right)(d\varphi - d\varphi'),$$

wo $d\varphi - d\varphi'$ den relativen Drehungswinkel vorstellt, d. i. denjenigen Winkel, um welchen das Segment ac dem Körper K während der Zeit dt voraneilt. Mit Hilfe dieser Formel (72.) kann nun, unter Anwendung eines früher gefundenen Satzes (pag. 235), sofort auch die Summe derjenigen elektromotorischen Kräfte angegeben werden, welche der Körper K während der Zeit dt im Segmente ac hervorbringt. Denn das vom Körper K beherbergte Solenoid ist nichts Anderes als ein System constanter elektrischer Ströme; so dass also der Anwendung des citirten Satzes (pag. 235) kein Hinderniss entgegensteht. Man gelangt in solcher Weise zur Erklärung der sogenannten unipolaren Induction**).

---

diese Oeffnung hat die Gestalt eines kleinen Parallelogramms, dessen Basis durch $\sin\vartheta . d\varphi$, und dessen Höhe durch $D\vartheta$ repräsentirt ist.

Das Vorzeichen $\pm$ in dieser letzten Formel näher bestimmen zu wollen, würde unnöthige Mühe sein. Denn wir werden später [vgl. (7. α), pag. 272.] auf anderem Wege zu allgemeineren Formeln gelangen, die auch dem Vorzeichen nach völlig bestimmt sind.

*) Auf derartige Apparate ist bereits früher (bei Besprechung der Helmholtz'schen Theorie, pag. 78) hingewiesen worden. Man findet die Beschreibung dieser Apparate in Wüllner's Experimentalphysik, Leipzig 1865, Bd. II, pag. 1125 und 1129.

**) Vergl. Wüllner's Experimentalphysik. Leipzig. 1865. Bd. II, pag. 1262.

§. 54. Fortsetzung. — Das Biot-Savart'sche Gesetz.

„Befinden sich im Innern eines starren Körpers K irgend welche, „etwa N Solenoide, so ist die gegenseitige Einwirkung zwischen die- „sem Körper und einem gegebenen Stromelement JDs von solcher „Beschaffenheit, als wären zwischen jedem Solenoidpol M und dem „Elemente JDs zwei diametral entgegensetzte [gegen die Ebene (Ds, M) „senkrecht stehende] Kräfte

$$(73.)\qquad Q(s) \quad \text{und} \quad -Q(s')\ .$$

„vorhanden, erstere einwirkend auf einen Punct s des Elementes, letztere „auf einen unendlich nahe an s gelegenen Punct s' des Körpers."

Dieser in (61.) gefundene Satz ist einer gewissen Umgestaltung fähig, von welcher hier die Rede sein soll. Zuvörderst sei bemerkt, dass für die Componenten Q_x, Q_y, Q_z und $-Q_x, -Q_y, -Q_z$ jener Kräfte (73.) die Formeln gelten [vergl. (59.)]

$$(74.)\qquad \begin{aligned} Q_x &= -AJ\mathrm{M}\frac{(\zeta - z)\,Dy - (\eta - y)\,Dz}{r^3}\,,\\ Q_y &= -AJ\mathrm{M}\frac{(\xi - x)\,Dz - (\zeta - z)\,Dx}{r^3}\,,\\ Q_z &= -AJ\mathrm{M}\frac{(\eta - y)\,Dx - (\xi - x)\,Dy}{r^3}\,, \end{aligned}$$

wo ξ, η, ζ die Coordinaten von M, andererseits x, y, z die Coordinaten von s, mithin auch diejenigen von s' vorstellen.

Die Gesammtheit der $2N$ Kräfte $-Q(s')$, oder (mit andern Worten) die vom Elemente JDs auf den Körper K ausgeübte Wirkung, soll näher untersucht werden. Ohne dass in dieser Wirkung eine Aenderung entsteht, kann jede Kraft $-Q(s')$ sich selber parallel im Innern des Körpers beliebig verlegt werden, vorausgesetzt, dass man ein geeignetes Drehungsmoment hinzufügt.

So ist z. B. die irgend einem speciellen Pole M entsprechende Kraft $-Q(s')$ aequivalent mit den drei Kräften

$$-Q(s'),\quad -Q(\mathrm{M}),\quad +Q(\mathrm{M}),$$

wo unter $-Q(\mathrm{M})$ und $+Q(\mathrm{M})$ zwei einander entgegengesetzte, in M angreifende Kräfte zu verstehen sind, von denen die erstere mit $-Q(s')$ von gleicher Richtung und Stärke sein soll. Mit andern Worten: Es ist

$$(75.)\qquad -Q(s') \quad \text{aequivalent} \quad -Q(\mathrm{M}),\ \Delta,$$

wo Δ das durch die beiden Kräfte $-Q(s')$, $+Q(\mathrm{M})$ ausgedrückte Drehungsmoment repräsentirt. Die rechtwinkligen Componenten dieser beiden Kräfte sind respective $-Q_x, -Q_y, -Q_z$ und $+Q_x, +Q_y, +Q_z$; demgemäss besitzen die rechtwinkligen Componenten Δ_x, Δ_y, Δ_z des

Drehungsmomentes Δ (oder vielmehr der geometrischen Charakteristik von Δ) folgende Werthe:

$$\begin{aligned}\Delta_x &= (\eta - y)\, Q_z - (\zeta - z)\, Q_y\,,\\ (76.)\qquad \Delta_y &= (\zeta - z)\, Q_x - (\xi - x)\, Q_z\,,\\ \Delta_z &= (\xi - x)\, Q_y - (\eta - y)\, Q_x.\end{aligned}$$

Hieraus erhält man durch Substitution von (74.) successive

$$\begin{aligned}\Delta_x &= -A\,J\,\mathsf{M}\,\frac{[(\xi - x)^2 + \cdot\cdot]\, Dx - (\xi - x)[(\xi - x)Dx + \cdot\cdot]}{r^3}\,,\\ &= -A\,J\,\mathsf{M}\left(\frac{Dx}{r} - \frac{(x - \xi)[(x - \xi)\,Dx + \cdot\cdot]}{r^3}\right),\\ &= -A\,J\,\mathsf{M}\left(\frac{D(x - \xi)}{r} - \frac{(x - \xi)\,Dr}{r^2}\right),\\ &= -A\,J\,\mathsf{M}\cdot D\left(\frac{x - \xi}{r}\right),\end{aligned}$$

wo die Charakteristik D den Componenten Dx, Dy, Dz des gegebenen Stromelementes entspricht; so dass also statt D auch geschrieben werden kann $\frac{\partial}{\partial s} Ds$. Somit erhält man schliesslich:

$$\begin{aligned}\Delta_x &= -A\,J\,\mathsf{M}\cdot\frac{\partial}{\partial s}\left(\frac{x - \xi}{r}\right) Ds,\\ (77.)\qquad \Delta_y &= -A\,J\,\mathsf{M}\cdot\frac{\partial}{\partial s}\left(\frac{y - \eta}{r}\right) Ds,\\ \Delta_z &= -A\,J\,\mathsf{M}\cdot\frac{\partial}{\partial s}\left(\frac{z - \zeta}{r}\right) Ds.\end{aligned}$$

Wird nun jede der $2N$ Kräfte $-Q(s')$ nach dem Schema (75.) behandelt, so wird die von JDs auf dem Körper K ausgeübte Wirkung ausgedrückt sein durch $2N$ in den einzelnen Polen angreifende Kräfte $-Q(\mathsf{M})$, und daneben durch $2N$ Drehungsmomente Δ.

Gehört das Element JDs einem geschlossenen gleichförmigen Strome an, und soll die Wirkung dieses ganzen Stromes auf den Körper K ermittelt werden, so sind die Momente Δ fortzulassen; denn die Ausdrücke (77.), integrirt über alle Elemente eines solchen Stromes, geben Null. Somit haben wir folgenden Satz:

Sind im Innern eines starren Körpers irgend welche Solenoide enthalten, und ist ausserhalb des Körpers ein **geschlossener gleichförmiger** Strom gegeben, so wird die gegenseitige Einwirkung zwischen Strom und Körper von solcher Beschaffenheit sein, als wären zwischen jedem

Stromelement JDs und jedem Solenoidpol M zwei Kräfte von gleicher Stärke und entgegengesetzter Richtung

(78.) $\qquad Q(s)$ und $-Q(\mathsf{M})$

vorhanden, erstere einwirkend auf einen Punct s des Elementes, letztere auf den Pol M.

Von diesen beiden Kräften, welche senkrecht stehen gegen die Ebene (M, Ds), ist die erstere $Q(s)$ diejenige, welche bereits in (59.) und (60.), hinsichtlich ihrer Componenten, ihrer Stärke und ihres Sinnes, näher besprochen wurde.

Dieses Gesetz, nach welchem die zwischen Solenoidpol und Stromelement vorhandenen Kräfte nach zwei parallelen respective durch Pol und Element gehenden Linien wirken (zusammengenommen also ein sogenanntes Kräfte-Paar bilden), wird zu bezeichnen sein als ein scheinbares Gesetz, welches nur für den Fall eines geschlossenen gleichförmigen Stromes mit dem wirklichen aequivalent ist. Von diesem scheinbaren Gesetz unterscheidet sich jenes wirkliche in sehr beträchtlicher Weise; denn letzteres (61.) sagt aus, dass die genannten Kräfte beide nach ein und derselben Linie wirken, nach einer Linie, welche durch das Stromelement geht.

Mit dem scheinbaren Gesetze (78.) steht in enger Verbindung ein von Biot und Savart erhaltenes Resultat*). Diese Physiker folgerten nämlich aus ihren experimentellen Untersuchungen, dass das Element eines gleichförmigen geschlossenen Stromes auf einen Magnetpol eine Kraft ausübe, welche in diesem Pole ihren Angriffspunct hat, und überhaupt hinsichtlich ihrer Richtung und Stärke identisch sei mit der in (78.) besprochenen Kraft $-Q(\mathsf{M})$.

§. 55. Die Sätze des Potentials und der Kegelöffnung für sogenannte ungeschlossene Ströme.

Ein starrer Körper K enthalte in seinem Innern ein System von Solenoiden, oder allgemeiner ein System von geschlossenen gleichförmigen Strömen; und ausserhalb dieses Körpers befinde sich ein biegsamer Drahtring s, durchflossen von einem gleichförmigen Strome J. Sowohl K als auch s seien begriffen in beliebig gegebenen Bewegungen; es sollen diejenigen ponderomotorischen Arbeiten eldy. Ursprungs:

$$dT^{K}_{uc} \qquad \text{und} \qquad dT^{uc}_{K}$$

*) Man vergl. Ampère: Théorie des Phén. elektrody. Paris, 1826, pag. 149.

in Betracht gezogen werden, welche der Körper und ein gegebenes Segment ac des Stromringes s während der Zeit dt auf einander ausüben.

Die Summe beider Arbeiten ist leicht angebbar nach einem früheren Satz (pag. 238), nämlich darstellbar durch

$$(1.\alpha) \qquad dT_{ac}^{K} + dT_{K}^{ac} = J.\, P(K, df).$$

Um den Sinn dieser Formel darlegen zu können, denke man sich einen mit K starr verbundenen, nach allen Seiten beliebig weit ausgedehnten Raum (K), welcher an der Bewegung jenes Körpers theilnimmt. Alsdann bezeichnet df diejenige Fläche, welche das Segment ac während der Zeit dt im Raume (K) beschreibt. Diese Fläche df wird, weil jene Zeit unendlich klein ist, die Form eines unendlich schmalen Streifen besitzen, und zu beiden Seiten begrenzt sein von denjenigen Curven $a_0 c_0$ u d $a_1 c_1$, welche das Segment zu Anfang und zu Ende der Zeit dt im Raume (K) occupirt. Endlich bezeichnet $P(K, df)$ das Potential der in K enthaltenen Ströme auf einen die Peripherie von df umlaufenden Strom von der Stärke Eins, dessen Richtung längs $a_0 c_0$ übereinstimmt mit der Richtung des gegebenen Stromes J.

Aus der für die totale Arbeit geltenden Formel (1. α) können mit Leichtigkeit analoge Formeln deducirt werden für die einzelnen partiellen Arbeiten.

Die partielle Arbeit dT_{ac}^{K} ist nämlich identisch mit derjenigen totalen Arbeit, welche stattgefunden haben würde, falls man den Körper K in der von ihm zu Anfang der Zeit dt occupirten Lage absolut fixirt, das Segment ac hingegen seiner gegebenen Bewegung überlassen hätte. Die diesem fingirten Falle entsprechende totale Arbeit ist aber nach (1. α) gleich $J.\, P(K, df')$, wo df' wiederum diejenige Fläche vorstellt, welche das Segment ac während der Zeit dt im Raume (K) beschreibt, nur mit dem Unterschiede, dass jener Raum, ebenso wie der Körper selbst, gegenwärtig absolut fixirt zu denken ist. Somit ergiebt sich also:

$$(1.\beta) \qquad dT_{ac}^{K} = J.\, P(K, df');$$

und in ähnlicher Weise erhält man andererseits:

$$(1.\gamma) \qquad dT_{K}^{ac} = J.\, P(K, df'').$$

In diesen Formeln (1. α, β, γ) haben alsdann df, df', df'' folgende Bedeutungen:

df die Fläche, welche ac im Raume (K) während der Zeit dt in Wirklichkeit beschreibt;

df' die Fläche, welche ac im Raume (K) während der Zeit dt beschrieben haben würde, falls man [ohne in der Bewegung von ac eine Aenderung eintreten zu lassen] jenen Raum in der von ihm zu Anfang des Zeitelementes occupirten Lage absolut fixirt hätte;

df'' die Fläche, welche ac im Raume (K) während der Zeit beschrieben haben würde, falls man [ohne in der Bewegung von K und (K) eine Aenderung eintreten zu lassen] das Segment ac in der von ihm zu Anfang der Zeit dt occupirten Lage absolut fixirt hätte.

Die Formeln (1. α, β, γ) gestalten sich anschaulicher, sobald wir annehmen, dass die innerhalb K befindlichen Ströme lauter Solenoide sind; denn alsdann können die Potentiale P $(K_r\, df)$ u. s. w., auf Grund eines früheren Satzes (pag. 255), durch gewisse Kegelöffnungen ausgedrückt werden.

Nach jenem Satze hat nämlich das Potential eines Solenoidpols M auf einen ebenen geschlossenen Strom von der Stärke Eins den Werth:

(2.) $$A\,\mathsf{M}\,\varepsilon\,\mathsf{K},$$

wo A die Constante des Ampère'schen Gesetzes, und $\varepsilon\mathsf{K}$ die reducirte Kegelöffnung des Poles M in Bezug auf den Strom vorstellt. — Ist der gegebene Strom nicht eben, so ergiebt sich für das in Rede stehende Potential der complicirtere Ausdruck:

(3.) $$A\,\mathsf{M}\,(\varepsilon'\varkappa' + \varepsilon''\varkappa'' + \cdots),$$

wo $\varepsilon'\varkappa'$, $\varepsilon''\varkappa''$, ... die reducirten Kegelöffnungen des Poles M in Bezug auf diejenigen unendlich kleinen Ströme λ', λ'', ... vorstellen, in welche der gegebene Strom zerlegt werden kann. Der Bequemlichkeit willen werde der Ausdruck:

(4.) $$\varepsilon'\varkappa' + \varepsilon''\varkappa'' + \cdots\cdot$$

kurzweg die dem gegebenen Pol entsprechende reducirte Kegelöffnung genannt. Mit andern Worten:

(5.) ..... Unter der reducirten Kegelöffnung eines Pols in Bezug auf einen geschlossenen (ebenen oder nicht ebenen) Strom soll die Summe derjenigen reducirten Kegelöffnungen verstanden werden, welche jener Pol besitzt in Bezug auf die den gegebenen Strom ersetzenden unendlich kleinen Ströme.

Enthält also der Körper K im Ganzen N Solenoide, so wird das in (1. α) vorhandene Potential darstellbar sein durch:

(6.) $$P(K, df) = A. \Sigma (\mathsf{M}. d\Omega),$$

wo die Summe rechter Hand $2N$ Glieder umfasst; in jedem Gliede ist unter $d\Omega$ die reducirte Kegelöffnung des betreffenden Poles M in Bezug auf die Stromfläche df zu verstehen. Die Formeln (1. α, β, γ) erhalten hiedurch folgendes Aussehen:

(7. α) $$dT^K_{ac} + dT^{ac}_K = A\,J.\, \Sigma (\mathsf{M}\, .\, d\Omega\ ),$$

(7. β) $$dT^K_{ac} = A\,J.\, \Sigma (\mathsf{M}\, .\, d\Omega'\ ),$$

(7. γ) $$dT^{ac}_K = A\,J.\, \Sigma (\mathsf{M}\, .\, d\Omega''),$$

wo $d\Omega$, $d\Omega'$, $d\Omega''$ die reducirten Kegelöffnungen des Poles M in Bezug auf die Stromflächen df, df', df'' vorstellen.

Bemerkung. — An die Formeln (1. α, β, γ) und (7. α, β, γ) schliesen sich unmittelbar gewisse Erörterungen über die elektromotorischen Kräfte.

Setzt man nämlich voraus, dass die im Körper K enthaltenen geschlossenen Ströme nicht nur gleichförmig, sondern auch constant sind, so ist die Summe der von diesem Körper im Segmente ac während der Zeit dt inducirten elektromotorischen Kräfte, abgesehen vom entgegengesetzten Vorzeichen, gleich gross mit derjenigen ponderomotorischen Arbeit, welche K und ac während jener Zeit dt wechselseitig aufeinander ausgeübt haben würden, falls in ac ein Strom von der Stärke Eins vorhanden wäre (Satz, pag. 235). Bezeichnet man also jene Summe von elektromotorischen Kräften mit $d\mathfrak{S}$, so ist:

(8.) $$d\mathfrak{S} = -\frac{1}{J}\left(dT^K_{ac} + dT^{ac}_K\right).$$

Hieraus folgt nach (1. α):

(9.) $$d\mathfrak{S} = -P(K, df),$$

oder, falls die in K enthaltenen Ströme lauter Solenoide sind, nach (7. α):

(10.) $$d\mathfrak{S} = -A. \Sigma (\mathsf{M}. d\Omega).$$

Diese letztere Formel, angewendet auf den Fall eines einzigen Solenoidpols, würde lauten $d\mathfrak{S} = -A\,\mathsf{M}.\, d\Omega$; wobei wohl zu beachten, dass die Kegelöffnung $d\Omega$ auch dann einen gewissen Werth besitzen kann, wenn die relative Lage zwischen M und ac während der Zeit dt ungeändert bleibt. Denkt man sich nämlich das Segment unbeweglich aufgestellt, und den Körper K, in welchen der Pol M eingeschlossen ist, in Rotation versetzt, um eine durch M gehende Axe, so beschreibt ac in dem mit K verbundenem Raume (K) eine gewisse Fläche df und dieser entspricht eine gewisse Kegelöffnung $d\Omega$.